工程预决算快学快用系列手册

建筑工程预决算快学快用
（第2版）

本书编写组　编

中国建材工业出版社

图书在版编目(CIP)数据

建筑工程预决算快学快用/《建筑工程预决算快学快用》编写组编.—2版.—北京:中国建材工业出版社,2014.9
(工程预决算快学快用系列手册)
ISBN 978-7-5160-0823-2

Ⅰ.①建… Ⅱ.①建… Ⅲ.①建筑工程-建筑经济定额-技术手册 Ⅳ.①TU723.3-62

中国版本图书馆CIP数据核字(2014)第099973号

建筑工程预决算快学快用(第2版)
本书编写组 编

出版发行:	中国建材工业出版社
地　　址:	北京市西城区车公庄大街6号
邮　　编:	100044
经　　销:	全国各地新华书店
印　　刷:	北京紫瑞利印刷有限公司
开　　本:	850mm×1168mm　1/32
印　　张:	15
字　　数:	476千字
版　　次:	2014年9月第2版
印　　次:	2014年9月第1次
定　　价:	41.00元

本社网址:www.jccbs.com.cn　　微信公众号:zgjcgycbs
本书如出现印装质量问题,由我社营销部负责调换。电话:(010)88386906
对本书内容有任何疑问及建议,请与本书责编联系。邮箱:dayi51@sina.com

内 容 提 要

本书第 2 版根据《建设工程工程量清单计价规范》(GB 50500—2013)、《房屋建筑与装饰工程工程量计算规范》(GB 50854—2013)和建标[2013]44 号文件进行编写,详细介绍了建筑工程预决算编制的基础理论和方法。全书主要包括绪论、建筑工程制图与识图、工程造价基础知识、定额概述、建筑工程工程量清单及计价、建筑工程工程量计算、施工预算与施工图预算、工程结算与竣工决算的编制等内容。

本书具有内容翔实、紧扣实际、易学易懂等特点,可供建筑工程预决算编制与管理人员使用,也可供高等院校相关专业师生学习时参考。

建筑工程预决算快学快用

（第2版）

编 写 组

主　编：郭钰辉

副主编：陈有杰　王　冰

编　委：宋金英　蒋林君　畅艳惠　宋延涛
　　　　王　燕　张小珍　卢晓雪　王翠玲
　　　　崔奉伟　王秋艳　洪　波　王晓丽

第 2 版前言

建设工程预决算是决定和控制工程项目投资的重要措施和手段,是进行招标投标、考核工程建设施工企业经营管理水平的依据。建设工程预决算应有高度的科学性、准确性及权威性。本书第 1 版自出版发行以来,深受广大读者的喜爱,对提升广大读者的预决算编制与审核能力,从而更好地开展工作提供了力所能及的帮助,对此编者倍感荣幸。

随着我国工程建设市场的快速发展,招标投标制、合同制的逐步推行,工程造价计价依据的改革正不断深化,工程造价管理改革正日渐加深,工程造价管理制度日益完善,市场竞争也日趋激烈,特别是《建设工程工程量清单计价规范》(GB 50500—2013)及《房屋建筑与装饰工程工程量计算规范》(GB 50854—2013)等 9 本工程量计算规范由住房和城乡建设部颁布实施,这对广大建设工程预决算工作者提出了更高的要求。对于《建筑工程预决算快学快用》一书来说,其中部分内容已不能满足当前建筑工程预决算编制与管理工作的需要。

为使《建筑工程预决算快学快用》一书的内容更好地满足建筑工程预决算工作的需要,符合建筑工程预决算工作实际,帮助广大建筑工程预决算工作者能更好地理解 2013 版清单计价规范和房屋建筑与装饰工程工程量计算规范的内容,掌握建标[2013]44 号文件的精神,我们组织建筑工程预决算方面的专家学者,在保持第 1 版编写风格及体例的基础上,对本书进行了修订。

(1)此次修订严格按照《建设工程工程量清单计价规范》(GB 50500—2013)和《房屋建筑与装饰工程工程量计算规范》(GB 50854—2013)的内容,及建标[2013]44 号文件进行,修订后的图书将能更好地满足当前建筑工程预决算编制与管理工作需要,对宣传贯彻2013版清单计价规范,使广大读者进一步了解定额计价与工程量清单计价的区别与联系提供很好的帮助。

(2)修订时进一步强化了"快学快用"的编写理念,集预决算编制理论与编制技能于一体,对部分内容进一步进行了丰富与完善,对知识体系进行除旧布新,使图书的可读性得到了增强,便于读者更形象、直观地掌握建筑工程预决算编制的方法与技巧。

本书修订过程中参阅了大量建筑工程预决算编制与管理方面的书籍与资料,并得到了有关单位与专家学者的大力支持与指导,在此表示衷心的感谢。书中错误与不当之处,敬请广大读者批评指正。

第 1 版前言

工程造价管理是工程建设的重要组成部分,其目标是利用科学的方法合理确定和控制工程造价,从而提高工程施工企业的经营效果。工程造价管理贯穿于建设项目的全过程,从工程施工方案的编制、优化,技术安全措施的选用、处理,施工程序的统筹、规划,劳动组织的部署、调配,工程材料的选购、贮存,生产经营的预测、判断,技术问题的研究、处理,工程质量的检测、控制,以及招投标活动的准备、实施,工程造价管理工作无处不在。

工程预算编制是做好工程造价管理工作的关键,也是一项艰苦细致的工作。所谓工程预算,是指计算工程从开工到竣工验收所需全部费用的文件,是根据工程建设不同阶段的施工图纸、各种定额和取费标准,预先计算拟建工程所需全部费用的文件。工程预算造价有两个方面的含义,一个是工程投资费用,即业主为建造一项工程所需的固定资产投资、无形资产投资;另一方面是指工程建造的价格,即施工企业为建造一项工程形成的工程建设总价。

工程预算造价有一套科学的、完整的计价理论与计算方法,不仅需要工程预算编制人员具有过硬的基本功,充分掌握工程定额的内涵、工作程序、子目包括的内容、工程量计算规则及尺度,同时也需要工程预算人员具备良好的职业道德和实事求是的工作作风,需要工程预算人员勤勤恳恳、任劳任怨,深入工程建设第一线收集资料、积累知识。

为帮助广大工程预算编制人员更好地进行工程预算造价的编制与管理,以及快速培养一批既懂理论,又懂实际操作的工程预算工作者,我们特组织有着丰富工程预算编制经验的专家学者,编写了这套

《工程预决算快学快用系列手册》。

　　本系列丛书是编者多年实践工作经验的积累。丛书从最基础的工程预算造价理论入手,重点介绍了工程预算的组成及编制方法,既可作为工程预算工作者的自学教材,也可作为工程预算人员快速编制预算的实用参考资料。

　　本系列丛书作为学习工程预算的快速入门读物,在阐述工程预算基础理论的同时,尽量辅以必要的实例,并深入浅出、循序渐进地进行讲解说明。丛书集基础理论与应用技能于一体,收集整理了工程预算编制的技巧、经验和相关数据资料,使读者在了解工程造价主要知识点的同时,还可快速掌握工程预算编制的方法与技巧,从而达到"快学快用"的目的。

　　本系列丛书在编写过程中得到了有关领导和专家的大力支持和帮助,并参阅和引用了有关部门、单位和个人的资料,在此一并表示感谢。由于编者水平有限,书中错误及疏漏之处在所难免,敬请广大读者和专家批评指正。

目 录

第一章 绪论 (1)
第一节 工程建设项目概述 (1)
一、工程建设项目的生命期 (1)
二、工程建设项目的划分 (1)
三、工程建设项目的建设程序 (2)
四、工程造价体系的形成 (4)
第二节 工程建设概预算概述 (5)
一、工程建设的内容 (5)
二、建设项目的划分 (6)
三、建设预算的概念 (7)
四、建设预算的分类和作用 (7)

第二章 建筑工程制图与识图 (12)
第一节 建筑工程制图基础知识 (12)
一、建筑制图基础 (12)
二、形体的投影 (18)
三、剖面图和断面图 (20)
第二节 工程制图标准 (25)
一、画纸幅面 (25)
二、图线及比例 (27)
三、建筑制图符号 (33)
第三节 建筑工程施工图常用图例 (39)
一、常用建筑材料图例 (39)
二、常用建筑物图例 (42)
三、构造及配件图例 (47)
四、水平及垂直运输装置图例 (57)
第四节 建筑工程施工图识读 (59)

一、施工图的分类与编排顺序 …………………………………… (59)
二、建筑施工图识读 ……………………………………………… (60)
三、结构施工图识读 ……………………………………………… (67)
四、钢筋混凝土构件结构详图识读 ……………………………… (68)
五、施工图识读应注意的问题 …………………………………… (69)
第五节　混凝土结构平法施工图 …………………………………… (69)
一、一般规定 ……………………………………………………… (69)
二、梁平法施工图 ………………………………………………… (71)
三、柱平法施工图 ………………………………………………… (81)
四、剪力墙平法施工图 …………………………………………… (84)

第三章　工程造价基础知识 …………………………………………… (91)
第一节　工程造价概述 …………………………………………… (91)
一、工程造价概念 ………………………………………………… (91)
二、工程造价特点 ………………………………………………… (92)
三、建筑工程造价分类 …………………………………………… (93)
四、工程造价计价特征 …………………………………………… (95)
第二节　工程造价费用构成及计算 ……………………………… (96)
一、建设工程项目总费用构成 …………………………………… (96)
二、工程造价各项费用组成及计算 ……………………………… (97)
第三节　工程造价计价程序 ……………………………………… (123)
一、建设单位工程招标控制价计价程序 ………………………… (123)
二、施工企业工程投标报价计价程序 …………………………… (124)
三、竣工结算计价程序 …………………………………………… (125)

第四章　定额概述 ……………………………………………………… (126)
第一节　建筑工程定额概述 ……………………………………… (126)
一、建筑工程定额的概念 ………………………………………… (126)
二、建筑工程定额的作用 ………………………………………… (126)
三、建筑工程定额的种类 ………………………………………… (126)
四、建筑工程定额的特性 ………………………………………… (127)
第二节　定额单价及单位估价表 ………………………………… (128)
一、工程单价的概念与用途 ……………………………………… (128)
二、人工单价的确定 ……………………………………………… (129)

  三、材料价格的确定 …………………………………… (131)
  四、机械台班单价的确定 ………………………………… (134)
  五、单位估价表的编制 …………………………………… (138)
 第三节 建筑工程施工定额 ……………………………………… (141)
  一、施工定额的概念与作用 ……………………………… (141)
  二、劳动定额 ……………………………………………… (142)
  三、材料消耗定额 ………………………………………… (149)
  四、机械台班使用定额 …………………………………… (154)
  五、施工定额的内容与应用 ……………………………… (158)
 第四节 建筑工程预算定额 ……………………………………… (159)
  一、预算定额概述 ………………………………………… (159)
  二、预算定额的编制 ……………………………………… (161)
  三、预算定额的应用 ……………………………………… (170)

第五章 建筑工程工程量清单及计价 ……………………… (175)

 第一节 工程量清单计价概述 …………………………………… (175)
  一、实行工程量清单计价的目的和意义 ………………… (175)
  二、2013版清单计价规范简介 …………………………… (177)
 第二节 工程量清单计价相关规定 ……………………………… (179)
  一、计价方式 ……………………………………………… (179)
  二、发包人提供材料和机械设备 ………………………… (180)
  三、承包人提供材料和工程设备 ………………………… (181)
  四、计价风险 ……………………………………………… (182)
 第三节 工程量清单编制 ………………………………………… (183)
  一、一般规定 ……………………………………………… (183)
  二、工程量清单编制依据 ………………………………… (184)
  三、工程量清单编制原则 ………………………………… (184)
  四、工程量清单编制内容 ………………………………… (185)
 第四节 建筑工程招标控制价的编制 …………………………… (191)
  一、建筑工程招标概述 …………………………………… (191)
  二、招标控制价的编制 …………………………………… (195)
 第五节 建筑工程投标报价编制 ………………………………… (199)
  一、一般规定 ……………………………………………… (199)
  二、投标报价编制与复核 ………………………………… (200)

第六节　建筑工程竣工结算编制 .... (202)
　一、一般规定 .... (202)
　二、竣工结算编制与复核 .... (203)
第七节　建筑工程造价鉴定 .... (204)
　一、一般规定 .... (204)
　二、取证 .... (205)
　三、鉴定 .... (206)

第六章　建筑工程工程量计算 .... (208)
第一节　工程量计算注意事项 .... (208)
第二节　层高和檐高 .... (211)
　一、建筑物层高的计算 .... (211)
　二、建筑物檐高的计算 .... (211)
第三节　建筑面积计算 .... (213)
　一、建筑面积的概念、组成及作用 .... (213)
　二、建筑面积计算规则 .... (213)
第四节　土石方工程 .... (229)
　一、定额说明及工程量计算规则 .... (229)
　二、综合实例 .... (247)
第五节　桩基础工程 .... (249)
　一、相关知识 .... (249)
　二、定额说明及工程量计算规则 .... (251)
第六节　脚手架工程 .... (257)
　一、相关知识 .... (257)
　二、定额说明与工程量计算 .... (259)
第七节　砌筑工程 .... (265)
　一、计算砌筑工程量之前的资料准备 .... (265)
　二、定额说明与工程量计算 .... (266)
　三、综合实例 .... (287)
　四、工程量计算主要技术资料 .... (289)
第八节　混凝土及钢筋混凝土工程 .... (291)
　一、相关知识 .... (291)
　二、定额说明与工程量计算 .... (294)
　三、综合实例 .... (330)

目 录

    四、工程量计算主要技术资料 ……………………………………… (332)
第九节　构件运输及安装工程 ……………………………………… (333)
    一、定额说明 ……………………………………………………… (333)
    二、工程量计算 …………………………………………………… (335)
第十节　门窗及木结构工程 ………………………………………… (338)
    一、相关知识 ……………………………………………………… (338)
    二、定额说明与工程量计算 ……………………………………… (342)
    三、综合实例 ……………………………………………………… (351)
    四、工程量计算主要技术资料 …………………………………… (352)
第十一节　楼地面 …………………………………………………… (355)
    一、相关知识 ……………………………………………………… (355)
    二、定额说明与工程量计算 ……………………………………… (363)
    三、综合实例 ……………………………………………………… (370)
    四、工程量计算主要技术资料 …………………………………… (372)
第十二节　屋面及防水工程 ………………………………………… (377)
    一、相关知识 ……………………………………………………… (377)
    二、定额说明与工程量计算 ……………………………………… (381)
    三、工程量计算主要技术资料 …………………………………… (390)
第十三节　防腐、保温、隔热工程 ………………………………… (392)
    一、相关知识 ……………………………………………………… (392)
    二、定额说明与工程量计算 ……………………………………… (396)
    三、综合实例 ……………………………………………………… (401)
    四、工程量计算主要技术资料 …………………………………… (402)
第十四节　装饰工程 ………………………………………………… (406)
    一、定额说明 ……………………………………………………… (406)
    二、工程量计算 …………………………………………………… (410)
    三、综合实例 ……………………………………………………… (425)
    四、工程量计算主要技术资料 …………………………………… (427)
第十五节　金属结构制作 …………………………………………… (429)
    一、金属结构构件一般构造 ……………………………………… (429)
    二、定额说明与工程量计算 ……………………………………… (433)
    三、综合实例 ……………………………………………………… (437)
    四、工程量计算主要技术资料 …………………………………… (437)

第十六节　其他定额项目 …………………………………… (439)
　　　一、建筑工程垂直运输 ………………………………………… (439)
　　　二、建筑物超高增加人工、机械定额 ………………………… (441)
　　　三、工程量计算 ………………………………………………… (443)
第七章　施工预算与施工图预算 …………………………… (444)
　第一节　建筑工程施工预算 …………………………………… (444)
　　一、施工预算的定义与作用 …………………………………… (444)
　　二、施工预算的内容 …………………………………………… (444)
　　三、施工预算的编制依据 ……………………………………… (445)
　　四、施工预算的编制步骤 ……………………………………… (446)
　第二节　建筑工程施工图预算 ………………………………… (446)
　　一、施工图预算的内容及作用 ………………………………… (446)
　　二、施工图预算文件的组成 …………………………………… (447)
　　三、施工图预算的编制依据 …………………………………… (447)
　　四、施工图预算的编制方法 …………………………………… (448)
　第三节　"两算"对比 …………………………………………… (450)
　　一、"两算"对比的定义 ………………………………………… (450)
　　二、"两算"对比的方法 ………………………………………… (450)
　　三、"两算"对比的说明 ………………………………………… (450)
第八章　工程结算与竣工决算的编制 …………………… (452)
　第一节　竣工结算的编制与审查 ……………………………… (452)
　　一、工程价款的主要结算方式 ………………………………… (452)
　　二、竣工结算编制依据 ………………………………………… (453)
　　三、竣工结算编制要求 ………………………………………… (454)
　　四、竣工结算编制程序 ………………………………………… (454)
　　五、竣工结算编制方法 ………………………………………… (455)
　　六、竣工结算审查 ……………………………………………… (456)
　第二节　工程决算的编制 ……………………………………… (460)
　　一、工程决算的概念 …………………………………………… (460)
　　二、工程决算的作用 …………………………………………… (460)
　　三、工程决算的编制 …………………………………………… (461)
参考文献 …………………………………………………………… (465)

第一章 绪 论

建筑工程定额与预算反映一定建设时期的生产力水平。随着建筑设计水平、施工技术的发展和经营管理的改善,定额与预算的内容需要及时调整。

建筑工程定额反映生产关系和生产过程的规律,用现代的科学技术方法找出建筑产品生产和劳动消耗间的数量关系,并且联系生产关系和上层建筑的影响,以寻求最大地节约劳动消耗和提高劳动生产率的途径。

建筑工程预算包括设计概算、施工图预算等,是设计文件的重要组成部分,而工程施工中的标底和报价则是建筑市场竞争的重要依据,它们都是工程设计管理中的有机组成部分,是建筑工程经济核算、成本控制、技术经济分析、施工管理的依据;是提高经济效益,加强工程建设项目管理的重要内容。

第一节 工程建设项目概述

一、工程建设项目的生命期

工程建设项目是指需要一定量的投资,在一定的约束条件下(时间、质量、成本等),经过决策、设计、施工等一系列程序,以形成固定资产为明确目标的一次性事业。工程建设项目的时间限制和一次性决定了它有确定的开始和结束时间,具有一定的生命期。

(1)概念阶段。概念阶段从项目的构思到批准立项为止,包括项目前期策划和项目决策阶段。

(2)规划设计阶段。规划设计阶段从项目批准立项到现场开工为止,包括项目设计准备和项目设计阶段。

(3)实施阶段。实施阶段即施工阶段,从项目现场开工到工程竣工并通过验收为止。

(4)收尾阶段。收尾阶段从项目的动用开始到进行项目的后评价为止。

二、工程建设项目的划分

为适应工程管理和经济核算的需要,可将建设项目由大到小分解为单项工程、单位工程、分部工程和分项工程。

(1)单项工程。单项工程是建设项目的组成部分,是指具有独立性的设计文件,建成后可以独立发挥生产能力或使用效益的工程。

(2)单位工程。单位工程是单项工程的组成部分,一般是指具有独立的设计文件或独立的施工条件,但不能独立发挥生产能力或使用效益的工程。

(3)分部工程。分部工程是单位工程的组成部分,指在单位工程中,按照不同结构、不同工种、不同材料和机械设备而划分的工程。

(4)分项工程。分项工程是分部工程的组成部分,它是指分部工程中,按照不同的施工方法、不同的材料、不同的规格而进一步划分的最基本的工程项目。

三、工程建设项目的建设程序

我国现阶段的建设程序,是根据国家经济体制改革和投资管理体制深化改革的要求及国家现行政策规定来实施的,一般大中型投资项目的工程建设程序包括:立项决策的项目建议书阶段、可行性研究阶段、设计工作阶段、建设准备阶段、建设实施阶段、竣工验收阶段及项目后评价阶段。

项目建议书是在项目周期内的最初阶段,提出一个轮廓设想来要求建设某一具体投资项目和做出初步选择的建议性文件。项目建议书从总体和宏观上考察拟建项目的建设必要性、建设条件的可行性和获利的可能性,并做出项目的投资建议和初步设想,以作为国家(地区或企业)选择投资项目的初步决策依据和进行可行性研究的基础。

1. 项目建议书

项目建议书一般包括以下内容:
(1)项目提出的背景、项目概况、项目建设的必要性和依据。
(2)产品方案、拟建规模和建设地点的初步设想。
(3)资源情况、建设条件与周边协调关系的初步分析。
(4)投资估算、资金筹措及还贷方案设想。
(5)项目的进度安排。
(6)经济效益、社会效益的初步估计和环境影响的初步评价。

可行性研究是项目建议书获得批准后,对拟建设项目在技术、工程和外部协作条件等方面的可行性、经济(包括宏观和微观经济)合理性进行全面分析和深入论证,为项目决策提供依据。

2. 项目可行性研究阶段

项目可行性研究阶段主要包括下列内容:

(1)可行性研究。项目建议书一经批准,即可着手进行可行性研究,对项目技术可行性和经济合理性进行科学的分析和论证。凡经可行性研究未获通过的项目,不得进行可行性研究报告的编制和进行下一阶段工作。

(2)可行性研究报告的编制。可行性研究报告是确定建设项目、编制设计文件的重要依据,所以,可行性研究报告的编制必须有相当的深度和准确性。

(3)可行性研究报告的审批。属中央投资、中央和地方合资的大中型及限额以上项目的可行性研究报告要报送国家发改委审批。总投资2亿元以上的项目,要经国家发改委审查后报国务院审批。中央各部门限额以下项目,由各主管部门审批。地方投资限额以下项目,由地方发改委审批。可行性研究报告批准后,不得随意修改和变更。

3. 设计过程

设计是建设项目的先导,是对拟建项目的实施在技术上和经济上所进行的全面而详尽的安排,是组织施工安装的依据,可行性研究报告经批准的建设项目应通过招标投标择优选择设计单位。根据建设项目的不同情况,设计过程一般可分为以下三个阶段:

(1)初步设计阶段。初步设计是根据可行性研究报告的要求所做的具体实施方案。其目的是阐明在指定地点、时间和投资控制数额内,拟建项目在技术上的可行性和经济上的合理性,并通过对项目所做出的技术经济规定,编制项目总概算。

(2)技术设计阶段。技术设计是根据初步设计及详细的调查研究资料编制的,目的是解决初步设计中的重大技术问题。

(3)施工图设计阶段。施工图设计是按照批准的初步设计和技术设计的要求,完整地表现建筑物外形、内部空间分割、结构体系以及建筑群的组合和周围环境的配合关系等的设计文件,在施工图设计阶段应编制施工图预算。

4. 开工前准备工作

项目在开工之前,要切实做好各项准备工作,其主要内容包括:

(1)征地、拆迁和场地平整。

(2)完成施工用水、电、路等工程。

(3)组织设备、材料订货。

(4)准备必要的施工图纸。

(5)组织施工招标投标,择优选定施工单位和监理单位。

5. 建设实施阶段

建设项目经批准开工建设,即进入建设实施阶段,这一阶段工作的内容包括:

(1)针对建设项目或单项工程的总体规划安排施工活动。

(2)按照工程设计要求、施工合同条款、施工组织设计及投资预算等,在保证工程质量、工期、成本、安全目标的前提下进行施工。

(3)加强环境保护,处理好人、建筑、绿色生态建筑三者之间的协调关系,满足可持续发展的需要。

(4)项目达到竣工验收标准后,由施工承包单位移交给建设单位。

6. 竣工验收阶段

竣工验收是工程建设过程的最后一环,是全面考核基本建设成果、检验设计、施工质量的重要步骤,也是确认建设项目能否投入使用的标志。竣工验收阶段的工作内容包括:

(1)检验设计和工程质量,保证项目按设计要求的技术经济指标正常使用。

(2)有关部门和单位可以通过工程的验收总结经验教训。

(3)对验收合格的项目,建设单位可及时移交使用。

7. 项目后评价

项目后评价是建设项目投资管理的最后一个环节,通过项目后评价可达到肯定成绩、总结经验、吸取教训、改进工作、提高决策水平的目的,并为制定科学的建设计划提供依据,主要内容包括:

(1)使用效益实际发挥情况。

(2)投资回收和贷款偿还情况。

(3)社会效益和环境效益。

(4)其他需要总结的经验。

四、工程造价体系的形成

根据我国工程项目的建设程序,工程造价的确定应与工程建设各阶段的工作深度相适应,逐渐形成一个完整的造价体系。以政府投资项目为例,工程造价体系的形成一般分为以下几个阶段:

(1)项目建议书阶段的工程造价。在项目建议书阶段,按照有关规定应编制初步投资估算,经主管部门批准,作为拟建项目列入国家中长期计划和开展前期工作的控制造价；本阶段所做出的初步投资估算误差率应控制在±20%左右。

(2)项目可行性研究阶段的工程造价。在项目可行性研究阶段，按照有关规定编制投资估算，经主管部门批准，作为国家对该项目的计划控制；本阶段所做出的初步投资估算误差率应控制在±10%以内。

(3)项目设计阶段的工程造价。

1)在初步设计阶段，按照有关规定编制初步设计总概算，经主管部门批准后即为控制拟建项目工程投资的最高限额，未经批准不得随意突破。

2)在施工图设计阶段，按规定编制施工图预算，用以核实其造价是否超过批准的初步设计总概算，并作为结算工程价款的依据。若项目进行三阶段设计，即增加技术设计阶段，在设计概算的基础上编制修正概算。

(4)施工准备阶段的工程造价。在施工准备阶段，按照有关规定编制招标工程的标底，参与合同谈判，确定工程承包合同阶段。

(5)项目实施阶段的工程造价。在项目实施阶段，根据施工图预算、合同价格，编制资金使用计划，作为工程价款支付、确定工程结算价的计划目标。

(6)项目竣工验收阶段的工程造价。在竣工验收阶段，根据竣工图编制竣工决算，作为反映建设项目实际造价和建设成果的总结性文件，也是竣工验收报告的重要组成部分。

第二节　工程建设概预算概述

一、工程建设的内容

工程建设是指固定资产扩大再生产的新建、扩建、改建、恢复工程及与之相连带的其他工作。工程建设是一种综合性的经济活动，其中新建和扩建是主要形式，即把一定的建筑材料、机械设备，通过购置、建造与安装等活动，转化为固定资产的过程，以及与之相连带的工作(如征用土地、勘察设计、培训职工等)。

固定资产是指在社会再生产过程中，可供生产或生活较长时间使用，在使用过程中基本保持原有实物形态的劳动资料和其他物质效益。如建筑物、构筑物、机床、电气设备、运输设备、住宅、医院、学校等。固定资产按其经济用途可分为生产性固定资产和非生产性固定资产。

工程建设通过建设管理部门有计划按比例地进行建设投资和建筑业的勘察、设计、施工等物质生产活动及其与之相关联的其他有关部门(如征地、拆迁等)的经济活动来实现。

工程建设的内容包括建筑工程,安装工程,设备、工具、器具及生产家具购置,勘察设计和地质勘探工作,其他工程建设工作。

(1)建筑工程:指永久性和临时性的建筑物、构筑物的土建、采暖、通风、给排水、照明工程、动力、电信管线的敷设工程、设备基础、工业炉砌筑、厂区竖向布置工程、铁路、公路、桥涵、农田水利工程以及建筑场地平整、清理和绿化工程等。

(2)安装工程:指一切安装与不需要安装的生产、动力、电信、起重、运输、医疗、实验等设备的装配、安装工程,附属于被安装设备的管线敷设、金属支架、梯台和有关保温、油漆、测试、试车等工作。

(3)设备、工具、器具及生产家具购置:指购置及在施工现场制造、改造、修配的达到国家资产要求的设备、器具、生产家具等。

(4)其他工程建设工作:指上述以外的各种工程建设工作。如征用土地、拆迁安置、生产人员培训、科学研究、施工队伍调迁及大型临时设施等。

二、建设项目的划分

建设项目划分是指如何对建设项目进行分解。由于建设项目是一个庞大的体系,它由许多不同功能的部分组成,而每个部分又有着构造上的差异,使得施工生产和造价计算都不可能简单化、统一化,必须有针对性地分别对待每一项具体内容,由部分至整体地实现生产的计算。这就产生了如何对建设项目进行具体划分的问题。根据我国的有关规定和几十年来的一贯做法,以及建设项目与其价格确定的需要,建设项目是按以下方式划分的:

1. 建设项目

建设项目是指按一个总的设计意图,由一个或几个单项工程所组成,经济上实行统一核算,行政上实行统一管理的建设单位。一般以一个企业、事业单位或独立的工程作为一个建设项目。

2. 工程项目

工程项目是建设项目的组成部分。工程项目又称单项工程,是指具有独立的设计文件、竣工后可以独立发挥生产能力并能产生经济效益或效能的工程,如工业建筑中的车间、办公室和住宅。能独立发挥生产作用或满足工作和生活需要的每个构筑物、建筑物作为一个工程项目。

3. 单位工程

单位工程是工程项目的组成部分。单位工程是指不能独立发挥生产能力,但具有独立设计的施工图纸和组织施工的工程。如一个车间可以由土建工程和设备安装两个单位工程组成。

4. 分部工程

分部工程是单位工程的组成部分。土建工程按主要部位划分,如基础工程、墙体工程、地面与楼面工程、门窗工程、装饰工程和屋面工程等;设备安装工程由设备组别(分项工程)组成,按工程的设备种类和型号、专业等划分,如建筑采暖工程、煤气工程、建筑电气安装工程、通风与空调工程、电梯安装工程等。

5. 分项工程

分项工程是分部工程的组成部分。分项工程是将分部工程进一步地、更细致地划分为若干部分。它可通过较为简单的施工过程就生产出来,可以有适当的计量单位,如土方工程可划分为基槽挖土、土方运输、回填土等分项工程。

三、建设预算的概念

基本建设工程(简称建设工程项目或建设项目)设计概算和施工图预算,是指在执行工程建设程序过程中,根据不同设计阶段设计文件的具体内容和国家规定的定额、指标及各项费用取费标准,预先计算和确定每项新建、扩建、改建和重建工程所需要的全部投资额的文件。基本建设工程是建设项目在不同建设阶段经济上的反映,是按照国家规定的特殊计划程序,预先计算和研究基本建设工程价格的计划文件,是基本建设程序的重要组成部分。基本建设工程设计概算和施工图预算总称为基本建设工程预算,简称为建设预算。

四、建设预算的分类和作用

根据我国的设计和概预算文件编制以及管理办法,对工业与民用建设工程作以下规定:采用两阶段设计的建设项目,在初步设计阶段必须编制总概算,在施工设计阶段必须编制施工图预算;采用三阶段设计的建设项目,在技术设计阶段,必须编制修正总概算;在基本建设全过程中,根据基本建设程序的要求和国家有关文件规定,除编制建设预算文件外,在其他建设阶段,还必须编制以设计概预算为基础(投资估算除外)的其他有关经济文件。

建设预算包括投资估算、设计概算、修正概算、施工图预算、施工预算、工程结算和竣工决算。

1. 投资估算

投资估算是建设项目在投资决策阶段,根据现有的资料和一定的方法,对建设项目的投资数额进行估计的经济文件。也是在初步设计前期各个阶段中,作为论证拟建项目在经济上是否分合理的重要文件,一般由建设项目可行性研究主管部门或咨询单位编制。投资估算主要根据投资估算指标、概算指标、类似工程预(决)算等资料,按指数估算法、系数法、单位产品投资指标法、平方米造价估算法、单位体积估算法等方法进行编制。投资估算的具体作用体现在以下几个方面:

(1)规划阶段的投资估算,是国家根据国民经济和社会发展的要求,制定区域性、行业性、一个大型企业等的发展规划阶段而编制的经济文件;是国家决策部门判断拟建项目是否继续进行研究的依据之一。一般情况下,它在决策过程中,仅作为一项参考性的经济指标,对下阶段工作没有约束力。因此,它是国家决定拟建项目是否继续进行研究的依据。

(2)项目建议书阶段的投资估算,是国家决策部门领导审批项目建议书的依据之一,用以判断拟建项目在经济上是否列为经济建设的长远规划或基本建设前期工作计划。此阶段估算所确定的投资额,可以否定一个拟建项目,但要肯定一个拟建项目是否真正可行,还需要下一阶段工作进行更为详尽的论证。因此,它是国家审批项目建议书的依据。

(3)可行性研究的投资估算,是研究分析拟建项目经济效果和各级主管部门决定是否立项的重要依据。可行性研究报告被批准后,投资估算就作为控制设计任务书下达的投资限额,对初步设计概算编制起控制作用,也可作为资金筹措及建设资金贷款的计划依据。因此,它是批准设计任务书的重要依据。

(4)各个拟建项目的投资估算,是编制固定资产长远投资规划和制定国民经济中长期发展计划的重要依据。根据各个拟建项目的投资估算,就可以准确地核算国民经济的固定资产投资需要数量,确定国民经济积累的合理比例,保持适度的投资规模和合理的投资结构。它是国家编制中长期规划,保持合理比例和投资结构的重要依据。

2. 设计概算

设计概算是在初步设计阶段或扩大初步设计阶段编制。设计概算是确定单位工程概算造价的经济文件，一般由设计单位编制。设计概算的作用主要体现在以下几个方面：

(1)概算文件是设计文件的重要组成部分。

(2)根据设计总概算确定的投资数额，经主管部门审批后，就成为该项工程基本建设投资的最高限额。在工程建设过程中，不论是年度基本建设投资计划安排、银行拨款和贷款、施工图预算、竣工决算等，未经规定的程序批准，不能突破这一限额，严格执行国家基本建设计划，维护国家基本建设计划的科学性和严肃性。因此，它是国家确定和控制基本建设投资额的依据。

(3)基本建设年度计划以及基本建设物资供应、劳动力和建筑安装施工等计划，都是以批准的建设项目概算文件所确定的投资总额和其中的建筑安装和设备购置等费用数额以及工程实物量指标为依据编制的。此外，被列入国家五年或十年计划的建设项目的投资指标，也是根据竣工的或在建的类似建设项目的预算和综合技术经济指标来确定的。因此，它是编制基本建设计划的依据。

(4)一个建设项目及其单项工程或单位工程设计方案的确定，须建立在几个不同而又可行方案的技术经济比较的基础上。因为每个设计方案在满足设计任务书要求的条件下，在建筑结构、装饰和材料选用、工艺流程等方面各有其优缺点，所以必须进行方案比较，选出技术上先进和经济上合理的设计方案。而概算文件是设计方案经济性的反映，每个方案的设计意图都会通过计算工程量和各项费用全部反映到概算文件中来。因此，它是选择最优化设计方案的重要依据。

(5)设计概算是实行建设项目投资大包干的依据。

(6)设计概算是实行投资包干责任制和招标承包制的重要依据。

(7)设计概算是建设银行办理工程拨款、贷款和结算、实行财政监督的重要依据。

(8)设计概算是基本建设核算工作的重要依据。

(9)设计概算是基本建设进行"三算"对比的基础。

3. 修正概算

修正概算是指采用三阶段设计形式时，在技术设计阶段，随着设计内容的深化,可能会发现建设规模、结构性质、设备类型和数量等内容与初步内容相比有出入,为此,设计单位根据技术设计图纸,概算指标或概算定额,各项费用取费标准,建设地区自然、技术经济和设备预算价格等资料,对初步设计总概算进行修正而形成的经济文件。修正概算的作用与初步设计概算的作用基本相同。

4. 施工图预算

施工图预算是在施工图设计阶段,施工招标投标阶段编制。施工图预算是确定单位工程预算造价的经济文件,一般由施工单位或设计单位编制。

建筑工程施工图预算是确定建筑工程造价的经济文件。简而言之,施工图预算是在修建房子之前,预算出房子建成后需要花多少钱的特殊计价方法。因此,施工图预算的主要作用就是确定建筑工程预算造价。

5. 施工预算

施工预算是在施工阶段由施工单位编制。施工预算按照企业定额(施工定额)编制,是体现企业个别成本的劳动消耗量文件。施工预算作用体现在以下几个方面:

(1)施工预算是施工企业对单位工程实行计划管理,编制施工、材料、劳动力等计划的依据。

(2)施工预算是实行班组经济核算,考核单位用工,限额领料的依据。

(3)施工预算是施工队向班组下达工程施工任务书和施工过程中检查与督促的依据。

(4)施工预算是班组推行全优综合奖励制度的依据。

(5)施工预算是施工队进行"两算"(即施工图预算与施工预算)对比的依据。

(6)施工预算是单位工程原始经济资料之一,也是开展造价分析和经济对比的依据。

(7)施工预算是保证降低成本技术措施计划的完成的重要因素。

6. 工程结算

工程结算是在工程竣工验收阶段由施工单位根据施工图预算、施工过程中的工程变更资料、工程签证资料、施工图预算等编制、确定单位工程造价的经济文件。

工程结算一般有定期结算、阶段结算和竣工结算等方式。它们是结算工程价款、确定工程收入、考核工程成本、进行计划统计、经济核算及竣工决算的依据。其中,竣工结算是反映工程全部造价的经济文件,以它为依据通过建设银行,向建设单位办理工程结算后,就标志着双方所承担的合同义务和经济责任的结束。

7. 竣工决算

竣工决算是在工程竣工投产后,由建设单位编制,综合反映竣工项目建设成果和财务情况的经济文件。它是建设投资管理的重要环节,是工程竣工验收、交付使用的重要依据,也是进行建设项目财务总结,银行对其实行监督的必要手段。其内容由文字说明和决算报表两部分组成。文字说明主要包括:工程概况;设计概算和基建计划执行情况;各项技术经济指标完成情况;各项拨款使用情况;建设成本和投资效果的分析以及建设过程中的主要经验;存在的问题和解决意见等。

第二章 建筑工程制图与识图

第一节 建筑工程制图基础知识

一、建筑制图基础

(一)投影与投影图

光线投影于物体产生影子的现象就称投影。在制图学上把物体投影所形成的图形称为投影图(亦称视图)。

用一组假想的光线把物体的形状投射到投影面上,并在其上形成物体的图像,这种用投影图表示物体的方法称为投影法。投影法表示光源、物体和投影面三者间的关系。投影法是绘制工程图的基础。

投影法分为正中心投影法和平行投影法两种,而平行投影法又分为正投影法和斜投影法。

中心投影法:投射光线从一点发射对物体作投影图的方法称为中心投影法,如图 2-1(a)所示。

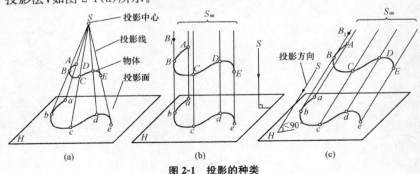

图 2-1 投影的种类
(a)中心投影;(b)正投影;(c)斜投影

平行投影法:用相互平行的投射光线对物体作投影图的方法称为平行投影法。投射光线相互平行且垂直投影面时,称为正投影法,如图 2-1(b)所示;投影光线相互平行但与投影面斜交时,称为斜投影法,如图 2-1(c)

所示。

由于正投影图能反映物体的真实形状和大小,在工程制图中得到广泛应用,因此,这里主要讨论正投影图。从上面的图形中可以得出正投影有以下几个基本特性:

(1)显实性。直线或平面平行于投影面时,其投影反映实长、实形,形状和大小均不变,这种特性称为投影的显实性,如图2-2(a)所示。

(2)积聚性。直线或平面垂直于投影面时,其投影积聚为一点或直线,称为投影的积聚性,如图2-2(b)所示。

(3)类似性。直线或平面倾斜于投影面时,其投影仍为直线(长度缩短)或平面(形状缩小),称为投影的类似性,如图2-2(c)所示。

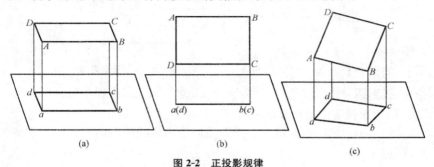

图2-2 正投影规律

(a)平面平行投影面;(b)平面垂直投影面;(c)平面倾斜投影面

(二)三面正投影图

1. 三面投影体系

一般来说,用三个互相垂直的平面作投影面,用形体在这三个投影面上的三个投影才能充分表达出这个形体的空间形状。这三个互相垂直的投影面,称为三面投影体系,如图2-3所示。

三个投影面分别称为水平投影面(简称水平面,H面)、正立投影面(立面、V面)和侧立投影面(侧面,W面)。各投影面间的交线称为投影轴。

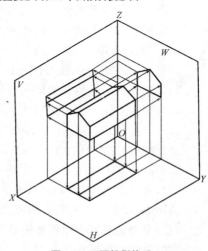

图2-3 三面投影体系

2. 三面投影图的形成与展开

将物体置于三面投影体系之中,用三组分别垂直于 V 面、H 面和 W 面的平行投射线(如图中箭头所示)向三个投影面作投影,即得物体的三面正投影图。

上述所得到的三个投影图是相互垂直的,为了能在图纸平面上同时反映出这三个投影,需要将三个投影面及面上的投影图进行展开,展开的方法是:V 面不动,H 面绕 OX 轴向下转 $90°$;W 面绕 OZ 轴向右转 $90°$。这样三个投影面及投影图就展平在与 V 面重合的平面上,如图 2-4 所示。在实际制图中,投影面与投影轴省略不画,但三个投影图的位置必须正确。

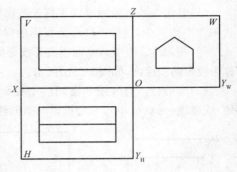

图 2-4　投影面展开图

3. 三面投影图的投影规律

(1)三个投影图中的每一个投影图表示物体的两个向度和一个面的形状,即:

1)V 面投影反映物体的长度和高度。

2)H 面投影反映物体的长度和宽度。

3)W 面投影反映物体的高度和宽度。

(2)三面投影图的"三等关系"。

1)长对正。即 H 面投影图的长与 V 面投影图的长相等。

2)高平齐。即 V 面投影图的高与 W 面投影图的高相等。

3)宽相等。即 H 面投影图的宽与 W 投影图的宽相等。

(3)三面投影图与各方位之间的关系。物体都具有左、右、前、后、上、下六个方向,在三面图中,它们的对应关系为:

1)V 面图反映物体的上、下和左、右的关系。

2)H 面图反映物体的左、右和前、后的关系。

3)W 面图反映物体的前、后和上、下的关系。

(三)平面的三面正投影特性

空间直线与投影面的位置关系有三种:投影面平行面、投影面垂直面、一般位置平面。

1. 投影面平行面

投影面平行面是指投影面平面平行于一个投影面,同时垂直于另外两个投影面,见表2-1。其投影特点是:

(1)平面在它所平行的投影面上的投影反映实形。

(2)平面在另两个投影面上的投影积聚为直线,且分别平行于相应的投影轴。

2. 投影面垂直面

投影面垂直面是指投影面平面垂直于一个投影面,同时倾斜于另外两个投影面,见表2-2。其投影图特点是:

(1)垂直面在它所垂直的投影面上的投影积聚为一条与投影轴倾斜的直线。

(2)垂直面在另两个面上的投影不反映实形。

表 2-1　　　　　　　　投影面平行面的投影特点

名称	直 观 图	投 影 图	投 影 特 点
水平面			(1)在 H 面上的投影反映实形。(2)在 V 面、W 面上的投影积聚为一直线,且分别平行于 OX 轴和 OY_W 轴
正平面			(1)在 V 面上的投影反映实形。(2)在 H 面、W 面上的投影积聚为一直线,分别平行于 OX 轴和 OZ 轴

续表

名称	直观图	投影图	投影特点
侧平面			(1)在 W 面上的投影反映实形。(2)在 V 面、H 面上的投影积聚为一直线,且分别平行于 OZ 轴和 OY_H 轴

表 2-2　　　　投影面垂直面的投影特点

名称	直观图	投影图	投影特点
铅垂面			(1)在 H 面上的投影积聚为一条与投影轴倾斜的直线。(2)β、γ 反映平面与 V、W 面的倾角。(3)在 V、W 面上的投影小于平面的实形
正垂面			(1)在 V 面上的投影积聚为一条与投影轴倾斜的直线。(2)α、γ 反映平面与 H、W 面的倾角。(3)在 H、W 面上的投影小于平面的实形

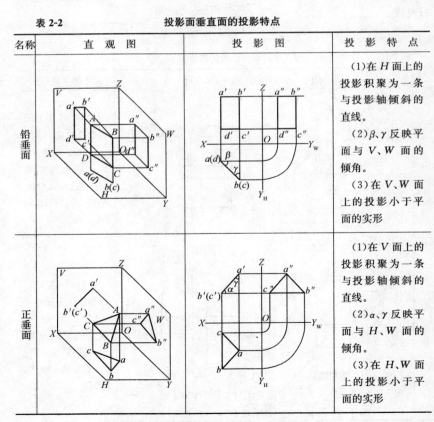

续表

名称	直观图	投影图	投影特点
侧垂面	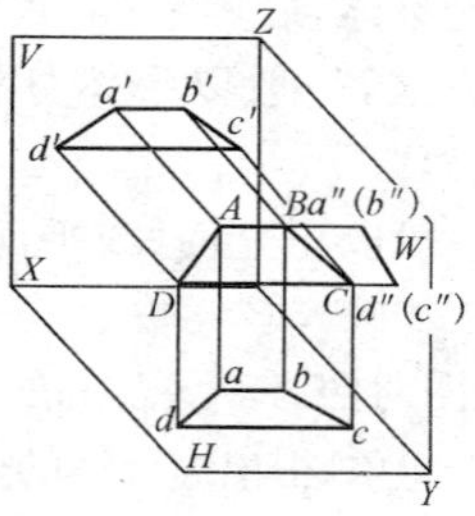	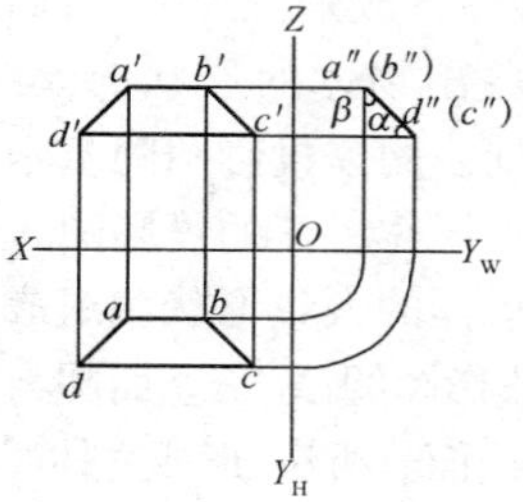	(1) 在 W 面上的投影积聚为一条与投影轴倾的直线。 (2) α、β 反映平面与 H、V 面的倾角。 (3) 在 V、H 面上的投影小于平面的实形

(四)投影图的识读

读图是根据形体的投影图,运用投影原理和特性,对投影图进行分析,想象出形体的空间形状。识读投影图的方法有形体分析法和线面分析法两种。

1. 形体分析法

形体分析法是根据基本形体的投影特性,在投影图上分析组合体各组成部分的形状和相对位置,然后综合起来想象出组合体的形状。

2. 线面分析法

线面分析法是以线和面的投影规律为基础,根据投影图中的某些棱线和线框,分析它们的形状和相互位置,从而想象出它们所围成形体的整体形状。

为了应用线面分析法,必须掌握投影图上线和线框的含义,才能结合起来综合分析,想象出物体的整体形状。投影图中的图线(直线或曲线)可能代表的含义有:

(1)形体的一条棱线,即形体上两相邻表面交线的投影。
(2)与投影面垂直的表面(平面或曲面)的投影,即为积聚投影。
(3)曲面的轮廓素线的投影。

投影图中的线框,可能有如下含义:

(1)形体上某一平行于投影面的平面的投影。
(2)形体上某平面类似性的投影(即平面处于一般位置)。

(3)形体上某曲面的投影。

(4)形体上孔洞的投影。

3. 投影图阅读步骤

阅读图纸的顺序一般是先外形,后内部;先整体,后局部;最后由局部回到整体,综合想象出物体的形状。读图的方法,一般以形体分析法为主,线面分析法为辅。阅读投影图的基本步骤为:

(1)从最能反映形体特征的投影图入手,一般以正立面(或平面)投影图为主,粗略分析形体的大致形状和组成。

(2)结合其他投影图阅读,正立面图与平面图对照,三个视图联合起来,运用形体分析法和线面分析法,形成立体感,综合想象,得出组合体的全貌。

(3)结合详图(剖面图、断面图),综合各投影图,想象整个形体的形状与构造。

二、形体的投影

(一)平面体的投影

图 2-5(a)所示为由四棱锥被平行底面的平面所截成的正四棱台直观图。图 2-5(b)所示为该四棱台的三面投影图。

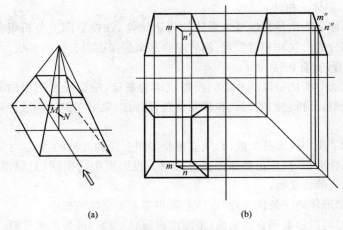

图 2-5 正四棱台的投影
(a)直观图;(b)投影图

若四棱台前面的棱面上有一直线 MN,如图 2-5(a)所示,现作该直线在三个投影面上的投影。

平面上直线的投影同样符合三面正投影的投影规律,而作直线的投影时,只要先按三面投影规律作该直线两个端点的投影,然后连接两端点的投影,就得到该直线在三个投影面上的投影。

(二)曲面体的投影

图2-6是正圆锥体的直观图和投影图,图中正圆锥体底面平行于水平投影面(H面),故其在水平投影面(H面)上的投影为圆,反映实形,而在侧立投影面(W面)、正立投影面(V面)上的投影积聚为直线。锥面的水平投影与底面在H面上的投影重合,且圆心即为锥顶的投影。锥面在V面及W面上的投影,是轮廓素线的投影。

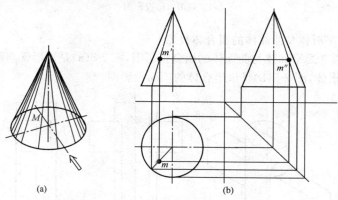

图2-6 正圆锥体的投影
(a)直观图;(b)投影图

若图2-6所示的正圆锥体表面上设有M点,且M点在V投影面上的投影为m',求M点在三个投影面上的投影m,m',m'',则此曲面上点的投影是用素线法或者纬圆法求得的。

(三)组合体的投影

由多个基本形体组成的几何体称为组合体。

1. 平面组合体的投影

图2-7(a)是一台阶,图2-7(b)是该台阶的三面投影图。画投影图时,利用形体分析法,先把它看成是由4个踏步(均为柱体)和两个边墙(为多棱柱体)所组成,再把组成该物体的各个基本形体的投影图一一画出,画图时注意处理好各个组成几何体之间的结合问题,就得到组合体的投影图。按此法画出的台阶三视图如图2-7(b)所示。

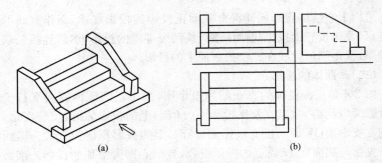

图 2-7　平面组合体投影图
(a)直观图；(b)投影图

2. 平面体与曲面体的组合体投影

图 2-8 是平面体与曲面体的组合投影图，图 2-8(a)是矩形梁与圆形柱的组合形体，图 2-8(b)是该组合体的三面投影图。

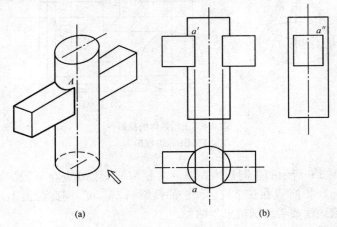

图 2-8　平面体与曲面体的组合投影图
(a)直观图；(b)投影图

三、剖面图和断面图

(一)剖面图

在工程图中，物体上可见的轮廓线，一般用粗实线表示，不可见的轮廓线用虚线表示。当物体内部构造复杂时，投影图中就会出现很多虚线，因而使图线重叠，不能清晰地表示出物体，也不利于标注尺寸和读图。为了能清晰地表达物体的内部构造,假想用一个平面将物体剖开(此平面称为切平面),移去剖切平面与观察者之间的那部分形体,然后画出剖切平面后面部分的投影图,这种投影图称为剖面图,如图 2-9 所示。

1. 剖面图的画法

(1)确定剖切平面的位置。画剖面图时,首先应选择适当的剖切位置,使剖切后画出的图形能确切反映所要表达部分的真实形状。

(2)剖切符号。剖切符号也叫剖切线,由剖切位置线和剖视方向所组成。用断开的两段粗短线表示剖切位置,在它的两端画与其垂直的短粗线表示剖视方向,短线在哪一侧即表示向哪一侧方向投影。

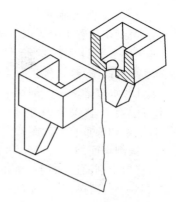

图 2-9 剖面图的形成

(3)编号。用阿拉伯数字编号,并注写在剖视方向线的端部,编号应按顺序由左至右,由下而上连续编排,如图 2-10 所示。

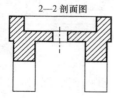 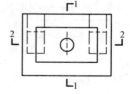

图 2-10 剖面图

(4)画剖面图。剖面图虽然是按剖切位置,移去物体在剖切平面和观察者之间的部分,根据留下的部分画出的投影图。但因为剖切是假想的,因此画其他投影时,仍应完整地画出,不受剖切的影响。

剖切平面与物体接触部分的轮廓线用粗实线表示,剖切平面后面的可见轮廓线用细实线表示。

物体被剖切后,剖面图上仍可能有不可见部分的虚线存在,为了使图形清晰易读,对于已经表示清楚的部分,虚线可以省略不画。

(5)画出材料图例。在剖面图上为了分清物体被剖切到和没有被剖切到的部分,在剖切平面与物体接触部分要画上材料图例,表明建筑物各构配件是用什么材料做成的。

2. 剖面图的种类

按剖切位置可分为以下两种：

(1) 水平剖面图。当剖切平面平行于水平投影面时，所得的剖面图称为水平剖面图，建筑施工图中的水平剖面图称平面图。

(2) 垂直剖面图。剖切平面垂直于水平投影面所得到的剖面图称为垂直剖面图，图 2-10 中的 1—1 剖面称纵向剖面图，2—2 剖面称横向剖面图，二者均为垂直剖面图。

按剖切面的形式可分为以下几种：

(1) 全剖面图。用一个剖切平面将形体全部剖开后所画的剖面图。图 2-10 所示的两个剖面为全剖面图。

(2) 半剖面图。当物体的投影图和剖面图都是对称图形时，可采用半剖的表示方法，如图 2-11 所示，图中投影图与剖面图各占一半。

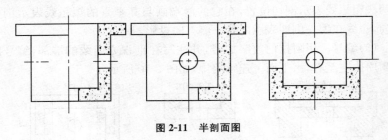

图 2-11 半剖面图

(3) 阶梯剖面图。用阶梯形平面剖切形体后得到的剖面图，如图 2-12 所示。

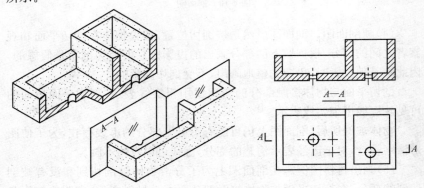

图 2-12 阶梯剖面图

(4)局部剖面图。形体局部剖切后所画的剖面图,如图 2-13 所示。

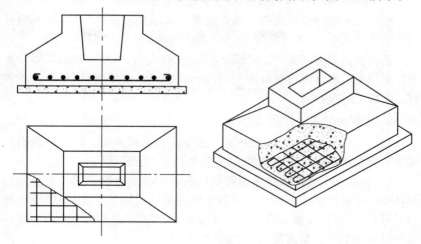

图 2-13 局部剖面图

(二)断面图

1. 断面图的形成

断面图亦称截面图。剖切平面将形体剖开后,画出剖切平面与形体相截部分的投影图即得断面图。对于某些单一的杆件或需要表示某一局部的截面形状时,可以只画出断面图。

图 2-14 所示为断面图的画法。它与剖面图的区别,在于断面图只需画出形体被剖切后与剖切平面相交的那部分截面图形,至于剖切后投影方向可能见到的形体其他部分轮廓线的投影,则不必画出。显然,断面图包含于剖面图之中。

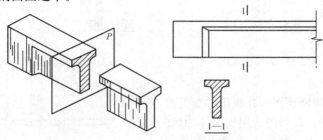

图 2-14 断面图的形成

2. 断面图的标注方法与画法

断面图的剖切位置线仍用断开的两段短粗线表示；剖视方向用编号所在的位置来表示，编号在哪方，就向哪方投影；编号用阿拉伯数字。

断面图只画被切断面的轮廓线，用粗实线画出，不画未被剖切部分和看不见部分。断面内按材料图例画；断面狭窄时，涂黑表示，或不画图例线，用文字予以说明。

3. 断面图的表示方法

(1) 将断面图画在视图之外适当位置称移出断面图。移出断面图适用于形体的截面形状变化较多的情况，如图 2-15 所示。

(2) 将断面图画在视图之内称折倒断面图或重合断面图。它适用于形体截面形状变化较少的情况。断面图的轮廓线用粗实线，剖切面画材料符号，不标注符号及编号。图 2-16 是现浇楼层结构平面图中表示梁板及标高所用的折倒断面图。

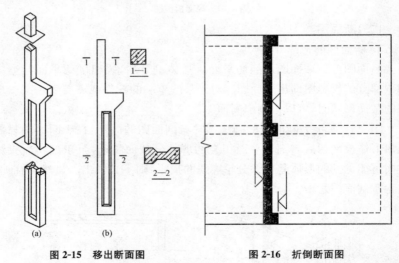

图 2-15 移出断面图　　　　图 2-16 折倒断面图

(3) 将断面图画在视图的断开处，称中断断面图。此种图适用于形体为较长的杆件且截面单一的情况，如图 2-17 所示。

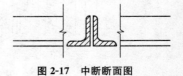

图 2-17 中断断面图

第二节 工程制图标准

从事建筑专业的工程技术人员,都应该熟悉建筑制图标准中的各项内容,本节主要对建筑制图标准中部分要求进行简单介绍。

一、画纸幅面

(一)图纸尺寸

图纸幅面的基本尺寸规定有 5 种,其代号分别为 A0、A1、A2、A3 和 A4。各号图纸幅面尺寸和图框形式、图框尺寸都有明确规定,具体规定见表 2-3、图 2-18~图 2-21 所示。

表 2-3　　　　　幅面及图框尺寸　　　　　(单位:mm)

尺寸代号＼幅面代号	A0	A1	A2	A3	A4
$b \times l$	841×1189	594×841	420×594	297×420	210×297
c	10				5
a	25				

注:表中 b 为幅面短边尺寸,l 为幅面长边尺寸,c 为图框线与幅面线间宽度,a 为图框线与装订边间宽度。

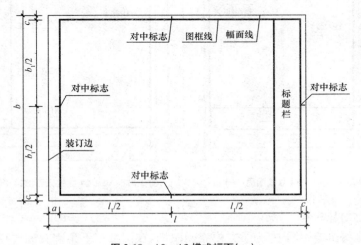

图 2-18　A0~A3 横式幅面(一)

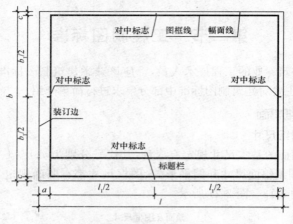

图 2-19　A0~A3 横式幅面（二）

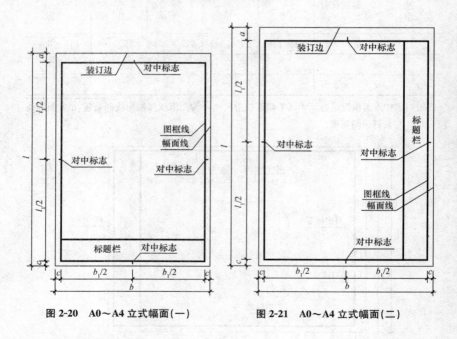

图 2-20　A0~A4 立式幅面（一）　　　图 2-21　A0~A4 立式幅面（二）

（二）标题栏

在每张施工图中，为了方便查阅图纸，在图纸右下角都有标题栏，如图 2-22、图 2-23 所示。根据工程需要选择确定其尺寸、格式及分区。签

字区应包括实名列和签名列,并应符合下列规定:

(1)涉外工程的标题栏内,各项主要内容的中文下方应附有译文,设计单位的上方或左方,应加"中华人民共和国"字样。

(2)在计算机制图文件中当使用电子签名与认证时,应符合国家有关电子签名法的规定。

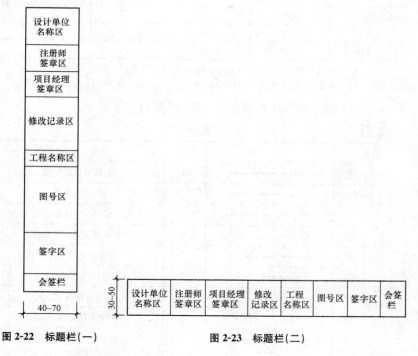

图 2-22 标题栏(一)　　　　图 2-23 标题栏(二)

(三)图纸编排顺序

(1)工程图纸应按专业顺序编排,应为图纸目录、总图、建筑图、结构图、给水排水图、暖通空调图、电气图等。

(2)各专业的图纸,应按图纸内容的主次关系、逻辑关系进行分类排序。

二、图线及比例

(一)图线

(1)图线的宽度 b,宜从 1.4、1.0、0.7、0.5、0.35、0.25、0.18、0.13(mm)线宽系列中选取。图线宽度不应小于 0.1mm。每个图样应根据复杂程度与比例大小,先选定基本线宽 b,再选用表 2-4 中相应的线宽组。

表 2-4　　　　　　　　　　　线宽组　　　　　　　　　　（单位:mm）

线宽比	线宽组			
b	1.4	1.0	0.7	0.5
$0.7b$	1.0	0.7	0.5	0.35
$0.5b$	0.7	0.5	0.35	0.25
$0.25b$	0.35	0.25	0.18	0.13

注:1. 需要缩微的图纸,不宜采用 0.18mm 及更细的线宽。
　　2. 同一张图纸内,各不同线宽中的细线,可统一采用较细的线宽组的细线。

(2)工程建设制图应选用表 2-5 所示的图线。

表 2-5　　　　　　　　　　　图线

名称		线型	线宽	用途
实线	粗	———————	b	主要可见轮廓线
	中粗	———————	$0.7b$	可见轮廓线
	中	———————	$0.5b$	可见轮廓线、尺寸线、变更云线
	细	———————	$0.25b$	图例填充线、家具线
虚线	粗	- - - - - - -	b	见各有关专业制图标准
	中粗	- - - - - - -	$0.7b$	不可见轮廓线
	中	- - - - - - -	$0.5b$	不可见轮廓线、图例线
	细	- - - - - - -	$0.25b$	图例填充线、家具线
单点长画线	粗	—·—·—·—	b	见各有关专业制图标准
	中	—·—·—·—	$0.5b$	见各有关专业制图标准
	细	—·—·—·—	$0.25b$	中心线、对称线、轴线等
双点长画线	粗	—··—··—	b	见各有关专业制图标准
	中	—··—··—	$0.5b$	见各有关专业制图标准
	细	—··—··—	$0.25b$	假想轮廓线、成型前原始轮廓线
折断线	细	~∧~	$0.25b$	断开界线
波浪线	细	～～～	$0.25b$	断开界线

(3) 同一张图纸内,相同比例的各图样,应选用相同的线宽组。
(4) 图纸的图框和标题栏线可采用表2-6的线宽。

表 2-6　　　　　图框和标题栏线的宽度　　　　　（单位:mm）

幅面代号	图框线	标题栏外框线	标题栏分格线
A0、A1	b	$0.5b$	$0.25b$
A2、A3、A4	b	$0.7b$	$0.35b$

(5) 相互平行的图例线,其净间隙或线中间隙不宜小于0.2mm。
(6) 虚线、单点长画线或双点长画线的线段长度和间隔,宜各自相等。
(7) 单点长画线或双点长画线,当在较小图形中绘制有困难时,可用实线代替。
(8) 单点长画线或双点长画线的两端,不应是点。点画线与点画线交接点或点画线与其他图线交接时,应是线段交接。
(9) 虚线与虚线交接或虚线与其他图线交接时,应是线段交接。虚线为实线的延长线时,不得与实线相接。
(10) 图线不得与文字、数字或符号重叠、混淆,不可避免时,应首先保证文字的清晰。
(11) 总图制图图线应根据图纸功能按表2-7规定的线型选用。

表 2-7　　　　　　　　　图　线

名 称		线 型	线 宽	用 途
实线	粗	———	b	1. 新建建筑物±0.00高度可见轮廓线 2. 新建铁路、管线
	中	———	$0.7b$ $0.5b$	1. 新建构筑物、道路、桥涵、边坡、围墙、运输设施的可见轮廓线 2. 原有标准轨距铁路
	细	———	$0.25b$	1. 新建建筑物±0.00高度以上的可见建筑物、构筑物轮廓线 2. 原有建筑物、构筑物、原有窄轨、铁路、道路、桥涵、围墙的可见轮廓线 3. 新建人行道、排水沟、坐标线、尺寸线、等高线

续表

名称		线型	线宽	用途
虚线	粗	———————	b	新建建筑物、构筑物地下轮廓线
	中	– – – – – – –	$0.5b$	计划预留扩建的建筑物、构筑物、铁路、道路、运输设施、管线、建筑红线及预留用地各线
	细	- - - - - - - -	$0.25b$	原有建筑物、构筑物、管线的地下轮廓线
单点长画线	粗	———————	b	露天矿开采界限
	中	—·—·—·—	$0.5b$	土方填挖区的零点线
	细	—·—·—·—	$0.25b$	分水线、中心线、对称线、定位轴线
双点长画线		———————	b	用地红线
		—··—··—··	$0.7b$	地下开采区塌落界限
		—··—··—··	$0.5b$	建筑红线
折断线		——√——	$0.5b$	断线
不规则曲线		～～～～	$0.5b$	新建人工水体轮廓线

注：根据各类图纸所表示的不同重点确定使用不同粗细线型。

(12)建筑专业、室内设计专业制图采用的各种图线，应符合表 2-8 的规定。

表 2-8 图 线

名称		线型	线宽	用途
实线	粗	———————	b	1. 平、剖面图中被剖切的主要建筑构造(包括构配件)的轮廓线 2. 建筑立面图或室内立面图的外轮廓线 3. 建筑构造详图中被剖切的主要部分的轮廓线 4. 建筑构配件详图中的外轮廓线 5. 平、立、剖面的剖切符号

续表

名称		线型	线宽	用途
实线	中粗	——————	0.7b	1. 平、剖面图中被剖切的次要建筑构造（包括构配件）的轮廓线 2. 建筑平、立、剖面图中建筑构配件的轮廓线 3. 建筑构造详图及建筑构配件详图中的一般轮廓线
	中	——————	0.5b	小于0.7b的图形线、尺寸线、尺寸界限、索引符号、标高符号、详图材料做法引出线、粉刷线、保温层线、地面、墙面的高差分界线等
	细	——————	0.25b	图例填充线、家具线、纹样线等
虚线	中粗	- - - - - -	0.7b	1. 建筑构造详图及建筑构配件不可见的轮廓线 2. 平面图中的起重机（吊车）轮廓线 3. 拟建、扩建建筑物轮廓线
	中	- - - - - -	0.5b	投影线、小于0.5b的不可见轮廓线
	细	- - - - - -	0.25b	图例填充线、家具线等
单点长画线	粗	—·—·—	b	起重机（吊车）轨道线
	细	—·—·—	0.25b	中心线、对称线、定位轴线
折断线	细	～/～	0.25b	部分省略表示时的断开界线
波浪线	细	～～～	0.25b	部分省略表示时的断开界线，曲线形构间断开界限 构造层次的断开界限

注：地平线宽可用1.4b。

(13)建筑结构专业制图应选用表2-9所示的图线。

表 2-9　　　　　　　图　线

名称		线型	线宽	一般用途
实线	粗	——————	b	螺栓、钢筋线、结构平面图中的单线结构构件线，钢木支撑及系杆线，图名下横线、剖切线

续表

名称		线型	线宽	一般用途
实线	中粗	——————	0.7b	结构平面图及详图中剖到或可见的墙身轮廓线、基础轮廓线、钢、木结构轮廓线、钢筋线
	中	——————	0.5b	结构平面图及详图中剖到或可见的墙身轮廓线、基础轮廓线、可见的钢筋混凝土构件轮廓线、钢筋线
	细	——————	0.25b	标注引出线、标高符号线、索引符号线、尺寸线
虚线	粗	— — — — —	b	不可见的钢筋线、螺栓线、结构平面图中不可见的单线结构构件线及钢、木支撑线
	中粗	— — — — —	0.7b	结构平面图中的不可见构件、墙身轮廓线及不可见钢、木结构构件线、不可见的钢筋线
	中	— — — — —	0.5b	结构平面图中的不可见构件、墙身轮廓线及不可见钢、木结构构件线、不可见的钢筋线
	细	— — — — —	0.25b	基础平面图中的管沟轮廓线、不可见的钢筋混凝土构件轮廓线
单点长画线	粗	—·—·—·—	b	柱间支撑、垂直支撑、设备基础轴线图中的中心线
	细	—·—·—·—	0.25b	定位轴线、对称线、中心线、重心线
双点长画线	粗	—··—··—	b	预应力钢筋线
	细	—··—··—	0.25b	原有结构轮廓线
折断线		——/\——	0.25b	断开界线
波浪线		～～～～	0.25b	断开界线

第二章 建筑工程制图与识图

(二)比例

(1)图样的比例,应为图形与实物相对应的线性尺寸之比。

(2)比例的符号应为":",比例应以阿拉伯数字表示。

(3)比例宜注写在图名的右侧,字的基准线应取平;比例的字高宜比图名的字高小一号或二号(图 2-24)。

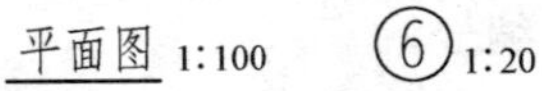

平面图 1:100　　⑥ 1:20

图 2-24　比例的注写

(4)绘图所用的比例应根据图样的用途与被绘对象的复杂程度,从表 2-10 中选用,并应优先采用表中常用比例。

表 2-10　　　　　　　　绘图所用的比例

常用比例	1:1、1:2、1:5、1:10、1:20、1:30、1:50、1:100、1:150、1:200、1:500、1:1000、1:2000
可用比例	1:3、1:4、1:6、1:15、1:25、1:40、1:60、1:80、1:250、1:300、1:400、1:600、1:5000、1:10000、1:20000、1:50000、1:100000、1:200000

(5)一般情况下,一个图样应选用一种比例。根据专业制图需要,同一图样可选用两种比例。

(6)特殊情况下也可自选比例,这时除应注出绘图比例外,还应在适当位置绘制出相应的比例尺。

三、建筑制图符号

1. 剖切符号

(1)剖视的剖切符号应由剖切位置线及剖视方向线组成,均应以粗实线绘制。剖视的剖切符号应符合下列规定:

1)剖切位置线的长度宜为 6~10mm;剖视方向线应垂直于剖切位置线,长度应短于剖切位置线,宜为 4~6mm(图 2-25),也可采用国际统一和常用的剖视方法,如图 2-26 所示。绘制时,剖视剖切符号不应与其他图线相接触。

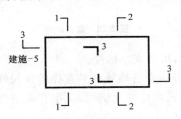

图 2-25　剖视的剖切符号(一)

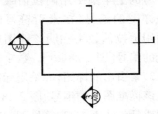

图 2-26　剖视的剖切符号(二)

2)剖视剖切符号的编号宜采用粗阿拉伯数字,按剖切顺序由左至右、由下向上连续编排,并应注写在剖视方向线的端部。

3)需要转折的剖切位置线,应在转角的外侧加注与该符号相同的编号。

4)建(构)筑物剖面图的剖切符号应注在±0.000标高的平面图或首层平面图上。

5)局部剖面图(不含首层)的剖切符号应注在包含剖切部位的最下面一层的平面图上。

(2)断面的剖切符号应符合下列规定:

1)断面的剖切符号应只用剖切位置线表示,并应以粗实线绘制,长度宜为6~10mm。

2)断面剖切符号的编号宜采用阿拉伯数字,按顺序连续编排,并应注写在剖切位置线的一侧;编号所在的一侧应为该断面的剖视方向(图2-27)。

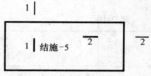

图2-27 断面的剖切符号

(3)剖面图或断面图,当与被剖切图样不在同一张图内,应在剖切位置线的另一侧注明其所在图纸的编号,也可以在图上集中说明。

2. 索引符号与详图符号

(1)图样中的某一局部或构件,如需另见详图,应以索引符号索引[图2-28(a)]。索引符号是由直径为8~10mm的圆和水平直径组成,圆及水平直径应以细实线绘制。索引符号应按下列规定编写:

1)索引出的详图,如与被索引的详图同在一张图纸内,应在索引符号的上半圆中用阿拉伯数字注明该详图的编号,并在下半圆中间画一段水平细实线[图2-28(b)]。

2)索引出的详图,如与被索引的详图不在同一张图纸内,应在索引符号的上半圆中用阿拉伯数字注明该详图的编号,在索引符号的下半圆用阿拉伯数字注明该详图所在图纸的编号[图2-28(c)]。数字较多时,可加文字标注。

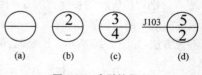

图2-28 索引符号

3)索引出的详图,如采用标准图,应在索引符号水平直径的延长线上加注该标准图集的编号[图2-28(d)]。需要标注比例时,文字在索引符号右侧或延长线下方,与符号下对齐。

(2)索引符号当用于索引剖视详图,应在被剖切的部位绘制剖切位置线,并以引出线引出索引符号,引出线所在的一侧应为剖视方向。索引符号的编写应符合标准的规定(图 2-29)。

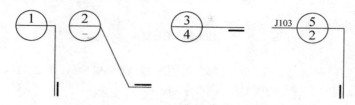

图 2-29　用于索引剖面详图的索引符号

(3)零件、钢筋、杆件、设备等的编号宜以直径为 5~6mm 的细实线圆表示,同一图样应保持一致,其编号应用阿拉伯数字按顺序编写(图 2-30)。消火栓、配电箱、管井等的索引符号,直径宜为 4~6mm。

图 2-30　零件、钢筋等的编号

(4)详图的位置和编号应以详图符号表示。详图符号的圆应以直径为 14mm 粗实线绘制。详图编号应符合下列规定:

1)详图与被索引的图样同在一张图纸内时,应在详图符号内用阿拉伯数字注明详图的编号(图 2-31)。

2)详图与被索引的图样不在同一张图纸内时,应用细实线在详图符号内画一水平直径,在上半圆中注明详图编号,在下半圆中注明被索引的图纸的编号(图 2-32)。

图 2-31　与被索引图样同在一张图纸内的详图符号　　**图 2-32　与被索引图样不在同一张图纸内的详图符号**

3. 引出线

(1)引出线应以细实线绘制,宜采用水平方向的直线,与水平方向成 30°、45°、60°、90°的直线,或经上述角度再折为水平线。文字说明宜注写在水平线的上方[图 2-33(a)],也可注写在水平线的端部[图 2-33(b)]。索引详图的引出线,应与水平直径线相连接[图 2-33(c)]。

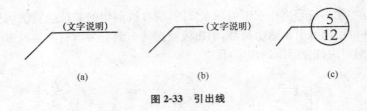

图 2-33　引出线

(2) 同时引出的几个相同部分的引出线,宜互相平行[图 2-34(a)],也可画成集中于一点的放射线[图 2-34(b)]。

(3) 多层构造或多层管道共用引出线,应通过被引出的各层,并用圆点示意对应各层次。文字说明宜注写在水平线的上方,或注写在水平线的端部,说明的顺序应由上至下,并应与被说明的层次对应一致;如层次为横向排序,则由上至下的说明顺序应与由左至右的层次对应一致(图 2-35)。

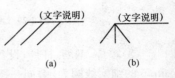

图 2-34　共用引出线

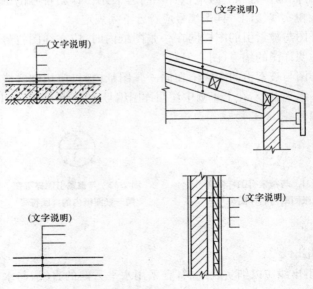

图 2-35　多层共用引出线

4. 其他符号

(1)对称符号由对称线和两端的两对平行线组成。对称线用细单点长画线绘制;平行线用细实线绘制,其长度宜为 6～10mm,每对的间距宜为 2～3mm;对称线垂直平分于两对平行线,两端超出平行线宜为 2～3mm(图 2-36)。

(2)连接符号应以折断线表示需连接的部位。

图 2-36 对称符号

两部位相距过远时,折断线两端靠图样一侧应标注大写拉丁字母表示连接编号。两个被连接的图样应用相同的字母编号(图 2-37)。

(3)指北针的形状符合图 2-38 的规定,其圆的直径宜为 24mm,用细实线绘制;指针尾部的宽度宜为 3mm,指针头部应注"北"或"N"字。需用较大直径绘制指北针时,指针尾部的宽度宜为直径的 1/8。

(4)对图纸中局部变更部分宜采用云线,并宜注明修改版次(图 2-39)。

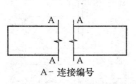
A - 连接编号

图 2-37 连接符号

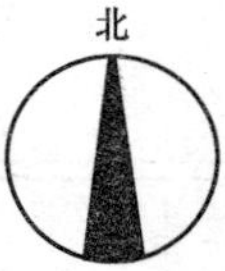

图 2-38 指北针

图 2-39 变更云线
注:1 为修改次数

5. 定位轴线

(1)定位轴线应用细单点长画线绘制。

(2)定位轴线应编号,编号应注写在轴线端部的圆内。圆应用细实线绘制,直径为 8～10mm。定位轴线圆的圆心应在定位轴线的延长线上或延长线的折线上。

(3)除较复杂需采用分区编号或圆形、折线形外,平面图上定位轴线的编号,宜标注在图样的下方或左侧。横向编号应用阿拉伯数字,从左至右顺序编写;竖向编号应用大写拉丁字母,从下至上顺序编写(图 2-40)。

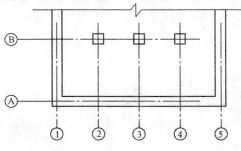

图 2-40 定位轴线的编号顺序

(4)拉丁字母作为轴线号时,应全部采用大写字母,不应用同一个字母的大小写来区分轴线号。拉丁字母的I、O、Z不得用做轴线编号。当字母数量不够使用,可增用双字母或单字母加数字注脚。

(5)组合较复杂的平面图中定位轴线也可采用分区编号(图2-41)。编号的注写形式应为"分区号——该分区编号"。"分区号——该分区编号"采用阿拉伯数字或大写拉丁字母表示。

(6)附加定位轴线的编号,应以分数形式表示,并应符合下列规定:

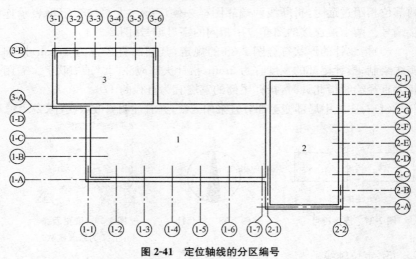

图2-41 定位轴线的分区编号

1)两根轴线的附加轴线,应以分母表示前一轴线的编号,分子表示附加轴线的编号。编号宜用阿拉伯数字顺序编写。

2)①号轴线或Ⓐ号轴线之前的附加轴线的分母应以01或0A表示。

(7)一个详图适用于几根轴线时,应同时注明各有关轴线的编号(图2-42)。

图2-42 详图的轴线编号

(8)通用详图中的定位轴线,应只画圆,不注写轴线编号。

(9)圆形与弧形平面图中的定位轴线,其径向轴线应以角度进行定位,其编号宜用阿拉伯数字表示,从左下角或-90°(若径向轴线很密,角度间隔很小)开始,按逆时针顺序编写;其环向轴线宜用大写阿拉伯字母表示,从外向内顺序编写(图 2-43、图 2-44)。

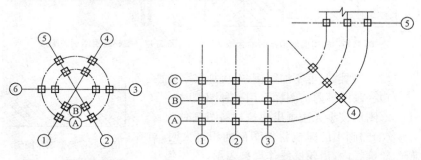

图 2-43 圆形平面定位轴线的编号

图 2-44 弧形平面定位轴线的编号

(10)折线形平面图中定位轴线的编号可按图 2-45 的形式编写。

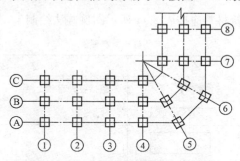

图 2-45 折线形平面定位轴线的编号

第三节 建筑工程施工图常用图例

一、常用建筑材料图例

(1)本节只说明常用建筑材料的图例画法,对其尺度比例不作具体规定。使用时,应根据图样大小而定,并应符合下列规定:

1)图例线应间隔均匀、疏密适度,做到图例正确、表示清楚。

2)不同品种的同类材料使用同一图例时,应在图上附加必要的说明。

3)两个相同的图例相接时,图例线宜错开或使倾斜方向相反(图 2-46)。

4)两个相邻的涂黑图例间应留有空隙,其净宽度不得小于 0.5mm (图 2-47)。

图 2-46　相同图例相接时的画法　　　图 2-47　相邻涂黑图例的画法

(2)下列情况可不加图例,但应加文字说明:

1)一张图纸内的图样只用一种图例时。

2)图形较小无法画出建筑材料图例时。

(3)需画出的建筑材料图例面积过大时,可在断面轮廓线内,沿轮廓线作局部表示(图 2-48)。

图 2-48　局部表示图例

(4)当选用本标准中未包括的建筑材料时,可自编图例。但不得与本标准所列的图例重复。绘制时,应在适当位置画出该材料图例,并加以说明。

(5)常用建筑材料应按表 2-11 所示图例画法绘制。

表 2-11　　　　　　　　常用建筑材料图例

序号	名称	图例	备注
1	自然土壤		包括各种自然土壤
2	夯实土壤		—
3	砂、灰土		
4	砂砾石、碎砖三合土		—
5	石材		
6	毛石		
7	普通砖		包括实心砖、多孔砖、砌块等砌体。断面较窄不易绘出图例线时,可涂红,并在图纸备注中加注说明,画出该材料图例

第二章 建筑工程制图与识图

续表一

序号	名称	图例	备注
8	耐火砖		包括耐酸砖等砌体
9	空心砖		指非承重砖砌体
10	饰面砖		包括铺地砖、马赛克、陶瓷锦砖、人造大理石等
11	焦渣、矿渣	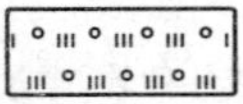	包括与水泥、石灰等混合而成的材料
12	混凝土	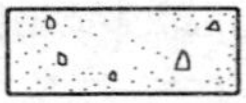	1. 本图例指能承重的混凝土及钢筋混凝土 2. 包括各种强度等级、骨料、添加剂的混凝土
13	钢筋混凝土		3. 在剖面图上画出钢筋时,不画图例线 4. 断面图形小,不易画出图例线时,可涂黑
14	多孔材料	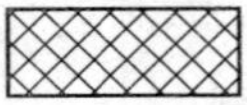	包括水泥珍珠岩、沥青珍珠岩、泡沫混凝土、非承重加气混凝土、软木、蛭石制品等
15	纤维材料	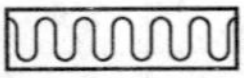	包括矿棉、岩棉、玻璃棉、麻丝、木丝板、纤维板等
16	泡沫塑料材料	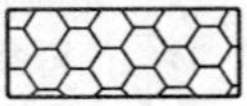	包括聚苯乙烯、聚乙烯、聚氨酯等多孔聚合物类材料
17	木材		1. 上图为横断面,左上图为垫木、木砖或木龙骨 2. 下图为纵断面
18	胶合板		应注明为×层胶合板
19	石膏板	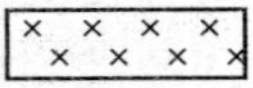	包括圆孔、方孔石膏板、防水石膏板、硅钙板、防火板等
20	金属		1. 包括各种金属 2. 图形小时,可涂黑
21	网状材料		1. 包括金属、塑料网状材料 2. 应注明具体材料名称

续表二

序号	名称	图例	备注
22	液体		应注明具体液体名称
23	玻璃		包括平板玻璃、磨砂玻璃、夹丝玻璃、钢化玻璃、中空玻璃、夹层玻璃、镀膜玻璃等
24	橡胶		—
25	塑料		包括各种软、硬塑料及有机玻璃等
26	防水材料		构造层次多或比例大时,采用上图例
27	粉刷		本图例采用较稀的点

注:序号1、2、5、7、8、13、14、16、17、18图例中的斜线、短斜线、交叉斜线等均为45°。

二、常用建筑物图例

常用建筑物应按表2-12所示图例画法绘制。

表2-12 常用建筑物图例

序号	名称	图例	备注
1	新建建筑物	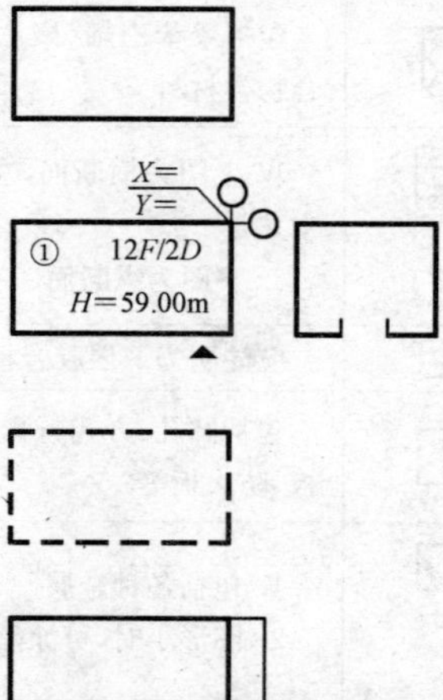 ① 12F/2D $H=59.00m$	新建建筑物以粗实线表示与室外地坪相接处±0.00外墙定位轮廓线 建筑物一般以±0.00高度处的外墙定位轴线交叉点坐标定位。轴线用细实线表示,并标明轴线号 根据不同设计阶段标注建筑编号,地上、地下层数,建筑高度,建筑出入口位置(两种表示方法均可,但同一图纸采用一种表示方法) 地下建筑物以粗虚线表示其轮廓 建筑上部(±0.00以上)外挑建筑用细实线表示 建筑物上部连廊用细虚线表示并标注位置

续表一

序号	名称	图例	备注
2	原有建筑物	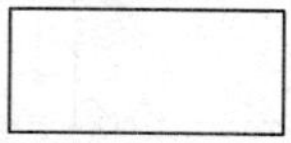	用细实线表示
3	计划扩建的预留地或建筑物		用中粗虚线表示
4	拆除的建筑物		用细实线表示
5	建筑物下面的通道	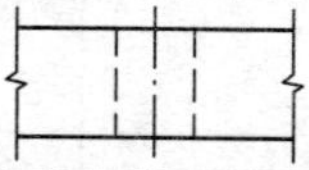	
6	散状材料露天堆场	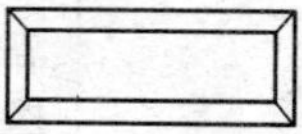	需要时可注明材料名称
7	其他材料露天堆场或露天作业场	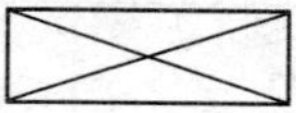	需要时可注明材料名称
8	铺砌场地	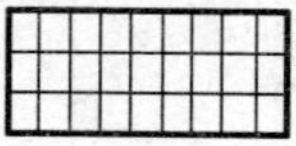	
9	敞棚或敞廊	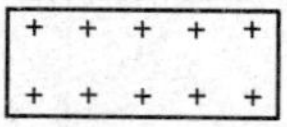	—
10	高架式料仓	 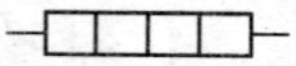	—
11	漏斗式贮仓		左、右图为底卸式 中图为侧卸式
12	冷却塔(池)	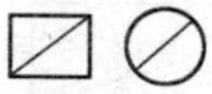	应注明冷却塔或冷却池
13	水塔、贮罐	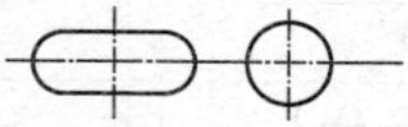	左图为卧式贮罐 右图为水塔或立式贮罐
14	水池、坑槽		也可以不涂黑

续表二

序号	名称	图例	备注
15	明溜矿槽(井)	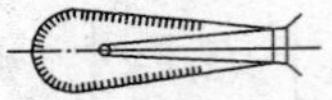	—
16	斜井或平硐	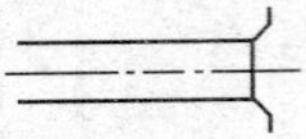	—
17	烟囱		实线为烟囱下部直径,虚线为基础,必要时可注写烟囱高度和上、下口直径
18	围墙及大门	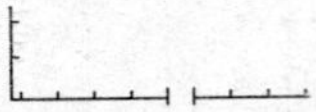	
19	挡土墙	 5.00 / 1.50	挡土墙根据不同设计阶段的需要标注 墙顶标高 墙底标高
20	挡土墙上设围墙		—
21	台阶及无障碍坡道	1. 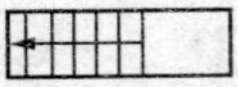 / 2. 	1. 表示台阶(级数仅为示意) 2. 表示无障碍坡道
22	露天桥式起重机	 $Gn=$ (t)	起重机起重量 Gn,以吨计算 "+"为柱子位置
23	露天电动葫芦	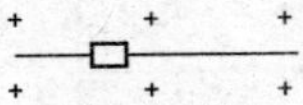 $Gn=$ (t)	起重机起重量 Gn,以吨计算 "+"为支架位置
24	门式起重机	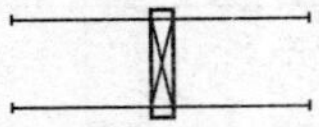 $Gn=$ (t)  / $Gn=$ (t)	起重机起重量 Gn,以吨计算 上图表示有外伸臂 下图表示无外伸臂
25	架空索道	 I I	"I"为支架位置
26	斜坡卷扬机道	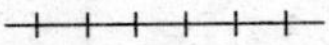	—

续表三

序号	名称	图 例	备 注
27	斜坡栈桥（皮带廊等）	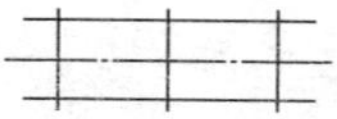	细实线表示支架中心线位置
28	坐标	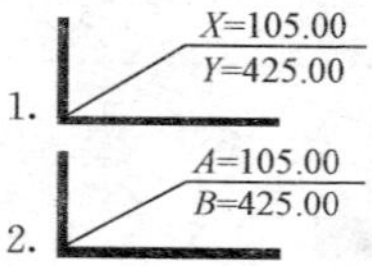 1. $X=105.00$ $Y=425.00$ 2. $A=105.00$ $B=425.00$	1. 表示地形测量坐标系 2. 表示自设坐标系 坐标数字平行于建筑标注
29	方格网交叉点标高	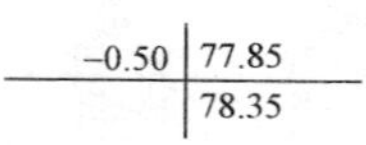 -0.50 | 77.85 78.35	"78.35"为原地面标高 "77.85"为设计标高 "-0.50"为施工高度 "-"表示挖方("+"表示填方)
30	填方区、挖方区、未整平区及零线	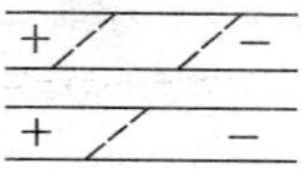 + / - + -	"+"表示填方区 "-"表示挖方区 中间为未整平区 点画线为零点线
31	填挖边坡		—
32	分水脊线与谷线	 	上图表示脊线 下图表示谷线
33	洪水淹没线	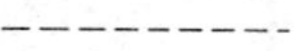 — — — — —	洪水最高水位以文字标注
34	地表排水方向		
35	截水沟	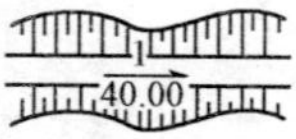 40.00	"1"表示 1‰的沟底纵向坡度,"40.00"表示变坡点间距离,箭头表示水流方向
36	排水明沟	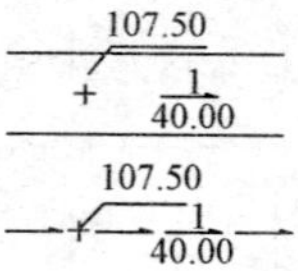 107.50 + 1/40.00 107.50 + 1/40.00	上图用于比例较大的图面 下图用于比例较小的图面 "1"表示 1‰的沟底纵向坡度,"40.00"表示变坡点间距离,箭头表示水流方向 "107.50"表示沟底变坡点标高(变坡点以"+"表示)

续表四

序号	名称	图例	备注
37	有盖板的排水沟		—
38	雨水口		1. 雨水口 2. 原有雨水口 3. 双落式雨水口
39	消火栓井		—
40	急流槽		箭头表示水流方向
41	跌水		
42	拦水（闸）坝		—
43	透水路堤		边坡较长时，可在一端或两端局部表示
44	过水路面		
45	室内地坪标高	151.00 (±0.00)	数字平行于建筑物书写
46	室外地坪标高	143.00	室外标高也可采用等高线
47	盲道		
48	地下车库入口		机动车停车场
49	地面露天停车场		
50	露天机械停车场		露天机械停车场

三、构造及配件图例

构造及配件图例应符合表 2-13 的规定。

表 2-13　　　　　　　　　　构造及配件图例

序号	名称	图　例	备　注
1	墙体		1. 上图为外墙,下图为内墙 2. 外墙粗线表示有保温层或有幕墙 3. 应加注文字或涂色或图案填充表示各种材料的墙体 4. 在各层平面图中防火墙宜着重以特殊图案填充表示
2	隔断		1. 加注文字或涂色或图案填充表示各种材料的轻质隔断 2. 适用于到顶与不到顶隔断
3	玻璃幕墙		幕墙龙骨是否表示由项目设计决定
4	栏杆		—
5	楼梯	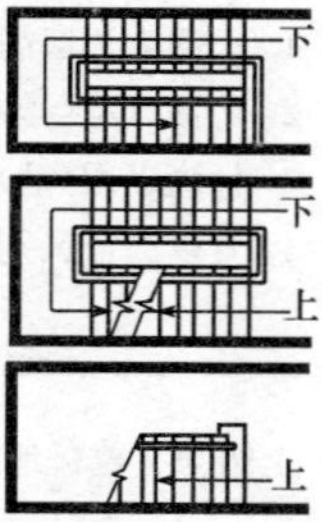	1. 上图为顶层楼梯平面,中图为中间层楼梯平面,下图为底层楼梯平面 2. 需设置靠墙扶手或中间扶手时,应在图中表示
6	坡道		长坡道 上图为两侧垂直的门口坡道,中图为有挡墙的门口坡道,下图为两侧找坡的门口坡道

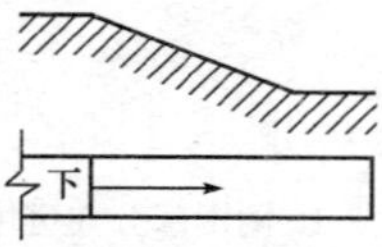

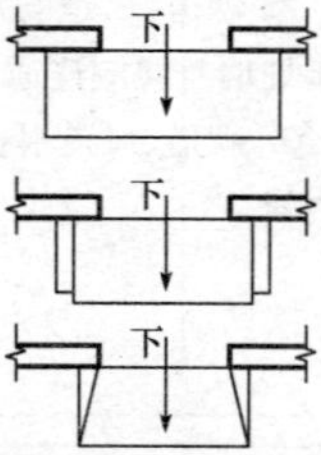

续表一

序号	名称	图例	备注
7	台阶	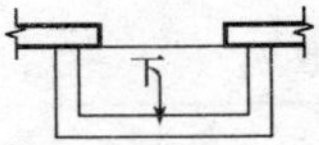	—
8	平面高差	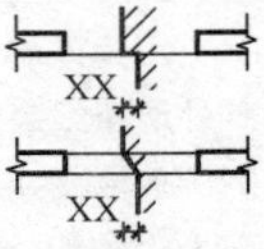	用于高差小的地面或楼面交接处,并应与门的开启方向协调
9	检查口		左图为可见检查口,右图为不可见检查口
10	孔洞		阴影部分亦可填充灰度或涂色代替
11	坑槽		—
12	墙预留洞、槽	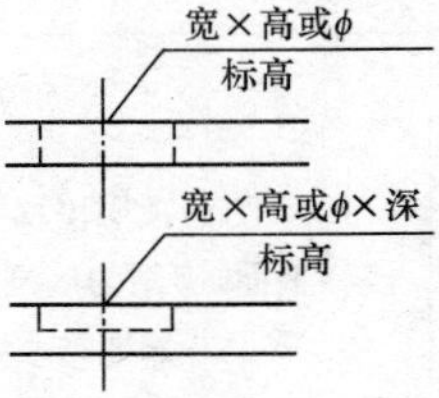 宽×高或ϕ 标高　　宽×高或ϕ×深 标高	1. 上图为预留洞,下图为预留槽 2. 平面以洞(槽)中心定位 3. 标高以洞(槽)底或中心定位 4. 宜以涂色区别墙体和预留洞(槽)
13	地沟	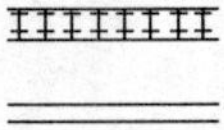	上图为有盖板地沟,下图为无盖板明沟
14	烟道	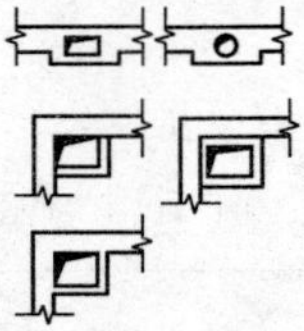	1. 阴影部分亦可填充灰度或涂色代替 2. 烟道、风道与墙体为相同材料,其相接处墙身线应连通 3. 烟道、风道根据需要增加不同材料的内衬
15	风道	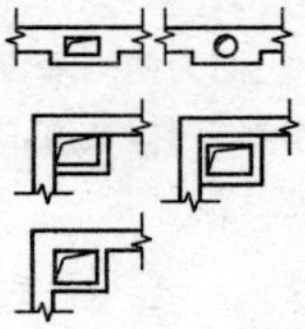	

续表二

序号	名称	图例	备注
16	新建的墙和窗	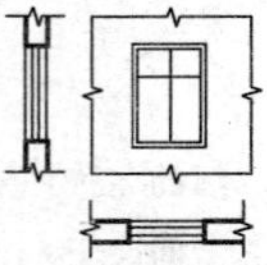	—
17	改建时保留的墙和窗	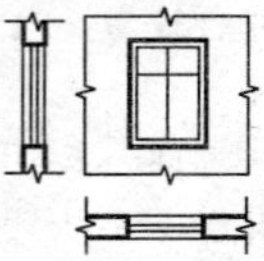	只更换窗,应加粗窗的轮廓线
18	拆除的墙	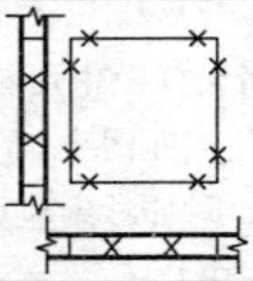	
19	改建时在原有墙或楼板新开的洞	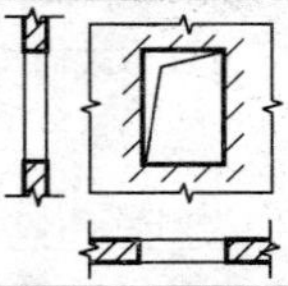	—
20	在原有墙或楼板洞旁扩大的洞	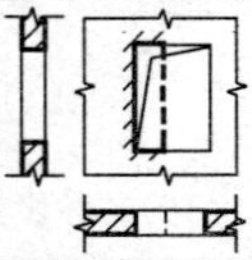	图示为洞口向左边扩大
21	在原有墙或楼板上全部填塞的洞	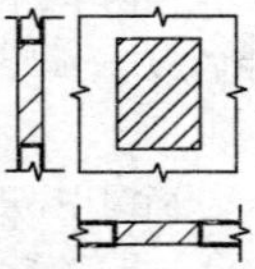	全部填塞的洞 图中立面填充灰度或涂色
22	在原有墙或楼板上局部填塞的洞	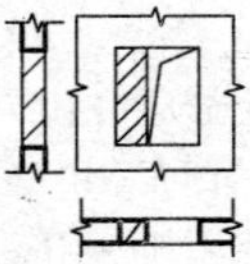	左侧为局部填塞的洞 图中立面填充灰度或涂色
23	空门洞	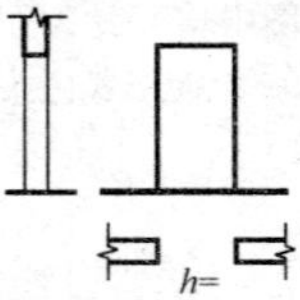	h 为门洞高度

续表三

序号	名称	图例	备注
24	单面开启单扇门（包括平开或单面弹簧）	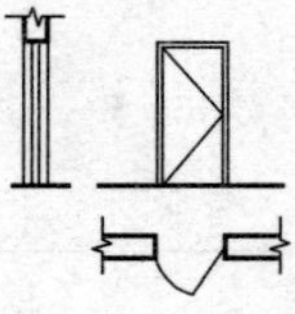	1. 门的名称代号用 M 表示 2. 平面图中，下为外，上为内 门开启线为 90°、60°或 45°，开启弧线宜绘出 3. 立面图中，开启线实线为外开，虚线为内开，开启线交角的一侧为安装合页一侧。开启线在建筑立面图中可不表示，在立面大样图中可根据需要绘出 4. 剖面图中，左为外，右为内 5. 附加纱扇应以文字说明，在平、立、剖面图中均不表示 6. 立面形式应按实际情况绘制
	双面开启单扇门（包括双面平开或双面弹簧）	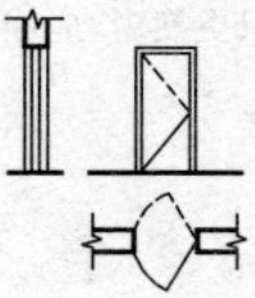	
	双层单扇平开门	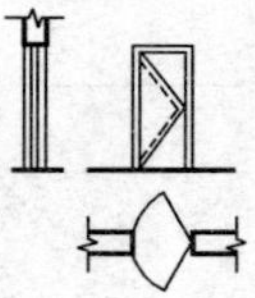	
25	单面开启双扇门（包括平开或单面弹簧）	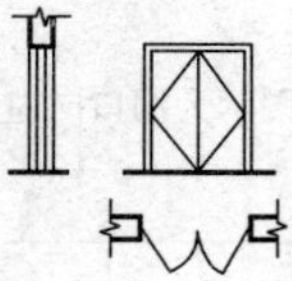	1. 门的名称代号用 M 表示 2. 平面图中，下为外，上为内 门开启线为 90°、60°或 45°，开启弧线宜绘出 3. 立面图中，开启线实线为外开，虚线为内开。开启线交角的一侧为安装合页一侧。开启线在建筑立面图中可不表示，在立面大样图中可根据需要绘出 4. 剖面图中，左为外，右为内 5. 附加纱扇应以文字说明，在平、立、剖面图中均不表示 6. 立面形式应按实际情况绘制
	双面开启双扇门（包括双面平开或双面弹簧）	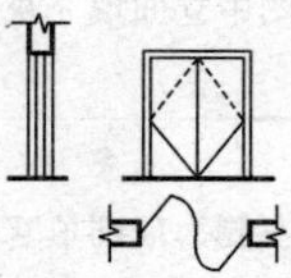	
	双层双扇平开门	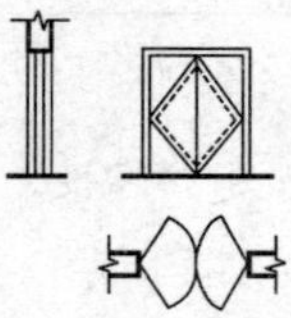	

第二章 建筑工程制图与识图

续表四

序号	名称	图 例	备 注
26	折叠门	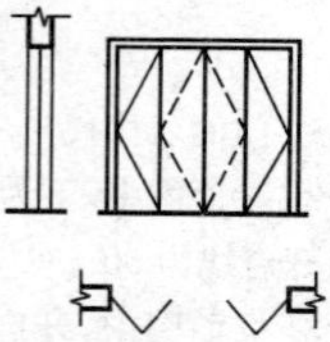	1. 门的名称代号用 M 表示 2. 平面图中,下为外,上为内 3. 立面图中,开启线实线为外开,虚线为内开,开启线交角的一侧为安装合页一侧 4. 剖面图中,左为外,右为内 5. 立面形式应按实际情况绘制
	推拉折叠门	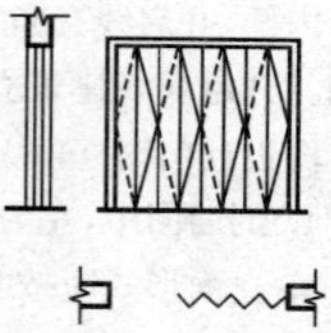	
27	墙洞外单扇推拉门	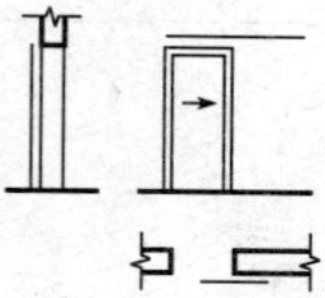	1. 门的名称代号用 M 表示 2. 平面图中,下为外,上为内 3. 剖面图中,左为外,右为内 4. 立面形式应按实际情况绘制
	墙洞外双扇推拉门	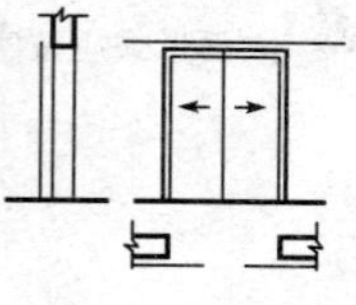	
	墙中单扇推拉门	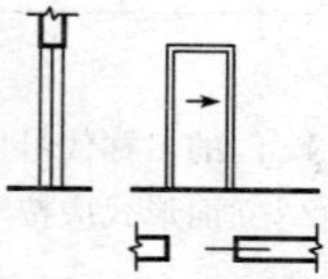	1. 门的名称代号用 M 表示 2. 立面形式应按实际情况绘制
	墙中双扇推拉门	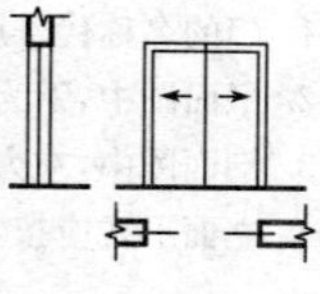	

续表五

序号	名称	图例	备注
28	推杠门	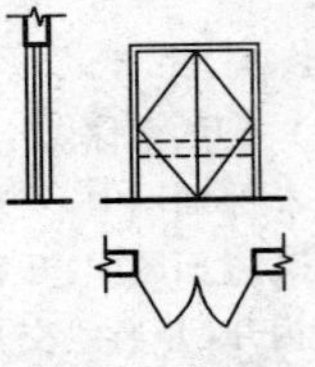	1. 门的名称代号用 M 表示 2. 平面图中,下为外,上为内 门开启线为 90°、60°或 45° 3. 立面图中,开启线实线为外开,虚线为内开,开启线交角的一侧为安装合页一侧。开启线在建筑立面图中可不表示,在室内设计门窗立面大样图中需绘出 4. 剖面图中,左为外,右为内 5. 立面形式应按实际情况绘制
29	门连窗	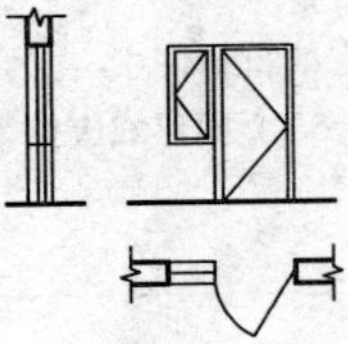	
30	旋转门	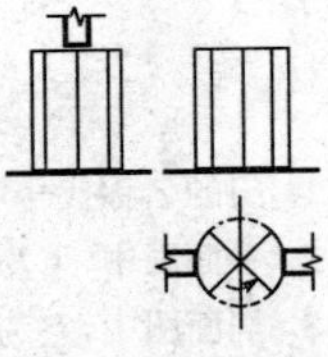	1. 门的名称代号用 M 表示 2. 立面形式应按实际情况绘制
30	两翼智能旋转门	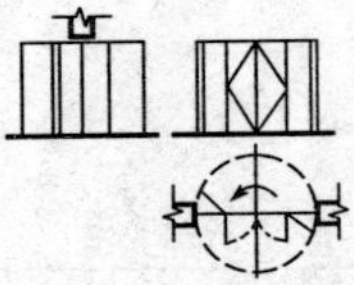	
31	自动门	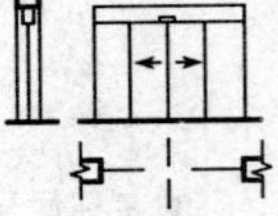	1. 门的名称代号用 M 表示 2. 立面形式应按实际情况绘制
32	折叠上翻门	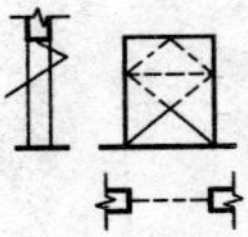	1. 门的名称代号用 M 表示 2. 平面图中,下为外,上为内 3. 剖面图中,左为外,右为内 4. 立面形式应按实际情况绘制

续表六

序号	名称	图例	备注
33	提升门		1. 门的名称代号用 M 表示 2. 立面形式应按实际情况绘制
34	分节提升门		
35	人防单扇防护密闭门		1. 门的名称代号按人防要求表示 2. 立面形式应按实际情况绘制
	人防单扇密闭门		
36	人防双扇防护密闭门		1. 门的名称代号按人防要求表示 2. 立面形式应按实际情况绘制
	人防双扇密闭门		

续表七

序号	名称	图例	备注
37	横向卷帘门	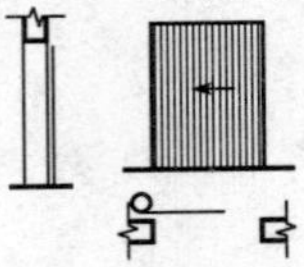	
	竖向卷帘门	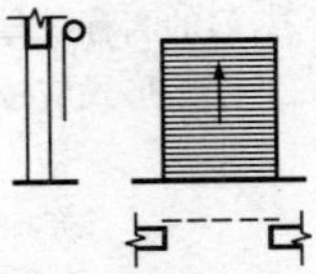	
	单侧双层卷帘门	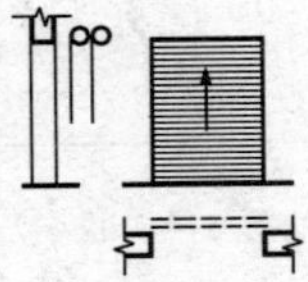	
	双侧单层卷帘门	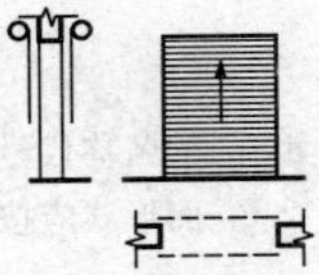	
38	固定窗	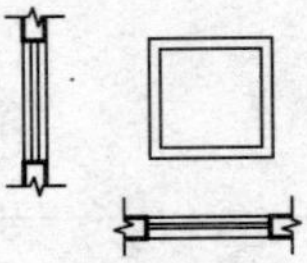	1. 窗的名称代号用 C 表示 2. 平面图中,下为外,上为内 3. 立面图中,开启线实线为外开,虚线为内开,开启线交角的一侧为安装合页一侧。开启线在建筑立面图中可不表示,在门窗立面大样图中需绘出 4. 剖面图中,左为外,右为内,虚线仅表示开启方向,项目设计不表示 5. 附加纱窗应以文字说明,在平、立、剖面图中均不表示 6. 立面形式应按实际情况绘制
39	上悬窗	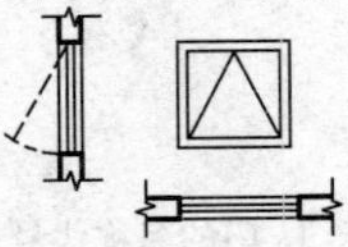	
	中悬窗	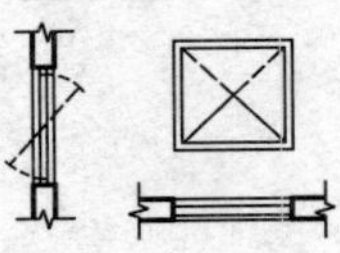	

续表八

序号	名称	图例	备注
40	下悬窗	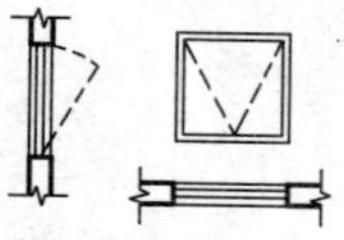	
41	立转窗	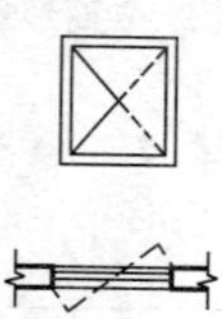	
42	内开平开内倾窗	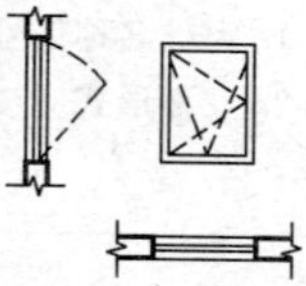	1. 窗的名称代号用C表示 2. 平面图中,下为外,上为内 3. 立面图中,开启线实线为外开,虚线为内开。开启线交角的一侧为安装合页一侧。开启线在建筑立面图中可不表示,在门窗立面大样图中需绘出 4. 剖面图中,左为外,右为内,虚线仅表示开启方向,项目设计不表示 5. 附加纱窗应以文字说明,在平、立、剖面图中均不表示 6. 立面形式应按实际情况绘制
	单层外开平开窗	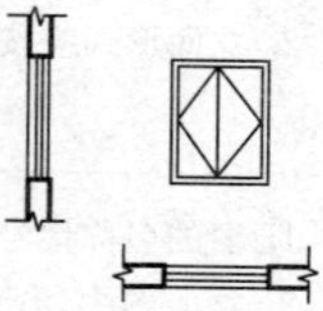	
43	单层内开平开窗	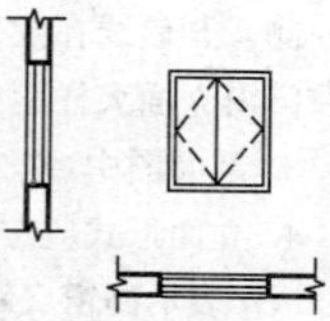	
	双层内外开平开窗	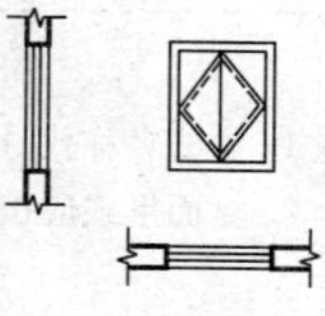	

续表九

序号	名称	图例	备注
44	单层推拉窗	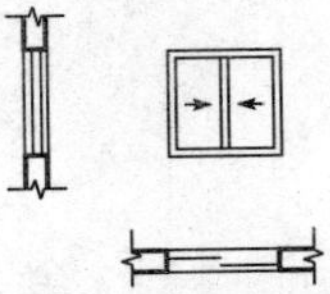	1. 窗的名称代号用 C 表示 2. 立面形式应按实际情况绘制
	双层推拉窗	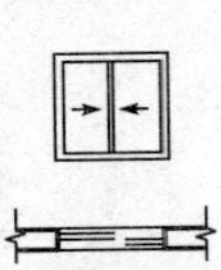	
45	上推窗	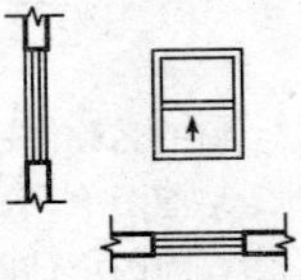	1. 窗的名称代号用 C 表示 2. 立面形式应按实际情况绘制
46	百叶窗	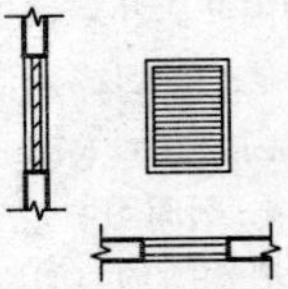	1. 窗的名称代号用 C 表示 2. 立面形式应按实际情况绘制
47	高窗	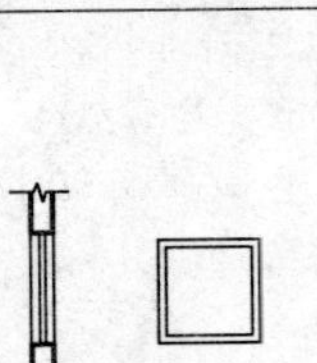 $h=$	1. 窗的名称代号用 C 表示 2. 立面图中，开启线实线为外开，虚线为内开。开启线交角的一侧为安装合页一侧。开启线在建筑立面图中可不表示，在门窗立面大样图中需绘出 3. 剖面图中，左为外，右为内 4. 立面形式应按实际情况绘制 5. h 表示高窗底距本层地面高度 6. 高窗开启方式参考其他窗型
48	平推窗	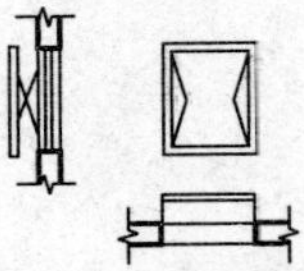	1. 窗的名称代号用 C 表示 2. 立面形式应按实际情况绘制

四、水平及垂直运输装置图例

水平及垂直运输装置图例及说明见表 2-14。

表 2-14　　　　　水平及垂直运输装置图例

序号	名称	图例	备注
1	铁路		适用于标准轨及窄轨铁路,使用时应注明轨距
2	起重机轨道		—
3	手、电动葫芦	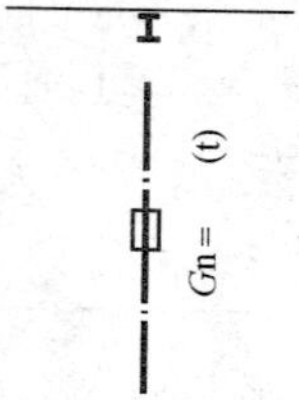 $Gn=$ (t)	
4	梁式悬挂起重机	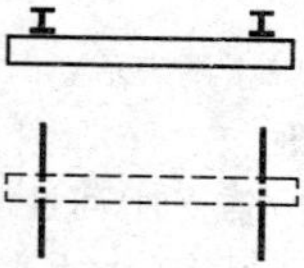 $Gn=$ (t)　$S=$ (m)	1. 上图表示立面(或剖切面),下图表示平面 2. 手动或电动由设计注明 3. 需要时,可注明起重机的名称、行驶的范围及工作级别 4. 有无操纵室,应按实际情况绘制 5. 本图例的符号说明: Gn——起重机起重量,以吨(t)计算 S——起重机的跨度或臂长,以米(m)计算
5	多支点悬挂起重机	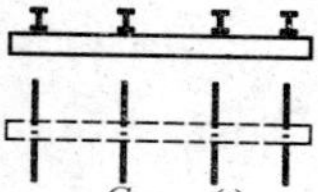 $Gn=$ (t)　$S=$ (m)	
6	梁式起重机	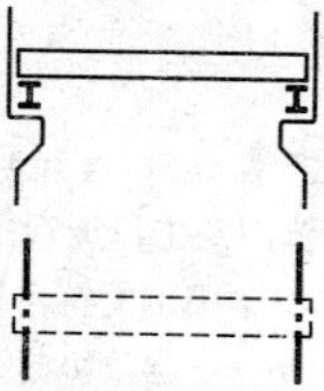 $Gn=$ (t)　$S=$ (m)	

续表一

序号	名称	图 例	备 注
7	桥式起重机	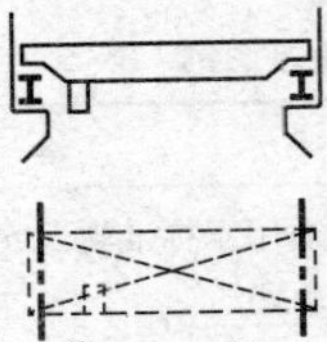 $Gn=$ (t) $S=$ (m)	1. 上图表示立面(或剖切面),下图表示平面 2. 有无操纵室,应按实际情况绘制 3. 需要时,可注明起重机的名称、行驶的范围及工作级别 4. 本图例的符号说明: Gn——起重机起重量,以吨(t)计算 S——起重机的跨度或臂长,以米(m)计算
8	龙门式起重机	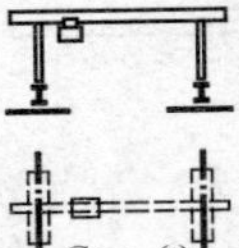 $Gn=$ (t) $S=$ (m)	
9	壁柱式起重机	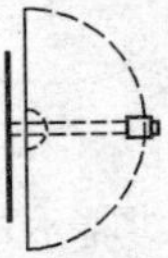 $Gn=$ (t) $S=$ (m)	1. 上图表示立面(或剖切面),下图表示平面 3. 需要时,可注明起重机的名称、行驶的范围及工作级别 3. 本图例的符号说明: Gn——起重机起重量,以吨(t)计算 S——起重机的跨度或臂长,以米(m)计算
10	壁行起重机	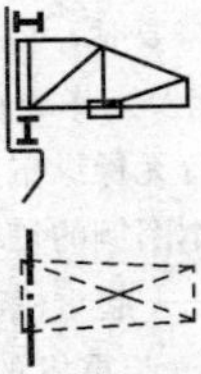 $Gn=$ (t) $S=$ (m)	
11	定柱式起重机	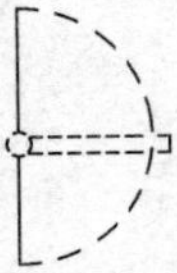 $Gn=$ (t) $S=$ (m)	1. 上图表示立面(或剖切面),下图表示平面 2. 需要时,可注明起重机的名称、行驶的范围及工作级别 4. 本图例的符号说明: Gn——起重机起重量,以吨(t)计算 S——起重机的跨度或臂长,以米(m)计算

续表二

序号	名称	图例	备注
12	传送带		传送带的形式多种多样,项目设计图均按实际情况绘制、本图例仅为代表
13	电梯		1. 电梯应注明类型,并按实际绘出门和平衡锤或导轨的位置 2. 其他类型电梯应参照本图例按实际情况绘制
14	杂物梯、食梯		

第四节 建筑工程施工图识读

一、施工图的分类与编排顺序

1. 施工图分类

一套完整的施工图按各专业内容不同,一般分为:

(1)图纸目录。说明各专业图纸名称、张数、编号。其目的是便于查阅。

(2)设计说明。主要说明工程概况和设计依据。包括建筑面积、工程造价;有关的地质、水文、气象资料;采暖通风及照明要求;建筑标准、荷载等级、抗震要求;主要施工技术和材料使用等。

(3)建筑施工图(简称建施)。它的基本图纸包括:建筑总平面图、平面图、立面图和剖面图等;它的建筑详图包括墙身剖面图、楼梯详图、浴厕详图、门窗详图及门窗表,以及各种装修、构造做法、说明等。在建筑施工图的标题栏内均注写建施××号,可供查阅。

(4)结构施工图(简称结施)。它的基本图纸包括:基础平面图、楼层结构平面图、屋顶结构平面图、楼梯结构图等;它的结构详图有:基础详图、梁、板、柱等构件详图及节点详图等。在结构施工图的标题内均注写结施××号,可供查阅。

(5)设备施工图(简称设施)。设施包括三部分专业图纸:

1)给水排水施工图。主要表示管道的布置和走向,构件做法和加工安装要求。图纸包括平面图、系统图、详图等。

2)采暖通风施工图。主要表示管道布置和构造安装要求。图纸包括平面图、系统图、安装详图等。

3)电气施工图。主要表示电气线路走向及安装要求。图纸包括平面图、系统图、接线原理图以及详图等;在这些图纸的标题栏内分别注写水施××号,暖施××号,电施××号,以便查阅。

2. 施工图编排顺序

《房屋建筑制图统一标准》(GB/T 50001—2010)对工程施工图的编排顺序作了如下规定:"工程图纸应按专业顺序编排。一般应为图纸目录、总图、建筑图、结构图、给水排水图、暖通空调图、电气图……各专业的图纸,应该按图纸内容的主次关系、逻辑关系,有序排列"。

二、建筑施工图识读

1. 总平面图识读

将拟建工程四周一定范围内的新建、拟建、原有和拆除的建筑物、构筑物连同其周围的地形、地物状况,用水平投影方法和相应的图例所画出的图样,称为总平面图。

(1)总平面图的用途。总平面图是一个建设项目的总体布局,表示新建房屋所在基地范围内的平面布置、具体位置,以及周围情况,总平面图通常画在具有等高线的地形图上。

图2-49是某学校拟建教师住宅楼总平面图。图中用粗实线画出的图形表示新建住宅楼;用中实线画出的图形表示原有建筑物;各个平面图形内的小黑点数,表示房屋的层数。除建筑物外,道路、围墙、池塘、绿化等均用图例表示。

总平面图的主要用途是:

1)总平面图是工程施工的依据(如施工定位、施工放线和土方工程)。

2)总平面图是室外管线布置的依据。

3)总平面图是工程预算的重要依据(如土石方工程量,室外管线工程量的计算)。

(2)总平面图的基本内容。总平面图主要包括以下内容:

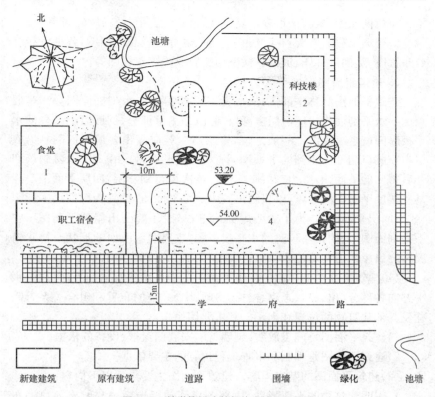

图 2-49 某学校拟建教师住宅楼总平面图

1)表明新建区域的地形、地貌、平面布置,包括红线位置,各建(构)筑物、道路、河流、绿化等的位置及其相互间的位置关系。

2)确定新建房屋的平面位置。一般根据原有建筑物或道路定位,标注定位尺寸;修建成片住宅、较大的公共建筑物、工厂或地形复杂时,用坐标确定房屋及道路转折点的位置。

3)表明建筑物首层地面的绝对标高,室外地坪、道路的绝对标高;说明土方填挖情况、地面坡度及雨水排除方向。

4)用指北针和风向频率玫瑰图来表示建筑物的朝向。风向频率玫瑰图还表示该地区常年风向频率。它是根据某一地区多年统计的各个方向吹风次数的百分数值,按一定比例绘制。用16个罗盘方位表示。风向频率玫瑰图上所表示风的吹向,是指从外面吹向地区中心的。实线图形表示常年风向频率;虚线图形表示夏季(六、七、八三个月)的风向频率。

5)根据工程的需要,有时还有水、暖、电等管线总平面图,各种管线综合布置图、竖向设计图、道路纵横剖面图以及绿化布置图等。

2. 建筑平面图识读

建筑平面图简称平面图,实际上是一幢房屋的水平剖面图。它是假想用一水平剖面将房屋沿门窗洞口剖开,移去上部分,剖面以下部分的水平投影图就是平面图。一般地说,多层房屋就应画出各层平面图。沿底层门窗洞口切开后得到的平面图,称为底层平面图。沿二层门窗洞口切开后得到的平面图,称为二层平面图。依次可得到三层、四层平面图。当某些楼层平面相同时,可以只画出其中一个平面图,称其为标准层平面图(或中间层平面图)。为了表明屋面构造,一般还要画出屋顶平面图。它不是剖面图,是俯视屋顶时的水平投影图,主要表示屋面的形状及排水情况和突出屋面的构造位置。

(1)建筑平面图的用途。建筑平面图主要表示建筑物的平面形状、水平方向各部分(出入口、走廊、楼梯、房间、阳台等)的布置和组合关系,墙、柱及其他建筑物的位置和大小。其主要用途是:

1)建筑平面图是施工放线,砌墙、柱,安装门窗框、设备的依据。

2)建筑平面图是编制和审查工程预算的主要依据。

(2)建筑平面图的基本内容。建筑平面图主要包括以下内容:

1)表明建筑物的平面形状,内部各房间包括走廊、楼梯、出入口的布置及朝向。

2)表明建筑物及其各部分的平面尺寸。在建筑平面图中,必须详细标注尺寸。平面图中的尺寸分为外部尺寸和内部尺寸。外部尺寸有三道,一般沿横向、竖向分别标注在图形的下方和左方。

第一道尺寸:表示建筑物外轮廓的总体尺寸,也称为外包尺寸。它是从建筑物一端外墙边到另一端外墙边的总长和总宽尺寸。

第二道尺寸:表示轴线之间的距离,也称为轴线尺寸。它标注在各轴线之间,说明房间的开间及进深的尺寸。

第三道尺寸:表示各细部的位置和大小的尺寸,也称细部尺寸。它以轴线为基准,标注出门、窗的大小和位置;墙、柱的大小和位置。此外,台阶(或坡道)、散水等细部结构的尺寸可分别单独标出。

内部尺寸标注在图形内部。用以说明房间的净空大小;内门、窗的宽度;内墙厚度以及固定设备的大小和位置。

3)表明地面及各层楼面标高。

4)表明各种门、窗位置,代号和编号,以及门的开启方向。门的代号用 M 表示,窗的代号用 C 表示,编号数用阿拉伯数字表示。

5)表示剖面图剖切符号、详图索引符号的位置及编号。

6)综合反映其他各工种(工艺、水、暖、电)对土建的要求:各工程要求的坑、台、水池、地沟、电闸箱、消火栓、雨水管等及其在墙或楼板上的预留洞,应在图中表明其位置及尺寸。

7)表明室内装修做法:包括室内地面、墙面及天棚等处的材料及做法。一般简单的装修。在平面图内直接用文字说明;较复杂的工程则另列房间明细表和材料做法表,或另画建筑装修图。

8)文字说明:平面图中不易表明的内容,如施工要求、砖及灰浆的强度等级等需用文字说明。

以上所列内容,可根据具体项目的实际情况取舍。

3. 建筑立面图识读

(1)建筑立面图的形成及名称。建筑立面图简称立面图,就是对房屋的前后左右各个方向所做的正投影图。立面图的命名方法有:

1)按房屋朝向,如南立面图,北立面图,东立面图,西立面图。

2)按轴线的编号,如②~⑭立面图,Ⓐ~Ⓗ立面图。

3)按房屋的外貌特征命名,如正立面图,背立面图等。对于简单的对称式房屋,立面图可只绘一半,但应画出对称轴线和对称符号。

(2)建筑立面图的用途。立面图是表示建筑物的体型、外貌和室外装修要求的图样。主要用于外墙的装修施工和编制工程预算。

(3)建筑立面图的主要图示内容。建筑立面图图示的主要内容有:

1)图名、比例。立面图的比例常与平面图一致。

2)标注建筑物两端的定位轴线及其编号。在立面图中一般只画出两端的定位轴线及其编号,以便与平面图对照。

3)画出室内外地面线,房屋的勒脚,外部装饰及墙面分格线。表示出屋顶、雨篷、阳台、台阶、雨水管、水斗等细部结构的形状和做法。为了使立面图外形清晰,通常把房屋立面的最外轮廓线画成粗实线,室外地面用特粗线表示,门窗洞口、檐口、阳台、雨篷、台阶等用中实线表示;其余的,如墙面分隔线、门窗格子、雨水管以及引出线等均用细实线表示。

4)表示门窗在外立面的分布、外形、开启方向。在立面图上,门窗应按标准规定的图例画出。门、窗立面图中的斜细线,是开启方向符号。细实线表示向外开,细虚线表示向内开。一般无需把所有的窗都画上开启符号。凡是窗的型号相同的,只画出其中一、两个即可。

5)标注各部位的标高及必须标注的局部尺寸。在立面图上,高度尺寸主要用标高表示。一般要注出室内外地坪,一层楼地面,窗台、窗顶、阳台面、檐口、女儿墙压顶面,进口平台面及雨篷底面等的标高。

6)标注出详图索引符号。

7)文字说明外墙装修做法。根据设计要求外墙面可选用不同的材料及做法。在立面图上一般用文字说明。

4. 建筑剖面图识读

(1)建筑剖面图的形成和用途。建筑剖面图简称剖面图,一般是指建筑物的垂直剖面图,且多为横向剖切形式。剖面图的用途主要有:

1)主要表示建筑物内部垂直方向的结构形式、分层情况,内部构造及各部位的高度等,用于指导施工。

2)编制工程预算时,与平、立面图配合计算墙体、内部装修等的工程量。

(2)建筑剖面图的主要内容。建筑剖面图主要包括以下内容:

1)图名、比例及定位轴线。剖面图的图名与底层平面图所标注的剖切位置符号的编号一致。在剖面图中,应标出被剖切的各承重墙的定位轴线及与平面图一致的轴线编号。

2)表示出室内底层地面到屋顶的结构形式、分层情况。在剖面图中,断面的表示方法与平面图相同。断面轮廓线用粗实线表示,钢筋混凝土构件的断面可涂黑表示。其他没被剖切到的可见轮廓线用中实线表示。

3)标注各部分结构的标高和高度方向尺寸。剖面图中应标注出室内外地面、各层楼面、楼梯平台、檐口、女儿墙顶面等处的标高。其他结构则应标注高度尺寸。高度尺寸分为三道:

第一道是总高尺寸,标注在最外边;

第二道是层高尺寸,主要表示各层的高度;

第三道是细部尺寸,表示门窗洞、阳台、勒脚等的高度。

4)文字说明某些用料及楼、地面的做法等。需画详图的部位,还应标注出详图索引符号。

5. 建筑详图识读

建筑详图是把房屋的某些细部构造及构配件用较大的比例(如1∶20,1∶10,1∶5等)将其形状、大小、材料和做法详细表达出来的图样,简称详图或大样图、节点图。常用的详图一般有:墙身详图、楼梯详图、门窗详图、厨房、卫生间、浴室、壁橱及装修详图(吊顶、墙裙、贴面)等。

(1)建筑详图的分类及特点。建筑详图分为局部构造详图和构配件详图。局部构造详图主要表示房屋某一局部构造做法和材料的组成,如墙身详图、楼梯详图等。构配件详图主要表示构配件本身的构造,如门、窗、花格等详图。建筑详图具有以下特点:

1)图形详:图形采用较大比例绘制,各部分结构应表达详细,层次清楚,但又要详而不繁。

2)数据详:各结构的尺寸要标注完整齐全。

3)文字详:无法用图形表达的内容采用文字说明,要详尽清楚。

详图的表达方法和数量,可根据房屋构造的复杂程度而定。有的只用一个剖面详图就能表达清楚(如墙身详图),有的需加平面详图(如楼梯间、卫生间),或用立面详图(如门窗详图)。

(2)外墙身详图识读。外墙身详图实际上是建筑剖面图的局部放大图。它主要表示房屋的屋顶、檐口、楼层、地面、窗台、门窗顶、勒脚、散水等处的构造;楼板与墙的连接关系。

外墙身详图的主要内容包括:

1)标注墙身轴线编号和详图符号。

2)采用分层文字说明的方法表示屋面、楼面、地面的构造。

3)表示各层梁、楼板的位置及与墙身的关系。

4)表示檐口部分如女儿墙的构造、防水及排水构造。

5)表示窗台、窗过梁(或圈梁)的构造情况。

6)表示勒脚部分如房屋外墙的防潮、防水和排水的做法。外墙身的防潮层一般在室内底层地面下60mm左右处。外墙面下部有30mm厚1∶3水泥砂浆,层面为褐色水刷石的勒脚。墙根处有坡度5%的散水。

7)标注各部位的标高及高度方向和墙身细部的大小尺寸。

8)文字说明各装饰内、外表面的厚度及所用的材料。

外墙身详图阅读时应注意以下问题:

1)±0.000或防潮层以下的砖墙以结构基础图作为施工依据,看墙身剖面图时,必须与基础图配合,并注意±0.000处的搭接关系及防潮层的做法。

2)屋面、地面、散水、勒脚等的做法、尺寸应和材料做法对照。

3)要注意建筑标高和结构标高的关系。建筑标高一般是指地面或楼面装修完成后上表面的标高,结构标高主要指结构构件的下皮或上皮标高。在预制楼板结构楼层剖面图中,一般只注明楼板的下皮标高。在建筑墙身剖面图中只注明建筑标高。

(3)楼梯详图识读。楼梯是房屋中比较复杂的构造,目前多采用预制或现浇钢筋混凝土结构。楼梯由楼梯段、休息平台和栏板(或栏杆)等组成。楼梯详图一般包括平面图、剖面图及踏步栏杆详图等。它们表示出楼梯的形式;踏步、平台、栏杆的构造、尺寸、材料和做法。楼梯详图分为建筑详图与结构详图,并分别绘制。对于比较简单的楼梯,建筑详图和结构详图可以合并绘制,编入建筑施工图和结构施工图。

1)楼梯平面图。一般每一层楼都要画一张楼梯平面图。三层以上的房屋,若中间各层的楼梯位置及其梯段数、踏步数和大小相同时,通常只画底层、中间层和顶层三个平面图。

楼梯平面图实际是各层楼梯的水平剖面图,水平剖切位置应在每层上行第一梯段及门窗洞口的任一位置处。各层(除顶层外)被剖到的梯段,按"国标"规定,均在平面图中以一根45°折断线表示。

在各层楼梯平面图中应标注该楼梯间的轴线及编号,以确定其在建筑平面图中的位置。底层楼梯平面图还应注明楼梯剖面图的剖切符号。平面图中要注出楼梯间的开间和进深尺寸、楼地面和平台面的标高及各细部的详细尺寸。通常把梯段长度尺寸与踏面数、踏面宽的尺寸合写在一起。

2)楼梯剖面图。假想用一铅垂平面通过各层的一个梯段和门窗洞将楼梯剖开,向另一未剖到的梯段方向投影,所得到的剖面图,即为楼梯剖面图。楼梯剖面图表达出房屋的层数、楼梯梯段数、步级数以及楼梯形式,楼地面、平台的构造及与墙身的连接等。若楼梯间的屋面没有特殊之处,一般可不画。楼梯剖面图中还应标注地面、平台面、楼面等处的标高和梯段、楼层、门窗洞口的高度尺寸。楼梯高度尺寸注法与平面图梯段长度注法相同。如 $10 \times 150 = 1500$,10 为步级数,表示该梯段为 10 级,150 为踏步高度。楼梯剖面图中也应标注承重结构的定位轴线及编号。对需画详图的部位注出详图索引符号。

3)节点详图。楼梯节点详图主要表示栏杆、扶手和踏步的细部构造。

三、结构施工图识读

结构施工图是表示建筑物的承重构件(如基础、承重墙、梁、板、柱等)的布置,形状大小,内部构造和材料做法等的图纸。结构施工图的主要用途:

(1)结构施工图是施工放线、构件定位、支模板、轧钢筋、浇筑混凝土、安装梁、板、柱等构件以及编制施工组织设计的依据。

(2)结构施工图是编制工程预算和工料分析的依据。

建筑结构按其主要承重构件所采用的材料不同,一般可分为钢结构、木结构、砖石结构和钢筋混凝土结构等。不同的结构类型,其结构施工图的具体内容及编排方式也各有不同,但一般都包括以下三部分:

(1)结构设计说明。
(2)结构平面图。
(3)构件详图。

结构构件的种类繁多,为了便于绘图和读图,在结构施工图中常用代号来表示构件的名称。构件代号一般用大写的汉语拼音字母表示。当采用标准、通用图集中的构件时,应用该图集中的规定代号或型号注写。

1. 基础结构图识读

基础结构图也称基础图,是表示建筑物室内地面(±0.000)以下基础部分的平面布置和构造的图样,包括基础平面图、基础详图和文字说明等。

(1)基础平面图。

1)基础平面图的形成。基础平面图是假想用一个水平剖切面在地面附近将整幢房屋剖切后,向下投影所得到的剖面图(不考虑覆盖在基础上的泥土)。基础平面图主要表示基础的平面位置,以及基础与墙、柱轴线的相对关系。在基础平面图中,被剖切到的基础墙轮廓要画成粗实线。基础底部的轮廓线画成细实线。基础的细部构造不必画出。它们将详尽地表达在基础详图上。图中的材料图例可与建筑平面图画法一致。在基础平面图中,必须注出与建筑平面图一致的轴间尺寸。此外,还应注出基础的宽度尺寸和定位尺寸。宽度尺寸包括基础墙宽和大放脚宽;定位尺寸包括基础墙、大放脚与轴线的联系尺寸。

2)基础平面图的内容。基础平面图主要包括以下内容:

①图名、比例。

②纵横定位线及其编号(必须与建筑平面图中的轴线一致)。

③基础的平面布置,即基础墙、柱及基础底面的形状、大小及其与轴线的关系。

④断面图的剖切符号。

⑤轴线尺寸、基础大小尺寸和定位尺寸。

⑥施工说明。

(2)基础详图。基础详图是用放大的比例画出的基础局部构造图,它表示基础不同断面处的构造做法,详细尺寸和材料。基础详图的主要内容有:

1)轴线及编号。

2)基础的断面形状、基础形式、材料及配筋情况。

3)基础详细尺寸:表示基础的各部分长、宽、高,基础埋深,垫层宽度和厚度等尺寸;主要部位标高,如室内外地坪及基础底面标高等。

4)防潮层的位置及做法。

2. 楼层结构平面图识读

楼层结构平面图是假想沿着楼板面(结构层)把房屋剖开,所做的水平投影图。它主要表示楼板、梁、柱、墙等结构的平面布置,现浇楼板、梁等的构造、配筋以及各构件间的联结关系。一般由平面图和详图所组成。

3. 屋顶结构平面图识读

屋顶结构平面图是表示屋顶承重构件布置的平面图,它的图示内容与楼层结构平面图基本相同,对于平屋顶,因屋面排水的需要,承重构件应按一定坡度铺设,并设置天沟、上人孔、屋顶水箱等。

四、钢筋混凝土构件结构详图识读

结构平面图只是表示房屋各楼层的承重构件的平面布置,而各构件的真实形状、大小、内部结构及构造并未表达出来。为此,还需画结构详图。钢筋混凝土构件是指用钢筋混凝土制成的梁、板、桩、屋架等构件,按施工方法不同可分为现浇钢筋混凝土构件和预制钢筋混凝土构件两种。钢筋混凝土构件详图一般包括模板图、配筋图、预埋件详图及配筋表。配筋图又分为立面图、断面图和钢筋详图,主要用来表示构件内部钢筋的级别、尺寸、数量和配置,它是钢筋下料以及绑扎钢筋骨架的施工依据。模板图主要用来表示构件外形尺寸以及预埋件、预留孔的大小及位置,它是模板制作和安装的依据。钢筋混凝土构件结构详图主要包括以下主要内容:

(1)构件详图的图名及比例。

(2)详图的定位轴线及编号。

(3)阅读结构详图,亦称配筋图。配筋图表明结构内部的配筋情况,一般由立面图和断面图组成。梁、柱的结构详图由立面图和断面图组成,板的结构图一般只画平面图或断面图。

(4)模板图是表示构件的外形或预埋件位置的详图。

(5)构件构造尺寸、钢筋表。

五、施工图识读应注意的问题

(1)施工图是根据投影原理绘制的,用图纸表明房屋建筑的设计及构造做法。所以要看懂施工图,应掌握投影原理和熟悉房屋建筑的基本构造。

(2)施工图采用了一些图例符号以及必要的文字说明,共同把设计内容表现在图纸上。因此要看懂施工图,还必须记住常用的图例符号。

(3)看图时要注意从粗到细,从大到小。先粗看一遍,了解工程的概貌,然后再细看。细看时应先看总说明和基本图纸,然后深入看构件图和详图。

(4)一套施工图是由各工种的许多张图纸组成,各图纸之间是互相配合紧密联系的。图纸的绘制大体是按照施工过程中不同的工种、工序分成一定的层次和部位进行的,因此要有联系地、综合地看图。

(5)结合实际看图。根据实践、认识、再实践、再认识的规律,看图时联系生产实践,就能比较快地掌握图纸的内容。

第五节 混凝土结构平法施工图

建筑结构施工图平面整体设计方法(平法),对我国传统混凝土结构施工图的设计表示方法作了重大改革,既简化了施工图,又统一了表示方法,确保设计与施工质量。

本节是根据国家建筑标准设计图集(11G101)编写的。

一、一般规定

(1)按平法设计绘制的施工图,一般是由各类结构构件的平法施工图和标准构造详图两大部分构成,但对于复杂的工业与民用建筑,尚需增加模板、开洞和预埋件等平面图。只有在特殊情况下才需增加剖面配筋图。

(2)按平法设计绘制结构施工图时,必须根据具体工程设计,按照各类构件的平法制图规则,在按结构(标准)层绘制的平面布置图上直接表示各构件的尺寸、配筋。出图时,宜按基础、柱、剪力墙、梁、板、楼梯及其他构件的顺序排列。

(3)在平面布置图上表示各构件尺寸和配筋的方式,分平面注写方式、列表注写方式和截面注写方式三种。

(4)按平法设计绘制结构施工图时,应将所有柱、墙、梁构件进行编号,编号中含有类型代号和序号等,其中,类型代号的主要作用是指明所选用的标准构造详图;在标准构造详图上,已经按其所属构件类型注明代号,以明确该详图与平法施工图中相同构件的互补关系,使两者结合构成完整的结构设计图。

(5)按平法设计绘制结构施工图时,应当用表格或其他方式注明包括地下和地上各层的结构层楼(地)面标高、结构层高及相应的结构层号。

结构层楼面标高和结构层高在单项工程中必须统一,以保证基础、柱与墙、梁、板、楼梯等用同一标准竖向定位。为施工方便,应将统一的结构层楼面标高和结构层高分别放在柱、墙、梁等各类构件的平法施工图中。

注:结构层楼面标高是指将建筑图中的各层地面和楼面标高值扣除建筑面层及垫层做法厚度后的标高,结构层号应与建筑楼层号对应一致。

(6)为了确保施工人员准确无误地按平法施工图进行施工,在具体工程施工图中必须写明以下与平法施工图密切相关的内容:

1)注明所选用平法标准图的图集号,以免图集升版后在施工中用错版本。

2)写明混凝土结构的设计使用年限。

3)当抗震设计时,应写明抗震设防烈度及结构抗震等级,以明确选用相应抗震等级的标准构造详图;当非抗震设计时,也应写明,以明确选用非抗震的标准构造详图。

4)写明各类构件在不同部位所选用的混凝土的强度等级和钢筋级别,以确定相应纵向受拉钢筋的最小锚固长度及最小搭接长度等。

当采用机械锚固形式时,设计者应指定机械锚固的具体形式、必要的构件尺寸以及质量要求。

5)当标准构造详图有多种可选择的构造做法时写明在何部位选用何种构造做法。当未写明时,则为设计人员自动授权施工人员可以任选一种构造做法进行施工。

6)写明柱(包括墙柱)纵筋、墙身分布筋、梁上部贯通筋等在具体工程中需接长时所采用的接头形式及有关要求。必要时,尚应注明对接头的性能要求。

轴心受拉及小偏心受拉构件的纵向受力钢筋不得采用绑扎搭接,设计者应在平法施工图中注明其平面位置及层数。

7)写明结构不同部位所处的环境类别。

8)注明上部结构的嵌固部位位置。

9)设置后浇带时,注明后浇带的位置、浇筑时间和后浇混凝土的强度等级以及其他特殊要求。

10)当柱、墙或梁与填充墙需要拉结时,其构造详图应由设计者根据墙体材料和规范要求选用相关国家建筑标准设计图集或自行绘制。

11)当具体工程需要对图集的标准构造详图作局部变更时,应写明变更的具体内容。

12)当具体工程中有特殊要求时,应在施工图中另加说明。

二、梁平法施工图

1. 梁平法施工图的表示方法

(1)梁平法施工图系在梁平面布置图上采用平面注写方式或截面注写方式表达。

(2)梁平面布置图,应分别按梁的不同结构层(标准层),将全部梁和与其相关联的柱、墙、板一起采用适当比例绘制。

(3)在梁平法施工图中,尚应按规定注明各结构层的顶面标高及相应的结构层号。

(4)对于轴线未居中的梁,应标注其偏心定位尺寸(贴柱边的梁可不注)。

2. 梁平法施工图平面注写方式

(1)平面注写方式,系在梁平面布置图上,分别在不同编号的梁中各选一根梁,在其上注写截面尺寸和配筋具体数值的方式来表达梁平法施工图。

平面注写包括集中标注与原位标注,集中标注表达梁的通用数值,原位标注表达梁的特殊数值。当集中标注中的某项数值不适用于梁的某部位时,则将该项数值原位标注,施工时,原位标注取值优先(图 2-50)。

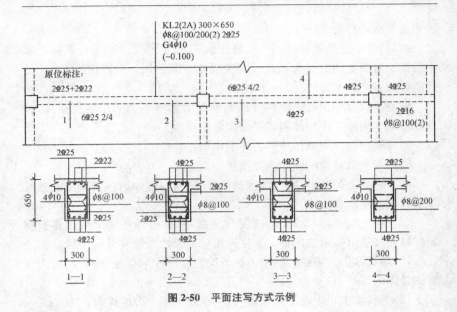

图 2-50 平面注写方式示例

注:本图四个梁截面系采用传统表示方法绘制,用于对比按平面注写方式表达的同样内容。实际采用平面注写方式表达时,不需绘制梁截面配筋和图 2-50 中的相应截面号。

(2)梁编号由梁类型代号、序号、跨数及有无悬挑代号几项组成,并应符合表 2-15 的规定。

表 2-15　　　　　　　　　　梁编号

梁类型	代号	序号	跨数及是否带有悬挑
楼层框架梁	KL	××	(××)、(××A)或(××B)
屋面框架梁	WKL	××	(××)、(××A)或(××B)
框支梁	KZL	××	(××)、(××A)或(××B)
非框架梁	L	××	(××)、(××A)或(××B)
悬挑梁	XL	××	—
井字梁	JZL	××	(××)、(××A)或(××B)

注:(××A)为一端有悬挑,(××B)为两端有悬挑,悬挑不计入跨数。

【例】　KL5(5A)表示第 7 号框架梁,5 跨,一端有悬挑;
　　　　L9(7B)表示第 9 号非框架梁,7 跨,两端有悬挑。

(3)梁集中标注的内容,有五项必注值及一项选注值(集中标注可以从梁的任意一跨引出),规定如下:

1)梁编号,见表 2-15,该项为必注值。

2)梁截面尺寸,该项为必注值。当为等截面梁时,用 $b×h$ 表示;当为竖向加腋梁时,用 $b×h\ GYc_1×c_2$ 表示,其中 c_1 为腋长,c_2 为腋高(图 2-51);当为水平加腋梁时,一侧加腋时用 $b×h\ PYc_1×c_2$ 表示,其中 c_1 为腋长,c_2 为腋宽,加腋部位应在平面图中绘制(图 2-52);当有悬挑梁且根部和端部的高度不同时,用斜线分隔根部与端部的高度值,即为 $b×h_1/h_2$(图 2-53)。

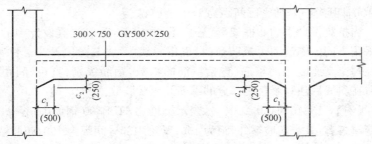

图 2-51 竖向加腋截面注写示意图

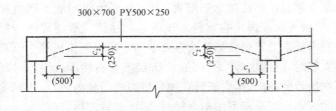

图 2-52 水平加腋截面注写示意图

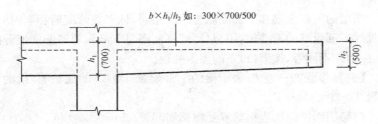

图 2-53 悬挑梁不等高截面注写示意图

3)梁箍筋,包括钢筋级别、直径、加密区与非加密区间距及肢数,该项为必注值。箍筋加密区与非加密区的不同间距及肢数需用斜线"/"分隔;当梁箍筋为同一种间距及肢数时,则不需用斜线;当加密区与非加密区的箍筋肢数相同时,则将肢数注写一次;箍筋肢数应写在括号内。加密区范围见相应抗震等级的标准构造详图。

【例】 $\phi10@100/200(4)$,表示箍筋为 HPB300 钢筋,直径 $\phi10$,加密区间距为 100,非加密区间距为 200,均为四肢箍。

$\phi8@100(4)/150(2)$,表示箍筋为 HPB300 钢筋,直径 $\phi8$,加密区为 100,四肢箍;非加密区间距为 150,两肢箍。

当抗震设计中的非框架梁、悬挑梁、井字梁,及非抗震设计中的各类梁采用不同的箍筋间距及肢数时,也用斜线"/"将其分隔开来。注写时,先注写梁支座端部的箍筋(包括箍筋的箍数、钢筋级别、直径、间距与肢数),在斜线后注写梁跨中部分的箍筋间距及肢数。

【例】 $13\phi10@150/200(4)$,表示箍筋为 HPB300 钢筋,直径 $\phi10$;梁的两端各有 13 个四肢箍,间距为 150;梁跨中部分间距为 200,四肢箍。

$18\phi12@150(4)/200(2)$,表示箍筋为 HPB300 钢筋,直径 $\phi12$;梁的两端各有 18 个四肢箍,间距为 150;梁跨中部分,间距为 200,双肢箍。

4)梁上部通长筋或架立筋配置(通长筋可为相同或不同直径采用搭接连接、机械连接或焊接的钢筋),该项为必注值。所注规格与根数应根据结构受力要求及箍筋肢数等构造要求而定。当同排纵筋中既有通长筋又有架立筋时,应用加号"+"将通长筋和架立筋相连。注写时需将角部纵筋写在加号的前面,架立筋写在加号后面的括号内,以示不同直径及与通长筋的区别。当全部采用架立筋时,则将其写入括号内。

【例】 2⏀22 用于双肢箍;2⏀22+($4\phi12$)用于六肢箍,其中 2⏀22 为通长筋,$4\phi12$ 为架立筋。

当梁的上部纵筋和下部纵筋为全跨相同,且多数跨配筋相同时,此项可加注下部纵筋的配筋值,用分号";"将上部与下部纵筋的配筋值分隔开来,少数跨不同者,按第(1)条的规定处理。

【例】 3⏀22;3⏀22 表示梁的上部配置 3⏀22 的通长筋,梁的下部配置 3⏀20 的通长筋。

5)梁侧面纵向构造钢筋或受扭钢筋配置,该项为必注值。

当梁腹板高度 $h_w \geqslant 450$mm 时,需配置纵向构造钢筋,所注规格与根数应符合规范规定。此项注写值以大写字母 G 打头,接续注写设置在梁两个侧面的总配筋值,且对称配置。

【例】 G4ϕ12,表示梁的两个侧面共配置 4ϕ12 的纵向构造钢筋,每侧各配置 2ϕ12。

当梁侧面需配置受扭纵向钢筋时,此项注写值以大写字母 N 打头,接续注写配置在梁两个侧面的总配筋值,且对称配置。受扭纵向钢筋应满足梁侧面纵向构造钢筋的间距要求且不再重复配置纵向构造钢筋。

【例】 N6⊈22,表示梁的两个侧面共配置 6⊈2 的受扭纵向钢筋,每侧各配置 3⊈22。

注:1. 当为梁侧面构造钢筋时,其搭接与锚固长度可取为 $15d$。
　　2. 当为梁侧面受扭纵向钢筋时,其搭接长度为 l_l 或 l_{lE}(抗震),锚固长度为 l_a 或 l_{aE}(抗震);其锚固方式同框架梁下部纵筋。

6)梁顶面标高高差,该项为选注值。

梁顶面标高高差,系指相对于结构层楼面标高的高差值,对于位于结构夹层的梁,则指相对于结构夹层楼面标高的高差。有高差时,需将其写入括号内,无高差时不注。

注:当某梁的顶面高于所在结构层的楼面标高时,其标高高差为正值,反之为负值。如某结构标准层的楼面标高为 44.950m 和 48.250m,当某梁的梁顶面标高高差注写为(一0.050)时,即表明该梁顶面标高分别相对于 44.950m 和 48.250m 低 0.05m。

(4)梁原位标注的内容规定如下:

1)梁支座上部纵筋,该部位含通长筋在内的所有纵筋。

①当上部纵筋多于一排时,用斜线"/"将各排纵筋自上而下分开。

【例】 梁支座上部纵筋注写为 6⊈25 4/2,则表示上一排纵筋为4⊈25,下一排纵筋为 2⊈25。

②当同排纵筋有两种直径时,用加号"+"将两种直径的纵筋相连,注写时将角部纵筋写在前面。

【例】 梁支座上部有四根纵筋,2⊈25 放在角部,2⊈22 放在中部,在梁支座上部应注写为 2⊈25+2⊈22。

③当梁中间支座两边的上部纵筋不同时,须在支座两边分别标注;当梁中间支座两边的上部纵筋相同时,可仅在支座的一边标注配筋值,另一

边省去不注(图2-54)。

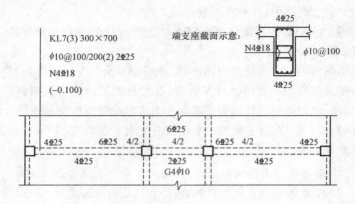

图 2-54　大小跨梁的注写示意图

此处应注意:
a. 对于支座两边不同配筋值的上部纵筋,宜尽可能选用相同直径(不同根数),使其贯穿支座,避免支座两边不同直径的上部纵筋均在支座内锚固。

b. 对于以柱、角柱为端支座的屋面框架梁,当能够满足配筋截面面积要求时,其梁的上部钢筋应尽可能只配置一层,以避免梁柱纵筋在柱顶处因层数过多、密度过大导致不方便施工和影响混凝土浇筑质量。

2)梁下部纵筋。
①当下部纵筋多于一排时,用斜线"/"将各排纵筋自上而下分开。

【例】　梁下部纵筋注写为 6Φ25 2/4,则表示上一排纵筋为 2Φ25,下一排纵筋为 4Φ25,全部伸入支座。

②当同排纵筋有两种直径时,用加号"+"将两种直径的纵筋相连,注写时角筋写在前面。

③当梁下部纵筋不全部伸入支座时,将梁支座下部纵筋减少的数量写在括号内。

【例】　梁下部纵筋注写为 6Φ25 2(—2)/4,则表示上排纵筋为2Φ25,且不伸入支座;下一排纵筋为 4Φ25,全部伸入支座。

梁下部纵筋注写为 2Φ25+3Φ22(—3)/5Φ25,表示上排纵筋为2Φ25 和 3Φ22,其中3Φ22 不伸入支座;下一排纵筋为 5Φ25,全部伸入支座。

④当梁的集中标注中已按规定分别注写了梁上部和下部均为通长的纵筋值时,则不需在梁下部重复作原位标注。

⑤当梁设置竖向加腋时,加腋部位下部斜纵筋应在支座下部以 Y 打头注写在括号内(图 2-55)。当梁设置水平加腋时,水平加腋内上、下部斜纵筋应在加腋支座上部以 Y 打头注写在括号内,上下部斜纵筋之间用"/"分隔(图 2-56)。

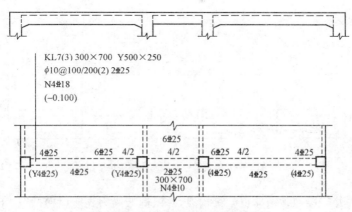

图 2-55　梁加腋平面注写方式表达示例

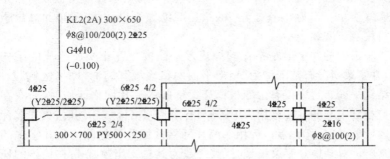

图 2-56　梁水平加腋平面注写方式表达示例

3)当在梁上集中标注的内容(即梁截面尺寸、箍筋、上部通长筋或架立筋,梁侧面纵向构造钢筋或受扭纵向钢筋,以及梁顶面标高高差中的某一项或几项数值)不适用于某跨或某悬挑部分时,则将其不同数值原位标注在该跨或该悬挑部位,施工时应按原位标注数值取用。

当在多跨梁的集中标注中已注明加腋,而该梁某跨的根部却不需要加腋时,则应在该跨原位标注等截面的 $b\times h$,以修正集中标注中的加腋信息(图 2-56)。

4)附加箍筋或吊筋,将其直接画在平面图中的主梁上,用线引注总配筋值(附加箍筋的肢数注在括号内)(图 2-57)。当多数附加箍筋或吊筋相同时,可在梁平法施工图上统一注明,少数与统一注明值不同时,再原位引注。

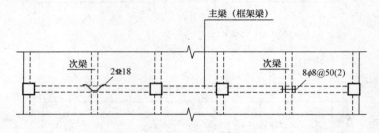

图 2-57 附加箍筋和吊筋的画法示意图

5)井字梁通常由非框架梁构成,并以框架梁为支座(特殊情况下以专门设置的非框架大梁为支座)。在此情况下,为明确区分井字梁与作为井字梁支座的梁,井字梁用单粗虚线表示(当井字梁顶面高出板面时可用单粗实线表示),作为井字梁支座的梁用双细虚线表示(当梁顶面高出板面时可用双细实线表示)。

本书中的井字梁是指在同一矩形平面内相互正交所组成的结构构件,井字梁所分布范围称为"矩形平面网格区域"(简称"网格区域")。当在结构平面布置中仅有由四根框架梁框起的一片网格区域时,所有在该区域相互正交的井字梁均为单跨;当有多片网格区域相连时,贯通多片网格区域的井字梁为多跨,且相邻两片网格区域分界处即为该井字梁的中间支座。对某根井字梁编号时,其跨数为其总支座数减 1;在该梁的任意两个支座之间,无论有几根同类梁与其相交,均不作为支座(图 2-58)。

6)井字梁的端部支座和中间支座上部纵筋的伸出长度 a_0 值,应由设计者在原位加注具体数值予以注明。

当采用平面注写方式时,则在原位标注的支座上部纵筋后面括号内加注具体伸出长度值(图 2-59)。

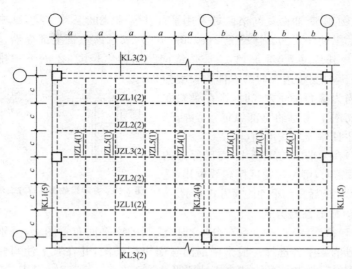

图 2-58 井字梁矩形平面网格区域示意图

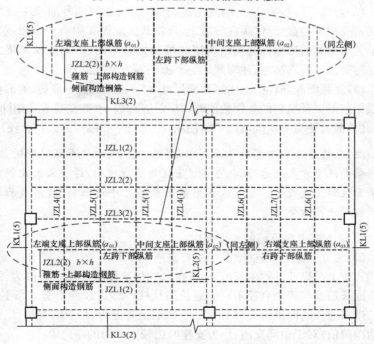

图 2-59 井字梁平面注写方式示例

【例】 贯通两片网格区域采用平面注写方式的某井字梁,其中间支座上部纵筋注写为 6⊕25 4/2(3200/2400),表示该位置上部纵筋设置两排,上一排纵筋为4⊕25,自支座边缘向跨内伸出长度3200;下一排纵筋为2⊕5,自支座边缘向跨内伸出长度为2400。

当为截面注写方式时,则在梁端截面配筋图上注写的上部纵筋后面括号内加注具体伸出长度值(图2-60)。

7)在梁平法施工图中,当局部梁的布置过密时,可将过密区用虚线框出,适当放大比例后再用平面注写方式表示。

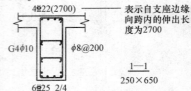

图 2-60 井字梁截面注写方式示例

3. 截面注写方式

(1)截面注写方式,系在分标准层绘制的梁平面布置图上,分别在不同编号的梁中各选择一根梁用剖面号引出配筋图,并在其上注写截面尺寸和配筋具体数值的方式来表达梁平法施工图。

(2)对所有梁按表 2-15 的规定进行编号,从相同编号的梁中选择一根梁,先将"单边截面号"画在该梁上,再将截面配筋详图画在本图或其他图上。当某梁的顶面标高与结构层的楼面标高不同时,尚应继其梁编号后注写梁顶面标高高差(注写规定与平面注写方式相同)。

(3)在截面配筋详图上注写截面尺寸 $b×h$、上部筋、下部筋、侧面构造筋或受扭筋以及箍筋的具体数值时,其表达形式与平面注写方式相同。

(4)截面注写方式既可以单独使用,也可与平面注写方式结合使用。

注:在梁平法施工图的平面图中,当局部区域的梁布置过密时,除了采用截面注写方式表达外,也可将过密区用虚线框出,适当放大比例后再用平面注写方式表示。当表达异形截面梁的尺寸与配筋时,用截面注写方式相对比较方便。

4. 梁支座上部纵筋的长度规定

(1)为方便施工,凡框架梁的所有支座和非框架梁(不包括井字梁)的中间支座上部纵筋的伸出长度 a_0 值在标准构造详图中统一取值为:第一排非通长筋及与跨中直径不同的通长筋从柱(梁)边起伸出至 $l_n/3$ 位置;第二排非通长筋伸出至 $l_n/4$ 位置。l_n 的取值规定为:对于端支座,l_n 为本跨的净跨值;对于中间支座,l_n 为支座两边较大一跨的净跨值。

(2)悬挑梁(包括其他类型梁的悬挑部分)上部第一排纵筋伸出至梁端头并下弯,第二排伸出至 $3l/4$ 位置,为自柱(梁)边算起的悬挑净长。当具体工程需要将悬挑梁中的部分上部钢筋从悬挑梁根部开始斜向弯下时,应由设计者另加注明。

(3)设计者在执行(1)、(2)关于梁支座端上部纵筋伸出长度的统一取值规定时,特别是在大小跨相邻和端跨外为长悬臂的情况下,还应注意按《混凝土结构设计规范》(GB 50010—2010)的相关规定进行校核,若不满足时应根据规范规定进行变更。

5. 不伸入支座的梁下部纵筋长度规定

(1)当梁(不包括框支梁)下部纵筋不全部伸入支座时,不伸入支座的梁下部纵筋截断点距支座边的距离,在标准构造详图中统一取为 $0.1l_{ni}$(l_{ni} 为本跨梁的净跨值)。

(2)当按上述第(1)条规定确定不伸入支座的梁下部纵筋的数量时,应符合《混凝土结构设计规范》(GB 50010—2010)的有关规定。

三、柱平法施工图

1. 柱平法施工图的表示方法

(1)柱平法施工图是在柱平面布置图上采用列表注写方式或截面注写方式表达。

(2)柱平面布置图,可采用适当比例单独绘制,也可与剪力墙平面布置图合并绘制。

(3)在柱平法施工图中,应按规定注明各结构层的楼面标高、结构层高及相应的结构层号,尚应注明上部结构嵌固部位位置。

2. 列表注写方式

(1)列表注写方式,是在柱平面布置图上(一般只需采用适当比例绘制一张柱平面布置图,包括框架柱、框支柱、梁上柱和剪力墙上柱),分别在同一编号的柱中选择一个(有时需要选择几个)截面标注几何参数代号;在柱表中注写柱编号、柱段起止标高、几何尺寸(含柱截面对轴线的偏心情况)与配筋的具体数值,并配以各种柱截面形状及其箍筋类型图的方式,来表达柱平法施工图。

(2)列表注写内容规定如下:

1)注写柱编号,柱编号由类型代号和序号组成,应符合表 2-16 的规定。

表 2-16　　　　　　　　　　柱编号

柱类型	代号	序号
框架柱	KZ	××
框支柱	KZZ	××
芯柱	XZ	××
梁上柱	LZ	××
剪力墙上柱	QZ	××

注：编号时，当柱的总高、分段截面尺寸和配筋均对应相同，仅截面与轴线的关系不同时，仍可将其编为同一柱号，但应在图中注明截面与轴线的关系。

2）注写各段柱的起止标高，自柱根部往上以变截面位置或截面未变但配筋改变处为界分段注写。框架柱和框支柱的根部标高是指基础顶面标高；芯柱的根部标高系指根据结构实际需要而定的起始位置标高；梁上柱的根部标高系指梁顶面标高；剪力墙上柱的根部标高为墙顶面标高。

3）对于矩形柱，注写柱截面尺寸 $b×h$ 及与轴线关系的几何参数代号 b_1、b_2 和 h_1、h_2 的具体数值，需对应于各段柱分别注写。其中 $b=b_1+b_2$，$h=h_1+h_2$。当截面的某一边收缩变化至与轴线重合或偏到轴线的另一侧时，b_1、b_2、h_1、h_2 中的某项为零或为负值。

对于圆柱，表中 $b×h$ 一栏改用在圆柱直径数字前加 d 表示。为表达简单，圆柱截面与轴线的关系也用 b_1、b_2 和 h_1、h_2 表示，并使 $d=b_1+b_2=h_1+h_2$。

对于芯柱，根据结构需要，可以在某些框架柱的一定高度范围内，在其内部的中心位置设置（分别引注其柱编号）。芯柱截面尺寸按构造确定，并按图集标准构造详图施工，设计不需注写；当设计者采用与构造详图不同的做法时，应另行注明。芯柱定位随框架柱，不需要注写其与轴线的几何关系。

4）注写柱纵筋。当柱纵筋直径相同，各边根数也相同时（包括矩形柱、圆柱和芯柱），将纵筋注写在"全部纵筋"一栏中；除此之外，柱纵筋分角筋、截面 b 边中部筋和 h 边中部筋三项分别注写（对于采用对称配筋的矩形截面柱，可仅注写一侧中部筋，对称边省略不注）。

5）注写箍筋类型号及箍筋肢数，在箍筋类型栏内注写按下述第（3）条所规定的箍筋类型号与肢数。

6）注写柱箍筋，包括钢筋级别、直径与间距。当为抗震设计时，用斜线"/"区分柱端箍筋加密区与柱身非加密区长度范围内箍筋的不同间距。施工人员需根据标准构造详图的规定，在规定的几种长度值中取其最大者作为加密区长度。当框架节点核芯区内箍筋与柱端箍筋设置不同时，应在括号中注明核芯区箍筋直径及间距。

【例】 $\phi 10@100/250$，表示箍筋为 HPB300 级钢筋，直径 $\phi 10$，加密区间距为 100，非加密区间距为 250。

$\phi 10@100/250(\phi 12@100)$，表示柱中箍筋为 HPB300 级钢筋，直径 $\phi 10$，加密区间距为 100，非加密区间距为 250。框架节点核芯区箍筋为 HPB300 级钢筋，直径 $\phi 12$，间距为 100。

当箍筋沿柱全高为一种间距时，则不使用"/"线。

【例】 $\phi 10@100$，表示沿柱全高范围内箍筋均为 HPB300 级钢筋，直径 $\phi 10$，间距为 100。

当圆柱采用螺旋箍筋时，需在箍筋前加"L"。

【例】 $L\phi 10@100/200$，表示采用螺旋箍筋，HPB300 级钢筋，直径 $\phi 10$，加密区间距为 100，非加密区间距为 200。

(3)具体工程所设计的各种箍筋类型图以及箍筋复合的具体方式，需画在表的上部或图中的适当位置，并在其上标注与表中相对应的 b、h 和类型号。

注：当为抗震设计时，确定箍筋肢数时要满足对柱纵筋"隔一拉一"以及箍筋肢距的要求。

3. 截面注写方式

(1)截面注写方式，是在柱平面布置图的柱截面上，分别在同一编号的柱中选择一个截面，以直接注写截面尺寸和配筋具体数值的方式来表达柱平法施工图。

(2)对除芯柱之外的所有柱截面按上述"2. 列表注写方式"中的规定进行编号，从相同编号的柱中选择一个截面，按另一种比例原位放大绘制柱截面配筋图，并在各配筋图上继其编号后再注写截面尺寸 $b \times h$、角筋或全部纵筋(当纵筋采用一种直径且能够图示清楚时)、箍筋的具体数值，以及在柱截面配筋图上标注柱截面与轴线关系 b_1、b_2、h_1、h_2 的具体数值。

当纵筋采用两种直径时，需再注写截面各边中部筋的具体数值(对于采用对称配筋的矩形截面柱，可仅在一侧注写中部筋，对称边省略不注)。

当在某些框架柱的一定高度范围内，在其内部的中心位设置芯柱时，首先按照上述"2. 列表注写方式"的规定进行编号，继其编号之后注写芯柱的起止标高、全部纵筋及箍筋的具体数值，芯柱截面尺寸按构造确定，并按标准构造详图施工，设计不注；当设计者采用与构造详图不同的做法时,应另行注明。芯柱定位随框架柱,不需要注写其与轴线的几何关系。

(3)在截面注写方式中,如柱的分段截面尺寸和配筋均相同,仅截面与轴线的关系不同时,可将其编为同一柱号。但此时应在未画配筋的柱截面上注写该柱截面与轴线关系的具体尺寸。

四、剪力墙平法施工图

1. 剪力墙平法施工图的表示方法

(1)剪力墙平法施工图是在剪力墙平面布置图上采用列表注写方式或截面注写方式表达。

(2)剪力墙平面布置图可采用适当比例单独绘制,也可与柱或梁平面布置图合并绘制。当剪力墙较复杂或采用截面注写方式时,应按标准层分别绘制剪力墙平面布置图。

(3)在剪力墙平法施工图中,应按规定注明各结构层的楼面标高、结构层高及相应的结构层号,尚应注明上部结构嵌固部位位置。

(4)对于轴线未居中的剪力墙(包括端柱),应标注其偏心定位尺寸。

2. 列表注写方式

(1)为表达清楚、简便,剪力墙可视为由剪力墙柱、剪力墙身和剪力墙梁三类构件构成。

列表注写方式,是分别在剪力墙柱表、剪力墙身表和剪力墙梁表中,对应于剪力墙平面布置图上的编号,用绘制截面配筋图并注写几何尺寸与配筋具体数值的方式,来表达剪力墙平法施工图。

(2)编号规定:将剪力墙按剪力墙柱、剪力墙身、剪力墙梁(简称为墙柱、墙身、墙梁)三类构件分别编号。

1)墙柱编号,由墙柱类型代号和序号组成,表达形式应符合表 2-17 的规定。

表 2-17　　　　　　　　　　墙柱编号

墙柱类型	代　　号	序　　号
约束边缘构件	YBZ	××
构造边缘构件	GBZ	××
非边缘暗柱	AZ	××
扶壁柱	FBZ	××

注:约束边缘构件包括约束边缘暗柱、约束边缘端柱、约束边缘翼墙、约束边缘转角墙四种(图 2-61)。构造边缘构件包括构造边缘暗柱、构造边缘端柱、构造边缘翼墙、构造边缘转角墙四种(图 2-62)。

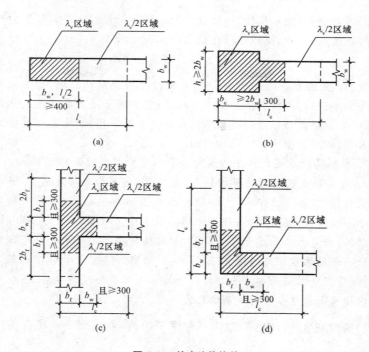

图 2-61 约束边缘构件
(a)约束边缘暗柱;(b)约束边缘端柱;(c)约束边缘翼墙;(d)约束边缘转角墙

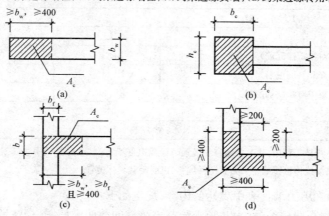

图 2-62 构造边缘构件
(a)构造边缘暗柱;(b)构造边缘端柱;(c)构造边缘翼墙;(d)构造边缘转角墙

2)墙身编号,由墙身代号、序号以及墙身所配置的水平与竖向分布钢筋的排数组成,其中,排数注写在括号内。表达形式为:

$$Q\times\times(\times)排$$

注:1. 在编号中:如若干墙柱的截面尺寸与配筋均相同,仅截面与轴线的关系不同时,可将其编为同一墙柱号;又如若干墙身的厚度尺寸和配筋均相同,仅墙厚与轴线的关系不同或墙身长度不同时,也可将其编为同一墙身号,但应在图中注明与轴线的几何关系。

2. 当墙身所设置的水平与竖向分布钢筋的排数为 2 时可不注。

3. 对于分布钢筋网的排数规定:非抗震:当剪力墙厚度大于 160 时,应配置双排;当其厚度不大于 160 时,宜配置双排。抗震:当剪力墙厚度不大于 400 时,应配置双排;当剪力墙厚度大于 400,但不大于 700 时,宜配置三排;当剪力墙厚度大于 700 时,宜配置四排。各排水平分布钢筋和竖向分布钢筋的直径与间距宜保持一致。当剪力墙配置的分布钢筋多于两排时,剪力墙拉筋两端应同时勾住外排水平纵筋和竖向纵筋,还应与剪力墙内排水平纵筋和竖向纵筋绑扎在一起。

3)墙梁编号,由墙梁类型代号和序号组成,表达形式应符合表 2-18 的规定。

表 2-18　　　　　　　　墙梁编号

墙梁类型	代　号	序　号
连梁	LL	××
连梁(对角暗撑配筋)	LL(JC)	××
连梁(交叉斜筋配筋)	LL(JX)	××
连梁(集中对角斜筋配筋)	LL(DX)	××
暗梁	AL	××
边框梁	BKL	××

注:在具体工程中,当某些墙身需设置暗梁或边框梁时,宜在剪力墙平法施工图中绘制暗梁或边框梁的平面布置图并编号,以明确其具体位置。

(3)在剪力墙柱表中表达的内容,规定如下:

1)注写墙柱编号(表 2-17),绘制该墙柱的截面配筋图,标注墙柱几何尺寸。

①约束边缘构件(图 2-61)需注明阴影部分尺寸。

注：剪力墙平面布置图中应注明约束边缘构件沿墙肢长度 l_c（约束边缘翼墙中沿墙肢长度尺寸为 $2b_f$ 时可不注）。

②构造边缘构件（图 2-62）需注明阴影部分尺寸。

③扶壁柱及非边缘暗柱需标注几何尺寸。

2）注写各段墙柱的起止标高，自墙柱根部往上以变截面位置或截面未变但配筋改变处为界分段注写。墙柱根部标高一般指基础顶面标高（部分框支剪力墙结构则为框支梁顶面标高）。

3）注写各段墙柱的纵向钢筋和箍筋，注写值应与在表中绘制的截面配筋图对应一致。纵向钢筋注总配筋值；墙柱箍筋的注写方式与柱箍筋相同。约束边缘构件除注写阴影部位的箍筋外，尚需在剪力墙平面布置图中注写非阴影区内布置的拉筋（或箍筋）。

(4)在剪力墙身表中表达的内容，规定如下：

1）注写墙身编号（含水平与竖向分布钢筋的排数），见上述"（2）中 2)"。

2）注写各段墙身起止标高，自墙身根部往上以变截面位置或截面未变但配筋改变处为界分段注写。墙身根部标高一般指基础顶面标高（部分框支剪力墙结构则为框支梁的顶面标高）。

3）注写水平分布钢筋、竖向分布钢筋和拉筋的具体数值。注写数值为一排水平分布钢筋和竖向分布钢筋的规格与间距，具体设置几排已经在墙身编号后面表达。

(5)在剪力墙梁表中表达的内容，规定如下：

1）注写墙梁编号，见表 2-18。

2）注写墙梁所在楼层号。

3）注写墙梁顶面标高高差，是指相对于墙梁所在结构层楼面标高的高差值。高于者为正值，低于者为负值，当无高差时不注。

4）注写墙梁截面尺寸 $b \times h$、上部纵筋、下部纵筋和箍筋的具体数值。

5）当连梁设有对角暗撑时[代号为 LL(LC)××]，注写暗撑的截面尺寸（箍筋外皮尺寸）；注写一根暗撑的全部纵筋，并标注×2 表明有两根暗撑相互交叉；注写暗撑箍筋的具体数值。

6）当连梁设有交叉斜筋时[代号为 LL(JX)××]，注写连梁一侧对角斜筋的配筋值，并标注×2 表明对称设置；注写对角斜筋在连梁端部设置的拉筋根数、规格及直径，并标注×4 表示四个角都设置；注写连梁一侧折线筋配筋值,并标注×2表明对称设置。

7)当连梁设有集中对角斜筋时[代号为LL(DX)××],注写一条对角线上的对角斜筋,并标注×2表明对称设置。

墙梁侧面纵筋的配置,当墙身水平分布钢筋满足连梁、暗梁及边框梁的梁侧面纵向构造钢筋的要求时,该筋配置同墙身水平分布钢筋,表中不注,施工按标准构造详图的要求即可;当不满足时,应在表中补充注明梁侧面纵筋的具体数值(其在支座内的锚固要求同连梁中受力钢筋)。

3. 截面注写方式

(1)截面注写方式,是在分标准层绘制的剪力墙平面布置图上,以直接在墙柱、墙身、墙梁上注写截面尺寸和配筋具体数值的方式来表达剪力墙平法施工图。

(2)选用适当比例原位放大绘制剪力墙平面布置图,其中对墙柱绘制配筋截面图;对所有墙柱、墙身、墙梁分别按上述"2.(2)中1)、2)、3)"的规定进行编号,并分别在相同编号的墙柱、墙身、墙梁中选择一根墙柱、一道墙身、一根墙梁进行注写,其注写方式按以下规定进行:

1)从相同编号的墙柱中选择一个截面,注明几何尺寸,标注全部纵筋及箍筋的具体数值。

2)从相同编号的墙身中选择一道墙身,按顺序引注的内容为:墙身编号(应包括注写在括号内墙身所配置的水平与竖向分布钢筋的排数)、墙厚尺寸,水平分布钢筋、竖向分布钢筋和拉筋的具体数值。

3)从相同编号的墙梁中选择一根墙梁,按顺序引注的内容为:

①注写墙梁编号、墙梁截面尺寸 $b×h$、墙梁箍筋、上部纵筋、下部纵筋和墙梁顶面标高高差的具体数值。其中,墙梁顶面标高高层的注写规定同上述"2.(5)中3)"的要求。

②当连梁设有对角暗撑时[代号为LL(JC)××],注写规定同上述"2.(5)中5)"的要求。

③当连梁设有交叉斜筋时[代号为LL(DX)××],注写规定同上述"2.(5)中6)"的要求。

④当连梁设有集中对角斜筋时[代号为LL(DX)××],注写规定同上述"2.(5)中7)"的要求。

当墙身水平分布钢筋不能满足连梁、暗梁及边框梁的梁侧面纵向构造钢筋的要求时,应补充注明梁侧面纵筋的具体数值;注写时,以大写字母 N 打头,接续注写直径与间距。其在支座内的锚固要求同连梁中受力钢筋。

【例】 N⫪10@150,表示墙梁两个侧面纵筋对称配置为:HRB400 级钢筋,直径 φ10,间距为 150。

4. 剪力墙洞口的表示方法

(1)无论采用列表注写方式还是截面注写方式,剪力墙上的洞口均可在剪力墙平面布置图上原位表达。

(2)洞口的具体表示方法:

1)在剪力墙平面布置图上绘制洞口示意,并标注洞口中心的平面定位尺寸。

2)在洞口中心位置引注:①洞口编号;②洞口几何尺寸;③洞口中心相对标高;④洞口每边补强钢筋,共四项内容。具体规定如下:

①洞口编号:矩形洞口为 JD××(×× 为序号),圆形洞口为 YD××(×× 为序号)。

②洞口几何尺寸:矩形洞口为洞宽×洞高($b×h$),圆形洞口为洞口直径 D。

③洞口中心相对标高,系相对于结构层楼(地)面标高的洞口中心高度。当其高于结构层楼面时为正值,低于结构层楼面时为负值。

④洞口每边补强钢筋,分以下几种不同情况:

a. 当矩形洞口的洞宽、洞高均不大于 800 时,此项注写为洞口每边补强钢筋的具体数值(如果按标准构造详图设置补强钢筋时可不注)。当洞宽、洞高方向补强钢筋不一致时,分别注写洞宽方向、洞高方向补强钢筋,以"/"分隔。

【例】 JD2—400×300+3.100 3⫪14,表示 2 号矩形洞口,洞宽 400,洞高 300,洞口中心距本结构层楼面 3100,洞口每边补强钢筋为 3⫪14。

【例】 JD3—400×300+3.100,表示 3 号矩形洞口,洞宽 400,洞高 300,洞口中心距本结构层楼面 3100,洞口每边补强钢筋按构造配置。

【例】 JD4—800×300+3.100 3⫪18/3⫪14,表示 4 号矩形洞口,洞宽 800、洞高 300,洞口中心距本结构层楼面 3100,洞宽方向补强钢筋为 3⫪18,洞高方向补强钢筋为 3⫪14。

b. 当矩形或圆形洞口的洞宽或直径大于 800 时,在洞口的上、下需设置补强暗梁,此项注写为洞口上、下每边暗梁的纵筋与箍筋的具体数值(在标准构造详图中,补强暗梁梁高一律定为400,施工时按标准构造详图取值,设计不注。当设计者采用与该构造详图不同的做法时,应另行注明),圆形洞口时尚需注明环向加强钢筋的具体数值;当洞口上、下边为剪力墙连梁时,此项免注;洞口竖向两侧设置边缘构件时,亦不在此项表达(当洞口两侧不设置边缘构件时,设计者应给出具体做法)。

【例】 JD5—1800×2100+1.800 6Φ20ϕ8@150,表示5号矩形洞口,洞宽1800、洞高2100,洞口中心距本结构层楼面1800,洞口上下设补强暗梁,每边暗梁纵筋为6Φ20,箍筋为中8@150。

【例】 YD5—1000+1.800 6Φ20ϕ8@150 2Φ16,表示5号圆形洞口,直径1000,洞口中心距本结构层楼面1800,洞口上下设补强暗梁,每边暗梁纵筋为6Φ20,箍筋为ϕ8@150,环向加强钢筋2Φ16。

c. 当圆形洞口设置在连梁中部1/3范围(且圆洞直径不应大于1/3梁高)时,需注写在圆洞上下水平设置的每边补强纵筋与箍筋。

d. 当圆形洞口设置在墙身或暗梁、边框梁位置,且洞口直径不大于300时,此项注写为洞口上下左右每边布置的补强纵筋的具体数值。

f. 当圆形洞口直径大于300,但不大于800时,其加强钢筋在标准构造详图中系按照圆外切正六边形的边长方向布置,设计仅需注写六边形中一边补强钢筋的具体数值。

第三章 工程造价基础知识

第一节 工程造价概述

一、工程造价概念

工程造价是工程项目按照确定的建设内容、建设规模、建设标准、功能要求和使用要求等全部建成并验收合格交付使用所需的全部费用。这是保证工程项目建造正常进行的必要资金,是建设项目投资中的最主要的部分。工程造价主要由工程费用和工程其他费用组成。

1. 工程费用

工程费用包括建筑工程费用、安装工程费用和设备及工、器具购置费用。

(1)建筑工程费用内容。

1)工程项目设计范围内的建设场地平整、竖向布置土石方工程费。

2)各类房屋建筑及其附属的室内供水、供热、卫生、建筑、燃气、通风空调、弱电等设备及管线安装费。

3)各类设备基础、地沟、水池、冷却塔、烟囱烟道、水塔、栈桥、管架、挡土墙、厂区道路、绿化等工程费。

4)铁路专用线、厂外道路、码头等工程费。

(2)安装工程费用内容。

1)主要生产、辅助生产、公用等单项工程中需要安装的工艺、建筑、自动控制、运输、供热、制冷等设备、装置安装工程费。

2)各种工艺、管道安装及衬里、防腐、保温等工程费;供电、通信、自控等管线缆的安装工程费。

3)为测定安装工程质量,对单台设备进行单机试运转、对系统设备进行系统联动无负荷试运转工作的调试费。

(3)设备及工、器具购置费用内容。

1)建设项目设计范围内的需要安装及不需要安装的设备、仪器、仪表等及其必要的备品备件购置费。

2）由设备购置费和工、器具及生产家具购置费组成的，它是固定资产投资中的主要部分。

3）在生产性工程建设中，设备及工、器具购置费用占工程造价比重的增大，意味着生产技术的进步和资本有机构成的提高。

2. 工程其他费用

工程建设其他费用是指未纳入以上工程费用的、由项目投资支付的、为保证工程建设顺利完成和交付使用后能够正常发挥效用而必须开支的费用。它包括土地使用费、建设单位管理费、研究试验费、勘察设计费、建设单位临时设施费、工程监理费、工程保险费、引进技术和进口设备其他费用、工程承包费、联合试运转费、生产准备费、办公和生活家具购置费以及涉及固定资产投资的其他税费等。

二、工程造价特点

1. 个别性、差异性

任何一项工程都有特定的用途、功能、规模。因此，对每一项工程的结构、造型、空间分割、设备配置和内外装饰都有具体的要求，因而使工程内容和实物形态都具有个别性、差异性。

2. 大额性

工程项目的造价动辄数百万、数千万、数亿、十几亿，特大型工程项目的造价可达百亿、千亿元。工程造价的大额性使其决定了工程造价的特殊地位及造价管理的重要意义。

3. 兼容性

工程造价的兼容性表现在工程造价构成因素的广泛性和复杂性。在工程造价中，首先说成本因素非常复杂。其中为获得建设工程用地支出的费用、项目可行性研究和规划设计费用、与政府一定时期政策（特别是产业政策和税收政策）相关的费用占有相当的份额。再次盈利的构成也较为复杂，资金成本也较大。

4. 动态性

任何一项工程从决策到竣工交付使用，都有一个较长的建设工期，而且由于不可控因素的影响，在预计工期内，许多影响工程造价的动态因素，如工程变更、设备材料价格、工资标准及费率、利率、汇率会发生变化，这种变化必然会影响到造价的变动。所以，工程造价在整个建设期中处于不确定状态,直至竣工决算后才能最终确定工程的实际造价。

5. 层次性

造价的层次性取决于工程的层次性。一个建设项目往往含有多个能够独立发挥设计效能的单项工程(车间、写字楼、住宅楼等)。一个单项工程又是由能够各自发挥专业效能的多个单位工程(土建工程、建筑安装工程等)组成。

工程造价有三个层次:建设项目总造价、单项工程造价和单位工程造价。如果专业分工更细,单位工程(如土建工程)的组成部分——分部分项工程也可以成为交换对象,如大型土方工程、基础工程、装饰工程等,这样工程造价的层次就增加分部工程和分项工程而成为五个层次。即使从造价的计算和工程管理的角度看,工程造价的层次性也是非常突出的。

三、建筑工程造价分类

建筑工程造价的分类因分类标准的不同而有所不同。

(一)按用途分类

建筑工程造价按用途分类包括:招标控制价、投标价格、中标价格、直接发包价格、合同价格和竣工结算价格。

1. 招标控制价

招标控制价是招标人根据国家或省级、行业建设主管部门颁发的有关计价依据和办法,按设计施工图纸计算的,对招标工程限定的最高工程造价。它是在建设市场发展过程中对传统标底概念的性质进行的界定,也是《建设工程工程量清单计价规范》(GB 50500—2008)修订中新增的专业术语,通常也可称其为拦标价、预算控制价或最高报价等。

2. 投标报价

投标人为了得到工程施工承包的资格,按照招标人在招标文件中的要求进行估价,然后根据投标策略确定投标价格,以争取中标并通过工程实施取得经济效益。因此投标报价是卖方的要价,如果中标,这个价格就是合同谈判和签订合同确定工程价格的基础。

3. 中标价格

《中华人民共和国招标投标法》第四十条规定:"评标委员会应当按照招标文件确定的评标标准和方法,对投标文件进行评审和比较;设有标底的,应当参考标底"。所以,评标的依据一是招标文件,二是标底(如果设有标底时)。

4. 直接发包价格

直接发包价格是由发包人与指定的承包人直接接触,通过谈判达成协议签订施工合同,而不需要像招标承包定价方式那样,通过竞争定价。

直接发包方式计价只适用于不宜进行招标的工程,如军事工程、保密技术工程、专利技术工程及发包人认为不宜招标而又不违反《中华人民共和国招标投标法》第三条(招标范围)的规定的其他工程。

直接发包方式计价,首先提出协商价格意见的可能是发包人或其委托的中介机构,也可能是承包人提出价格意见交发包人或其委托的中介组织进行审核。无论由哪一方提出协商价格意见,都要通过谈判协商,签订承包合同,确定为合同价。直接发包价格是以审定的施工图预算为基础,由发包人与承包人商定增减价的方式定价。

5. 合同价格

《建设工程施工发包与承包计价管理办法》(以下简称《办法》)第十二条规定:"合同价可采用以下方式:

(1)固定价。合同总价或者单价在合同约定的风险范围内不可调整。

(2)可调价。合同总价或者单价在合同实施期内,根据合同约定的办法调整。

(3)成本加酬金。"

《办法》第十三条规定:"发承包双方在确定合同价时,应当考虑市场环境和生产要素价格变化对合同价的影响"。在工程实践中,无论采用哪一种合同计价方式,是选用总价合同、单价合同还是成本加酬金合同,采用固定价还是可调价方式,应根据工程的特点,业主对筹建工作的设想,对工程费用、工期和质量的要求等,综合考虑后进行确定。

(二)按计价方法分类

钢结构工程造价按计价方法可分为投资估算造价、工程概算造价、施工图预算造价、工程结算造价、竣工决算造价等。

1. 投资估算

投资估算一般是指建设项目在可行性研究、立项阶段由进行可行性研究的单位或建设单位估计计算,用以确定建设项目的投资控制额的预算文件。钢结构工程投资估算是钢结构建设项目规划与研究阶段各组成文件的重要内容。它可分为两类:一类是项目建议书投资估算;另一类是工程可行性研究投资估算。

2. 工程概算

工程概算是初步设计或技术设计阶段，由设计单位根据设计图纸进行计算的，用以确定建设项目概算投资，进行设计方案比较，进一步控制建设项目投资的预算文件。工程概算又分为设计概算和修正概算。

3. 施工图预算

施工图预算是设计单位根据施工图纸及相关资料编制的，用以确定工程预算造价及工料的建设工程造价文件。由于施工图预算是根据施工图纸及相关资料编制的，施工图预算确定的工程造价更接近实际。对于按施工图预算承包的工程，它又是签订建筑安装工程合同，实行建设单位和施工单位投资包干和办理工程结算的依据；对于进行施工招标的工程，施工图预算是编制工程标底的依据；同时，也是施工单位加强经营管理，搞好经济核算的基础。

4. 工程结算

工程费用结算习惯上又称为工程价款结算，是项目结算中最重要和最关键的部分。一般以实际完成的工程量和有关合同单价以及施工过程中现场实际情况的变化资料（如工程变更通知、计日工使用记录等）计算当月应付的工程价款。而实行 FIDIC 条款的合同，则明确规定了计量支付条款，对结算内容、结算方式、结算时间、结算程序给予了明确规定，一般是按月申报，期中支付，分段结算，最终结清。

5. 竣工决算

竣工决算是指在建设项目完工后的竣工验收阶段，由建设单位编制的建设项目从筹建到建成投产或使用的全部实际成本的技术经济文件。它是建设投资管理的重要环节，是工程验收、交付使用的重要依据，也是进行建设项目财务总结，银行对其实行监督的必要手段。

四、工程造价计价特征

1. 计价的单件性

建设工程都是固定在一定地点的，其结构、造型必须适应工程所在地的气候、地质、水文等自然客观条件，在建设这些不同的实物形态的工程时，必须采取不同的工艺、设备和建筑材料，因而，所消耗物化劳动和活劳动也必定是不同的，再加上不同地区的社会发展不同致使构成价格和费用的各种价值要素的差异，最终导致工程造价各不相同。任何两个项目其工程造价是不可能完全相同的，因此，对建设工程只能根据各个工程项目的具体投资料和当地的实际情况单独计算工程造价。

2. 计价的多次性

工程的施工周期较长,要经过可行性研究、设计、施工、竣工验收等多个阶段投资控制的需要,相应的要在不同阶段多次性计价,以保证工程造价的确定与控制的科学性。多次性计价是逐步深化、逐步细化和逐步接近实际造价的过程,如图 3-1 所示。

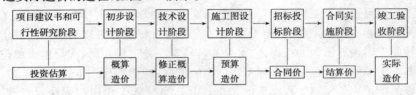

图 3-1 多次性计价深化过程

3. 计价的组合性

一个建设项目的总造价是由各个单项工程造价组成;而各个单项工程造价又是由各个单位工程造价组成。各个单位工程造价是按分部工程、分项工程及其相应定额、费用标准等进行计算得出的。可见,为确定一个建设项目的总造价,应首先计算各个单位工程造价,再计算各单项工程造价(一般称为综合概预算造价),然后汇总成总造价(又称为总概预算造价)。显然,这个计价过程充分体现了分部组合计价的特点。

4. 计价方法的多样性

计算概预算造价的方法有单价法和实物法等。计算投资估算的方法有设备系数法、生产能力指数估算法等。不同的方法利弊不同,适应条件也不同,计价时要根据具体情况加以选择。

第二节 工程造价费用构成及计算

一、建设工程项目总费用构成

1. 相关概念

(1)价值。马克思主义哲学中,价值是揭示外部客观世界对于满足人的需要的意义关系的范畴,是指具有特定属性的客体对于主体需要的意义。价值是价格形成的基础。

(2)商品价值。凝结在商品中的无差别的人类劳动就是商品的价值。

商品的价值是由社会必要劳动所耗费的时间来确定的。商品生产中社会必要劳动时间消耗越多,商品中所含的价值量就越大;反之,商品中凝结的社会必要劳动时间就越少,商品的价值量就越低。

(3)价格。价格是商品同货币交换比例的指数,或者说价格是价值的货币表现。

2. 工程造价内容

(1)建设工程物质消耗转移价值的货币表现。包括工程施工材料、燃料、设备等物化劳动和施工机械台班、工具的消耗。

(2)建设工程中,劳动者为自己的劳动创造的价值的货币表现即为劳动工资报酬。主要包括劳动者的工资和奖金等费用。

(3)建设工程中,劳动者为社会创造价值的货币表现即为盈利。如设计、施工、建设单位的利润和税金等。

3. 工程造价的构成

理论上工程造价的基本构成如图 3-2 所示。

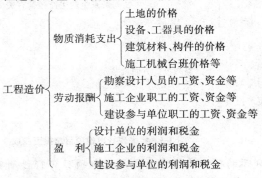

图 3-2 理论上工程造价的基本构成

二、工程造价各项费用组成及计算

建设项目投资包含固定资产投资和流动资产投资两部分(图 3-3)。其是保证项目建设和生产经营活动正常进行的必要资金。

固定投资中形成固定资产的支出叫固定资产投资。固定资产是指使用期限超过一年的房屋、建筑物、机器、机械、运输工具以及与生产经营有关的设备、器具、工具等。这些资产的建造或购置过程中发生的全部费用都构成固定资产投资。建设项目总投资中的固定资产与建设项目的工程造价在量上相等。

流动资金是指为维持生产而占用的全部周转资金。它是流动资产与流动负债的差额。流动资产包括各种必要的现金、存款、应收及预付款项和存货;流动负债主要是指应付账款。值得指出的是,这里所说的流动资产是指为维持一定规模生产所需要的最低的周转资金和存货;这里所说的流动负债只含正常生产情况下平均的应付账款,不包括短期借款。

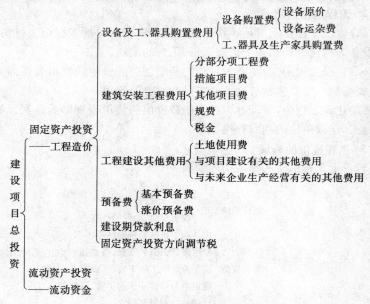

图 3-3　我国现行建设项目总投资构成

注:图中列示的项目总投资主要是指在项目可行性研究阶段用于财务分析时的总投资构成,在"项目报批总投资"或"项目概算总投资"中只包括铺底流动资金,其金额通常为流动资金总额的 30%。

(一)设备及工、器具购置费用

设备及工、器具购置费用由设备购置费和工具、器具及生产家具购置费组成,是固定资产投资中的积极部分。在生产性工程建设中,设备及工、器具购置费用占工程造价比重的增大,意味着生产技术的进步和资本有机构成的提高。

1. 设备购置费

设备购置费是指为建设项目购置或自制的达到固定资产标准的各种国产或进口设备、工具、器具的购置费用。它由设备原价和设备运杂费构成。

$$\text{设备购置费}=\text{设备原价}+\text{设备运杂费} \qquad (3\text{-}1)$$

其中,设备原价是指国产标准设备、非标准设备的原价。设备运杂费是指设备原价中未包括的包装和包装材料费、运输费、装卸费、采购费及仓库保管费、供销部门手续费等。

(1)产设备原价的构成及计算。国产设备原价一般指的是设备制造厂的交货价或订货合同价。它一般根据生产厂或供应商的询价、报价、合同价确定,或采用一定的方法计算确定。国产设备原价分为国产标准设备原价和国产非标准设备原价。

1)国产标准设备原价。国产标准设备是指按照主管部门颁布的标准图纸和技术要求,由我国设备生产厂批量生产的,符合国家质量检验标准的设备。国产标准设备原价一般指的是设备制造厂的交货价,即出厂价。国产标准设备原价有两种,即带有备件的原价和不带备件的原价,在计算时,一般采用带有备件的原价。

2)国产非标准设备原价。国产非标准设备是指国家尚无定型标准,各设备生产厂不可能在工艺过程中采用批量生产,只能按一次订货,并根据具体的设计图纸制造的设备。非标准设备原价有多种不同的计算方法,如成本计算估价法、系列设备插入估价法、分部组合估价法、定额估价法等。但无论采用哪种方法,都应该使非标准设备计价接近实际出厂价,并且计算方法要简便。成本计算估价法是一种常用的估算非标准设备原价的方法。按成本计算估价法,非标准设备的原价由以下各项组成:

①材料费。其计算公式如下:

$$\text{材料费}=\text{材料净重}\times(1+\text{加工损耗系数})\times\text{每吨材料综合价} \qquad (3\text{-}2)$$

②加工费。包括:生产工人工资和工资附加费、燃料动力费、设备折旧费、车间经费等。其计算公式如下:

$$\text{加工费}=\text{设备总质量}(\text{吨})\times\text{设备每吨加工费} \qquad (3\text{-}3)$$

③辅助材料费(简称辅材费)。包括焊条、焊丝、氧气、氩气、氮气、油漆、电石等费用。其计算公式如下:

$$\text{辅助材料费}=\text{设备总质量}\times\text{辅助材料费指标} \qquad (3\text{-}4)$$

④专用工具费。按①~③项之和乘以一定百分比计算。

⑤废品损失费。按①~④项之和乘以一定百分比计算。

⑥外购配套件费。按设备设计图纸所列的外购配套件的名称、型号、规格、数量、质量,根据相应的价格加运杂费计算。

⑦包装费。按以上①~⑥项之和乘以一定百分比计算。
⑧利润。可按①~⑤项加第⑦项之和乘以一定利润率计算。
⑨税金。主要指增值税。其计算公式如下:

$$增值税 = 当期销项税额 - 进项税额 \qquad (3-5)$$
$$当期销项税额 = 销售额 \times 适用增值税率$$

其中销售额为①~⑧项之和。

⑩非标准设备设计费:按国家规定的设计费收费标准计算。

综上所述,单台非标准设备原价计算公式如下:

单台非标准设备原价={[(材料费+加工费+辅助材料费)×(1+专用工具费率)×(1+废品损失费率)+外购配套件费]×(1+包装费率)-外购配套件费}×(1+利润率)+销项税金+非标准设备设计费+外购配套件费 (3-6)

(2)进口设备原价的构成及计算。进口设备的原价是指进口设备的抵岸价,即抵达买方边境港口或边境车站,且交完关税等税费后形成的价格。进口设备抵岸价的构成与进口设备的交货方式有关。

1)进口设备的交货方式。进口设备的交货方式可分为内陆交货类、目的地交货类、装运港交货类(表 3-1)。

表 3-1　　　　　　　　　进口设备的交货类别

序号	交货类别	说　　明
1	内陆交货类	内陆交货类即卖方在出口国内陆的某个地点交货。在交货地点,卖方及时提交合同规定的货物和有关凭证,并负担交货前的一切费用和风险;买方按时接收货物,交付货款,负担接货后的一切费用和风险,并自行办理出口手续和装运出口。货物的所有权也在交货后由卖方转移给买方
2	目的地交货类	目的地交货类即卖方在进口国的港口或内地交货,有目的港船上交货价、目的港船边交货价(FOS)和目的港码头交货价(关税已付)及完税后交货价(进口国的指定地点)等几种交货价。它们的特点是:买卖双方承担的责任、费用和风险是以目的地约定交货点为分界线,只有当卖方在交货点将货物置于买方控制下才算交货,才能向买方收取货款。这种交货类别对卖方来说承担的风险较大,在国际贸易中卖方一般不愿采用

续表

序号	交货类别	说明
3	装运港交货类	装运港交货类即卖方在出口国装运港交货,主要有装运港船上交货价(FOB),习惯称离岸价格,运费在内价(CIF)和运费、保险费在内价(CIF),习惯称到岸价格。它们的特点是:卖方按照约定的时间在装运港交货,只要卖方把合同规定的货物装船后提供装运单据便完成交货任务,可凭单据收回货款。装运港船上交货价(FOB)是我国进口设备采用最多的一种货价。采用船上交货价时卖方的责任是:在规定的期限内,负责在合同规定的装运港口将货物装上买方指定的船只,并及时通知买方;负担货物装船前的一切费用和风险,负责办理出口手续;提供出口国政府或有关方面签发的证件;负责提供有关装运单据。买方的责任是:负责租船或订舱,支付运费,并将船期、船名通知卖方;负担货物装船后的一切费用和风险;负责办理保险及支付保险费,办理在目的港的进口和收货手续;接受卖方提供的有关装运单据,并按合同规定支付货款

2)进口设备原价的构成及计算。进口设备采用最多的是装运港船上交货价(FOB),其抵岸价的构成可概括为:

进口设备原价＝货价＋国际运费＋运输保险费＋银行财务费＋外贸手续费＋关税＋增值税＋消费税＋海关监管手续费＋车辆购置附加费

(3-7)

①货价。一般指装运港船上交货价(FOB)。设备货价分为原币货价和人民币交货价,原币货价一律折算为美元表示,人民币货价按原币货价乘以外汇市场美元兑换人民币中间价确定。进口设备货价按有关生产厂商询价、报价、订货合同价计算。

②国际运费。即从装运港(站)到达我国抵达港(站)的运费。我国进口设备大部分采用海洋运输,小部分采用铁路运输,个别采用空运输。进口设备国际运费的计算公式如下:

$$国际运费(海、陆、空)＝原币货价(FOB)\times 运费率 \quad (3-8)$$

$$国际运费(海、陆、空)＝运量\times 单位运价 \quad (3-9)$$

其中,运费率或单位运价参照有关部门或进出口公司的规定执行。

③运输保险费。对外贸易货物运输保险是由保险人(保险公司)与被保险人(出口人或进口人)订立保险契约,在被保险人交付议定的保险费后,保险人根据保险契约的规定对货物在运输过程中发生的承保责任范围内的损失给予经济上的补偿。这是一种财产保险。其计算公式如下:

$$运输保险费=\{[原币货价(FOB)+国外运费]/[1-\\保险费率(\%)]\}\times保险费率(\%) \quad (3\text{-}10)$$

其中,保险费率按保险公司规定的进口货物保险费率计算。

④银行财务费。一般是指中国银行手续费,可按下式简化计算:

$$银行财务费=人民币交货价(FOB)\times银行财务费率 \quad (3\text{-}11)$$

⑤外贸手续费。指按对外经济贸易部规定的外贸手续费率计取的费用,外贸手续费率一般取 1.5%。其计算公式如下:

$$外贸手续费=[装运港船上交货价(FOB)+国际运费+\\运输保险费]\times外贸手续费率 \quad (3\text{-}12)$$

⑥关税。由海关对进出国境或关境的货物和物品征收的一种税。其计算公式如下:

$$关税=到岸价格(CIF)\times进口关税税率 \quad (3\text{-}13)$$

其中,到岸价格(CIF)包括离岸价格(FOB)、国际运费、运输保险费等费用,它作为关税完税价格。进口关税税率分为优惠和普通两种。优惠税率适用于与我国签订有关税互惠条款的贸易条约或协定的国家的进口设备;普通税率适用于与我国未订有关税互惠条款的贸易条约或协定的国家的进口设备。进口关税税率按我国海关总署发布的进口关税税率计算。

⑦增值税。增值税是对从事进口贸易的单位和个人,在进口商品报关进口后征收的税种。我国增值税条例规定,进口应税产品均按组成计税价格和增值税税率直接计算应纳税额。即:

$$进口产品增值税额=组成计税价格\times增值税税率 \quad (3\text{-}14)$$

$$组成计税价格=关税完税价格+关税+消费税 \quad (3\text{-}15)$$

增值税税率根据规定的税率计算。

⑧消费税。对部分进口设备(如轿车、摩托车等)征收,一般计算公式如下:

$$应纳消费税额=[(到岸价格+关税)/(1-消费税税率)]\times消费税税率 \quad (3\text{-}16)$$

其中,消费税税率根据规定的税率计算。

⑨海关监管手续费。指海关对进口减税、免税、保税货物实施监督、管理、提供服务的手续费。对于全额征收进口关税的货物不计本项费用。其计算公式如下:

$$海关监管手续费=到岸价格\times海关监管手续费率 \quad (3\text{-}17)$$

⑩车辆购置附加费。进口车辆需缴进口车辆购置附加费。其计算公式如下:

车辆购置附加费=(到岸价格+关税+消费税)×车辆购置附加费率
(3-18)

(3)设备运杂费的构成和计算。

1)设备运杂费的构成。

①运费和装卸费。国产标准设备由设备制造厂交货地点起至工地仓库(或施工组织设计指定的需要安装设备的堆放地点)止所发生的运费和装卸费。进口设备则由我国到岸港口、边境车站起至工地仓库(或施工组织设计指定的需要安装设备的堆放地点)止所发生的运费和装卸费。

②包装费。在设备出厂价格中没有包含的设备包装和包装材料器具费;在设备出厂价或进口设备价格中如已包括了此项费用,则不应重复计算。

③供销部门的手续费,按有关部门规定的统一费率计算。

④建设单位(或工程承包公司)的采购与仓库保管费,是指采购、验收、保管和收发设备所发生的各种费用,包括设备采购、保管和管理人员工资,工资附加费,办公费,差旅交通费,设备供应部门办公和仓库所占固定资产使用费,工具用具使用费,劳动保护费,检验试验费等。这些费用可按主管部门规定的采购保管费率计算。一般来讲,沿海和交通便利的地区,设备运杂费率相对低一些;内地和交通不很便利的地区就要相对高一些,边远省份则要更高一些。对于非标准设备来讲,应尽量就近委托设备制造厂生产,以大幅度降低设备运杂费。进口设备由于原价较高,国内运距较短,因而运杂费比率应适当降低。

2)设备运杂费的计算。设备运杂费按设备原价乘以设备运杂费率计算。其计算公式如下:

设备运杂费=设备原价×设备运杂费率 (3-19)

其中,设备运杂费率按各部门及省、市等的规定计取。

2. 工、器具及生产家具购置费

工、器具及生产家具购置费,是指新建或扩建项目初步设计规定的,保证初期正常生产必须购置的没有达到固定资产标准的设备、仪器、工卡模具、器具、生产家具和备品备件等的购置费用。一般以设备购置费为计算基数,按照部门或行业规定的工、器具及生产家具费率计算。其计算公式如下:

工、器具及生产家具购置费=设备购置费×定额费率 (3-20)

(二)建筑安装工程费用

1. 建筑安装工程费用组成

(1)建筑安装工程费用项目组成(按费用构成要素划分)。建筑安装工程费按费用构成要素划分,由人工费、材料(包含工程设备,下同)费、施工机具使用费、企业管理费、利润、规费和税金组成。其中,人工费、材料费、施工机具使用费、企业管理费和利润包含在分部分项工程费、措施项目费、其他项目费,如图3-4所示。

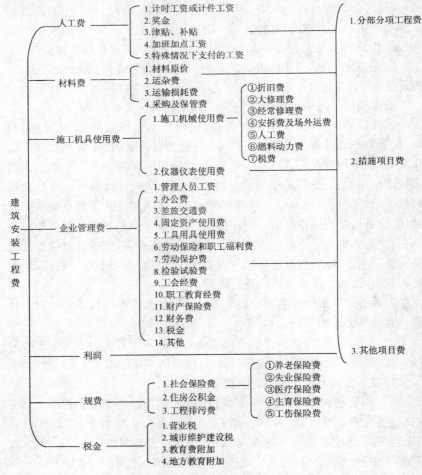

图3-4 建筑安装工程费用组成(按费用构成要素划分)

1) 人工费。人工费是指按工资总额构成规定,支付给从事建筑安装工程施工的生产工人和附属生产单位工人的各项费用。内容包括:

①计时工资或计件工资。它是指按计时工资标准和工作时间或对已做工作按计件单价支付给个人的劳动报酬。

②奖金。奖金是指对超额劳动和增收节支支付给个人的劳动报酬。如节约奖、劳动竞赛奖等。

③津贴补贴。津贴补贴是指为了补偿职工特殊或额外的劳动消耗和因其他特殊原因支付给个人的津贴,以及为了保证职工工资水平不受物价影响支付给个人的物价补贴。如流动施工津贴、特殊地区施工津贴、高温(寒)作业临时津贴、高空津贴等。

④加班加点工资。加班加点工资是指按规定支付的在法定节假日工作的加班工资和在法定日工作时间外延时工作的加点工资。

⑤特殊情况下支付的工资。特殊情况下支付的工资是指根据国家法律、法规和政策规定,因病、工伤、产假、计划生育假、婚丧假、事假、探亲假、定期休假、停工学习、执行国家或社会义务等原因按计时工资标准或计时工资标准的一定比例支付的工资。

2) 材料费。材料费是指施工过程中耗费的原材料、辅助材料、构配件、零件、半成品或成品、工程设备的费用。内容包括:

①材料原价。材料原价是指材料、工程设备的出厂价格或商家供应价格。

②运杂费。运杂费是指材料、工程设备自来源地运至工地仓库或指定堆放地点所发生的全部费用。

③运输损耗费。运输损耗费是指材料在运输装卸过程中不可避免的损耗。

④采购及保管费。采购及保管费是指为组织采购、供应和保管材料、工程设备的过程中所需要的各项费用。包括采购费、仓储费、工地保管费、仓储损耗。

工程设备是指构成或计划构成永久工程一部分的机电设备、金属结构设备、仪器装置及其他类似的设备和装置。

3) 施工机具使用费。施工机具使用费是指施工作业所发生的施工机械、仪器仪表使用费或其租赁费。内容包括:

①施工机械使用费。施工机械使用费以施工机械台班耗用量乘以施工机械台班单价表示,施工机械台班单价应由下列七项费用组成:

a. 折旧费。指施工机械在规定的使用年限内,陆续收回其原值的费用。

b. 大修理费。指施工机械按规定的大修理间隔台班进行必要的大修理,以恢复其正常功能所需的费用。

c. 经常修理费。指施工机械除大修理以外的各级保养和临时故障排除所需的费用。包括为保障机械正常运转所需替换设备与随机配备工具附具的摊销和维护费用,机械运转中日常保养所需润滑与擦拭的材料费用及机械停滞期间的维护和保养费用等。

d. 安拆费及场外运费。安拆费是指施工机械(大型机械除外)在现场进行安装与拆卸所需的人工、材料、机械和试运转费用以及机械辅助设施的折旧、搭设、拆除等费用;场外运费是指施工机械整体或分体自停放地点运至施工现场或由一施工地点运至另一施工地点的运输、装卸、辅助材料及架线等费用。

e. 人工费。指机上司机(司炉)和其他操作人员的人工费。

f. 燃料动力费。指施工机械在运转作业中所消耗的各种燃料及水、电等。

g. 税费。指施工机械按照国家规定应缴纳的车船使用税、保险费及年检费等。

②仪器仪表使用费。仪器仪表使用费是指工程施工所需使用的仪器仪表的摊销及维修费用。

4)企业管理费。企业管理费是指建筑安装企业组织施工生产和经营管理所需的费用。内容包括:

①管理人员工资。管理人员工资是指按规定支付给管理人员的计时工资、奖金、津贴补贴、加班加点工资及特殊情况下支付的工资等。

②办公费。办公费是指企业管理办公用的文具、纸张、账表、印刷、邮电、书报、办公软件、现场监控、会议、水电、烧水和集体取暖降温(包括现场临时宿舍取暖降温)等费用。

③差旅交通费。差旅交通费是指职工因公出差、调动工作的差旅费、住勤补助费,市内交通费和误餐补助费,职工探亲路费,劳动力招募费,职工退休、退职一次性路费,工伤人员就医路费,工地转移费以及管理部门使用的交通工具的油料、燃料等费用。

④固定资产使用费。固定资产使用费是指管理和试验部门及附属生产单位使用的属于固定资产的房屋、设备、仪器等的折旧、大修、维修或租赁费。

⑤工具用具使用费。工具用具使用费是指企业施工生产和管理使用的不属于固定资产的工具、器具、家具、交通工具和检验、试验、测绘、消防用具等的购置、维修和摊销费。

⑥劳动保险和职工福利费。劳动保险和职工福利费是指由企业支付的职工退职金、按规定支付给离休干部的经费、集体福利费、夏季防暑降温、冬季取暖补贴、上下班交通补贴等。

⑦劳动保护费。劳动保护费是企业按规定发放的劳动保护用品的支出。如工作服、手套、防暑降温饮料以及在有碍身体健康的环境中施工的保健费用等。

⑧检验试验费。检验试验费是指施工企业按照有关标准规定,对建筑以及材料、构件和建筑安装物进行一般鉴定、检查所发生的费用,包括自设试验室进行试验所耗用的材料等费用。不包括新结构、新材料的试验费,对构件做破坏性试验及其他特殊要求检验试验的费用和建设单位委托检测机构进行检测的费用,对此类检测发生的费用,由建设单位在工程建设其他费用中列支。但对施工企业提供的具有合格证明的材料进行检测不合格的,该检测费用由施工企业支付。

⑨工会经费。工会经费是指企业按《工会法》规定的全部职工工资总额比例计提的工会经费。

⑩职工教育经费。职工教育经费是指按职工工资总额的规定比例计提,企业为职工进行专业技术和职业技能培训,专业技术人员继续教育、职工职业技能鉴定、职业资格认定以及根据需要对职工进行各类文化教育所发生的费用。

⑪财产保险费。财产保险费是指施工管理用财产、车辆等的保险费用。

⑫财务费。财务费是指企业为施工生产筹集资金或提供预付款担保、履约担保、职工工资支付担保等所发生的各种费用。

⑬税金。税金是指企业按规定缴纳的房产税、车船使用税、土地使用税、印花税等。

⑭其他。包括技术转让费、技术开发费、投标费、业务招待费、绿化费、广告费、公证费、法律顾问费、审计费、咨询费、保险费等。

5)利润。利润是指施工企业完成所承包工程获得的盈利。

6)规费。规费是指按国家法律、法规规定,由省级政府和省级有关权力部门规定必须缴纳或计取的费用。内容包括:

①社会保险费。内容包括:

a. 养老保险费。养老保险费是指企业按照规定标准为职工缴纳的基本养老保险费。

b. 失业保险费。失业保险费是指企业按照规定标准为职工缴纳的失业保险费。

c. 医疗保险费。医疗保险费是指企业按照规定标准为职工缴纳的基本医疗保险费。

d. 生育保险费。生育保险费是指企业按照规定标准为职工缴纳的生育保险费。

e. 工伤保险费。工伤保险费是指企业按照规定标准为职工缴纳的工伤保险费。

②住房公积金。住房公积金是指企业按规定标准为职工缴纳的住房公积金。

③工程排污费。工程排污费是指按规定缴纳的施工现场工程排污费。

其他应列而未列入的规费，按实际发生计取。

7) 税金。税金是指国家税法规定的应计入建筑安装工程造价内的营业税、城市维护建设税、教育费附加以及地方教育附加。

(2) 建筑安装工程费用项目组成（按造价形成划分）。建筑安装工程费按工程造价形成划分，由分部分项工程费、措施项目费、其他项目费、规费、税金组成，分部分项工程费、措施项目费、其他项目费包含人工费、材料费、施工机具使用费、企业管理费和利润如图3-5所示。

1) 分部分项工程费。分部分项工程费是指各专业工程的分部分项工程应予列支的各项费用。

①专业工程。专业工程是指按现行国家计量规范划分的房屋建筑与装饰工程、仿古建筑工程、通用安装工程、市政工程、园林绿化工程、矿山工程、构筑物工程、城市轨道交通工程、爆破工程等各类工程。

②分部分项工程。分部分项工程是指按现行国家计量规范对各专业工程划分的项目。如房屋建筑与装饰工程划分的土石方工程、地基处理与桩基工程、砌筑工程、钢筋及钢筋混凝土工程等。

各类专业工程的分部分项工程划分见现行国家或行业计量规范。

2) 措施项目费。措施项目费是指为完成建设工程施工，发生于该工程施工前和施工过程中的技术、生活、安全、环境保护等方面的费用。内容包括：

①安全文明施工费。

第三章 工程造价基础知识

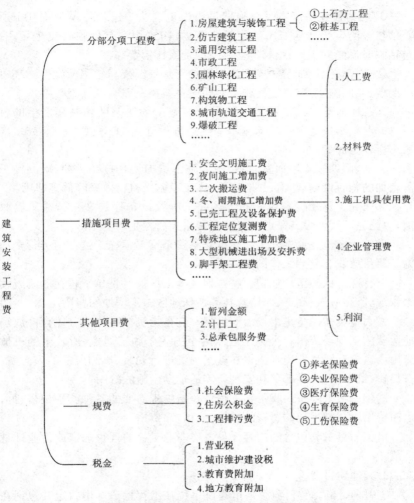

图 3-5　建筑安装工程费用组成（按工程造价形成划分）

　　a. 环境保护费。环境保护费是指施工现场为达到环保部门要求所需要的各项费用。

　　b. 文明施工费。文明施工费是指施工现场文明施工所需要的各项费用。

　　c. 安全施工费。安全施工费是指施工现场安全施工所需要的各项费用。

d. 临时设施费。临时设施费是指施工企业为进行建设工程施工所必须搭设的生活和生产用的临时建筑物、构筑物和其他临时设施费用。包括临时设施的搭设、维修、拆除、清理费或摊销费等。

②夜间施工增加费。夜间施工增加费是指因夜间施工所发生的夜班补助费、夜间施工降效、夜间施工照明设备摊销及照明用电等费用。

③二次搬运费。二次搬运费是指因施工场地条件限制而发生的材料、构配件、半成品等一次运输不能到达堆放地点，必须进行二次或多次搬运所发生的费用。

④冬、雨期施工增加费。冬、雨期施工增加费是指在冬期、雨期施工需增加的临时设施、防滑、排除雨雪，人工及施工机械效率降低等费用。

⑤已完工程及设备保护费。已完工程及设备保护费是指竣工验收前，对已完工程及设备采取的必要保护措施所发生的费用。

⑥工程定位复测费。工程定位复测费是指工程施工过程中进行全部施工测量放线和复测工作的费用。

⑦特殊地区施工增加费。特殊地区施工增加费是指工程在沙漠或其边缘地区、高海拔、高寒、原始森林等特殊地区施工增加的费用。

⑧大型机械设备进出场及安拆费。它是指机械整体或分体自停放场地运至施工现场或由一个施工地点运至另一个施工地点，所发生的机械进出场运输及转移费用及机械在施工现场进行安装、拆卸所需的人工费、材料费、机械费、试运转费和安装所需的辅助设施的费用。

⑨脚手架工程费。脚手架工程费是指施工需要的各种脚手架搭、拆、运输费用以及脚手架购置费的摊销（或租赁）费用。

措施项目及其包含的内容详见各类专业工程的现行国家或行业计量规范。

3）其他项目费。

①暂列金额。暂列金额是指建设单位在工程量清单中暂定并包括在工程合同价款中的一笔款项。用于施工合同签订时尚未确定或者不可预见的所需材料、工程设备、服务的采购，施工中可能发生的工程变更、合同约定调整因素出现时的工程价款调整以及发生的索赔、现场签证确认等的费用。

②计日工。计日工是指在施工过程中，施工企业完成建设单位提出的施工图纸以外的零星项目或工作所需的费用。

③总承包服务费。总承包服务费是指总承包人为配合、协调建设单

位进行的专业工程发包,对建设单位自行采购的材料、工程设备等进行保管以及施工现场管理、竣工资料汇总整理等服务所需的费用。

4) 规费。定义同前述二、(二)、1.(1)中6)。

5) 税金。定义同前述二、(二)、1.(1)中7)。

2. 建筑安装工程费用计算方法

(1) 费用构成计算方法

1) 人工费

$$人工费 = \sum (工日消耗量 \times 日工资单价) \quad (3-21)$$

$$日工资单价 = \frac{生产工人平均月工资(计时计件) + 平均月(奖金+津贴补贴+特殊情况下支付的工资)}{年平均每月法定工作日}$$

$$(3-22)$$

注:式(3-22)主要适用于施工企业投标报价时自主确定人工费,也是工程造价管理机构编制计价定额确定定额人工单价或发布人工成本信息的参考依据。

$$人工费 = \sum (工程工日消耗量 \times 日工资单价) \quad (3-23)$$

注:式(3-23)适用于工程造价管理机构编制计价定额时确定定额人工费,是施工企业投标报价的参考依据。

式(3-23)中,日工资单价是指施工企业平均技术熟练程度的生产工人在每工作日(国家法定工作时间内)按规定从事施工作业应得的日工资总额。

工程造价管理机构确定日工资单价应通过市场调查、根据工程项目的技术要求,参考实物工程量人工单价综合分析确定,最低日工资单价不得低于工程所在地人力资源和社会保障部门所发布的最低工资标准的:普工1.3倍、一般技工2倍、高级技工3倍。

工程计价定额不可只列一个综合工日单价,应根据工程项目技术要求和工种差别适当划分多种日人工单价,确保各分部工程人工费的合理构成。

2) 材料费

①材料费。

$$材料费 = \sum (材料消耗量 \times 材料单价) \quad (3-24)$$

$$材料单价 = \{(材料原价 + 运杂费) \times [1 + 运输损耗率(\%)]\} \times [1 + 采购保管费率(\%)] \quad (3-25)$$

②工程设备费。

$$工程设备费 = \sum (工程设备量 \times 工程设备单价) \quad (3\text{-}26)$$

$$工程设备单价 = (设备原价 + 运杂费) \times [1 + 采购保管费率(\%)] \quad (3\text{-}27)$$

3)施工机具使用费

①施工机械使用费。

$$施工机械使用费 = \sum (施工机械台班消耗量 \times 机械台班单价) \quad (3\text{-}28)$$

$$\begin{aligned}机械台班单价 =~& 台班折旧费 + 台班大修费 + 台班经常修理费 + \\ & 台班安拆费及场外运费 + 台班人工费 + \\ & 台班燃料动力费 + 台班车船税费\end{aligned} \quad (3\text{-}29)$$

注:工程造价管理机构在确定计价定额中的施工机械使用费时,应根据《建筑施工机械台班费用计算规则》结合市场调查编制施工机械台班单价。施工企业可以参考工程造价管理机构发布的台班单价,自主确定施工机械使用费的报价,如租赁施工机械,公式为:施工机械使用费 $= \sum$(施工机械台班消耗量×机械台班租赁单价)。

②仪器仪表使用费。

$$仪器仪表使用费 = 工程使用的仪器仪表摊销费 + 维修费 \quad (3\text{-}30)$$

4)企业管理费费率

①以分部分项工程费为计算基础。

$$企业管理费费率(\%) = \frac{生产工人年平均管理费}{年有效施工天数 \times 人工单价} \times 人工费占分部分项工程费比例(\%) \quad (3\text{-}31)$$

②以人工费和机械费合计为计算基础。

$$企业管理费费率(\%) = \frac{生产工人年平均管理费}{年有效施工天数 \times (人工单价 + 每一工日机械使用费)} \times 100\% \quad (3\text{-}32)$$

③以人工费为计算基础。

$$企业管理费费率(\%) = \frac{生产工人年平均管理费}{年有效施工天数 \times 人工单价} \times 100\% \quad (3\text{-}33)$$

注:上述公式适用于施工企业投标报价时自主确定管理费,是工程造

价管理机构编制计价定额确定企业管理费的参考依据。

工程造价管理机构在确定计价定额中企业管理费时,应以定额人工费或(定额人工费+定额机械费)作为计算基数,其费率根据历年工程造价积累的资料,辅以调查数据确定,列入分部分项工程和措施项目中。

5) 利润

①施工企业根据企业自身需求并结合建筑市场实际自主确定,列入报价中。

②工程造价管理机构在确定计价定额中利润时,应以定额人工费或(定额人工费+定额机械费)作为计算基数,其费率根据历年工程造价积累的资料,并结合建筑市场实际确定,以单位(单项)工程测算,利润在税前建筑安装工程费的比重可按不低于5%且不高于7%的费率计算。利润应列入分部分项工程和措施项目中。

6) 规费

①社会保险费和住房公积金。社会保险费和住房公积金应以定额人工费为计算基础,根据工程所在地省、自治区、直辖市或行业建设主管部门规定费率计算。

$$社会保险费和住房公积金 = \sum \left(\begin{array}{c} 工程定额人工费 \times \\ 社会保险费和住房公积金费率 \end{array} \right) \quad (3\text{-}34)$$

式(3-34)中,社会保险费和住房公积金费率可以每万元发承包价的生产工人人工费和管理人员工资含量与工程所在地规定的缴纳标准综合分析取定。

②工程排污费。工程排污费等其他应列而未列入的规费应按工程所在地环境保护等部门规定的标准缴纳,按实计取列入。

7) 税金

$$税金 = 税前造价 \times 综合税率(\%) \quad (3\text{-}35)$$

其中,综合税率的计算方法如下:

①纳税地点在市区的企业:

$$综合税率(\%) = \frac{1}{1 - 3\% - 3\% \times 7\% - 3\% \times 3\% - 3\% \times 2\%} - 1 \quad (3\text{-}36)$$

②纳税地点在县城、镇的企业:

$$综合税率(\%) = \frac{1}{1 - 3\% - 3\% \times 5\% - 3\% \times 3\% - 3\% \times 2\%} - 1 \quad (3\text{-}37)$$

③纳税地点不在市区、县城、镇的企业：

$$综合税率(\%) = \frac{1}{1-3\%-3\%\times1\%-3\%\times3\%-3\%\times2\%} - 1 \quad (3\text{-}38)$$

④实行营业税改增值税的，按纳税地点现行税率计算。

(2)建筑安装工程计价参考公式

1)分部分项工程费

$$分部分项工程费 = \sum(分部分项工程量\times综合单价) \quad (3\text{-}39)$$

式(3-39)中，综合单价包括人工费、材料费、施工机具使用费、企业管理费和利润以及一定范围的风险费用(下同)。

2)措施项目费

①国家计量规范规定应予计量的措施项目，其计算公式如下：

$$措施项目费 = \sum(措施项目工程量\times综合单价) \quad (3\text{-}40)$$

②国家计量规范规定不宜计量的措施项目计算方法如下：

a. 安全文明施工费。

$$安全文明施工费 = 计算基数\times安全文明施工费费率(\%) \quad (3\text{-}41)$$

计算基数应为定额基价(定额分部分项工程费＋定额中可以计量的措施项目费)、定额人工费或(定额人工费＋定额机械费)，其费率由工程造价管理机构根据各专业工程的特点综合确定。

b. 夜间施工增加费。

$$夜间施工增加费 = 计算基数\times夜间施工增加费费率(\%) \quad (3\text{-}42)$$

c. 二次搬运费。

$$二次搬运费 = 计算基数\times二次搬运费费率(\%) \quad (3\text{-}43)$$

d. 冬、雨期施工增加费。

$$冬、雨期施工增加费 = 计算基数\times冬、雨期施工增加费费率(\%) \quad (3\text{-}44)$$

e. 已完工程及设备保护费。

$$已完工程及设备保护费 = 计算基数\times已完工程及设备保护费费率(\%) \quad (3\text{-}45)$$

上述 b.～e. 项措施项目的计费基数应为定额人工费或(定额人工费＋定额机械费)，其费率由工程造价管理机构根据各专业工程特点和调查资料综合分析后确定。

3)其他项目费

①暂列金额由建设单位根据工程特点，按有关计价规定估算，施工过

程中由建设单位掌握使用、扣除合同价款调整后如有余额,归建设单位。

②计日工由建设单位和施工企业按施工过程中的签证计价。

③总承包服务费由建设单位在招标控制价中根据总包服务范围和有关计价规定编制,施工企业投标时自主报价,施工过程中按签约合同价执行。

4)规费和税金

建设单位和施工企业均应按照省、自治区、直辖市或行业建设主管部门发布标准计算规费和税金,不得作为竞争性费用。

(三)工程建设其他费用

工程建设其他费用是指从工程筹建到工程竣工验收交付使用止的整个建设期间,除建筑安装工程费用和设备、工器具购置费以外的,为保证工程建设顺利完成和交付使用后能够正常发挥效用而发生的各项费用。工程建设其他费用,按其内容可分为三类:土地使用费;与项目建设有关的费用;与未来企业生产和经营活动有关的费用。

(1)土地使用费。任何一个建设项目都固定于一定地点与地面相连接,必须占用一定量的土地,也就必然要发生为获得建设用地而支付的费用,这就是土地使用费。它是指通过划拨方式取得土地使用权而支付的土地征用及迁移补偿费,或者通过土地使用权出让方式取得土地使用权而支付的土地使用权出让金。

1)土地征用及迁移补偿费。土地征用及迁移补偿费是指建设项目通过划拨方式取得无限期的土地使用权,依照《中华人民共和国土地管理法》等规定所支付的费用。其总和一般不得超过被征土地年产值的20倍,土地年产值则按该地被征用前3年的平均产量和国家规定的价格计算。内容包括:

①土地补偿费。征用耕地(包括菜地)的补偿标准,按国家规定,为该耕地年产值的若干倍,具体补偿标准由省、自治区、直辖市人民政府在此范围内制定。征用园地、鱼塘、藕塘、苇塘、宅基地、林地、牧场、草原等的补偿标准,由省、自治区、直辖市人民政府制定。征收无收益的土地,不予补偿。

②青苗补偿费和被征用土地上的房屋、水井、树木等附着物补偿费。这些补偿费的标准由省、自治区、直辖市人民政府制定。征用城市郊区的菜地时,还应按照有关规定向国家缴纳新菜地开发建设基金。地上附着物及青苗补偿费归地上附着物及青苗所有者所有。

③安置补助费。征用耕地、菜地的,每个农业人口的安置补助费为该地被征用3年平均年产值的4~6倍,每亩耕地的安置补助费最高不得超

过其年产值的 15 倍。

④缴纳的耕地占用税或城镇土地使用税、土地登记费及征地管理费等。县市土地管理机关从征地费中提取土地管理费的比率,要按征地工作量大小,视不同情况,在 1%～4% 幅度内提取。

⑤征地动迁费。包括征用土地上的房屋及附属构筑物、城市公共设施等拆除、迁建补偿费及搬迁运输费,企业单位因搬迁造成的减产、停工损失补贴费及拆迁管理费等。

⑥水利水电工程水库淹没处理补偿费。包括农村移民安置迁建费,城市迁建补偿费,库区工矿企业、交通、电力、通信、广播、管网、水利等的恢复、迁建补偿费,库底清理费,防护工程费,环境影响补偿费用等。

2)土地使用权出让金。土地使用权出让金是指建设工程通过土地使用权出让方式,取得有限期的土地使用权,依照《中华人民共和国城镇国有土地使用权出让和转让暂行条例》规定,支付的土地使用权出让金。

①明确国家是城市土地的唯一所有者,并分层次、有偿、有限期地出让、转让城市土地。第一层次是城市政府将国有土地使用权出让给用地者,该层次由城市政府垄断经营。出让对象可以是有法人资格的企事业单位,也可以是外商。第二层次及以下层次的转让则发生在使用者之间。

②城市土地的出让和转让可采用协议、招标、公开拍卖等方式。

a. 协议方式是由用地单位申请,经市政府批准同意后双方洽谈具体地块及地价。该方式适用于市政工程、公益事业用地以及需要减免地价的机关、部队用地和需要重点扶持、优先发展的产业用地。

b. 招标方式是在规定的期限内,由用地单位以书面形式投标,市政府根据投标报价、所提供的规划方案以及企业信誉综合考虑,择优而取。该方式适用于一般工程建设用地。

c. 公开拍卖是指在指定的地点和时间,由申请用地者叫价应价,价高者得。这完全是由市场竞争决定,适用于盈利高的行业用地。

③在有偿出让和转让土地时,政府对地价不作统一规定,但应坚持以下原则:

a. 地价对目前的投资环境不产生大的影响。

b. 地价与当地的社会经济承受能力相适应。

c. 地价要考虑已投入的土地开发费用、土地市场供求关系、土地用途和使用年限。

④关于政府有偿出让土地使用权的年限,各地可根据时间、区位等各

种条件作不同的规定,居住用地70年,工业用地50年,教育、科技、文化、卫生、体育用地50年,商业、旅游、娱乐用地40年,综合或其他用地50年。

⑤土地有偿出让和转让,土地使用者和所有者要签约,明确使用者对土地享有的权利和对土地所有者应承担的义务。

a. 有偿出让和转让使用权,要向土地受让者征收契税。

b. 转让土地如有增值,要向转让者征收土地增值税。

c. 在土地转让期间,国家要区别不同地段、不同用途向土地使用者收取土地占用费。

3)城市建设配套费。城市建设配套费是指因进行城市公共设施的建设而分摊的费用。

4)拆迁补偿与临时安置补助费,包括:

①拆迁补偿费,指拆迁人对被拆迁人,按照有关规定予以补偿所需的费用。拆迁补偿的形式可分为产权调换和货币补偿两种形式。产权调换的面积按照所拆迁房屋的建筑面积计算;货币补偿的金额按照被拆迁人或者房屋承租人支付搬迁补助费。

②临时安置补助费或搬迁补助费,指在过渡期内,被拆迁人或者房屋承租人自行安排住处的,拆迁人应当支付临时安置补助费。

(2)与项目建设有关的其他费用。根据项目的不同,与项目建设有关的其他费用的构成也不尽相同,一般包括以下各项,在进行工程估算及概算时可根据实际情况进行计算。

1)建设单位管理费。建设单位管理费是指建设项目从立项、筹建、建设、联合试运转、竣工验收、交付使用及后评估等全过程管理所需的费用。内容包括:

①建设单位开办费。指新建项目为保证筹建和建设工作正常进行所需办公设备、生活家具、用具、交通工具等购置费用,主要是建设项目管理过程中的费用。

②建设单位经费。包括工作人员的基本工资、工资性补贴、职工福利费、劳动保护费、劳动保险费、办公费、差旅交通费、工会经费、职工教育经费、固定资产使用费、工具用具使用费、技术图书资料费、生产人员招募费、工程招标费、合同契约公证费、工程质量监督检测费、工程咨询费、法律顾问费、审计费、业务招待费、排污费、竣工交付使用清理及竣工验收费、后评估等费用。不包括应计入设备、材料预算价格的建设单位采购及保管设备材料所需的费用,主要是日常经营管理的费用。建设单位管理

费按照单项工程费用之和（包括设备工、器具购置费和建筑安装工程费用）乘以建设单位管理费率计算。建设单位管理费率按照建设项目的不同性质、不同规模确定。有的建设项目按照建设工期和规定的金额计算建设单位管理费。

2）勘察设计费。勘察设计费是指为本建设项目提供项目建议书、可行性研究报告及设计文件等所需费用，内容包括：

①编制项目建议书、可行性研究报告及投资估算、工程咨询、评价以及为编制上述文件所进行勘察、设计、研究试验等所需费用。

②委托勘察、设计单位进行初步设计、施工图设计及概预算编制等所需费用。

③在规定范围内由建设单位自行完成的勘察、设计工作所需费用。勘察设计费中，项目建议书、可行性研究报告按国家颁布的收费标准计算，设计费按国家颁布的工程设计收费标准计算勘察费一般民用建筑6层以下的按 $3 \sim 5$ 元$/m^2$ 计算，高层建筑按 $8 \sim 10$ 元$/m^2$ 计算，工业建筑按 $10 \sim 12$ 元$/m^2$ 计算。

3）研究试验费。研究试验费是指为建设项目提供和验证设计参数、数据、资料等所进行的必要的试验费用以及设计规定在施工中必须进行试验、验证所需费用。包括自行或委托其他部门研究试验所需人工费、材料费、试验设备及仪器使用费等。这项费用按照设计单位根据本工程项目的需要提出的研究试验内容和要求计算。

4）建设单位临时设施费。建设单位临时设施费是指建设期间建设单位所需临时设施的搭设、维修、摊销费用或租赁费用。临时设施包括临时宿舍、文化福利及公用事业房屋与构筑物、仓库、办公室、加工厂以及规定范围内的道路、水、电、管线等临时设施和小型临时设施。

5）工程监理费。工程监理费是指建设单位委托工程监理单位对工程实施监理工作所需费用。根据原国家物价局、建设部文件规定，选择下列方法之一计算：

①一般情况应按工程建设监理收费标准计算，即按所监理工程概算或预算的百分比计算。

②对于单工种或临时性项目可根据参与监理的年度平均人数计算。

6）工程保险费。工程保险费是指建设项目在建设期间根据需要实施工程保险所需的费用。包括以各种建筑工程及其在施工过程中的物料、机器设备为保险标的的建筑工程一切险，以安装工程中的各种机器、机械设备为保险标的的安装工程一切险,以及机器损坏保险等。根据不同的工程类别,分别以其建筑、安装工程费乘以建筑、安装工程保险费率计算。民用建筑(住宅楼、综合性大楼、商场、旅馆、医院、学校)占建筑工程费的2‰~4‰;其他建筑(工业厂房、仓库、道路、码头、水坝、隧道、桥梁、管道等)占建筑工程费的3‰~6‰;安装工程(农业、工业、机械、电子、电器、纺织、矿山、石油、化学及钢铁工业、建筑桥梁)占建筑工程费的3‰~6‰。

7)引进技术和进口设备其他费用。

①出国人员费用。指为引进技术和进口设备派出人员在国外培训和进行设计联络、设备检验等的差旅费、制装费、生活费等。这项费用根据设计规定的出国培训和工作的人数、时间及派往国家,按财政部、外交部规定的临时出国人员费用开支标准及中国民用航空公司现行国际航线票价等进行计算,其中使用外汇部分应计算银行财务费用。

②国外工程技术人员来华费用。指为安装进口设备、引进国外技术等聘用外国工程技术人员进行技术指导工作所发生的费用。包括技术服务费、外国技术人员的在华工资、生活补贴、差旅费、医药费、住宿费、交通费、宴请费、参观游览等招待费用。这项费用按每人每月费用指标计算。

③技术引进费。指为引进国外先进技术而支付的费用。包括专利费、专有技术费(技术保密费)、国外设计及技术资料费、计算机软件费等。这项费用根据合同或协议的价格计算。

④分期或延期付款利息。指利用出口信贷引进技术或进口设备采取分期或延期付款的办法所支付的利息。

⑤担保费。指国内金融机构为买方出具保函的担保费。这项费用按有关金融机构规定的担保费率计算(一般可按承保金额的5‰计算)。

⑥进口设备检验鉴定费用。指进口设备按规定付给商品检验部门的进口设备检验鉴定费。这项费用按进口设备货价的3‰~5‰计算。

8)工程承包费。工程承包费是指具有总承包条件的工程公司,对工程建设项目从开始建设至竣工投产全过程的总承包所需的管理费用。具体内容包括组织勘察设计、设备材料采购、非标设备设计制造与销售、施工招标、发包、工程预决算、项目管理、施工质量监督、隐蔽工程检查、验收和试车直至竣工投产的各种管理费用。该费用按国家主管部门或省、自治区、直辖市协调规定的工程总承包费取费标准计算。如无规定时,一般工业建设项目为投资估算的6%~8%,民用建筑(包括住宅建设)和市政项目为4%~6%。不实行工程承包的项目不计算本项费用。

(3) 与未来企业生产经营有关的其他费用。

1) 联合试运转费。联合试运转费是指新建企业或改建、扩建企业在工程竣工验收前,按照设计的生产工艺流程和质量标准对整个企业进行联合试运转所发生的费用支出与联合试运转期间的收入部分的差额部分。联合试运转费用一般根据不同性质的项目按需进行试运转的工艺设备购置费的百分比计算。

2) 生产准备费。生产准备费是指新建企业或新增生产能力的企业,为保证竣工交付使用进行必要的生产准备所发生的费用。内容包括:

① 生产人员培训费,包括自行培训、委托其他单位培训的人员的工资、工资性补贴、职工福利费、差旅交通费、学习资料费、学习费、劳动保护费等。

② 生产单位提前进厂参加施工、设备安装、调试等以及熟悉工艺流程及设备性能等人员的工资、工资性补贴、职工福利费、差旅交通费、劳动保护费等。生产准备费一般根据需要培训和提前进厂人员的人数及培训时间,按生产准备费指标进行估算。应该指出,生产准备费在实际执行中是一笔在时间上、人数上、培训深度上很难划分的、活口很大的支出,尤其要严格掌握。

3) 办公和生活家具购置费。办公和生活家具购置费是指为保证新建、改建、扩建项目初期正常生产、使用和管理所必须购置的办公和生活家具、用具的费用。改建、扩建项目所需的办公和生活用具购置费,应低于新建项目。

(四) 预备费

按我国现行规定,预备费包括基本预备费和涨价预备费。

1. 基本预备费

基本预备费是指在初步设计及概算内难以预料的工程费用,费用内容包括:

(1) 在批准的初步设计范围内,技术设计、施工图设计及施工过程中所增加的工程费用,设计变更、局部地基处理等增加的费用。

(2) 一般自然灾害造成的损失和预防自然灾害所采取的措施费用。实行工程保险的工程项目费用应当降低。

(3) 竣工验收时为鉴定工程质量对隐蔽工程进行必要的挖掘和修复费用。基本预备费是按设备及工、器具购置费,建筑安装工程费用和工程建设其他费用三者之和为计取基础,乘以基本预备费率进行计算。

基本预备费=(设备及工、器具购置费+建筑安装工程费用+
    工程建设其他费用)×基本预备费率   (3-46)
基本预备费率的取值应执行国家及部门的有关规定。

2. 涨价预备费

涨价预备费是指建设项目在建设期间内由于价格等变化引起工程造价变化的预测预留费用。费用内容包括人工、设备、材料、施工机械的价差费，建筑安装工程费及工程建设其他费用调整，利率、汇率调整等增加的费用。涨价预备费的测算方法，一般根据国家规定的投资综合价格指数，以估算年份价格水平的投资额为基数，采用复利方法计算。其计算公式如下：

$$PF = \sum_{t=1}^{n} I_t [(1+f)^m (1+f)^{0.5} (1+f)^{t-1} - 1] \quad (3-47)$$

式中　PF——涨价预备费；
　　　n——建设期年份数；
　　　I_t——建设期中第 t 年的投资计划额，包括设备及工器具购置费、建筑安装工程费、工程建设其他费用及基本预备费；
　　　f——年均投资价格上涨率；
　　　m——建设前期年限(从编制估算到开工建设，单位为"年")。

(五)建设期贷款利息

建设期投资贷款利息是指建设项目使用银行或其他金融机构的贷款，在建设期应归还的借款的利息。当总贷款是分年均衡发放时，建设期利息的计算可按当年借款在年中支用考虑，即当年贷款按半年计息，上年贷款按全年计息。其计算公式如下：

$$q_j = (P_{j-1} + \frac{1}{2}A_j) \cdot i \quad (3-48)$$

式中　q_j——建设期第 j 年应计利息；
　　　P_{j-1}——建设期第$(j-1)$年末贷款累计金额与利息累计金额之和；
　　　A_j——建设期第 j 年贷款金额；
　　　i——年利率。

(六)固定资产投资方向调节税

为了贯彻国家产业政策，控制投资规模，引导投资方向，调整投资结构，加强重点建设，促进国民经济持续稳定协调发展，国家将根据国民经济的运行趋势和全社会固定资产投资的状况，对进行固定资产投资的单位和个人开征或暂缓征收固定资产投资方的调节税（该税征收对象不含中外合资经营企业、中外合作经营企业和外资企业)。

投资方向调节税根据国家产业政策和项目经济规模实行差别税率,税率分为0%、5%、10%、15%、30%五个档次,各固定资产投资项目按其单位工程分别确定适用的税率。计税依据为固定资产投资项目实际完成的投资额,其中更新改造项目为建筑工程实际完成的投资额。投资方向调节税按固定资产投资项目的单位工程年度计划投资额预缴。年度终了后,按年度实际投资结算,多退少补。项目竣工后按全部实际投资进行清算,多退少补。

1. 基本建设项目投资适用的税率

(1)国家急需发展的项目投资,如农业、林业、水利、能源、交通、通信、原材料,科教、地质、勘探、矿山开采等基础产业和薄弱环节的部门项目投资,适用零税率。

(2)对国家鼓励发展但受能源、交通等制约的项目投资,如钢铁、化工、石油、水泥等部分重要原材料项目,以及一些重要机械、电子、轻工工业和新型建材的项目,实行5%的税率。

(3)为配合住房制度改革,对城乡个人修建、购买住宅的投资实行零税率;对单位修建、购买一般性住宅投资,实行5%的低税率;对单位用公款修建、购买高标准独门独院、别墅式住宅投资,实行30%的高税率。

(4)对楼堂馆所以及国家严格限制发展的项目投资,课以重税,税率为30%。

(5)对不属于上述四类的其他项目投资,实行中等税负政策,税率15%。

2. 更新改造项目投资适用的税率

(1)为了鼓励企事业单位进行设备更新和技术改造,促进技术进步,对国家急需发展的项目投资,予以扶持,适用零税率;对单纯工艺改造和设备更新的项目投资,适用零税率。

(2)对不属于上述提到的其他更新改造项目投资,一律适用10%的税率。

3. 注意事项

为贯彻国家宏观调控政策,扩大内需,鼓励投资,根据国务院的决定,对《中华人民共和国固定资产投资方向调节税暂行条例》规定的纳税义务人,其固定资产投资应税项目自2000年1月1日起新发生的投资额,暂停征收固定资产投资方向调节税。但该税种并未取消。

第三节 工程造价计价程序

建筑安装工程费有两种组成形式,按照工程造价形成由分部分项工程费、措施项目费、其他项目费、规费、税金组成,按费用构成要素由人工费、材料费、施工机具使用费、企业管理费和利润、规费、税金组成。

一、建设单位工程招标控制价计价程序

建设单位工程招标控制价计价程序见表3-2。

表3-2　　　　　　建设单位工程招标控制价计价程序

工程名称:　　　　　　标段:

序号	内容	计算方法	金额/元
1	分部分项工程费	按计价规定计算	
1.1			
1.2			
1.3			
1.4			
1.5			
2	措施项目费	按计价规定计算	
2.1	其中:安全文明施工费	按规定标准计算	
3	其他项目费		
3.1	其中:暂列金额	按计价规定估算	
3.2	其中:专业工程暂估价	按计价规定估算	
3.3	其中:计日工	按计价规定估算	
3.4	其中:总承包服务费	按计价规定估算	
4	规费	按规定标准计算	
5	税金(扣除不列入计税范围的工程设备金额)	(1+2+3+4)×规定税率	
招标控制价合计=1+2+3+4+5			

二、施工企业工程投标报价计价程序

施工企业工程招标报价计价程序见表 3-3。

表 3-3　　　　　　施工企业工程投标报价计价程序

工程名称：　　　　　　　　标段：

序号	内　容	计算方法	金　额/元
1	分部分项工程费	自主报价	
1.1			
1.2			
1.3			
1.4			
1.5			
2	措施项目费	自主报价	
2.1	其中:安全文明施工费	按规定标准计算	
3	其他项目费		
3.1	其中:暂列金额	按招标文件提供金额计列	
3.2	其中:专业工程暂估价	按招标文件提供金额计列	
3.3	其中:计日工	自主报价	
3.4	其中:总承包服务费	自主报价	
4	规费	按规定标准计算	
5	税金(扣除不列入计税范围的工程设备金额)	(1+2+3+4)×规定税率	

投标报价合计＝1+2+3+4+5

三、竣工结算计价程序

竣工结算计价程序见表3-4。

表 3-4 竣工结算计价程序

工程名称： 标段：

序号	汇总内容	计算方法	金 额/元
1	分部分项工程费	按合同约定计算	
1.1			
1.2			
1.3			
1.4			
1.5			
2	措施项目	按合同约定计算	
2.1	其中:安全文明施工费	按规定标准计算	
3	其他项目		
3.1	其中:专业工程结算价	按合同约定计算	
3.2	其中:计日工	按计日工签证计算	
3.3	其中:总承包服务费	按合同约定计算	
3.4	索赔与现场签证	按发承包双方确认数额计算	
4	规费	按规定标准计算	
5	税金(扣除不列入计税范围的工程设备金额)	(1+2+3+4)×规定税率	
竣工结算总价合计=1+2+3+4+5			

第四章 定额概述

第一节 建筑工程定额概述

一、建筑工程定额的概念

建筑工程定额是指在正常施工条件下,完成单位合格产品所必须消耗的劳动力、材料、机械台班的数量标准。建筑工程定额反映了在一定社会生产力条件下建筑行业的生产与管理水平。

建筑工程定额是根据国家一定时期的管理体制和管理制度,根据定额的不同用途和适用范围,由国家指定的机构按照一定程序编制的。在我国建筑工程定额有生产性定额和计价性定额两类,典型的生产定额是施工定额,典型的计价性定额是预算定额。

二、建筑工程定额的作用

(1)建筑工程定额是编制工程计划组织和管理施工的重要依据。
(2)建筑工程定额是确定建筑工程造价的依据。
(3)建筑工程定额是建筑企业实行经济责任制的重要环节。
(4)建筑工程定额是总结先进生产力方法的手段。

三、建筑工程定额的种类

1. 按生产要素分类

建筑工程定额按其生产要素可分为劳动消耗定额、材料消耗定额和机械台班定额。

2. 按内容和用途分类

国家颁布的建筑工程定额根据其内容和用途可分为施工定额、预算定额、概算定额、概算指标和工期定额等。

3. 按费用性质分类

建筑工程定额按其费用性质可分为直接费定额、间接费定额等。

第四章 定额概述

4. 按主编单位和执行范围分类

建筑工程定额按其适用范围可分为全国统一定额、行业统一定额、地区统一定额、企业定额和补充定额。

建筑工程定额分类如图 4-1 所示。

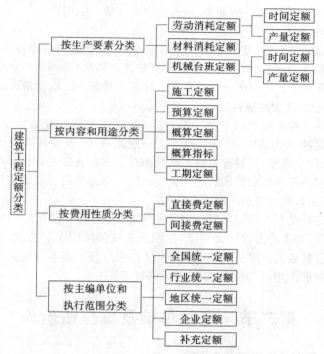

图 4-1 建筑工程定额分类

四、建筑工程定额的特性

1. 真实性和科学性

建筑工程定额应真实地反映和评价客观的工程造价。工程造价作为国民经济的综合反映，受到经济活动中各种因素的影响，每一因素的变化都会通过定额直接或间接地反映出来。定额必须和生产力发展水平相适应，反映工程建设中生产消费的客观规律。

定额的科学性，表现为定额的编制是在认真研究客观规律的基础上，自觉遵循客观规律的要求，用科学方法确定各项消耗量标准。所确定的定额水平，是大多数企业和职工经过努力能够达到的平均先进水平。

2. 系统性和统一性

建筑工程定额是由各种内容结合而成的有机整体,有鲜明的层次和明确的目标。系统性是由工程建设的特点决定的;统一性主要是由国家宏观调控职能决定的。从定额的制定、颁布和贯彻使用来看,统一性表现为有统一的程序、统一的原则、统一的要求和统一的用途。

3. 法令性

定额的法令性,是指定额一经国家、地方主管部门或授权单位颁发,各地区及有关施工企业单位,都必须严格遵守和执行,不得随意变更定额的内容和水平。定额的法令性保证了建筑工程统一的造价与核算尺度。

4. 稳定性和时效性

建筑工程中的任何一种定额,在一段时间内都表现出稳定的状态。不同的定额,稳定的时间有长有短。一般来讲,工程量计算规则比较稳定,能保持十几年;工料机定额消耗量相对稳定在五年左右;基础单价、各项费用取费率等相对稳定的时间更短一些。保持稳定性是维护权威性所必需的,是有效地贯彻定额所必需的。

稳定性是相对的。任何一种建筑工程定额,都只能反应一定时间生产力水平,当生产力向前发展了,定额就会变得陈旧了。所以,定额在具有稳定性特点的同时,也具有显著的时效性。当定额不再能起到促进生产力发展的作用时,就要重新编制或修订了。

第二节 定额单价及单位估价表

一、工程单价的概念与用途

(一)工程单价的概念

工程单价,一般指单位假定建筑安装产品的不完全价格。通常是指建筑安装工程的预算单价和概算单价。

完整的建筑产品价值,是建筑物或构筑物在真实意义上的全部价值,即完全成本加利税。而单位假定建筑安装产品单价,不仅不是可以独立发挥建筑物或构筑物价值的价格,甚至也不是单位假定建筑产品的完整价格,因为这种工程单价仅仅是某一单位工程直接费中的直接工程费,即由人工、材料和机械费构成。

(二)工程单价的用途

工程单价是确定和控制概算造价的基本依据,由于它的编制依据和编制方法规范,在确定和控制工程造价方面有不可忽视的作用;利用编制统一性地区工程单价,能够简化编制预算和概算的工作量和缩短工作周期,同时也为投标报价提供依据;利用工程单价可以对结构方案,进行经济比较,优选设计方案,对工程款在期中结算时也会利用到工程单价。

二、人工单价的确定

(一)人工工日单价的确定

人工工日单价也称人工预算价格或定额工资单价,是指一个建筑安装工人一个工作日在预算中应记入的全部人工费用。它基本上反映了建筑安装工人的工资水平和一个工人在一个工作日中可以得到的报酬。预算定额的人工单价包括综合平均等级的基本工资、辅助工资、工资性质津贴、职工福利费和劳动保护费。

定额工资单价=基本工资+辅助工资+工资性质津贴+
职工福利费+劳动保护费

1. 生产工人基本工资

根据有关规定,生产工人基本工资应执行岗位工资和技能工资标准。

2. 生产工人辅助工资

生产工人辅助工资是指生产工人年有效施工天数以外非作业天数的工资,包括职工学习、培训期间的工资,调动工作、探亲、休假期间的工资,因气候影响的停工工资,女工哺乳时间的工资,病假在6个月以内的工资及产、婚、丧假期的工资。

3. 生产工人工资性质津贴

生产工人工资性质津贴是指为了补偿工人额外或特殊的劳动消耗及为了保证工人的工资水平不受特殊条件影响,而以补贴形式支付给工人的劳动报酬,它包括按规定标准发放的物价补贴、煤、燃气补贴,交通费补贴,住房补贴,流动施工津贴及地区津贴等。

4. 职工福利费

职工福利费是指按规定标准计提的职工福利费。

5. 生产工人劳动保护费

生产工人劳动保护费是指按规定标准发放的劳动保护用品的购置费及修理费,徒工服装补贴,防暑降温费,在有碍身体健康环境中施工的保健费用等。

人工工日单价组成内容,在各部门、各地区并不完全相同,但其中每一项内容都是根据有关法规、政策文件的精神,结合本部门、本地区的特点,通过反复测算最终确定的。

(二)人工单价的计算

1. 综合平均工资等级系数和工资标准的计算方法

计算工人小组的平均工资或平均工资等级系数,应采用综合平均工资等级系数的计算方法,计算公式如下:

$$\text{小组成员综合平均工资等级系数} = \frac{\sum_{i=1}^{n}(\text{某工资等级系数} \times \text{同等级工人数})_i}{\text{小组成员总人数}}$$

【例 4-1】 某砖工小组由 15 人组成,各等级的工人及工资等级系数如下,求综合平均工资等级系数和工资标准(已知 $F_1 = 32.78$ 元/月)。

二级工:2 人　　工资等级系数　　1.187
三级工:2 人　　工资等级系数　　1.409
四级工:5 人　　工资等级系数　　1.672
五级工:3 人　　工资等级系数　　1.985
六级工:2 人　　工资等级系数　　2.358
七级工:1 人　　工资等级系数　　2.800

【解】 ①求综合平均工资等级系数

砖工小组综合平均工资等级系数 = $(1.187 \times 2 + 1.409 \times 2 + 1.672 \times 5 +$
$1.985 \times 3 + 2.358 \times 2 + 2.800 \times 1) \div$
$(2+2+5+3+2+1)$
$= 1.802$

②求综合平均工资标准

砖工小组综合平均工资标准 = $32.78 \times 1.802 = 59.07$ 元/月

2. 人工单价计算方法

预算定额人工单价的计算公式为:

$$\text{人工单价} = \frac{\text{基本工资} + \text{工资性补贴} + \text{保险费}}{\text{月平均工作天数}}$$

式中　　基本工资——指规定的月工资标准;
　　　　工资性补贴——包括流动施工补贴、交通费补贴、附加工资等;
　　　　保险费——包括医疗保险、失业保险费等。

$$\text{月平均工作天数} = \frac{365 - 52 \times 2 - 10}{12 \text{个月}} = 20.92 \text{天}$$

【例 4-2】 已知砌砖工人小组综合平均月工资标准为 315 元/月,月工资性补贴为 210 元/月,月保险费为 56 元/月,求人工单价。

【解】 人工单价 $=\dfrac{315+210+56}{20.92}=\dfrac{581}{20.92}=27.77$ 元/日

三、材料价格的确定

(一)材料价格的概念

材料预算价格是指材料(包括构件、成品及半成品)由来源地或交货点到达工地仓库或施工现场指定堆放点后的出库价格。

(二)材料价格的构成及分类

1. 材料价格的构成

按照材料采购和供应方的不同,构成材料价格的费用也不同,一般分为以下几种:

(1)材料供货到工地现场。当材料供应商将材料送到施工现场时,材料价格由材料原价、采购保管费构成。

(2)到供货地点采购材料。当需要派人到供货地点采购材料时,材料价格由材料原价、运杂费、采购保管费构成。

(3)需二次加工的材料。当某些材料采购回来后,还需要进一步加工时,材料价格除了上述费用外还包括二次加工费。

综上所述,材料价格包括材料原价、运杂费、采购保管费和二次加工费。

2. 材料价格的分类

材料预算价格按适用范围划分,有地区材料预算价格和某项工程使用的材料预算价格。地区材料预算价格是按地区(城市或建设区域)编制的,供该地区所有工程使用;某项工程(一般指大中型重点工程)使用的材料预算价格,是以一个工程为编制对象,专供该工程项目使用。

地区材料预算价格与某项工程使用的材料预算价格的编制原理和方法是一致的,只是在材料来源地、运输数量权数等具体数据上有所不同。

(三)材料原价的计算

材料原价是指付给材料供应商的材料单价。当某种材料有两个或两个以上的材料供应商供货且材料原价不同时,要计算加权平均原价。

加权平均原价的计算公式为:

$$\overline{P} = \frac{\sum_{i=1}^{n} P_i Q_i}{\sum_{i=1}^{n} Q_i}$$

式中 $\overline{P}$——加权平均材料原价;

P_i——各来源地材料原价;

Q_i——各来源地材料数量或占总供应量的百分比。

【例 4-3】 某工地所需墙面面砖由甲、乙、丙三地供应,其数量及价格见表 4-1。求标准砖的加权平均原价。

表 4-1　　　　甲、乙、丙三地供应面砖的数量及价格表

货源地	数量/m²	出厂价/(元/m²)
甲地	600	30
乙地	1400	30.5
丙地	700	31.5

【解】 $\overline{P} = \dfrac{30 \times 600 + 30.5 \times 1400 + 31.5 \times 700}{600 + 1400 + 700} = 30.6 \ 元/m^2$

(四)材料运杂费的计算

材料运杂费是指材料由其来源地运至工地仓库或堆放场地的全部运输过程中所支出的一切费用。包括车、船等的运输费、调车费或驳船费、装卸费及合理的运输损耗等。

调车费是指机车到非公用装货地点装货时的调车费用。

装卸费是指火车、汽车、轮船出入仓库时的搬运费,按行业标准支付。

材料运输费按运输价格计算,若供货来源地不同且供货数量不同时,需要计算加权平均运输费,其计算公式如下:

$$加权平均运输费 = \frac{\sum_{i=1}^{n} (运输单价 \times 材料数量)_i}{\sum_{i=1}^{n} (材料数量)_i}$$

材料运输损耗是指材料在运输、搬运过程中发生的合理(定额)损耗。其费用计算公式为:

第四章 定额概述

材料运输损耗费 =（材料原价 + 装卸费 + 运输费）× 运输损耗率

属于材料预算价格的运杂费和有关费用只能算到运至工地仓库的全部费用。从工地仓库或堆置场地运到施工地点的各种费用应该包括在预算定额的原材料运输费中，或者计入材料二次搬运费中。

【例 4-4】 某工地所需标准砖由甲、乙、丙三地供应，根据表 4-2 和【例 4-3】资料计算标准砖运杂费。

表 4-2　　　　　　　　　标准砖运杂费汇总表

供货地点	面砖数量/m²	运输单价/(元/m²)	装卸费/(元/m²)	运输损耗率/(%)
甲	300	1.20	0.80	1.5
乙	700	1.80	0.95	1.5
丙	800	2.40	0.85	1.5

【解】（1）计算加权平均装卸费。

$$\text{墙面砖加权平均装卸费} = \frac{0.80 \times 300 + 0.95 \times 700 + 0.85 \times 800}{300 + 700 + 800}$$

$$= 0.88 \text{ 元}/\text{m}^2$$

（2）计算加权平均运输费。

$$\text{墙面砖加权平均运输费} = \frac{1.20 \times 300 + 1.80 \times 700 + 2.40 \times 800}{300 + 700 + 800}$$

$$= 1.97 \text{ 元}/\text{m}^2$$

（3）计算运输损耗费。

$$\text{墙面砖运输损耗费} = (30.60 + 0.88 + 1.97) \times 1.5\%$$

$$= 0.50 \text{ 元}/\text{m}^2$$

（4）计算运杂费。

$$\text{墙面砖运杂费} = 0.88 + 1.97 + 0.50 = 3.35 \text{ 元}/\text{m}^2$$

（五）材料采购及保管费的计算

材料采购及保管费是指材料供应部门在组织采购、供应和保管材料过程中所发生的各项费用。其计算公式如下：

材料采购及保管费 =（加权平均原价 + 运杂费）× 采购及保管费率

采购及保管费率综合取定值一般为 2%。各地区可根据实际情况来确定。

【例 4-5】 上述墙面砖的采购保管费率为 2%,根据前面计算结果计算墙面砖的采购及保管费。

【解】 墙面砖采购及保管费 $=(30.60+3.35)\times 2\% = 0.68$ 元$/m^2$

(六)材料价格综合计算

材料价格汇总计算公式为:

材料价格=(加权平均原价+材料运杂费)×(1+材料采购保管费率)

【例 4-6】 根据上述计算出结果,计算墙面砖的材料价格。

【解】 墙面砖材料价格 $=30.60+3.35+0.68=34.63$ 元$/m^2$

(七)进口材料、设备预算价格的组成

建设单位或设计单位指定使用进口材料或设备时,应依据其到岸期完税后的外汇牌价折算为人民币价格,另加运至本市的运杂费、市内运杂费和 2% 的采购及保管费组成预算价格。

进口材料、设备预算价格的计算公式为:

进口材料、设备供应价格=材料、设备到岸期完税后的外汇牌价折成人民币价格+实际发生的外埠运杂费

进口材料、设备预算价格=(进口材料、设备供应价格+实际发生的市内运杂费)×1.02

对于材料预算价格中缺项的材料、设备,应按实际供应价格(含实际发生的外埠运杂费),加市内运杂费及采购保管费,组成补充预算价格。

四、机械台班单价的确定

(一)机械台班单价的概念

机械台班单价亦称施工机械台班单价,是指在单位工作台班中为使机械正常运转所分摊和支出的各项费用。

(二)机械台班单价的费用组成

机械台班预算单价按《2001 年全国统一施工机械台班费用编制规则》的规定,由七项费用组成。这些费用按其性质划分为第一类费用和第二类费用。

(1)第一类费用。第一类费用亦称不变费用,是指属于分摊性质的费用。包括:折旧费、大修理费、经常修理费和安拆费及场外运费。

(2)第二类费用。第二类费用亦称可变费用,是指属于支出性质的费用。包括:燃料动力费、人工费、其他费用。

(三)第一类费用的计算

1. 折旧费

折旧费是指机械设备在规定的使用期限内(耐用总台班),陆续收回其原值及购置资金的时间价值。其计算公式如下:

$$台班折旧费 = \frac{机械预算价格 \times (1-残值率) + 时间价值系数}{耐用总台班}$$

(1)机械预算价格。国产机械预算价格由机械出厂(或到岸完税)价格和由生产厂(销售单位交货地点或口岸)运至使用单位库房,并经过主管部门验收的全部费用组成。包括出厂价格,供销部门手续费和一次运杂费。其计算公式如下:

国产运输机械预算价格=出厂(或销售)价格×(1+购置附加费率)+供销部门手续费+一次运费

进口机械预算价格是由进口机械到岸完税价格加上关税、外贸部门手续费、银行财务费以及由口岸运至使用单位机械管理部门验收入库的全部费用。

(2)残值率。残值率是指机械报废时其回收残余价值占机械(即机械预算价格)原值的比率。国家规定的残值率在3%~5%范围内。各类施工机械的残值率结合确定如下:

运输机械	2%
特、大型机械	3%
中、小型机械	4%
掘进机械	5%

(3)时间价值系数。时间价值系数是指购置施工机械的资金在施工生产过程中随着时间的推移而产生的单位增值。其计算公式如下:

$$时间价值系数 = 1 + \frac{(n+1)}{2} i$$

式中 n——机械的折旧年限;

i——年折现率,应按编制期银行年贷款利率确定。

折旧年限是指国家规定的各类固定资产计提折旧的年限。

(4)耐用总台班。耐用总台班是指机械在正常施工作业条件下,从开始投入使用至报废前所使用的总台班数。机械耐用总台班的计算公式如下:

耐用总台班=大修理间隔台班×大修理周期

【例4-7】 某6t载重汽车的销售价为85000元,购置附加费率为12%,运杂费为4800元,残值率为2%,耐用总台班为1800个,贷款利息为4700元,试计算台班折旧费。

【解】 (1)6t载重汽车预算价格:

6t载重汽车预算价格=85000×(1+12%)+4800=100000元

(2)6t载重汽车台班折旧费:

$$\text{6t载重汽车台班折旧费} = \frac{100000 \times (1-2\%) + 4700}{1800} = 57.06 \text{元/台班}$$

2. 大修理费

大修理费是指机械设备按规定的大修理间隔台班进行大修理,以保持机械正常功能所需支出的台班摊销费用。其计算公式如下:

$$\text{台班大修理费} = \frac{\text{一次大修理费} \times (\text{大修理周期} - 1)}{\text{耐用总台班}}$$

(1)一次大修理费。指机械设备按规定的大修理范围和修理工作内容,进行一次全面修理所需消耗的工时、配件、辅助材料、油燃料以及送修运输等全部费用。

(2)大修理周期。指机械设备为恢复原机功能按规定在使用期限内需要进行的大修理次数。

【例4-8】 6t载重汽车一次大修理费为8900元,大修理周期为3个,耐用总台班为2100个,试计算台班大修理费。

【解】 $$\text{6t载重汽车台班大修理费} = \frac{8900 \times (3-1)}{2100} = 8.48 \text{元/台班}$$

3. 经常修理费

经常修理费是指机械设备除大修理以外必须进行的各级保养(包括一、二、三级保养)以及临时故障排除和机械停置期间的维护保养等所需各项费用;为保障机械正常运转所需替换设备、随机工具附具的摊销及维护费用;机械运转及日常保养所需润滑、擦拭材料费用。机械寿命期内上述各项费用之和分摊到台班费中,即为台班经常修理费。其计算公式如下:

$$\text{台班经常修理费} = \text{大修理费} \times K_a$$

式中 K_a——台班经常修理系数,其计算公式为:

$$K_a = \frac{\text{典型机械台班经常修理费测算值}}{\text{典型机械台班大修理费测算值}}$$

第四章 定额概述

【例4-9】 经测算6t载重汽车的台班经常修理系数为6.2,根据【例4-8】计算出的台班大修费,计算台班经常修理费。

【解】 6t载重汽车台班经常修理费$=8.48\times6.2=52.58$元/台班

4. 安拆费及场外运输费

(1)安拆费。指机械在施工现场进行安装、拆卸所需人工、材料、机械和试运转费用以及安装所需的机械辅助设施(如:基础、底座、固定锚桩、行走轨道、枕木等)的折旧、搭设、拆除等费用。其计算公式为:

$$台班安拆费=\frac{机械一次安装拆卸费\times每年平均安装拆卸次数}{年工作台班}$$

(2)场外运输费。指机械整体或分件自停放场地运至施工现场或由一个工地运至另一个工地,运距25km以内的机械进出场运输、装卸、辅助材料以及架线等费用。其计算公式如下:

$$台班场外运输费=\frac{\left(\begin{array}{c}一次运输\\及装卸费\end{array}+\begin{array}{c}辅助材料\\一次摊销费\end{array}+一次架线费\right)\times年运输次数}{年工作台班}$$

在定额基价中未列此项费用的项目:一是金属切削加工机械等,由于该类机械安装在固定的车间房屋内,不需经常安拆运输;二是不需要拆卸安装自身能开行的机械,如水平运输机械;三是不适合按台班摊销本项费用的机械,如特、大型机械,其安拆费及场外运输费按定额规定另行计算。

(四)第二类费用的计算

1. 燃料动力费

燃料动力费是指机械在运转施工作业中所耗用的电力、固体燃料(煤、木柴)、液体燃料(汽油、柴油)、水和风力等费用。其计算公式如下:

$$\frac{台班燃料}{动力消耗量}=\frac{实测数\times4+定额平均值+调查平均值}{6}$$

定额机械燃料动力消耗量按以实测的消耗量为主,以现行定额消耗量和调查的消耗量为辅的方法确定。其计算公式如下:

$$台班燃料动力费=台班燃料动力消耗量\times燃料或动力单价$$

【例4-10】 6t载重汽车台班耗用柴油31.28kg,每1kg单价2.38元,求台班燃料费。

【解】 6t汽车台班燃料费$=31.28\times2.38=74.45$元/台班

2. 人工费

人工费是指机上司机、司炉和其他操作人员的工作日以及上述人员在机械规定的年工作台班以外的基本工资和工资性津贴。

$$台班人工费 = 定额机上人工工日 \times 日工资单价$$

【例 4-11】 6t 载重汽车每个台班的机上操作人工工日数为 1.35 个，人工工日单价为 28 元，求台班人工费。

【解】 6t 载重汽车台班人工费 $= 1.35 \times 28 = 37.8$ 元/台班

3. 其他费用

其他费用是指按国家和有关部门规定应交纳的车船使用税、保险费及年检费用等。其计算公式为：

台班其他费用 =（年车船使用税 + 年保险费 + 年检费用）÷ 年工作台班

(1) 年车船使用税、年检费用应执行编制期有关部门的规定。

(2) 年保险费执行编制期有关部门强制性保险规定，非强制性保险不应计算在内。

五、单位估价表的编制

(一)单位估价表的概念和作用

1. 单位估价表的概念

单位估价表是确定建筑安装产品分部分项工程费的文件，是以建筑安装工程概预算定额规定的人工、材料、机械台班消耗量为依据，以货币形式表示分部分项工程单位概预算价值而制定的价格表。

分项工程的单价表是用预算定额规定的分项工程的人工、材料和施工机械台班消耗指标，分别乘以相应地区的工资标准、材料预算价格和施工机械台班费，算出的人工费、材料费及施工机械费，并加以汇总而成。因此，单位估价表是以预算定额为依据，既列出预算定额中的"三量"，又列出了"三价"，并汇总出定额单位产品的预算价值。

为便于施工图预算的编制，简化单位估价表的编制工作，各地区多采用预算定额和单位估价表合并形式来编制，即预算定额内不仅仅列出"三量"，同时列出预算单价，使地区预算定额和地区单位估价表融为一体。

2. 单位估价表的作用

(1) 单位估价表是编制和审查建筑安装工程施工图预算，确定工程造价的主要依据。

(2)单位估价表是拨付工程价款和结算的依据。

(3)在招标投标制中,单位估价表是编制标底及报价的依据。

(4)单位估价表是设计单位对设计方案进行技术经济分析比较的依据。

(5)单位估价表是施工单位实行经济核算,考核工程成本的依据。

(6)单位估价表是制定概算定额、概算指标的基础。

(二)单位估价表的编制依据

单位估价表是以一个城市或一个地区为范围编制,在本地区实行,其编制的主要依据如下:

(1)现行全国统一概预算定额和本地区统一概预算定额及有关定额资料。

(2)现行地区的工资标准。

(3)现行地区材料预算价格。

(4)现行地区施工机械台班预算价格。

(5)国务院有关地区单位估价表的编制方法及其他有关规定。

(三)单位估价表的编制方法

1. 准备工作

包括拟定工作计划,收集预算定额以及工资标准、材料预算价格、机械台班预算价格等有关资料,了解编制地区范围内的工程类别、结构特点、材料及构件生产、供应和运输等方面的情况,提出编制地区单位估价表的方案。

2. 单位估价表编制的基本方法

(1)单位估价表的组成内容。

1)确定完成分项工程所消耗的人工、材料、施工机械的实物数量。这内容在单位估价表中用数量一栏表示,从需要编制单位估价表的相应预算定额中抄录。

2)确定该分项工程消耗的人工、材料、施工机械的相应预算价格,即相应的工日单价、材料预算价格和施工机械台班使用费。这一内容在单位估价表中用单价一栏表示,从为编制单位估价表而编制的日工资级差单价表、材料预算价格汇总表和施工机械台班使用费计算表中摘录。

3)该分项工程直接费用的人工费、材料费和施工机械使用费。这一内容在单位估价表中用合价一栏表示。它是根据第一部分中的三个"量"

和第二部分中的三个"价"对应相乘计算求得。将人工费、材料费和施工机械使用费相累加,即得该定额计量单位建筑安装产品的工程预算单价。

(2)计算单位估价表的人工费、材料费、机械费和预算价值。定额计量单位建筑安装工程产品的工程预算单价(即分项工程直接费单价),可以根据以下公式进行计算:

每一定额计量单位分项工程预算价值＝人工费＋材料费＋机械费

其中:

人工费＝定额工日数量×预算工资单价＋其他人工费

材料费 ＝ $\sum$(定额材料数量×相应材料预算价格)＋其他材料费

机械费 ＝ $\sum$(定额机械台班数×相应机械台班费单价)＋其他机械费

(3)单位估价表的表式和表格的填写方法。

1)表式。单位估价表可以是一个分项工程编一张表,也可以将多个分项工程编在同一张表上,编制时应特别注意:

表头:填写分部分项工程的名称及其定额编号,并在表格的右上角标明计量单位。单位估价表的计量单位应与定额计量单位一致。

表格的设计:单位估价表为项目、单位、单价、数量、合价横向多栏式。如一张表上编制几个分项工程的单位估价表,可只列一栏共同使用的单价,而每一分项工程只列数量和合价两栏。

单位估价表的纵向依次为人工费、材料费、机械使用费和合计栏,材料费和机械使用费应按材料和机械种类分列项目。

2)表格填写。单位估价表的"费用项目"栏应包括的基本因素是:定额中所规定的为完成定额计量单位产品所需要的各种工料与机械名称。

单位栏:按预算定额中的工、料、施工机械等的计量单位填写。

单价栏:填写与工、料、施工机械名称相适应的预算价格。

数量栏:填写预算定额中的工、料、施工机械台班数量。

合价栏:为各自单价和数量相乘之积。

最后各"费用项目"的合计数,就是该单位价表计算出来的定额计量单位建筑安装产品的工程预算单价,即该分项工程的直接费单价。

(4)编制单位估价汇总表。单位估价汇总表,是汇总单位估价表中主要内容的文件。在编制单位估价汇总表时,应将单位估价表中的主要资料列入,包括有:定额编号、分项工程名称、计量单位、工程预算单价以及其中人工费、材料费、施工机械使用费的小计数等资料。每一项汇总表可列 10 余个分项工程的工程预算单价,便于编制施工图预算时使用。

在编制单位估价汇总表时,要注意计量单位值的变化。单位估价表是按预算定额编制的,其计量单位值与定额计量单位值一致。

单位估价汇总表的形式见表 4-3。

表 4-3 单位估价汇总表

定额编号	分项工程名称	单位	预算单价/元	其中:		
				人工费	材料费	机械费
03—166	一墙内砖	m³	168.60	25.49	130.32	22.79

(四)单位估价表与预算定额

单位估价表与预算定额的区别主要体现在表现形式的不同,从理论上讲,预算定额只规定单位分项工程或结构构件的人工、材料、机械台班消耗的数量标准,不用货币表示。地区单位估价表是将单位分项工程或结构构件的人工、材料、机械台班消耗量在本地区用货币形式表示,一般不列工、料、机消耗的数量标准。

实际工作中,为了便于进行施工图预算的编制,有些地区往往将预算定额和地区单位估价表合并。即在预算定额中不仅列出"三量"指标,同时列出"三费"指标及定额基价,还列出基价所依据的单价并在附录中列出材料预算价格表,使预算定额与地区单位估价表融为一体。

第三节 建筑工程施工定额

一、施工定额的概念与作用

1. 施工定额的概念

施工定额是以同一性质的施工过程或工序为测定对象,确定建筑安装工人在正常施工条件下,为完成单位合格产品所需劳动、机械、材料消耗的数量标准。施工定额是施工企业直接用于建筑工程施工管理的一种定额,是生产性定额,属于企业定额的性质。施工定额是由劳动定额、材料消耗定额和机械台班定额组成,是最基本的定额。

在市场经济条件下,施工定额是企业定额,而国家定额和地区定额也不再是强加于施工单位的约束和指令,而是对企业的施工定额管理进行引导,为企业提供有关参数和指导,从而实现对工程造价的宏观调控。

2. 施工定额的作用

施工定额是施工企业管理工作的基础,也是工程定额体系的基础。施工定额的作用概括起来有以下几个方面:

(1)施工定额是施工企业编制施工预算,进行工料分析和"两算对比"的基础。

(2)施工定额是编制施工组织设计、施工作业设计和确定人工、材料及机械台班需要量计划的基础。

(3)施工定额是施工企业向工作班组签发任务单、限额领料的依据。

(4)施工定额是组织工人班(组)开展劳动竞赛、实行内部经济核算、承发包、计取劳动报酬和奖励工作的依据。

(5)施工定额是编制预算定额和企业补充定额的基础。

二、劳动定额

1. 劳动定额的概念与作用

(1)劳动定额的概念

劳动定额又称人工定额,是建筑安装工人在正常的施工(生产)条件下、在一定的生产技术和生产组织条件下、在平均先进水平的基础上制定的。它表明每个建筑安装工人生产单位合格产品所必须消耗的劳动时间,或在单位时间所生产的合格产品的数量。

劳动定额按其表现形式的不同,可分为时间定额和产量定额两种。产量定额是在合理的施工条件下,单位时间内完成合格产品的数量。时间定额是工人在合理的施工条件下,完成单位合格产品所必须消耗的工作时间。两者一般采用复式形式表示,其分子为时间定额,分母为产量定额。时间定额和产量定额互为倒数。

$$时间定额 = \frac{1}{产量定额}$$

时间定额是指在一定的生产技术和生产组织条件下,某工种、某种技术等级的工人班组或个人,完成单位合格产品所必须消耗的工作时间。定额时间包括工人的有效工作时间(准备与结束时间、基本工作时间、辅助工作时间)、不可避免的中断时间以及休息时间。

时间定额以工日为计算单位,每个工日工作时间按现行制度规定为8小时,其计算方法如下:

$$单位产品时间定额(工日) = \frac{1}{每工日产量}$$

第四章 定额概述

或 $$单位产品时间定额(工日)=\frac{小组成员工日数总和}{小组的台班产量}$$

产量定额是指在一定的生产技术和生产组织条件下,某工种、某种技术等级的工人班或个人,在单位时间内(工日)应完成合格产品的数量,其计算方法如下:

$$每日产量=\frac{1}{单位产品时间定额(工日)}$$

或 $$台班产量=\frac{小组成员工日数总和}{单位产品时间定额(工日)}$$

劳动定额又有综合定额和单项定额之分,综合定额是指完成同一产品中的各单项(工序)定额的综合。综合定额的时间定额由各单项时间定额相加而成。综合定额的产量定额为综合时间的倒数。

$$综合产量定额=\frac{1}{综合时间定额(工日)}$$

(2)劳动定额的作用

劳动定额的作用主要表现在组织生产和按劳分配两个方面。在一般情况下,两者是相辅相成的,即生产决定分配,分配促进生产。当前对企业基层推行的各种形式的经济责任制的分配形式,无一不是以劳动定额作为核算基础的。

2. 确定劳动定额消耗量的方法

时间定额是在拟定基本工作时间、辅助工作时间、不可避免中断时间、准备与结束的工作时间,以及休息时间的基础上制定的。

(1)拟定基本工作时间

基本工作时间在必需消耗的工作时间中占的比重最大。在确定基本工作时间时,必须细致、精确。基本工作时间消耗一般应根据计时观察资料来确定。其做法是,首先确定工作过程每一组成部分的工时消耗,然后综合出工作过程的工时消耗。如果组成部分的产品计量单位和工作过程的产品计量单位不符,就需先求出不同计量单位的换算系数,进行产品计量单位的换算,然后相加,求得工作过程的工时消耗。

(2)拟定辅助工作时间和准备及结束工作时间

辅助工作和准备及结束工作时间的确定方法与基本工作时间相同。但是,如果这两项工作时间在整个工作班工作时间消耗中所占比重不超过 5%~6%,则可归纳为一项,以工作过程的计量单位表示,确定出工作过程的工时消耗。

如果在计时观察时不能取得足够的资料,也可采用工时规范或经验数据来确定。如具有现行的工时规范,可以直接利用工时规范中规定的辅助工作时间和准备及结束工作时间的百分比来计算。

(3)拟定不可避免的中断时间

在确定不可避免中断时间的定额时,必须注意由工艺特点所引起的不可避免中断才可列入工作过程的时间定额。

不可避免中断时间也需要根据测时资料通过整理分析获得,也可以根据经验数据或工时规范,以占工作日的百分比表示此项工时消耗的时间定额。

(4)拟定休息时间

休息时间应根据工作班作息制度、经验资料、计时观察资料,以及对工作的疲劳程度作全面分析来确定。同时,应考虑尽可能利用不可避免中断时间作为休息时间。

从事不同工种、不同工作的工人,疲劳程度有很大差别。为了合理确定休息时间,往往要对从事各种工作的工人进行观察、测定,以及进行生理和心理方面的测试,以便确定其疲劳程度。国内外往往按工作轻重和工作条件好坏,将各种工作划分为不同的级别。如我国某地区工时规范将体力劳动分为六类:最沉重、沉重、较重、中等、较轻、轻便。

(5)拟定定额时间

确定的基本工作时间、辅助工作时间、准备与结束工作时间、不可避免中断时间和休息时间之和,就是劳动定额的时间定额。根据时间定额可计算出产量定额,时间定额和产量定额互成倒数。

利用工时规范,可以计算劳动定额的时间定额。其计算公式如下:

$$作业时间 = 基本工作时间 + 辅助工作时间$$

$$规范时间 = 准备与结束工作时间 + 不可避免的中断时间 + 休息时间$$

$$工序作业时间 = 基本工作时间 + 辅助工作时间$$
$$= 基本工作时间 / [1 - 辅助时间(\%)]$$

$$定额时间 = \frac{作业时间}{1 - 规范时间(\%)}$$

【例 4-12】 人工挖土方(土壤是潮湿的黏性土,按土壤分类属二类土)测时资料表明,挖 $1m^3$ 需消耗基本工作时间 40min,辅助工作时间占工作班延续时间 2.5%,准备与结束工作时间占 2.5%,不可避免中断时间占1.5%,休息占25%。确定时间定额。

【解】 定额时间 $=\dfrac{40\times100}{100-(2.5+2.5+1.5+25)}=\dfrac{4000}{68.5}=58.4\mathrm{min}$

时间定额 $=\dfrac{58.4}{60\times8}=0.12$ 工日

根据时间定额可计算出产量定额为:$1/0.12=8.3\mathrm{m}^3$

3. 劳动定额编制

(1)劳动定额的编制依据

1)国家有关经济政策和劳动制度:主要有《建筑安装工人技术等级标准》和工资标准、8小时工作制度、工资奖励制度和劳动保护制度等。

2)有关技术资料:国家现行的各类规范、规程和标准:如《施工质量验收规范》、《建筑安装工程安全操作规程》、国家建筑材料标准、施工机械的性能、历年的《施工定额》及其统计资料、具有代表性的施工图纸、建筑安装构件及配件图集、标准作法等。

(2)劳动定额编制前的准备工作

1)施工过程的影响因素

①影响工作时间消耗量的因素。在建筑安装施工过程中,影响单位产品所需工作时间消耗量的因素很多,主要归纳为以下几类:

技术因素:包括完成产品的类别;材料、构配件的种类和型号等级;机械和机具的种类、型号和尺寸;产品质量等。

组织因素:包括操作方法和施工的管理与组织;工作地点的组织;人员组成和分工;工资与奖励制度;原材料和构配件的质量及供应的组织;气候条件等。

研究和分析施工过程的技术因素和组织因素,对于确定定额的技术组织条件和单位产品工时消耗标准是十分重要的。另外在生产过程中,可以充分利用有利因素,克服不利因素,使完成单位产品工时消耗减少,以促进劳动生产率的提高。

其他因素:雨雪、大风、冰冻、高温及水、电供应情况等。此类因素与施工技术、管理人员和工人无直接关系,一般不作为确定单位产品工时消耗的依据。

②计时观察资料的整理:对每次计时观察的资料进行整理之后,要对整个施工过程的观察资料进行系统的分析研究和整理。

整理观察资料的方法大多是采用平均修正法。平均修正法是一种在对测时数列进行修正的基础上,求出平均值的方法。修正测时数列,就是剔除或修正那些偏高、偏低的可疑数值。目的是保证不受那些偶然性因素的影响。

如果测时数列受到产品数量的影响时,采用加权平均值则是比较适当的。因为采用加权平均值可在计算单位产品工时消耗时,考虑到每次观察中产品数量变化的影响,从而使我们也能获得可靠的值。

③日常积累资料的整理和分析:日常积累的资料主要有四类:第一类是现行定额的执行情况及存在问题的资料;第二类是企业和现场补充定额资料,如因现行定额漏项而编制的补充定额资料,因解决采用新技术、新结构、新材料和新机械而产生的定额缺项所编制的补充定额资料;第三类是已采用的新工艺和新的操作方法的资料;第四类是现行的施工技术规范、操作规程、安全规程和质量标准等。

④拟定定额的编制方案:编制方案的内容包括:

a. 提出对拟编定额的定额水平总的设想。

b. 拟定定额分章、分节、分项的目录。

c. 选择产品和人工、材料、机械的计量单位。

d. 设计定额表格的形式和内容。

2)确定正常的施工条件

①拟定工作地点的组织:工作地点是工人施工活动场所。拟定工作地点的组织时,要特别注意使人在操作时不受妨碍,所使用的工具和材料应按使用顺序放置于工人最便于取用的地方,以减少疲劳和提高工作效率,工作地点应保持清洁和秩序井然。

②拟定工作组成:拟定工作组成就是将工作过程按照劳动分工的可能划分为若干工序,以达到合理使用技术工人。可以采用两种基本方法:一种是把工作过程中个别简单的工序,划分给技术熟练程度较低的工人去完成;另一种是分出若干个技术程度较低的工人,去帮助技术程度较高的工人工作。采用后一种方法就把个人完成的工作过程,变成小组完成的工作过程。

③拟定施工人员编制:拟定施工人员编制即确定小组人数、技术工人的配备,以及劳动的分工和协作。原则是使每个工人都能充分发挥作用,均衡地担负工作。

第四章 定额概述

(3) 劳动定额的编制方法

劳动定额水平测定的方法较多,一般比较常用的方法有技术测定法、经验估计法、统计分析法和比较类推法四种。

1) 技术测定法。技术测定法是通过对施工过程的具体活动进行实地观察,详细记录工人和机械的工作时间消耗、完成产品数量及有关影响因素,并将记录结果予以研究、分析,去伪存真,整理出可靠的原始数据资料,为制定定额提供科学依据的一种方法。

根据施工过程的特点和技术测定的目的、对象和方法的不同,技术测定法又分为测时法、写实记录法、工作日写实法和简易测定法四种。

2) 经验估计法。经验估计法是根据定额员、技术员、生产管理人员和老工人的实际工作经验对生产某一产品或完成某项工作所需的人工、机械台班、材料数量进行分析、讨论和估算,并最终确定定额耗用量的一种方法。经验估计法具有制定定额的工作过程短、工作量较小、省时、简便易行的特点,但是其准确度在很大程度上取决于参加估计人员的经验,有一定的局限性。因此,它只适用于产品品种多、批量小,某些次要定额项目中使用。

由于估计人员的经验和水平的差异,同一项目往往会提出一组不同的定额数据。此时应对提出的各种不同数据进行认真的分析处理,反复平衡,并根据统筹法原理,进行优化以确定出平均先进的指标。计算公式如下:

$$t=\frac{a+4m+b}{6}$$

式中 t——表示定额优化时间(平均先进水平);
  a——表示先进作业时间(乐观估计);
  m——表示一般作业时间(最大可能);
  b——表示后进作业时间(保守估计)。

【例 4-13】 某一施工过程单位产品的工时消耗,通过座谈讨论估计出了三种不同的工时消耗,分别是 0.3 工日、0.7 工日、0.8 工日,按上式计算出定额时间。

【解】 $t=\dfrac{0.3+4\times0.7+0.8}{6}=0.65$ 工日

3) 统计分析法。这是将以往施工中所累积的同类型工程项目的工时耗用量加以科学地分析、统计,并考虑施工技术与组织变化的因素,经分析研究后制定劳动定额的一种方法。统计分析法简便易行,与经验估计法相比有较多的原始统计资料。采用统计分析法时应注意剔除原始资料中相差悬殊的数值,并将数值均换算成统一的定额单位,用加权平均的方法求出平均修正值。该方法适用于条件正常、产品稳定、批量较大、统计工作制度健全的施工过程。

4)比例类推法。比较类推法,又称"典型定额法"。它是以同类产品或工序定额作为依据,经过分析比较,以此推算出同一组定额中相邻项目定额的一种方法。例如:已知挖一类土地槽在不同槽深知槽宽的时间定额,根据各类土耗用工时的比例来推算挖二、三、四类土地槽的时间定额;又如:已知架设单排脚手架的时间定额,推算架设双排脚手架的时间定额。这种方法适用于制定规格较多的同类型产品的劳动定额。

比例类推法计算简便而准确,但是对典型定额的选择务必恰当合理,类推结果有的需要做调整。

比较类推的计算公式为:

$$t = p \cdot t_0$$

式中 t——比较类推同类相邻定额项目的时间定额;

p——比例关系;

t_0——典型项目的时间定额。

【例 4-14】 已知挖一类土地槽在 1.5m 以内槽深和不同槽宽的时间定额及各类土耗用工时的比例(表 4-4),推算挖二、三、四类土地槽的时间定额。

【解】 挖三类土、上口宽度为 0.8m 以内的时间定额 t_3 为:

$$t_3 = p_3 \cdot t_0 = 2.50 \times 0.167 = 0.418 \text{ 工日}/\text{m}^3$$

表 4-4 挖地槽、地沟时间定额确定表 (单位:工日/m³)

项目	比例关系	挖地槽、地沟深在 1.5m 以内		
		上口宽度		
		0.8	1.5	3
一类土	1.00	0.167	0.144	0.133
二类土	1.43	0.239	0.206	0.190
三类土	2.50	0.418	0.36	0.333
四类土	3.76	0.628	0.541	0.500

三、材料消耗定额

(一)材料消耗定额的概念

材料消耗定额是指在正常的施工(生产)条件下,在节约和合理使用材料的情况下,生产单位合格产品所必须消耗的一定品种、规格的材料、半成品、配件等的数量标准。

材料消耗定额是编制材料需要量计划、运输计划、供应计划、计算仓库面积、签发限额领料单和经济核算的根据。制定合理的材料消耗定额,是组织材料的正常供应,保证生产顺利进行,以及合理利用资源,减少积压、浪费的必要前提,也是施工队组向工人班组签发限额领料单、考核和分析材料利用情况的依据。

(二)材料消耗定额的组成

施工中材料的消耗,可分为必需的材料消耗和损失的材料两类性质。

必需消耗的材料,是指在合理用料的条件下,生产合格产品所需消耗的材料。它包括:直接用于建筑和安装工程的材料;不可避免的施工废料;不可避免的材料损耗。

必需消耗的材料属于施工正常消耗,是确定材料消耗定额的基本数据。其中:直接用于建筑和安装工程的材料,编制材料净用量定额;不可避免的施工废料和材料损耗,编制材料损耗定额。

材料各种类型的损耗量之和称为材料损耗量。除去损耗量之后净用于工程实体上的数量称为材料净用量,材料净用量与材料损耗量之和称为材料总消耗量,损耗量与总消耗量之比称为材料损耗率,它们的关系用公式表示就是:

$$损耗率 = \frac{损耗量}{总消耗量} \times 100\%$$

$$损耗量 = 总消耗量 - 净用量$$

$$净用量 = 总消耗量 - 损耗量$$

$$总消耗量 = \frac{净用量}{1 - 损耗率}$$

或
$$总消耗量 = 净用量 + 损耗量$$

为了简便,通常将损耗量与净用量之比,作为损耗率。即:

$$损耗率 = \frac{损耗量}{净用量} \times 100\%$$

$$总消耗量 = 净用量 \times (1 + 损耗率)$$

(三) 材料消耗定额的编制方法

材料消耗定额必须在充分研究材料消耗规律的基础上制定。科学的材料消耗定额应当是材料消耗规律的正确反映。材料消耗定额是通过施工生产过程中对材料消耗进行观测、试验以及根据技术资料的统计与计算等方法制定的。其编制方法有如下几种：

1. 观测法

观测法也称现场测绘法，是在合理与节约使用材料的条件下，对施工过程中实际完成产品的数量与所消耗的各种材料数量进行现场观察、测定，通过分析整理和计算确定建筑材料消耗定额的方法。这种方法最适宜用来制定材料的损耗定额。因为只有通过现场观察和测定才能区别出哪些属于不可避免的损耗，哪些是可以避免的损耗，不应计入定额内。观测法的优点是真实可靠、对观测取得的数据要进行分析研究。

利用现场测绘法主要是编制材料损耗定额，也可以提供编制材料净用量定额的数据。其优点是能通过现场观察、测定，取得产品产量和材料消耗的情况，为编制材料定额提供技术根据。

观测法的首要任务是选择典型的工程项目，其施工技术、组织及产品质量，均要符合技术规范的要求；材料的品种、型号、质量也应符合设计要求；产品检验合格，操作工人能合理使用材料和保证产品质量。

采用观测法制定材料消耗定额时，所选择的观察对象应符合下列要求：

(1) 建筑物应具有代表性。
(2) 施工技术和条件应符合技术规范的要求。
(3) 建筑材料的规格和质量应符合技术规范的要求。
(4) 被观测对象的技术操作水平、工作质量和节约用料情况良好。
(5) 做好观测前的准备工作。如准备好测定工具设备等。

2. 试验法

试验法是通过专门的试验仪器和设备，在实验室内进行观察和测定，再通过整理计算出材料消耗定额的一种方法。此种方法能够更深入、详细地研究各种因素对材料消耗的影响，保证原始材料的准确性。由于试验法不能取得在施工现场实际条件下，由于各种客观因素对材料耗用量影响的实际数据，这是该法的不足之处。

试验室试验必须符合国家有关标准规范,计量要使用标准容器和称量设备,质量要符合施工与验收规范要求,以保证获得可靠的定额编制依据。

3. 统计法

统计法是指在施工过程中,对分部分项工程所拨发材料的数量、竣工后的材料剩余量和完成产品的数量,进行统计、整理、分析研究及计算,以确定材料消耗定额的方法。这种方法简便易行,但应注意统计资料的真实性和系统性,还应注意和其他方法结合使用,以提高所制定定额的精确程度。

4. 理论计算法

理论计算法是根据施工图,运用一定的数学公式,直接计算材料耗用量。理论计算法只能计算出单位产品的材料净用量,材料的损耗量仍要在现场通过实测取得。

理论计算法是材料消耗定额制定方法中比较先进的方法。但是,用这种方法制定材料消耗定额,要求掌握一定的技术资料和各方面的知识,以及有较丰富的现场施工经验。

用理论计算法确定材料消耗定额举例如下:

(1)计算每 $1m^3$ 标准砖不同墙厚的砖和砂浆的材料消耗量。标准砖墙的计算厚度见表 4-5。

表 4-5　　　　标准砖墙的计算厚度

墙厚砖数	$\frac{1}{2}$	$\frac{3}{4}$	1	$1\frac{1}{2}$	2
墙厚/m	0.115	0.18	0.24	0.365	0.49

计算公式如下:

$$砖净用量(块) = \frac{2 \times 墙厚砖数}{墙厚 \times (砖长 + 灰缝)(砖厚 + 灰缝)}$$

$$砂浆净用量(m^3) = 1 - 砖净用量 \times 每块砖体积$$

$$砖消耗量 = 砖净用量 \times (1 + 砖损耗率)$$

$$砂浆消耗量 = 砂浆净用量 \times (1 + 砂浆损耗率)$$

每块标准砖体积 = 长×宽×厚 = $0.24 \times 0.115 \times 0.053 = 0.0014628 m^3$

灰缝厚 = 10mm

【例 4-15】 求一砖半厚的砖墙的标准砖、砂浆净用量。

【解】 标准砖净用量 $= \dfrac{1}{0.365 \times (0.24+0.01)(0.053+0.01)} \times 2 \times 1.5 = 522$ 块

砂浆净用量 $= 1 - 522 \times 0.0014628 = 0.236 \text{m}^3$

(2) 100m^2 块料面层的材料净用量计算公式：

$$块料净用量 = \dfrac{100\text{m}^2}{(块料长+缝宽) \times (块料宽+缝宽)}$$

结合层材料净用量 $= 100\text{m}^2 \times$ 结合层厚度

嵌(勾)缝材料净用量 $= 100 -$ 块料长 $\times$ 块料宽 $\times$ 块料净用量 $\times$ 缝深

(四)周转性材料消耗量的计算

周转性材料在施工过程中不是属通常的一次性消耗材料，而是可多次周转使用，经过修理、补充才逐渐消耗尽的材料。如：模板、钢板桩、脚手架等，实际上它亦是作为一种施工工具和措施。

周转性材料消耗的定额量是指每使用一次摊销的数量，其计算必须考虑一次使用量、周转使用量、回收价值和摊销量之间的关系。

1. 一次使用量

周转材料的一次使用量是根据施工图计算得出的。它与各分部分项工程的名称、部位、施工工艺和施工方法有关。例如：钢筋混凝土模板的一次使用量计算公式为：

一次使用量 $= 1\text{m}^3$ 构件模板接触面积 $\times 1\text{m}^2$ 接触面积模板用量 $\times$
$(1+$制作损耗率$)$

2. 损耗率

损耗率又称补损率，是指周转性材料使用一次后，因损坏不能再次使用的数量占一次使用量的百分数。

3. 周转次数

周转次数是指周转性材料从第一次使用起可重复使用的次数。

影响周转次数的因素主要有材料的坚固程度、材料的使用寿命、材料服务的工程对象、施工方法及操作技术以及对材料的管理、保养等。一般情况下，金属模板、脚手架的周转次数可达数十次，木模板的周转次数在5次左右。周转材料的确定要经过现场调查，观测及统计分析，取平均合理的水平。

4. 周转使用量的计算

周转使用量是指周转性材料在周转使用和补损的条件下，每周转一次的

第四章 定额概述

平均需用量,据一定的周转次数和每次周转使用的损耗量等因素来确定。

损耗量是周转性材料使用一次后由于损坏而需补损的数量,故在周转性材料中又称"损量",按一次使用量的百分数计算。该百分数即为损耗率。

周转性材料在其由周转次数决定的全部周转过程中,投入使用总量为

投入使用总量＝一次使用量＋一次使用量×(周转次数－1)×损耗率

因此,周转使用量根据下列公式计算：

$$
\begin{aligned}
\text{周转使用量} &= \frac{\text{投入使用总量}}{\text{周转次数}} \\
&= \frac{\text{一次使用量} + \text{一次使用量} \times (\text{周转次数} - 1) \times \text{损耗率}}{\text{周转次数}} \\
&= \text{一次使用量} \times \left[\frac{1 + (\text{周转次数} - 1) \times \text{损耗率}}{\text{周转次数}}\right]
\end{aligned}
$$

设　　　　周转使用系数 $k_1 = \dfrac{1 + (\text{周转次数} - 1) \times \text{损耗率}}{\text{周转次数}}$

则　　　　周转使用量＝一次使用量×k_1

各种周转性材料,当使用在不同的项目中,只要知道其周转次数和损耗率,即可计算相应的周转使用系数 k_1。

5. 周转回收量的计算

周转回收量是指周转性材料在周转使用后除去损耗部分的剩余数量,即尚可以回收的数量。其计算公式为：

$$
\begin{aligned}
\text{周转回收量} &= \frac{\text{周转使用最终回收量}}{\text{周转次数}} \\
&= \frac{\text{一次使用量} - (\text{一次使用量} \times \text{损耗率})}{\text{周转次数}} \\
&= \text{一次使用量} \times \left(\frac{1 - \text{损耗率}}{\text{周转次数}}\right)
\end{aligned}
$$

6. 摊销量的计算

周转性材料摊销量是指完成一定计量单位产品,一次消耗周转性材料的数量。

(1)现浇混凝土结构的模板摊销量的计算。其计算公式为：

摊销量＝周转使用量－周转回收量×回收折价率

$$= \text{一次使用量} \times k_1 - \text{一次使用量} \times \frac{1 - \text{损耗率}}{\text{周转次数}} \times \text{回收折价率}$$

$$=一次使用量\times\left[k_1-\frac{(1-损耗率)\times回收折价率}{周转次数}\right]$$

设 摊销量系数 $k_2=k_1-\dfrac{(1-损耗率)\times回收折价率}{周转次数}$

则 摊销量$=$一次使用量$\times k_2$

【例 4-16】 某工程现浇钢筋混凝土独立基础,$1m^3$ 独立基础的模板接触面积为 $4.5m^2$,每平方米模板接触面积需用板材 $0.058m^3$,制作损耗率为 3.5%,模板周转 6 次,每次周转损耗率为 14.5%,计算该基础模板的周转使用量、回收量和施工定额摊销量。

【解】 一次使用量$=4.5\times0.058\times(1+3.5\%)=0.27m^3$

周转使用量$=0.27\times\left[\dfrac{1+(6-1)\times14.5\%}{6}\right]=0.078m^3$

回收量$=0.27\times\left(\dfrac{1-14.5\%}{6}\right)=0.038m^3$

施工定额摊销量$=0.078-0.038=0.05m^3$

(2)预制混凝土结构的模板摊销量的计算。预制钢筋混凝土构件模板虽然也多次使用反复周转,但与现浇构件模板的计算方法不同,预制构件是按多次使用平均摊销的计算方法,不计算每次周转损耗率。因此,计算预制构件模板摊销量时,只需确定其周转次数,按图纸计算出模板一次使用量。摊销量按下式计算:

$$摊销量=\frac{一次使用量}{周转次数}$$

【例 4-17】 预制 $0.5m^3$ 内钢筋混凝土柱,每 $10m^3$ 模板一次使用量为 $12.25m^3$,周转 30 次,计算摊销量。

【解】 摊销量$=\dfrac{12.25}{30}=0.408m^3$

四、机械台班使用定额

(一)机械台班使用定额的概念

机械台班使用定额或称机械台班消耗定额,是指在正常施工条件下,合理的劳动组合和使用机械,完成单位合格产品或某项工作所必需的机械工作时间,包括准备与结束时间、基本工作时间、辅助工作时间、不可避免的中断时间以及使用机械的工人生理需要与休息时间。

(二)机械台班使用定额的表现形式

机械台班使用定额按其表现形式不同,可分为机械时间定额和机械产量定额。

1. 机械时间定额

机械时间定额是指在正常施工条件下、合理劳动组织和合理使用机械的条件下,完成单位合格产品所必须消耗的台班数量。用公式表示如下:

$$机械时间定额 = \frac{1}{机械台班产量定额}$$

由于机械必须由工人小组配合,所以完成单位合格产品的时间定额,同时列出人工时间定额。即:

$$单位产品人工时间定额(工日) = \frac{小组成员总人数}{台班产量}$$

2. 机械产量定额

机械产量定额是指在合理劳动组织与合理使用机械条件下,机械在每个台班时间内应完成合格产品的数量。

$$机械台班产量定额 = \frac{1}{机械时间定额(台班)}$$

机械时间定额和机械产量定额互为倒数关系。

复式表示法有如下形式:

$$\frac{人工时间定额}{机械台班产量} \text{ 或 } \frac{人工时间定额}{机械台班产量} \Big| 台班车次$$

3. 机械台班人工配合定额

$$单位产品的时间定额(工日) = \frac{小组成员班组总工日数}{每台班产量}$$

$$机械台班产量定额 = \frac{每台班产量}{班组总工日数}$$

【例 4-18】 计算斗容量 $1m^3$ 正铲挖土机,挖三类土,槽深在 2m 以内,小组成员 2 人,已知机械台班产量为 5.42(定额单位 $100m^3$),计算人工时间定额。

【解】 挖 $100m^3$ 土方的人工时间定额 $= \frac{2}{5.42} = 0.369$ 工日

机械台班使用定额既是对工人班组签发施工任务书,实行计价奖励的依据,也是编制机械需要量计划和考核机械效率的依据。

(三)机械台班使用定额的编制

1. 拟定施工机械的正常条件

拟定施工机械工作正常条件,主要是拟定工作地点的合理组织和合理的工人编制。

(1)工作地点的合理组织,就是对施工地点机械和材料的放置位置、工人从事操作的场所,做出科学合理的平面布置和空间安排。它要求施工机械和操纵机械的工人在最小范围内移动,但又不阻碍机械运转和工人操作;应使机械的开关和操作工时。

(2)拟定合理的工人编制,是根据施工机械的性能和设计能力、工人的专业分工和劳动工效,合理确定操纵机械的工人和直接参加机械化施工过程的工人人数,确定维护机械的工人人数及配合机械施工的工人人数。工人的编制往往要通过计时观察、理论计算和经验资料来合理确定,应保持机械的正常生产率和工人正常的劳动效率。

2. 确定机械 1 小时纯工作正常生产率

确定机械正常生产率时,必须首先确定出机械纯工作 1 小时的正常生产率。

机械纯工作时间,就是指机械的必需消耗时间。机械 1 小时纯工作正常生产率,就是在正常施工组织条件下,具有必需的知识和技能的技术工人操纵机械 1 小时的生产率。

根据机械工作特点的不同,机械 1 小时纯工作正常生产率的确定方法,也有所不同。

(1)循环动作机械纯工作 1 小时正常生产率。循环动作机械如单斗挖土机、起重机等,每一循环动作的正常延续时间包括不可避免的空转和中断时间,但在同一时间区段中不能重叠计时。

对于按照同样次序、定期重复固定的工作与非工作组成部分的循环动作机械,机械纯工作 1 小时正常生产率的计算公式如下:

$$\text{机械一次循环的正常延续时间(s)} = \sum(\text{循环各组成部分正常延续时间}) - \text{重叠时间}$$

$$\text{机械纯工作 1 小时正常循环次数} = \frac{3600(\text{s})}{\text{一次循环的正常延续时间}}$$

$$\text{机械纯工作 1 小时正常生产率} = \text{机械纯工作 1 小时正常循环数次数} \times \text{一次循环生产的产品数量}$$

从公式中可以看到,计算循环机械纯工作 1 小时正常生产率的步距是:根据现场观察资料和机械说明书确定各循环组成部分的延续时间;将各循环组成部分的延续时间相加,减去各组成部分之间的交叠时间,求出循环过程的正常延续时间;计算机械纯工作 1 小时的正常循环次数;计算

第四章 定额概述

循环机械纯工作 1 小时的正常生产率。

(2)连续动作机械纯工作 1 小时正常生产率。对于施工作业中只做某一动作的连续动作机械,确定机械纯工作 1 小时正常生产率时,要考虑机械的类型和结构特征,以及工作过程的特点,计算公式如下:

$$连续动作机械纯工作1小时正常生产率 = \frac{工作时间内完成的产品数量}{工作时间(h)}$$

3. 确定施工机械的正常利用系数

确定施工机械的正常利用系数,是指机械在工作班内对工作时间的利用率。机械的利用系数和机械在工作班内的工作状况有着密切的关系。所以,要确定机械的正常利用系数。首先要拟定机械工作班的正常工作状况,保证合理利用工时。

(1)拟定机械工作班正常状况,保证合理利用工时,其原则是:

1)注意尽量利用不可避免中断时间以及工作开始前与结束后的时间进行机械的维护和保养。

2)尽量利用不可避免中断时间作为工人休息时间。

3)根据机械工作的特点,对担负不同工作的工人规定不同的工作开始与结束时间。

4)合理组织施工现场,排除由于施工管理不善造成机械停歇。

(2)确定机械正常利用系数。计算工作班正常状况下,准备与结束工作,机械启动、机械维护等工作所必需消耗的时间,以及机械有效工作的开始与结束时间,从而计算出机械在工作班内的纯工作时间。

机械正常利用系数的计算公式如下:

$$\frac{机械正常}{利用系数} = \frac{机械在一个工作班内纯工作时间}{一个工作班延续时间(8小时)}$$

4. 计算施工机械台班定额

计算施工机械台班定额是编制机械定额最后一步,在确定了机械工作正常条件,机械 1 小时纯工作正常生产率和机械正常利用系数之后,采用下列公式计算施工机械的产量定额:

$$\frac{施工机械台班}{产量定额} = \frac{机械1小时纯工作}{正常生产率} \times \frac{工作班纯}{工作时间}$$

$$\frac{施工机械台班}{产量定额} = \frac{机械1小时纯工作}{正常生产率} \times \frac{工作班}{延续时间} \times \frac{机械正常}{利用系数}$$

$$施工机械时间定额 = \frac{1}{机械台班产量定额指标}$$

【例 4-19】 某工程现场采用出料容量 600L 的混凝土搅拌机,每一次循环中,装料、搅拌、卸料、中断需要的时间分别为 2min、3min、2min、3min,机械正常功能利用系数为 0.8,求该机械的台班产量定额。

【解】 该搅拌机一次循环的正常延续时间 $=2+3+2+3$
$$=10\text{min}$$
该搅拌机纯工作 1 小时循环次数 $=6$ 次

该搅拌机纯工作 1 小时正常生产率 $=6\times600=3600(\text{L})=3.6\text{m}^3$

该搅拌机台班产量定额 $=3.6\times0.8\times8=23.04\text{m}^3/\text{台班}$

五、施工定额的内容与应用

(一)施工定额的内容

1. 文字说明部分

文字说明部分分为总说明、分册(章)说明和分节说明三种。

(1)总说明主要内容包括:定额的用途、编制的依据、适用范围、有关综合性的工作内容、施工方法、质量要求、定额指标的计算方法和有关规定及说明等。

(2)分册(章)说明,主要包括分册(章)范围内的工作内容、工程质量及安全要求、施工方法、工程量计算规则和有关规定及说明等。

(3)分节说明主要内容有:本节内的工作内容、施工方法、质量要求等。

2. 分节定额部分

分节定额部分包括定额的文字说明、定额项目表和附注。文字说明上面已作介绍。

"附注"一般列在定额表的下面,主要是根据施工内容和条件的变动,规定人工、材料、机械定额用量的变化,一般采用乘数和增减料的方法计算。附注是对定额表的补充。

3. 附录

附录一般放在定额分册说明之后,其主要包括有名词解释、附图及有关参考资料。如材料消耗计算附表、砂浆、混凝土配合比表等。

(二)施工定额的应用

1. 直接套用

在使用施工定额时,当工程项目的设计要求、施工条件及施工方法与定额项目表中的内容、规定要求完全一致时,即可直接套用。

2. 换算调整

当工程设计要求,施工条件及施工方法与定额项目的内容及规定不完全相符时,应按定额规定换算调整。

第四节 建筑工程预算定额

一、预算定额概述

(一)预算定额的概念

预算定额是规定消耗在合格质量的单位工程基本构造要素上的人工、材料和机械台班的数量标准。其中,工程基本构造要素,即通常所说的分项工程和结构构件。

预算定额是工程建设中的一项重要的技术经济文件,它的各项指标反映了在完成规定计量单位符合设计标准和施工质量验收规范要求的分项工程消耗的劳动和物化劳动的数量限度。这种限度最终决定着单项工程和单位工程的成本和造价。

预算定额是由国家主管部门或其授权机关组织编制、审批并颁发执行。在现阶段,预算定额是一种法令性指标,是对基本建设实行宏观调控和有效监督的重要工具。各地区、各基本建设部门都必须严格执行,只有这样,才能保证全国的工程有一个统一的核算尺度,使国家对各地区、各部门工程设计、经济效果与施工管理水平进行统一的比较与核算。

预算定额按照表现形式可分为预算定额、单位估价表和单位估价汇总表三种。在现行预算定额中一般都列有基价,像这种既包括定额人工、材料和施工机械台班消耗量又列有人工费、材料费、施工机械使用费和基价的预算定额,我们称它为"单位估价表"。这种预算定额可以满足企业管理中不同用途的需要,并可以按照基价计算工程费用,用途较广泛,是现行定额中的主要表现形式。单位估价汇总表简称为"单价",它只表现"三费"即人工费、材料费和施工机械使用费以及合计,因此,可以大大减少定额的篇幅,为编制工程预算查阅单价带来方便。

预算定额按照综合程度,可分为预算定额和综合预算定额。综合预算定额是在预算定额基础上,对预算定额的项目进一步综合扩大,使定额项目减少,更为简便适用,可以简化编制工程预算的计算过程。

(二)预算定额与施工定额的区别

预算定额与施工定额的性质不同,预算定额不是企业内部使用的定额,不具有企业定额的性质,预算定额是一种计价定额,是编制施工图预算、标底、投标报价、工程结算的依据。

施工定额作为企业定额,要求采用平均先进水平,而预算定额作为计价定额,要求采用社会平均水平。因此,在一般情况下,预算定额水平要比施工定额水平低10%~15%。

预算定额比施工定额综合的内容要更多一些。预算定额不仅包括了为完成该分项工程或结构构件的全部工序,而且还考虑了施工定额中未包含的内容,如:施工过程之间对前一道工序进行检验,对后一道工序进行准备的组织间歇时间、零星用工,材料在现场内的超运距用工等。

(三)预算定额的作用

1. 预算定额是编制施工图预算、确定建筑安装工程造价的基础

施工图设计一经确定,工程预算造价就取决于预算定额水平和人工、材料及机械台班的价格。预算定额起着控制劳动消耗、材料消耗和机械台班使用的作用,进而起着控制建筑产品价格水平的作用。

2. 预算定额是编制施工组织设计的依据

施工组织设计的重要任务之一,就是确定施工中所需的各项物质技术供应量。根据预算定额或综合预算定额,能够比较精确地计算出各项物质技术的需要量,如有计划地组织材料采购和预制件加工,调配劳动力和机械,提供了可靠的、科学的数据。

3. 预算定额是工程结算的依据

工程结算是建设单位和施工单位按照工程进度对已完成的分部分项工程实现货币支付的行为。按进度支付工程款,需要根据预算定额将已完成分项工程的造价算出。单位工程竣工验收后,再按竣工工程量、预算定额和施工合同规定进行结算,以保证建设单位建设资金的合理使用和施工单位的经济收入。

4. 预算定额是施工单位进行经济活动分析的依据

预算定额规定的物化劳动和活劳动消耗指标,是施工单位在生产经营中允许消耗的最高标准。在目前预算定额决定着施工单位的收入,施工单位就必须以预算定额作为评价企业工程的重要标准,作为努力实现的具体目标。施工单位可根据预算定额对施工中的劳动、材料、机械的消耗情况进行具体的分析,以便找出并克服低工效、高消耗的薄弱环节,提高竞争能力。只有在施工中尽量降低劳动消耗,采用新技术,提高劳动者素质,提高劳动生产率,才能取得较好的经济效果。

5. 预算定额是编制概算定额的基础

概算定额是在预算定额基础上经综合扩大编制的。利用预算定额作为编制依据,不但可以节省编制工作大量的人力、物力和时间,收到事半功倍的效果,还可以使概算定额在水平上与预算定额一致,以避免造成执行中的不一致。

6. 预算定额是合理编制招标控制价、投标报价的基础

按照现行制度规定,实行招标的工程,确定招标控制价一般都以预算定额和设计工程量以及现行的取费标准计算招标控制价。投标单位也以同样的方法计算标价基数后,再根据企业的投标策略,对某些费用进行适当调整后来确定投标报价。

二、预算定额的编制

(一)预算定额的编制原则、依据和步骤

1. 预算定额的编制原则

为保证预算定额的质量,充分发挥预算定额的作用,实际使用简便,在编制工作中应遵循以下原则:

(1)按社会平均水平确定预算定额的原则

预算定额是以施工定额为基础。预算定额作为有计划地确定建筑安装产品计划价格的工具。必须遵循价值规律的客观要求,反映产品生产过程中所消耗的社会必要劳动时间量,即在现有社会正常生产条件下,在社会平均劳动熟练程度和劳动强度下,制造某种使用价值所需要的"劳动时间"来确定定额水平。所以预算定额和平均水平,是在正常的施工条件下,合理的施工组织和工艺条件、平均劳动熟练程度和劳动强度下,完成单位分项工程基本构造要素所需要的劳动时间。

(2)简明适用的原则

预算定额是在施工定额(或劳动定额)的基础上进行综合和扩大时,它要求有更加简明的特点,以适应简化施工图预算编制工作和简化建筑安装产品价格的计算程序的要求。简明适用,是指在编制预算定额时,对于那些主要的、常用的、价值量大的项目,分项工程划分宜细;次要的、不常用的、价值量相对较小的项目则可以放粗一些。

定额项目的多少,与定额的步距有关。步距大,定额子目就会减少,精确度就会降低;步距小,定额子目则会增加,精确度也会提高。所以,确

定步距时,对主要工种、主要项目、常用项目,定额步距要小一些;对次要工种、次要项目、不常用项目,定额步距可以适当大一些。

为了稳定预算定额的水平,统一考核尺度和简化工程量计算,编制预算定额时应尽量少留活口,减少定额的换算工作。但是,由于建筑安装工程具有不标准复杂、变化多的特点,为了符合工程实际,预算定额也应当有必要的灵活性,允许变化较多、影响造价较大的重要因素,按照设计及施工的要求合理地进行计算,对一些工程内容,应当允许换算。对变化小、影响造价不大的因素,通过测算综合取定合理数值后应当定死,不允许换算。

(3)坚持统一性和差别性相结合的原则

所谓统一性是全国统一市场规范计价行为,计价定额的制订规划和组织实施由国务院建设行政主管部门归口,并负责全国统一定额制定或修订,颁发有关工程造价管理的规章制度办法等。通过定额和工程造价的管理实现建筑安装工程价格的宏观调控。全国统一定额,使建筑安装工程具有一个统一的计价依据,也使考核设计和施工的经济效果具有一个统一尺度。

所谓差别性,就是在统一性的基础上,各部门和省、自治区、直辖市主管部门可以在自己的管辖范围内,根据本部门和地区的具体情况,制定部门和地区性定额、补充性制度和管理办法,以适应我国幅员辽阔、地区间部门发展不平衡和差异大的实际情况。

(4)坚持由编写人员编审的原则

编制预算定额有很强的政策和专业性,既要合理地把握定额水平,又要反映新工艺、新结构和新材料的定额项目,还要推进定额结构的改革。因此必须改变以往临时抽调人员编制定额的做法,建立专业队伍,长期稳定地积累经验和资料,不断补充和修订定额,促进预算定额适应市场经济的要求。

2. 预算定额的编制依据

(1)现行劳动定额和施工定额。预算定额是在现行劳动定额和施工定额的基础上编制的。预算定额中人工、材料、机械台班消耗水平,需要根据劳动定额或施工定额取定;预算定额的计量单位的选择,也要以施工定额为参考,从而保证两者的协调和可比性,减轻预算定额的编制工作量,缩短编制时间。

(2)现行设计规范、施工质量验收规范、质量评定标准和安全操作规程。预算定额在确定人工、材料和机械台班消耗数量时,必须考虑上述各项法规的要求和影响。

(3)具有代表性的典型工程施工图及有关标准图。对这些图纸进行仔细分析研究,并计算出工程数量,作为编制定额时选择施工方法确定定额含量的依据。

(4)新技术、新结构、新材料和先进的施工方法等。这类资料是调整定额水平和增加新的定额项目所必需的依据。

(5)有关科学试验、技术测定和统计、经验资料。这类资料是确定定额水平的重要依据。

(6)现行的预算定额、材料预算价格及有关文件规定等。包括过去定额编制过程中积累的基础资料,也是编制预算定额的依据和参考。

3. 预算定额的编制步骤

预算定额的编制,大致分为准备工作,收集资料,编制定额,报批和修改定稿、整理资料五个阶段。各阶段工作互有交叉,有些工作还需多次反复。

(1)准备工作阶段

1)拟定编制方案。

2)抽调人员根据专业需要划分编制小组和综合组。

(2)收集资料阶段

1)普遍收集资料。在已确定的范围内,采用表格收集定额编制基础资料,以统计资料为主,注明所需要的资料内容、填表要求和时间范围,便于资料整理,并具有广泛性。

2)专题座谈会。邀请建设单位、设计单位、施工单位及其他有关单位的有经验的专业人士开座谈会,就以往定额存在的问题提出意见和建议,以便在编制新定额时改进。

3)收集现行规定、规范和政策法规资料。

4)收集定额管理部门积累的资料。主要包括:日常定额解释资料;补充定额资料;新结构、新工艺、新材料、新机械、新样板技术用于工程实践的资料。

5)专项查定及实验。主要指混凝土配合比和砌筑砂浆实验资料。除收集实验试配资料外,还应收集一定数量的现场实际配合比资料。

(3) 编制定额阶段

1) 确定编制细则。主要包括：统一编制表格及编制方法；统一计算口径、计量单位和小数点位数的要求；有关统一性规定，名称统一，用字统一，专业用语统一，符号代码统一，简化文字规范化，文字要简练明确。

2) 确定金额的项目划分和工程量计算规则。

3) 定额人工、材料、机械台班耗用量的计算、复核和测算。

(4) 报批阶段

1) 审核定稿。

2) 预算定额水平测算。新定额编制成稿，必须与原定额进行对比测算，分析水平升降原因。一般新编定额的水平应该不低于历史上已经达到过的水平，并略有提高。在定额水平测算前，必须编出同一工人工资、材料价格、机械台班费的新旧两套定额的工程单价。

(5) 修改定稿、整理资料阶段

1) 印发征求意见。定额编制初稿完成后，需要征求各有关方面意见和组织讨论，反馈意见。在统一意见的基础上整理分类，制定修改方案。

2) 修改整理报批。按修改方案的决定，将初稿按照定额的顺序进行修改，并经审核无误后形成报批稿，经批准后交付印刷。

3) 撰写编制说明。其内容包括：项目、子目数量；人工、材料、机械的内容范围；资料的依据和综合取定情况；定额中允许换算和不允许换算规定的计算资料；人工、材料、机械单价的计算和资料；施工方法、工艺的选择及材料运距的考虑；各种材料损耗率的取定资料；调整系数的使用；其他应该说明的事项与计算数据、资料。

4) 立档、成卷。定额编制资料是贯彻执行定额中需查对资料的唯一依据，也为修编定额提供历史资料数据，应作为技术档案永久保存。

(二) 预算定额的编制方法

1. 定额编制中的主要工作

(1) 制定预算定额的编制方案

预算定额的编制方案主要内容包括：建立相应的机构；确定编制定额的指导思想、编制原则和编制进度；明确定额的作用、编制的范围和内容；确定人工、材料、机械消耗定额的计算基础和收集的基础资料，并对收集到的资料进行分析整理，使其资料系统化。

第四章 定额概述

(2)工程内容的确定

基础定额子目中的人工、材料消耗量和机械台班使用量是直接由工程内容确定的。所以,工程内容范围的确定是十分重要的。

(3)确定预算定额的计量单位

预算定额与施工定额计量单位往往不同。施工定额的计量单位一般按照工序或施工过程确定;而预算定额的计量单位主要是根据分部分项工程和结构构件的形体特征及其变化确定。由于工作内容综合,预算定额的计量单位亦具有综合的性质。工程量计算规则的规定应确切反映定额项目所包含的工作内容。

预算定额的计量单位关系到预算工作的繁简和准确性。因此,要正确地确定各分部分项工程的计量单位。一般依据以下建筑结构构件形状的特点确定:

计量单位一般应根据结构构件或分项工程的特征及变化规律来确定。通常,当物体的三个度量(长、宽、高)都会发生变化时,选用 m^3(立方米)为计量单位,如土方、砖石、混凝土等工程;当物体的三个度量(长、宽、高)中有两个度量经常发生变化时,选用 m^2(平方米)为计量单位,如地面、抹灰、门窗等工程;当物体的截面形状基本固定,长度变化不定时,选用 m(米)、km(公里)为计量单位(如踢脚线、管线工程等)。当分项工程无一定规格,而构造又比较复杂时,可按个、块、套、座、吨等为计量单位。一般情况下的计量单位应按公制执行。

(4)按典型设计图纸和资料计算工程量

计算工程数量,是为了通过计算出典型设计图纸所包括的施工过程的工程量,以便在编制预算定额时,有可能利用施工定额的劳动、机械和材料消耗指标确定预算定额所含工序的消耗量。

计算中应特别注意预算定额项目的工作内容、范围及其所包括内容在该项目中所占的比例,即含量的测算。通过会计师的测算,才能保证定额项目综合的合理性,使定额内的人工、材料、机械台班的消耗做到相对准确。

(5)确定预算定额各项人工、材料和机械台班消耗量

确定预算定额人工、材料、机械台班消耗指标时,必须先按施工定额的分项逐项计算出消耗指标,然后按预算定额的项目加以综合。但是,这种综合不是简单的合并和相加,而需要在综合过程中增加两种定额之间的适

当的水平差。预算定额的水平,首先取决于这些消耗量的合理确定。

人工、材料和机械台班消耗量指标,应根据定额编制原则和要求,采用理论与实际相结合、图纸计算与施工现场测算相结合、编制人员与现场工作人员相结合等方法进行计算和确定,使定额既符合政策要求,又与客观情况一致,便于贯彻执行。

(6)编制定额项目表和拟定有关说明

在预算定额项目表中的人工消耗部分,应列出综合工日和其他人工费。

在预算定额的基价部分,应分别列出人工费、材料费、机械费,同时还应列出基价(预算价值)。

定额表中的机械台班消耗部分,应列出主要机械名称,主要机械台班消耗定额(以"台班"为计量单位)或其他机械费。

定额表中的材料消耗部分,应列出不同规格的主要材料名称、计量单位、主要材料的数量;对次要材料综合列入"其他材料费",其计量单位以"元"表示。

2. 人工工日消耗量的计算

人工的工日数可以有两种确定方法,一种是以劳动定额为基础确定;另一种是以现场观察测定资料为基础的计算。遇劳动定额缺项时,采用现场工作日写实等测时方法测定和计算定额的人工耗用量。

预算定额中人工工日消耗量是指在正常施工生产条件下,生产单位合格产品必需消耗的人工工日数量,是由分项工程所综合的各个工序劳动定额包括的基本用工、其他用工以及劳动定额与预算定额工日消耗量的幅度差三部分组成的。

(1)基本用工

基本用工是指完成单位合格产品所必须消耗的技术工种用工。例如,砌筑各种墙体工程中的砌砖、调制砂浆以及运砖和运砂浆的用工量。此外,还包括属于预算定额项目工作内容范围一些基本用工量。例如,在墙体工程中的门窗洞口、砌砖碹、垃圾道、预留抗震柱孔、附墙烟囱等工程内容。基本用工按技术工种相应劳动定额工时定额计算,以不同工种列出定额工日。

1)完成定额计量单位的主要用工。按综合取定的工程量和相应劳动定额进行计算。其计算公式如下:

第四章 定额概述

$$基本用工 = \sum (综合取定的工程量 \times 劳动定额)$$

例如工程实际中的砖基础,有一砖厚、一砖半厚、二砖厚等之分,用工各不相同,在预算定额中由于不区分厚度,需要按统计的比例,加权平均(即上述公式中的综合取定)得出用工。

2)按劳动定额规定应增加计算的用工量。例如砖基础埋深超过1.5m,超过部分要增加用工。预算定额中应按一定比例给予增加。

3)由于预算定额是以劳动定额子目综合扩大的,包括的工作内容较多,施工的效果视具体部位而不一样,需要另外增加用工,列入基本用工内。

(2)其他用工

预算定额内的其他用工,包括材料超运距运距用工和辅助工作用工。

1)材料超运距用工,是指预算定额取定的材料、半成品等运距。超过劳动定额规定的运距应增加的工日,其用工量以超运距(预算定额取定的运距减去劳动定额取定的运距)和劳动计算定额计算,计算公式如下:

$$材料超运距用工 = \sum (超运距材料数量 \times 时间定额)$$

2)辅助工作用工,是指技术工种劳动定额内不包括而在预算定额内又必须考虑的用工。例如机械土方工程配合用工、材料加工(筛砂、洗石、淋化石膏)、电焊点火用工等。其计算公式如下:

$$辅助工作用工 = \sum (材料加工数量 \times 相应的加工劳动定额)$$

(3)人工幅度差。即预算定额与劳动定额的差额,主要是指在劳动定额中未包括而在正常施工情况下不可避免但又很难准确计量的用工和各种工时损失。内容包括:

1)各工种间的工序搭接及交叉作业互相配合或影响所发生的停歇用工。

2)施工机械在单位工程之间转移及临时水电线路移动所造成的停工。

3)质量检查和隐蔽工程验收工作的影响。

4)班组操作地点转移用工。

5)工序交接时对前一工序不可避免的修整用工。

6)施工中不可避免的其他零星用工。

人工幅度差计算公式如下:

$$\begin{matrix}人工幅度差\\(工日)\end{matrix} = (基本用工+超运距用工+辅助用工) \times \begin{matrix}人工幅度\\差百分率\end{matrix}$$

人工幅度差系数一般为 10%~15%。在预算定额中,人工幅度差的用工量列入其他用工量中。

3. 材料消耗量的计算

预算定额中的材料消耗量是在合理和节约使用材料的条件下,生产单位假定建筑安装产品(即分部分项工程或结构件)必须消耗的一定品种规格的材料、半成品、构配件等的数量标准。材料按用途划分为以下三种:

(1)主要材料。指直接构成工程实体的材料,其中也包括成品、半成品的材料。

(2)辅助材料。指构成工程实体除主要材料以外的其他材料。如垫木钉子、铅丝等。

(3)其他材料。指用量较少,难以计量的零星用料。如:棉纱,编号用的油漆等。

材料消耗量计算方法主要有:

(1)凡有标准规格的材料,按规范要求计算定额计量单位的耗用量,如砖、防水卷材、块料面层等。

(2)凡设计图纸标注尺寸及下料要求的按设计图纸尺寸计算材料净用量,如门窗制作用材料,方、板料等。

(3)换算法。各种胶结、涂料等材料的配合比用料,可以根据要求条件换算,得出材料用量。

(4)测定法。包括试验室试验法和现场观察法。指各种强度等级的混凝土及砌筑砂浆配合比的耗用原材料数量的计算,需按照规范要求试配经过试压合格以后并经过必要的调整后得出的水泥、砂子、石子、水的用量。对新材料、新结构不能用其他方法计算定额消耗用量时,需用现场测定方法来确定,根据不同条件可以采用写实记录法和观察法,得出定额的消耗量。

【例 4-20】 求砌 $1m^3$ 一砖厚内墙所需砖和砂浆的消耗量。

已知:标准砖每块砖的体积$=0.24 \times 0.115 \times 0.053 = 0.0014628m^3$

砌砖工程用砖量和砂浆量的计算公式为:

$$A=\frac{1}{墙厚\times(砖长+灰缝)\times(砖厚+灰缝)}\times 2\times K$$

$$B=1-0.24\times 0.115\times 0.053\times A$$
$$=1-0.0014628\times A$$

式中　A——砖的净用量；

　　　K——墙厚的砖数（0.5、1、1.5、2……）；

　　　B——砂浆净用量。

【解】 一砖厚墙砖的净用量为：

$$A=\frac{1}{0.24\times(0.24+0.01)\times(0.053+0.01)}\times 2\times 1=529.10\ 块$$

一砖厚墙砂浆的净用量为：

$$B=1-529.1\times 0.0014628=0.226 m^3$$

已知砖和砂浆损耗率为 1%。

则砖和砂浆的消耗量为：

砖的消耗量 $=529.1\times(1+1\%)=534.39$ 块

砂浆的消耗量 $=0.226\times(1+1\%)=0.228 m^3$

上述只是从理论上计算砖和砂浆的用量，按照预算定额的工程量计算规则，在测算砖砌体时，应扣除梁头、板头和 $0.025 m^3$ 以下过梁所占的体积，并应增加各种凸出腰线等体积。因此，测算出来的砖和砂浆的用量不等于理论计算量。如北京市预算定额用量：一般砌 $1 m^3$ 砖墙用砖量为 510 块，砂浆用量为 $0.265 m^3$。

材料损耗量，是指在正常条件下不可避免的材料损耗，如现场内材料运输及施工操作过程中的损耗等。其关系式如下：

$$材料损耗率=\frac{损耗量}{净用量}\times 100\%$$

$$材料损耗量=材料净用量\times 损耗率$$

$$材料消耗量=材料净用量+损耗量$$

或　　　　　材料消耗量＝材料净用量×(1＋损耗率)

4. 机械台班消耗量的计算

预算定额中的机械台班消耗量是指在正常施工条件下，生产单位合格产品（分部分项工程或结构构件）必需消耗的某种型号施工机械的台班数量。它由分项工程综合的有关工序劳动定额确定的机械台班消耗量，以及劳动定额与预算定额的机械台班幅度差组成。

(1)根据施工定额确定机械台班消耗量的计算

这种方法是指施工定额或劳动定额中机械台班产量加机械幅度差计算预算定额的机械台班消耗量。

机械幅度差是指在劳动定额中机械台班耗用量中未包括的,而机械在合理的施工组织条件下所必需的停歇时间。这些因素会影响机械的生产效率,因此,应另外增加一定的机械幅度差的因素。其内容包括正常施工组织条件下不可避免的机械空转时间,施工技术原因的中断及合理停滞时间,因供电供水故障及水电线路移动检修而发生的运转中断时间,因气候变化或机械本身故障影响工时利用的时间,施工机械转移及配套机械相互影响损失的时间,配合机械施工的工人因与其他工种交叉造成的间歇时间,因检查工程质量造成的机械停歇的时间,工程收尾和工作量不饱满造成的机械停歇时间等。

机械幅度差系数,一般根据测定和统计资料取定。大型机械幅度差系数规定为:土方机械为 1.25;打桩机械 1.33;吊装机械 1.3。其他分项工程机械,如木作、蛙式打夯机、水磨石机等专用机械,均为 1.1。

综上所述,预算定额的机械台班消耗量按下式计算:

$$\text{预算定额机械耗用台班} = \text{施工定额机械耗用台班} \times (1 + \text{机械幅度差系数})$$

(2)以现场测定资料为基础确定机械台班消耗量

如遇到施工定额(劳动定额)缺项者,则需要依据单位时间完成的产量测定。

三、预算定额的应用

(一)定额的套用

当施工图的设计要求与预算定额的项目内容一致时,可直接套用预算定额,定额的套用分为以下三种情况:

(1)当分项工程的设计要求、做法说明、结构特征、施工方法等条件与定额中相应项目的设置条件(如工作内容、施工方法等)完全一致时,可直接套用相应的定额子目。

在编制单位工程施工图预算的过程中,大多数项目可以直接套用预定算定额。

(2)当设计要求与定额条件基本一致时,可根据定额规定套用相近定额子目,不允许换算。

第四章 定额概述

(3)当设计要求与定额条件完全不符时,可根据定额规定套用相应定额子目,不允许换算。

例如,定额中规定,有梁式满堂基础的反梁高度在1.5m以内时,执行梁的相应子目;梁高超过1.5m时,单独计算工程量,执行墙的相应定额子目。

(二)定额的换算

当施工图中的分项工程项目不能直接套用预算额时,就产生了定额换算。

$$换算价 = 原定额预算基价 + 材料差价 \times 相应的定额用量$$

1. 换算原则

为了保持定额的水平,在预算定额的说明中规定了有关换算原则,一般包括:

(1)定额的砂浆、混凝土强度等级,如设计与定额不同时,允许按定额附录的砂浆、混凝土配合比表换算,但配合比中的各种材料用量不得调整。

(2)定额中抹灰项目已考虑了常用厚度,各层砂浆的厚度一般不作调整。如果设计有特殊要求时,定额中工、料可以按厚度比例换算。

(3)必须按预算定额中的各项规定换算定额。

2. 换算类型

(1)砂浆换算:即砌筑砂浆换强度等级、抹灰砂浆换配合比及砂浆用量。

(2)混凝土换算:即构件混凝土、楼地面混凝土的强度等级、混凝土类型的换算。

(3)系数换算:按规定对定额中的人工费、材料费、机械费乘以各种系数的换算。

(4)其他换算:除上述三种情况以外的定额换算。

3. 定额基价换算公式及例题举例

(1)砌筑砂浆换算

当设计图纸要求的砌筑砂浆强度等级在预算定额中缺项时,就需要调整砂浆强度等级,求出新的定额基价。砌筑砂浆换算公式为:

$$\frac{换算后定}{额基价} = \frac{原定额}{基价} + 定额砂浆用量 \times \left(\frac{换入砂}{浆基价} - \frac{换出砂}{浆基价} \right)$$

(2)抹灰砂浆换算

当设计图纸要求的抹灰砂浆配合比或抹灰厚度与预算定额的抹灰砂

浆配合比或厚度不同时,就要进行抹灰砂浆换算。其换算公式为:

当抹灰厚度不变只换算配合比时,人工费、机械费不变,只调整材料费。

$$\dfrac{\text{换算后定}}{\text{额基价}} = \dfrac{\text{原定额}}{\text{基价}} + \text{抹灰砂浆定额用量} \times \left(\dfrac{\text{换入砂}}{\text{浆基价}} - \dfrac{\text{换出砂}}{\text{浆基价}}\right)$$

当抹灰厚度发生变化时,砂浆用量要改变,因而人工费、材料费、机械费均要换算。

$$\dfrac{\text{换算后定}}{\text{额基价}} = \dfrac{\text{原定额}}{\text{基价}} + \left(\dfrac{\text{定额人}}{\text{工费}} + \dfrac{\text{定额机}}{\text{械费}}\right) \times (K-1) +$$

$$\sum \left(\dfrac{\text{各层换入}}{\text{砂浆用量}} \times \dfrac{\text{换入砂}}{\text{浆基价}} - \dfrac{\text{各层换出}}{\text{砂浆用量}} \times \dfrac{\text{换出砂}}{\text{浆基价}}\right)$$

式中 K——工、机费换算系数,其计算公式如下:

$$K = \dfrac{\text{设计抹灰砂浆总厚}}{\text{定额抹灰砂浆总厚}};$$

$$\dfrac{\text{各层换入}}{\text{砂浆用量}} = \dfrac{\text{定额砂浆用量}}{\text{定额砂浆厚度}} \times \text{设计厚度};$$

$$\dfrac{\text{各层换出}}{\text{砂浆用量}} = \text{定额砂浆用量}。$$

【例 4-21】 1:2 水泥砂浆 13 厚,1:2 水泥砂浆面 7 厚抹砖墙面。

【解】 查《建筑工程预算定额》砂浆基价为 688.24 元/100m²,1:2,1:2.5 的水泥砂浆配料价分别为 230.02 元/m³ 和 210.72 元/m³,其砂浆按 1:2 编制的定额用量为 2.10m³。

换算后定额基价 = 688.24 + 2.10 × (230.02 − 210.72)

= 728.77 元/100m²

(3)构件混凝土换算

当设计要求构件采用的混凝土强度等级,在预算定额中没有相符合的项目时,就产生了混凝土强度等级或石子粒径的换算。其换算公式为:

$$\dfrac{\text{换算后定}}{\text{额基价}} = \dfrac{\text{原定额}}{\text{基价}} + \text{定额混凝土用量} \times \left(\dfrac{\text{换入混凝}}{\text{土基价}} - \dfrac{\text{换出混凝}}{\text{土基价}}\right)$$

【例 4-22】 现浇 C25 钢筋混凝土矩形梁。

【解】《建筑工程预算定额》C20 钢筋混凝土矩形梁,基价为 6721.44 元/m³,定额用量为 10.15m³,C25 混凝土配料价为 162.63 元/m³,C20 混凝土配料价为 146.98 元/m³,则:

换算后定额基价 = 6721.44 + 10.15 × (162.63 − 146.98)

= 6880.29 元/10m³

第四章 定额概述

(4) 楼地面混凝土换算

楼地面混凝土面层的定额单位一般是 m^2。因此,当设计厚度与定额厚度不同时,就产生了定额基价的换算。其换算公式如下:

$$换算后定额基价 = 原定额基价 + \left(\begin{array}{c}定额\\人工费\end{array} + \begin{array}{c}定额\\机械费\end{array}\right) \times (K-1) + \begin{array}{c}换入混凝\\土用量\end{array} \times \begin{array}{c}换入混凝\\土基价\end{array} - \begin{array}{c}换出混凝\\土用量\end{array} \times \begin{array}{c}换出混凝\\土基价\end{array}$$

式中 K——工、机费换算系数,其计算公式如下:

$$K = \frac{混凝土设计厚度}{混凝土定额厚度};$$

$$换入混凝土用量 = \frac{定额混凝土用量}{定额混凝土厚度} \times 设计混凝土厚度;$$

换出混凝土用量 = 定额混凝土用量。

【例 4-23】 C20 混凝土地面面层 80mm 厚。

【解】 查《建筑工程预算定额》C15 混凝土地面面层(60 厚)基价为 1018.38 元,定额人工费为 159.60 元,定额机械费为 25.27 元,定额混凝土用量为 $6.06m^3$,换入 C20 混凝土基价为 146.98 元,换入 C15 混凝土基价为 136.02 元。则:

$$工、机费换算系数 K = \frac{8}{6} = 1.333$$

$$换入混凝土用量 = \frac{6.06}{6} \times 8 = 8.08 m^3$$

$$换算后定额基价 = 1018.38 + (159.60 + 25.27) \times (1.333 - 1) +$$
$$8.08 \times 146.98 - 6.06 \times 136.02$$
$$= 1443.26 \ 元/100m^2$$

(5) 乘系数换算

乘系数换算是指在使用某些预算定额项目时,定额的一部分或全部乘以规定的系数。例如,某地区预算定额规定,砌弧形砖墙时,定额人工费乘以 1.10 系数;楼地面垫层用于基础垫层时,定额人工费乘以系数 1.20。

【例 4-24】 C15 混凝土基础垫层。

【解】 根据题意按某地区预算定额规定,楼地面垫层定额用于基础垫层时,定额人工费乘以 1.20 系数。

查《建筑工程预算定额》C15 混凝土地面垫层为 1673.96 元,定额人工费为 258.72 元,则:

换算后定额基价＝原定额基价＋定额人工费×(系数－1)
　　　　　　　＝1673.96＋258.72×(1.20－1)
　　　　　　　＝1725.7 元/10m³
其中：人工费＝258.72×1.20＝310.46 元/10m³

第五章　建筑工程工程量清单及计价

第一节　工程量清单计价概述

一、实行工程量清单计价的目的和意义

(1)实行工程量清单计价是深化工程造价管理改革，推进建设市场化的重要途径。

长期以来，工程预算定额是我国承发包计价、定价的主要依据。现预算定额中规定的消耗量和有关施工措施性费用是按社会平均水平编制的，以此为依据形成的工程造价基本上也属于社会平均价格。这种平均价格可作为市场竞争的参考价格，但不能反映参与竞争企业的实际消耗和技术管理水平，在一定程度上限制了企业的公平竞争。

20 世纪 90 年代国家提出了"控制量、指导价、竞争费"的改革措施，将工程预算定额中的人工、材料、机械消耗量和相应的量价分离，国家控制量以保证质量，价格逐步走向市场化，这一措施走出了向传统工程预算定额改革的第一步。但是，这种做法难以改变工程预算定额中国家指令性内容较多的状况，难以满足招标投标竞争定价和经评审的合理低价中标的要求。因为，国家定额的控制量是社会平均消耗量，不能反映企业的实际消耗量，不能全面体现企业的技术装备水平、管理水平和劳动生产率，不能体现公平竞争的原则，社会平均水平不能代表社会先进水平，改变以往的工程预算定额的计价模式，适应招标投标的需要，推行工程量清单计价办法是十分必要的。

工程量清单计价是建设工程招标投标中，按照国家统一的工程量清单计价规范，由招标人提供工程数量，投标人自主报价，经评审低价中标的工程造价计价模式。采用工程量清单计价能反映工程个别成本，有利于企业自主报价和公平竞争。

(2)在建设工程招标投标中实行工程量清单计价是规范建筑市场秩序的治本措施之一，适应社会主义市场经济的需要。

工程造价是工程建设的核心,也是市场运行的核心内容,建筑市场存在着许多不规范的行为,大多数与工程造价有直接联系。建筑产品是商品,具有商品的共性,它受价值规律、货币流通规律和供求规律的支配。但是,建筑产品与一般的工业产品价格构成不一样,建筑产品具有某些特殊性:

(1)建设工程竣工后建筑产品一般不在空间发生物理运动,可以直接移交用户,立即进入生产消费或生活消费,因而价格中不含商品使用价值运动发生的流通费用,即因生产过程在流通领域内继续进行而支付的商品包装运输费、保管费。

(2)建筑产品是固定在某地方的。

(3)由于施工人员和施工机具围绕着建设工程流动,因而,有的建设工程构成还包括施工企业远离基地的费用,甚至包括成建制转移到新的工地所增加的费用等。

建筑产品价格随建设时间和地点而变化,相同结构的建筑物在同一地段建造,施工的时间不同造价就不一样;同一时间、不同地段造价也不一样;即使时间和地段相同,施工方法、施工手段、管理水平不同工程造价也有所差别。所以说,建筑产品的价格,既有它的同一性,又有它的特殊性。

为了推动社会主义市场经济的发展,国家颁发了相应的有关法律,如《中华人民共和国价格法》第三条规定:我国实行并逐步完善宏观经济调控下主要由市场形成价格的机制。价格的制定应当符合价格规律,对多数商品和服务价格实行市场调节价,极少数商品和服务价格实行政府指导价或政府定价。市场调节价,是指由经营者自主定价,通过市场竞争形成价格。中华人民共和国建设部第107号令《建设工程施工发包与承包计价管理办法》第七条规定:投标报价应依据企业定额和市场信息,并按国务院和省、自治区、直辖市人民政府建设行政主管部门发布的工程造价计价办法编制。建筑产品市场形成价格是社会主义市场经济的需要。过去工程预算定额在调节承发包双方利益和反映市场价格、需求方面存在着不相适应的地方,特别是公开、公正、公平竞争方面,还缺乏合理的机制,甚至出现了一些漏洞,高估冒算,相互串通,从中回扣。发挥市场规律"竞争"和"价格"的作用是治本之策。尽快建立和完善市场形成工程造价的机制,是当前规范建筑市场的需要。通过实行工程量清单计价有利于发挥企业自主报价的能力,同时,也有利于规范业主在工程招标中计价行为,有效改变招标单位在招标中盲目压价的行为,从而真正体现公开、公平、公正的原则,反映市场经济规律。

(3)实行工程量清单计价,是促进建设市场有序竞争和企业健康发展的需要。

工程量清单是招标文件的重要组成部分,由招标单位编制或委托有资质的工程造价咨询单位编制,工程量清单编制的准确、详尽、完整,有利于提高招标单位的管理水平,减少索赔事件的发生。由于工程量清单是公开的,有利于防止招标工程中弄虚作假、暗箱操作等不规范行为。投标单位通过对单位工程成本、利润进行分析,统筹考虑,精心选择施工方案,根据企业的定额合理确定人工、材料、机械等要素投入量的合理配置,优化组合,合理控制现场经费和施工技术措施费,在满足招标文件需要的前提下,合理确定自己的报价,让企业有自主报价权。改变了过去依赖建设行政主管部门发布的定额和规定的取费标准进行计价的模式,有利于提高劳动生产率,促进企业技术进步,节约投资和规范建设市场。采用工程量清单计价后,将使招标活动的透明度增加,在充分竞争的基础上降低了造价,提高了投资效益,且便于操作和推行,业主和承包商将都会接受这种计价模式。

(4)实行工程量清单计价,有利于我国工程造价政府职能的转变。

按照政府部门真正履行起"经济调节、市场监督、社会管理和公共服务"的职能要求,政府对工程造价管理的模式要进行相应的改变,将推行政府宏观调控、企业自主报价、市场形成价格、社会全面监督的工程造价管理思路。实行工程量清单计价,将会有利于我国工程造价政府职能的转变,由过去的政府控制的指令性定额转变为制定适应市场经济规律需要的工程量清单计价方法,由过去的行政干预转变为对工程造价进行依法监管,有效地强化政府对工程造价的宏观调控。

二、2013版清单计价规范简介

2012年12月25日,住房和城乡建设部发布了《建设工程工程量清单计价规范》(GB 50500—2013)(以下简称"13计价规范")和《房屋建筑与装饰工程工程量计算规范》(GB 50854—2013)、《仿古建筑工程工程量计算规范》(GB 50855—2013)、《通用安装工程工程量计算规范》(GB 50856—2013)、《市政工程工程量计算规范》(GB 50857—2013)、《园林绿化工程工程量计算规范》(GB 50858—2013)、《矿山工程工程量计算规范》(GB 50859—2013)、《构筑物工程工程量计算规范》(GB 50860—2013)、《城市轨道交通工程工程量计算规范》(GB 50861—2013)、《爆破工程工程量计算规范》(GB 50862—2013)等9本计量规范(以下简称"13工程计量规范"),全部10本规范于2013年7月1日起实施。

"13计价规范"及"13工程计量规范"是在《建设工程工程量清单计价规范》(GB 50500—2008)(以下简称"08计价规范")基础上,以原建设部发布的工程基础定额、消耗量定额、预算定额以及各省、自治区、直辖市或行业建设主管部门发布的工程计价定额为参考,以工程计价相关的国家或行业的技术标准、规范、规程为依据,收集近年来新的施工技术、工艺和新材料的项目资料,经过整理,在全国广泛征求意见后编制而成。

"13计价规范"共设置16章、54节、329条,各章名称为:总则、术语、一般规定、工程量清单编制、招标控制价、投标报价、合同价款约定、工程计量、合同价款调整、合同价款期中支付、竣工结算与支付、合同解除的价款结算与支付、合同价款争议的解决、工程造价鉴定、工程计价资料与档案和工程计价表格。相比"08计价规范"而言,分别增加了11章、37节、192条。

"13计价规范"适用于建设工程发承包及实施阶段的招标工程量清单、招标控制价、投标报价的编制,工程合同价款的约定,竣工结算的办理以及施工过程中的工程计量、合同价款支付、施工索赔与现场签证、合同价款调整和合同价款争议的解决等计价活动。相对于"08计价规范","13计价规范"将"建设工程工程量清单计价活动"修改为"建设工程发承包及实施阶段的计价活动",从而对清单计价规范的适用范围进一步进行了明确,表明了不分何种计价方式,建设工程发承包及实施阶段的计价活动必须执行"13计价规范"。之所以规定"建设工程发承包及实施阶段的计价活动",主要是因为工程建设具有周期长、金额大、不确定因素多的特点,从而决定了建设工程计价具有分阶段计价的特点,建设工程决策阶段、设计阶段的计价要求与发承包及实施阶段的计价要求是有区别的,这就避免了因理解上的歧义而发生纠纷。

"13计价规范"规定:"建设工程发承包及实施阶段的工程造价应由分部分项工程费、措施项目费、其他项目费、规费和税金组成"。这说明了不论采用什么计价方式,建设工程发承包及实施阶段的工程造价均由这五部分组成,这五部分也称之为建筑安装工程费。

根据原人事部、原建设部《关于印发〈造价工程师执业制度暂行规定〉的通知》(人发[1996]77号)、《注册造价工程师管理办法》(建设部第150号令)以及《全国建设工程造价员管理办法》(中价协[2011]021号)的有关规定,"13计价规范"规定:"招标工程量清单、招标控制价、投标报价、工程计量、合同价款调整、合同价款结算与支付以及工程造价鉴定等工程造价文件的编制与核对,应由具有专业资格的工程造价人员承担。""承担工程造价文件的编制与核对的工程造价人员及其所在单位,应对工程造价文件的质量负责"。

另外,由于建设工程造价计价活动不仅要客观反映工程建设的投资,更应体现工程建设交易活动的公正、公平的原则,因此"13计价规范"规定,工程建设双方,包括受其委托的工程造价咨询方,在建设工程发承包及实施阶段从事计价活动均应遵循客观、公正、公平的原则。

第二节 工程量清单计价相关规定

一、计价方式

(1)使用国有资金投资的建设工程发承包,必须采用工程量清单计价。国有投资的资金包括国家融资资金、国有资金为主的投资资金。

1)国有资金投资的工程建设项目包括:

①使用各级财政预算资金的项目。

②使用纳入财政管理的各种政府性专项建设资金的项目。

③使用国有企事业单位自有资金,并且国有资产投资者实际拥有控制权的项目。

2)国家融资资金投资的工程建设项目包括:

①使用国家发行债券所筹资金的项目。

②使用国家对外借款或者担保所筹资金的项目。

③使用国家政策性贷款的项目。

④国家授权投资主体融资的项目。

⑤国家特许的融资项目。

3)国有资金为主的工程建设项目是指国有资金占投资总额50%以上,或虽不足50%但国有投资者实质上拥有控股权的工程建设项目。

(2)非国有资金投资的建设工程,"13计价规范"鼓励采用工程量清单计价方式,但是否采用,由项目业主自主确定。

(3)不采用工程量清单计价的建设工程,应执行"13计价规范"中除工程量清单等专门性规定外的其他规定。

(4)实行工程量清单计价应采用综合单价法,不论分部分项工程项目、措施项目、其他项目,还是以单价形式或以总价形式表现的项目,其综合单价的组成内容均包括完成该项目所需的、除规费和税金以外的所有费用。

(5)根据《中华人民共和国安全生产法》、《中华人民共和国建筑法》、《建设工程安全生产管理条例》、《安全生产许可证条例》等法律、法规的规定,建设部办公厅印发了《建筑工程安全防护、文明施工措施费及使用管理规定》(建办[2005]89号),将安全文明施工费纳入国家强制性标准管理范围,其费用标准不予竞争,并规定"投标方安全防护、文明施工措施的报价,不得低于依据工程所在地工程造价管理机构测定费率计算所需费用总额的90%"。2012年2月14日,财政部、国家安全生产监督管理总局印发《企业安全生产费用提取和使用管理办法》(财企[2012]16号)规定:"建设工程施工企业提取的安全费用列入工程造价,在竞标时,不得删减,列入标外管理"。

"13计价规范"规定:措施项目清单中的安全文明施工费必须按国家或省级、行业建设主管部门的规定费用标准计算,招标人不得要求投标人对该项费用进行优惠,投标人也不得将该项费用参与市场竞争。此处的安全文明施工费包括《建筑安装工程费用项目组成》(建标[2013]44号)中措施费的文明施工费、环境保护费、临时设施费、安全施工费。

(6)根据住房和城乡建设部、财政部印发的《建筑安装工程费用项目组成》(建标[2013]44号)的规定,规费是政府和有关权力部门规定必须缴纳的费用。税金是国家按照税法预先规定的标准,强制地、无偿地要求纳税人缴纳的费用。它们都是工程造价的组成部分,但是其费用内容和计取标准都不是发、承包人能自主确定的,更不是由市场竞争决定的。因而"13计价规范"规定:"规费和税金必须按国家或省级、行业建设主管部门的规定计算,不得作为竞争性费用"。

二、发包人提供材料和机械设备

《建设工程质量管理条例》第14条规定:"按照合同约定,由建设单位采购建筑材料、建筑构配件和设备的,建设单位应当保证建筑材料、建筑构配件和设备符合设计文件和合同要求";《中华人民共和国合同法》第283条规定:"发包人未按照约定的时间和要求提供原材料、设备、场地、资金、技术资料的,承包人可以顺延工程日期,并有权要求赔偿停工、窝工等损失"。"13计价规范"根据上述法律条文对发包人提供材料和机械设备的情况进行了如下约定:

(1)发包人提供的材料和工程设备(以下简称甲供材料)应在招标文件中按照规定填写《发包人提供材料和工程设备一览表》,写明甲供材料的名称、规格、数量、单价、交货方式、交货地点等。承包人投标时,甲供材料价格应计入相应项目的综合单价中,签约后,发包人应按合同约定扣除甲供材料款,不予支付。

(2)承包人应根据合同工程进度计划的安排,向发包人提交甲供材料交货的日期计划。发包人应按计划提供。

(3)发包人提供的甲供材料如规格、数量或质量不符合合同要求,或由于发包人原因发生交货日期延误、交货地点及交货方式变更等情况的,发包人应承担由此增加的费用和(或)工期延误,并应向承包人支付合理利润。

(4)发承包双方对甲供材料的数量发生争议不能达成一致的,应按照相关工程的计价定额同类项目规定的材料消耗量计算。

(5)若发包人要求承包人采购已在招标文件中确定为甲供材料的,材料价格应由发承包双方根据市场调查确定,并应另行签订补充协议。

三、承包人提供材料和工程设备

《建设工程质量管理条例》第29条规定:"施工单位必须按照工程设计要求、施工技术标准和合同约定,对建筑材料、建筑构配件、设备和商品混凝土进行检验,检验应当有书面记录和专人签字;未经检验或者检验不合格的,不得使用"。"13计价规范"根据此法律条文对承包人提供材料和机械设备的情况进行了如下约定:

(1)除合同约定的发包人提供的甲供材料外,合同工程所需的材料和工程设备应由承包人提供,承包人提供的材料和工程设备均应由承包人负责采购、运输和保管。

(2)承包人应按合同约定将采购材料和工程设备的供货人及品种、规格、数量和供货时间等提交发包人确认,并负责提供材料和工程设备的质量证明文件,满足合同约定的质量标准。

(3)对承包人提供的材料和工程设备经检测不符合合同约定的质量标准,发包人应立即要求承包人更换,由此增加的费用和(或)工期延误应由承包人承担。对发包人要求检测承包人已具有合格证明的材料、工程设备,但经检测证明该项材料、工程设备符合合同约定的质量标准,发包人应承担由此增加的费用和(或)工期延误,并向承包人支付合理利润。

四、计价风险

(1)建设工程发承包,必须在招标文件、合同中明确计价中的风险内容及其范围,不得采用无限风险、所有风险或类似语句规定计价中的风险内容及范围。

风险是一种客观存在的、会带来损失的、不确定的状态。它具有客观性、损失性、不确定性的特点,并且风险始终是与损失相联系的。工程施工发包是一种期货交易行为,工程建设本身又具有单件性和建设周期长的特点。在工程施工过程中影响工程施工及工程造价的风险因素很多,但并非所有的风险都是承包人能预测、能控制和应承担其造成损失的。

工程施工招标发包是工程建设交易方式之一,一个成熟的建设市场应是一个体现交易公平性的市场。在工程建设施工发包中实行风险共担和合理分摊原则是实现建设市场交易公平性的具体体现,是维护建设市场正常秩序的措施之一。其具体体现则是应在招标文件或合同中对发、承包双方各自应承担的风险内容及其风险范围或幅度进行界定和明确,而不能要求承包人承担所有风险或无限度风险。

根据我国工程建设特点,投标人应完全承担的风险是技术风险和管理风险,如管理费和利润;应有限度承担的是市场风险,如材料价格、施工机械使用费等的风险;应完全不承担的是法律、法规、规章和政策变化的风险。

(2)由于下列因素出现,影响合同价款调整的,应由发包人承担:

1)由于国家法律、法规、规章或有关政策出台导致工程税金、规费等发生变化的。

2)对于根据我国目前工程建设的实际情况,各省、自治区、直辖市建设行政主管部门均根据当地人力资源和社会保障行政主管部门的有关规定发布人工成本信息或人工费调整,对此关系职工切身利益的人工费进行调整的,但承包人对人工费或人工单价的报价高于发布的除外。

3)按照《中华人民共和国合同法》第63条规定:"执行政府定价或者致府指导价的,在合同约定的交付期限内价格调整时,按照交付的价格计价。逾期交付标的物的,遇价格上涨时,按照原价格执行;价格下降时,按照新价格执行。逾期提取标的物或者逾期付款的,遇价格上涨时,按照新价格执行;价格下降时,按照原价格执行"。因此,对政府定价或政府指导价管理的原材料价格按照相关文件规定进行合同价款调整的。

因承包人原因导致工期延误的,应按本书后叙"合同价款调整"中"法律法规变化"和"物价变化"中的有关规定进行处理。

(3)对于主要由市场价格波动导致的价格风险,如工程造价中的建筑材料、燃料等价格风险,应由发承包双方合理分摊,并按规定填写《承包人提供主要材料和工程设备一览表》作为合同附件;当合同中没有约定,发承包双方发生争议时,应按"13计价规范"的相关规定调整合同价款。

"13计价规范"中提出承包人所承担的材料价格的风险宜控制在5%以内,施工机械使用费的风险可控制在10%以内,超过者予以调整。

(4)由于承包人使用机械设备、施工技术以及组织管理水平等自身原因造成施工费用增加的,应由承包人全部承担。

(5)当不可抗力发生,影响合同价款时,应按本书后叙"合同价款调整"中"不可抗力"的相关规定处理。

第三节 工程量清单编制

工程量清单是载明建设工程分部分项工程项目、措施项目、其他项目的名称和相应数量以及规费、税金项目等内容的明细清单。其中由招标人依据国家标准、招标文件、设计文件以及施工现场实际情况编制的,随招标文件发布供投标报价的工程量清单(包括其说明和表格)称为招标工程量清单。构成合同文件组成部分的投标文件中已标明价格,经算术性错误修正(如有)且承包人已确认的工程量清单(包括其说明和表格)称为已标价工程量清单。

一、一般规定

(1)招标工程量清单应由招标人负责编制,若招标人不具有编制工程量清单的能力,则可根据《工程造价咨询企业管理办法》(建设部第149号令)的规定,委托具有工程造价咨询性质的工程造价咨询人编制。

(2)招标工程量清单必须作为招标文件的组成部分,其准确性(数量不算错)和完整性(不缺项漏项)应由招标人负责。招标人应将工程量清单连同招标文件一起发(售)给投标人。投标人依据工程量清单进行投标报价时,对工程量清单不负有核实的义务,更不具有修改和调整的权力。如招标人委托工程造价咨询人编制工程量清单,其责任仍由招标人负责。

(3)招标工程量清单是工程量清单计价的基础,应作为编制招标控制价、投标报价、计算或调整工程量以及工程索赔等的依据之一。

(4)招标工程量清单应以单位(项)工程为单位编制,应由分部分项工程项目清单、措施项目清单、其他项目清单、规费和税金项目清单组成。

二、工程量清单编制依据

(1)"13计价规范"和相关专业工程的国家计量规范。
(2)国家或省级、行业建设主管部门颁发的计价定额和办法。
(3)建设工程设计文件及相关资料。
(4)与建设工程有关的标准、规范、技术资料。
(5)拟定的招标文件。
(6)施工现场情况、地勘水文资料、工程特点及常规施工方案。
(7)其他相关资料。

三、工程量清单编制原则

工程量清单的编制必须遵循"四个统一、三个自主、两个分离"的原则。

1. 四个统一

工程量清单编制必须满足项目编码统一、项目名称统一、计量单位统一、工程量计算规则统一。

项目编码是"13计价规范"和相关专业工程国家计量规范规定的内容之一,编制工程量清单时必须严格按照执行;项目名称基本上按照形成工程实体命名,工程量清单项目特征是按不同的工程部位、施工工艺或材料品种、规格等分别列项,必须对项目进行的描述,是各项清单计算的依据,描述的详细、准确与否是直接影响项目价格的一个主要因素;计量单位是按照能够准确地反映该项目工程内容的原则确定的;工程量数量的计算是按照相关专业工程量计算规范中工程量计算规则计算的,比以往采用预算定额增加了多项组合步骤,所以,在计算前一定要注意计算规则的变化,还要注意新组合后项目名称的计量单位。

2. 三个自主

三个自主是指投标人在投标报价时自主确定工料机消耗量,自主确定工料机单价,自主确定措施项目费及其他项目的内容和费率。

3. 两个分离

两个分离即量与价的分离、清单工程量与计价工程量分离。

量与价分离是从定额计价方式的角度来表达的。定额计价的方式采用定额基价计算分部分项工程费,工程机消耗量是固定的,量价没有分离;而工程量清单计价由于自主确定工料机消耗量、自主确定工料机单价,量价是分离的。

清单工程量与定额计价工程量分离是从工程量清单报价方式来描述的。清单工程量是根据"13 计价规范"和相关专业工程国家计量规范编制的,定额计价工程量是根据所选定的消耗量定额计算的,一项清单工程量可能要对应几项消耗量定额,两者的计算规则也不一定相同。因此,一项清单量可能要对应几项定额计价工程量,其清单工程量与定额计价工程量要分离。

四、工程量清单编制内容

(一)分部分项工程项目清单

(1)分部分项工程项目清单必须载明项目编码、项目名称、项目特征、计量单位和工程量。这是构成一个分部分项工程项目清单的五个要件,在分部分项工程项目清单的组成中缺一不可。

(2)分部分项工程项目清单应根据"13 计价规范"和相关专业工程国家计量规范附录中规定的项目编码、项目名称、项目特征、计量单位和工程量计算规则进行编制。

分部分项工程项目清单项目编码栏应根据相关专业工程国家计量规范项目编码栏内规定的 9 位数字另加 3 位顺序码共 12 位阿拉伯数字填写。各位数字的含义为:一、二位为专业工程代码,房屋建筑与装饰工程为 01,仿古建筑为 02,通用安装工程为 03,市政工程为 04,园林绿化工程为 05,矿山工程为 06,构筑物工程为 07,城市轨道交通工程为 08,爆破工程为 09;三、四位为专业工程附录分类顺序码;五、六位为分部工程顺序码;七、八、九位为分项工程项目名称顺序码;十至十二位为清单项目名称顺序码。

在编制工程量清单时应注意对项目编码的设置不得有重码,特别是当同一标段(或合同段)的一份工程量清单中含有多个单项或单位工程且工程量清单是以单项或单位工程为编制对象时,应注意项目编码中的十至十二位的设置不得重码。例如一个标段(或合同段)的工程量清单中含有三个单项或单位工程,每一单项或单位工程中都有项目特征相同的管道支架,在工程量清单中又需反映三个不同单项或单位工程的现浇混凝土矩形梁工程量时,此时工程量清单应以单项或单位工程为编制对象,第一个单项或单位工程的现浇混凝土矩形梁的项目编码为 010503002,第二个单项或单位工程的现浇混凝土矩形梁的项目编码为 010503002,第三个单项或单位工程的现浇混凝土矩形梁的项目编码为 010503002,并分别列出各单项或单位工程现浇混凝土矩形梁的工程量。

分部分项工程量清单项目名称栏应按相关专业国家工程量计算规范的规定,根据拟建工程实际填写。在实际填写过程中,"项目名称"有两种填写方法:一是完全保持相关专业国家工程量计算规范的项目名称不变;二是根据工程实际在工程量计算规范项目名称下另行确定详细名称。

分部分项工程量清单项目特征栏应按相关专业工程国家计量规范的规定,根据拟建工程实际进行描述。

分部分项工程量清单的计量单位应按相关专业工程国家计量规范规定的计量单位填写。有些项目工程量计算规范中有两个或两个以上计量单位,应根据拟建工程项目的实际,选择最适宜表现该项目特征并方便计量的单位。如管道支架项目,工程量计算规范以 kg 和套两个计量单位表示,此时就应根据工程项目的特点,选择其中一个即可。

"工程量"应按相关工程国家工程量计算规范规定的工程量计算规则计算填写。

工程量的有效位数应遵守下列规定:

1)以"t"为单位,应保留小数点后三位小数,第四位小数四舍五入。

2)以"m"、"m^2"、"m^3"、"kg"为单位,应保留小数点后两位小数,第三位小数四舍五入。

3)以"台"、"个"、"件"、"套"、"根"、"组"、"系统"等为单位,应取整数。

分部分项工程量清单编制应注意的问题

1)不能随意设置项目名称,清单项目名称一定要按相关专业工程国家计量规范附录的规定设置。

2)正确对项目进行描述,一定要将完成该项目的全部内容完整地体

第五章 建筑工程工程量清单及计价

现在清单上,不能有遗漏,以便投标人报价。

(二)措施项目清单

措施项目清单是指为完成工程项目施工,发生于该工程施工准备和施工过程中的技术、生活、安全、环境保护等方面的项目。相关专业工程国家计量规范中有关措施项目的规定和具体条文比较少。投标人可根据施工组织设计中采取的措施增加项目。

措施项目清单的设置,首先要参考拟建工程的施工组织设计,以确定安全文明施工、材料的二次搬运等项目。其次参阅施工技术方案,以确定夜间施工增加费、大型机械进出场及安拆费、脚手架工程费等项目。参阅相关专业工程施工规范及工程质量验收规范,可以确定施工技术方案没有表达的,但是为了实现施工规范及工程验收规范要求而必须发生的技术措施。

(1)措施项目清单应根据拟建工程的实际情况列项。

(2)措施项目中可以计算工程量的项目清单宜采用分部分项工程量清单的方式编制,列出项目编码、项目名称、项目特征、计量单位和工程量计算规则;不能计算工程量的项目清单,以"项"为计量单位。

(3)相关专业工程国家计量规范将实体性项目划分为分部分项工程量清单,非实体性项目划分为措施项目。所谓非实体性项目,一般来说,其费用的发生和金额的大小与使用时间、施工方法或者两个以上工序相关,与实际完成的实体工程量的多少关系不大,典型的是大中型施工机械、文明施工和安全防护、临时设施等。但有的非实体性项目,则是可以计算工程量的项目,典型的是混凝土浇筑的模板工程,用分部分项工程量清单的方式采用综合单价,更有利于措施费的确定和调整,更有利于合同管理。

(三)其他项目清单

其他项目清单是指分部分项工程量清单、措施项目清单所包含的内容以外,因招标人的特殊要求而发生的与拟建工程有关的其他费用项目和相应数量的清单。工程建设标准的高低、工程的复杂程度、工程的工期长短、工程的组成内容、发包人对工程管理要求等都直接影响其他项目清单的具体内容。其他项目清单包括暂列金额、暂估价(包括材料暂估单价、工程设备暂估单价、专业工程暂估价)、计日工、总承包服务费。

1. 暂列金额

暂列金额是招标人在工程量清单中暂定并包括在合同价款中的一笔

款项。清单计价规范中明确规定暂列金额用于施工合同签订时尚未确定或者不可预见的所需材料、设备、服务的采购，施工中可能发生的工程变更、合同约定调整因素出现时的工程价款调整以及发生的索赔、现场签证确认等的费用。

不管采用何种合同形式，工程造价理想的标准是一份合同的价格就是其最终的竣工结算价格，或者至少两者应尽可能接近。我国规定对政府投资工程实行概算管理，经项目审批部门批复的设计概算是工程投资控制的刚性指标，即使商业性开发项目也有成本的预先控制问题，否则，无法相对准确预测投资的收益和科学合理地进行投资控制。但工程建设自身的特性决定了工程的设计需要根据工程进展不断地进行优化和调整，业主需求可能会随工程建设进展出现变化，工程建设过程还会存在一些不能预见、不能确定的因素。消化这些因素必然会影响合同价格的调整，暂列金额正是为这类不可避免的价格调整而设立，以便达到合理确定和有效控制工程造价的目标。

另外，暂列金额列入合同价格不等于就属于承包人所有了，即使是总价包干合同，也不等于列入合同价格的所有金额就属于承包人，是否属于承包人应得金额取决于具体的合同约定，只有按照合同约定程序实际发生后，才能成为承包人的应得金额，纳入合同结算价款中。扣除实际发生金额后的暂列金额余额仍属于发包人所有。设立暂列金额并不能保证合同结算价格就不会再出现超过合同价格的情况，是否超出合同价格完全取决于工程量清单编制人暂列金额预测的准确性，以及工程建设过程是否出现了其他事先未预测到的事件。

2. 暂估价

暂估价是指招标阶段直至签订合同协议时，招标人在招标文件中提供的用于支付必然发生但暂时不能确定价格的材料以及专业工程的金额。暂估价包括材料暂估单价、工程设备暂估单价和专业工程暂估价。暂估价类似于 FIDIC 合同条款中的 Prime Cost Items，在招标阶段预见肯定要发生，只是因为标准不明确或者需要由专业承包人完成，暂时无法确定价格。暂估价数量和拟用项目应当结合工程量清单中的"暂估价表"予以补充说明。

为方便合同管理，需要纳入分部分项工程项目清单综合单价中的暂估价应只是材料费、工程设备费，以方便投标人组价。

第五章 建筑工程工程量清单及计价

专业工程的暂估价一般应是综合暂估价，应当包括除规费和税金以外的管理费、利润等取费。总承包招标时，专业工程设计深度往往是不够的，一般需要交由专业设计人设计，国际上，出于提高可建造性考虑，一般由专业承包人负责设计，以发挥其专业技能和专业施工经验的优势。这类专业工程交由专业分包人完成是国际工程的良好实践，目前在我国工程建设领域也已经比较普遍。公开透明地合理确定这类暂估价的实际开支金额的最佳途径，就是通过施工总承包人与工程建设项目招标人共同组织的招标。

3. 计日工

计日工是为解决现场发生的零星工作的计价而设立的，其为额外工作和变更的计价提供了一个方便快捷的途径。计日工适用的所谓零星工作一般是指合同约定之外的或者因变更而产生的、工程量清单中没有相应项目的额外工作，尤其是那些时间不允许事先商定价格的额外工作。计日工以完成零星工作所消耗的人工工时、材料数量、机械台班进行计量，并按照计日工表中填报的适用项目的单价进行计价支付。

国际上常见的标准合同条款中，大多数都设立了计日工（Daywork）计价机制。但在我国以往的工程量清单计价实践中，由于计日工项目的单价水平一般要高于工程量清单项目的单价水平，因而经常被忽略。从理论上讲，由于计日工往往是用于一些突发性的额外工作，缺少计划性，承包人在调动施工生产资源方面难免不影响已经计划好的工作，生产资源的使用效率也有一定的降低，客观上造成超出常规的额外投入。另外，其他项目清单中计日工往往是一个暂定的数量，其无法纳入有效的竞争。所以，合理的计日工单价水平一定是要高于工程量清单的价格水平的。为获得合理的计日工单价，发包人在其他项目清单中对计日工一定要给出暂定数量，并需要根据经验尽可能估算一个较接近实际的数量。

4. 总承包服务费

总承包服务费是为了解决招标人在法律、法规允许的条件下进行专业工程发包，以及自行供应材料、设备，并需要总承包人对发包的专业工程提供协调和配合服务，对供应的材料、设备提供收、发和保管服务以及进行施工现场管理时发生，并向总承包人支付的费用。**招标人应预计该项费用并按投标人的投标报价向投标人支付该项费用。**

为保证工程施工建设的顺利实施，**投标人在编制招标工程量清单时**

应对施工过程中可能出现的各种不确定因素对工程造价的影响进行估算,列出一笔暂列金额。暂列金额可根据工程的复杂程度、设计深度、工程环境条件(包括地质、水文、气候条件等)进行估算,一般可按分部分项工程费的 10%～15% 作为参考。

暂估价中的材料、工程设备暂估单价应根据工程造价信息或参照市场价格估算,列出明细表;专业工程暂估价应分不同专业,按有关计价规定估算,列出明细表。

计日工应列出项目名称、计量单位和暂估数量。

总承包服务费应列出服务项目及其内容等。

出现未列的项目,应根据工程实际情况补充。如办理竣工结算时就需将索赔及现场鉴证列入其他项目中。

(四)规费项目清单

规费是根据省级政府或省级有关权力部门规定必须缴纳的,应计入建筑安装工程造价的费用。根据住房和城乡建设部、财政部"关于印发《建筑安装工程费用项目组成》的通知"(建标[2013]44 号)的规定,规费主要包括社会保险费、住房公积金、工程排污费,其中社会保险费包括养老保险费、医疗保险费、失业保险费、工伤保险费和生育保险费;税金主要包括营业税、城市维护建设税、教育费附加和地方教育附加。规费作为政府和有关权力部门规定必须缴纳的费用,政府和有关权力部门可根据形势发展的需要,对规费项目进行调整,因此,清单编制人对《建筑安装工程费用项目组成》中未包括的规费项目,在编制规费项目清单时应根据省级政府或省级有关权力部门的规定列项。

规费项目清单应按照下列内容列项:

(1)社会保险费:包括养老保险费、失业保险费、医疗保险费、工伤保险费、生育保险费。

(2)住房公积金。

(3)工程排污费。

相对于"08 计价规范","13 计价规范"对规费项目清单进行了以下调整:

(1)根据《中华人民共和国社会保险法》的规定,将"08 计价规范"使用的"社会保障费"更名为"社会保险费",将"工伤保险费、生育保险费"列入社会保险费。

(2)根据十一届全国人大常委会第 20 次会议将《中华人民共和国建筑法》第四十八条由"建筑施工企业必须为从事危险作业的职工办理意外伤害保险,支付保险费"修改为"建筑施工企业应当依法为职工参加工伤保险缴纳工伤保险费。鼓励企业为从事危险作业的职工办理意外伤害保险,支付保险费"。由于建筑法将意外伤害保险由强制改为鼓励,因此,"13 计价规范"中规费项目增加了工伤保险费,删除了意外伤害保险,将其列入企业管理费中列支。

(3)根据财政部、国家发展改革委《关于公布取消和停止征收 100 项行政事业性收费项目的通知》(财综[2008]78 号)的规定,工程定额测定费从 2009 年 1 月 1 日起取消,停止征收。因此,"13 计价规范"中规费项目取消了工程定额测定费。

(五)税金

根据住房和城乡建设部、财政部"关于印发《建筑安装工程费用项目组成》的通知"(建标[2013]44 号)的规定,目前我国税法规定应计入建筑安装工程造价的税种包括营业税、城市建设维护税、教育费附加和地方教育附加。如国家税法发生变化,税务部门依据职权增加了税种,应对税金项目清单进行补充。

税金项目清单应按下列内容列项:

(1)营业税。
(2)城市维护建设税。
(3)教育费附加。
(4)地方教育附加。

根据财政部《关于统一地方教育政策有关内容的通知》(财综[2011]98 号)的有关规定,"13 计价规范"相对于"08 计价规范",在税金项目增列了地方教育附加项目。

第四节 建筑工程招标控制价的编制

一、建筑工程招标概述

(一)工程招标的含义及范围

工程招标是指招标单位就拟建的工程发布通公告或通知,以法定方式吸引施工单位参加竞争,招标单位从中选择条件优越者完成工程建设任务的法定行为。进行工程招标,招标人必须根据工程项目的特点,结合自身的管理能力,确定工程的招标范围。

1. 必须招标的范围

根据《中华人民共和国招标投标法》的规定,在中华人民共和国境内进行的下列工程项目必须进行招标:

(1)大型基础设施、公用事业等关系社会公共利益、公众安全的项目。

(2)全部或部分使用国有资金或者国家融资的项目。

(3)使用国际组织或者外国政府贷款、援助资金的项目。

2. 可以不进行招标的范围

根据《中华人民共和国招标投标法》和有关规定,属于下列情形之一的,经县级以上地方人民政府建设行政主管部门批准,可以不进行招标:

(1)涉及国家安全、国家秘密的工程。

(2)抢险救灾工程。

(3)利用扶贫资金实行以工代赈、需要使用农民工等特殊情况。

(4)建筑造型有特殊要求的设计。

(5)采用特定专利技术、专有技术进行设计或施工。

(6)停建或者缓建后恢复建设的单位工程,且承包人未发生变更的。

(7)施工企业自建自用的工程,且施工企业资质等级符合工程要求的。

(8)在建工程追加的附属小型工程或者主体加层工程,且承包人未发生变更的。

(9)法律、法规、规章规定的其他情形。

(二)工程招标的方式

1. 公开招标

公开招标是指招标人以招标公告的方式邀请不特定的烦人或者其他组织投标公开招标是一种无限制的竞争方式,按竞争程度又可以分为国际竞争性招标和国内竞争性招标。这种招标方式可为所有的承包商提供一个平等竞争的机会,业主有较大的选择余地,有利于降低工程造价,提高工程质量和缩短工期,但由于参与竞争的承包商可能很多,会增加资格预审和评标的工作量。还有可能出现故意压低投标报价的投机承包商以低价挤掉对报价严肃认真而报价较高的承包商。

因此,采用公开招标方式时,业主要加强资格预审,认真评标。

2. 邀请招标

邀请招标,是指招标人以投标邀请书的方式他邀请其他的法人或者其他组织投标。这种招标方式的优点是经过选择的投标单位在施工经验、技术力量、经济和信誉上都比较可靠,因而一般能保证工程进度和质量要求。此外,参加投标的承包商数量少,因而招标时间相对缩短,招标费用也较少。

由于邀请招标在价格、竞争的公平方面仍存在一些不足之处,因此《中华人民共和国招标投标法》规定,国家重点项目和省、自治区、直辖市的地方重点项目不宜进行公开招标的,经过批准后可以进行邀请招标。

(三)工程招标的程序

(1)招标单位自行办理招标事宜,应当建立专门的招标机构。建设单位招标应当具备如下条件:

1)建设单位必须是法人或依法成立的其他组织。
2)有与招标工程相适应的经济、技术管理人员。
3)有组织编制招标文件的能力。
4)有审查投标单位资质的能力。
5)有组织开标、评标、定标的能力。

建设单位应据此组织招标工作机构,负责招标的技术性工作。若建设单位不具备上述相应的条件,则必须委托具有相应资质的咨询单位代理招标。

(2)提出招标申请书。招标申请书的内容包括:招标单位的资质、招标工程具备的条件、拟采用的招标方式和对投标单位的要求等。

(3)编制招标文件。招标文件应包括如下内容:

1)工程综合说明。包括工程名称、地址、招标项目、占地范围及现场条件、建筑面积和技术要求、质量标准、招标方式、要求开工和竣工时间、对投标单位的资质等级要求等。

2)投标人须知。

3)合同的主要条款。

4)工程设计图纸和技术资料及技术说明书,通常称之为设计文件。

5)工程量清单。以单位工程为对象,遵照"13计价规范"和相关专业工程国家计量规范,按分部分项工程列出工程数量。

6)主要材料与设备的供应方式、加工订货情况和材料、设备价差的处理方法。

7) 特殊工程的施工要求以及采用的技术规范。

8) 投标文件的编制要求及评标、定标原则。

9) 投标、开标、评标、定标等活动的日程安排。

10) 要求交纳的投标保证金额度。

招标单位在发布招标公告或发出投标邀请书的 5 日前,向工程所在地县级以上地方人民政府建设行政主管部门备案。

(4) 编制招标控制价,报招标投标管理部门备案。如果招标文件设定为有标底评标,则必须编制标底。如果是国有资金投资建设的工程则应编制招标控制价。

(5) 发布招标公告或招标邀请书。若采用公开招标方式,应根据工程性质和规模在当地或全国性报纸、专业网站或公开发行的专业刊物上发布招标公告,其内容应包括:招标单位和招标工程的名称、招标工程简介、工程承包方式、投标单位资格、领取招标文件的地点、时间和应缴费用等。若采用邀请招标方式,应由招标单位向预先选定的承包商发出招标邀请书。

(6) 招标单位审查申请投标单位的资格,并将审查结果通知申请投标单位。招标单位对报名参加投标的单位进行资格预审,并将审查结果报当地建设行政主管部门备案后再通知各申请投标单位。

(7) 向合格的投标单位分发招标文件。招标文件一经发出,招标单位不得擅自变更其内容或增加附加条件;确需变更和补充的,应在投标截止日期 15 天前书面通知所有投标单位,并报当地建设行政主管部门备案。

(8) 组织投标单位勘查现场,召开答疑会,解答投标单位对招标文件提出的问题。通常投标单位提出的问题应由招标单位书面答复,并以书面形式发给所有投标单位作为招标文件的补充和组成。

(9) 接受投标。自发出招标文件之日起到投标截止日,最短不得少于 20 天。招标人可以要求投标人提交投标担保。投标保证金一般不超过投标报价的 2%,且最高不得超过 80 万元。

(10) 召开招标会,当场开标。遵照中华人民共和国国家发展计划委员会等七个部门于 2001 年 7 月 5 日颁布的《评标委员会和评标方法暂行规定》执行。

提交有效投标文件的投标人少于三个或所有投标被否决的,招标人

第五章 建筑工程工程量清单及计价

必须重新组织招标。

评标的专家委员会应向招标人推荐不超过三名有排序的合格的中标候选人。

(11)招标单位与中标单位签订施工投标合同。招标人在评标委员会推荐的中标候选人中确定中标人,签发中标通知书,并在中标通知书签发后的30天内与中标人签订工程承包协议。

(四)实行工程量清单招标的优点

(1)淡化了预算定额的作用。招标方确定工程量,承担工程量误差的风险,投标方确定单价,承担价格风险,真正实现了量价分离,风险分担。

(2)节约工程投资:实行工程量清单招标,合理适度的增加投票的竞争性,特别是经评审低价中标的方式,有利于控制工程建设项目总投资,降低工程造价,为建设单位节约资金,以最少的投资达到最大的经济效益。

(3)有利于工程管理信息化。统一的计算规则,有利于统一计算口径,也有利于统一划项口径;而统一的划项口径又有利于同意信息编码,进而实现同意的信息管理。

(4)提高了工作效率。由招标人向各投标人提供建设项目的实物工程量和技术性措施项目的数量清单,各投标人不必再花费大量的人力、物力和财力去重复做测算,节约了时间,降低了社会成本。

二、招标控制价的编制

(一)一般规定

招标控制价是招标人根据国家或省级、行业建设主管部门颁发的有关计价依据和办法,按设计施工图纸计算的,对招标工程限定的最高工程造价。国有资金投资的工程建设项目必须实行工程量清单招标,并必须编制招标控制价。

1. 招标控制价的作用

(1)我国对国有资金投资项目的是投资控制实行的投资概算审批制度,国有资金投资的工程原则上不能超过批准的投资概算。因此,在工程招标发包时,当编制的招标控制价超过批准的概算,招标人应当将其报原概算审批部门重新审核。

(2)国有资金投资的工程进行招标,根据《中华人民共和国招标投标法》的规定,招标人可以设标底。当招标人不设标底时,为有利于客观、合理的评审投标报价和避免哄抬标价,造成国有资产流失,招标人必须编制招标控制价。

(3)国有资金投资的工程,招标人编制并公布的招标控制价相当于招标人的采购预算,同时要求其不能超过批准的概算,因此,招标控制价是招标人在工程招标时能接受投标人报价的最高限价。

2. 招标控制价的编制人员

招标控制价应由具有编制能力的招标人编制,当招标人不具有编制招标控制价的能力时,可委托具有相应资质的工程造价咨询人编制。工程造价咨询人接受招标人委托编制招标控制价,不得再就同一工程接受投标人委托编制投标报价。

所谓具有相应工程造价咨询资质的工程造价咨询人是指根据《工程造价咨询企业管理办法》(建设部令第149号)的规定,依法取得工程造价咨询企业资质,并在其资质许可的范围内接受招标人的委托,编制招标控制价的工程造价咨询企业。即取得甲级工程造价咨询资质的咨询人可承担各类建设项目的招标控制价编制,取得乙级(包括乙级暂定)工程造价咨询资质的咨询人,则只能承担5000万元以下的招标控制价的编制。

3. 其他规定

(1)招标控制价的作用决定了招标控制价不同于标底,无须保密。为体现招标的公平、公正,防止招标人有意抬高或压低工程造价,招标人应在招标文件中如实公布招标控制价,不得对所编制的招标控制价进行上浮或下调。招标人在招标文件中公布招标控制价时,应公布招标控制价各组成部分的详细内容,不得只公布招标控制价总价。

(2)招标人应将招标控制价及有关资料报送工程所在地或有该工程管辖权的行业管理部门工程造价管理机构备查。

(二)招标控制价编制与复核

1. 招标控制价编制依据

招标控制价的编制应根据下列依据进行:

(1)"13计价规范"。

(2)国家或省级、行业建设主管部门颁发的计价定额和计价办法。

(3)建设工程设计文件及相关资料。

(4)拟定的招标文件及招标工程量清单。

(5)与建设项目相关的标准、规范、技术资料。

(6)施工现场情况、工程特点及常规施工方案。

(7)工程造价管理机构发布的工程造价信息,当工程造价信息没有发布时,参照市场价。

(8)其他的相关资料。

按上述依据进行招标控制价编制,应注意以下事项:

(1)使用的计价标准、计价政策应是国家或省、自治区、直辖市建设行政主管部门或行业建设主管部门颁布的计价定额和计价方法。

(2)采用的材料价格应是工程造价管理机构通过工程造价信息发布的材料单价,工程造价信息未发布材料单价的材料,其材料价格应通过市场调查确定。

(3)国家或省、自治区、直辖市建设行政主管部门或行业建设主管部门对工程造价计价中费用或费用标准有规定的,应按规定执行。

2. 招标控制价的编制

(1)综合单价中应包括招标文件中划分的应由投标人承担的风险范围及其费用。招标文件中没有明确的,如是工程造价咨询人编制,应提请招标人明确;如是招标人编制,应予明确。

(2)分部分项工程和措施项目中的单价项目,应根据拟定的招标文件和招标工程量清单项目中的特征描述及有关要求确定综合单价计算。招标文件中提供了暂估单价的材料,按暂估的单价计入综合单价。

(3)措施项目中的总价项目应根据拟定的招标文件和常规施工方案采用综合单价计价。措施项目中的安全文明施工费必须按国家或省级、行业建设主管部门的规定计算,不得作为竞争性费用。

(4)其他项目费应按下列规定计价:

1)暂列金额。暂列金额应按招标工程量清单中列出的金额填写。

2)暂估价。暂估价包括材料暂估单价、工程设备暂估单价和专业工程暂估价。暂估价中的材料、工程设备单价应根据招标工程量清单列出的单价计入综合单价。

3)计日工。计日工包括计日工人工、材料和施工机械。在编制招标控制价时,对计日工中的人工单价和施工机械台班单价应按省级、行业建设主管部门或其授权的工程造价管理机构公布的单价计算;材料应按工程造价管理机构发布的工程造价信息中的材料单价计算,工程造价信息未发布材料单价的材料,其价格应按市场调查确定的单价计算。

4)总承包服务费。招标人编制招标控制价时,总承包服务费应根据招标文件中列出的内容和向总承包人提出的要求,按照省级或行业建设主管部门的规定或参照下列标准计算:

①招标人仅要求对分包的专业工程进行总承包管理和协调时,按分包的专业工程估算造价的1.5%计算。

②招标人要求对分包的专业工程进行总承包管理和协调,并同时要求提供配合服务时,根据招标文件中列出的配合服务内容和提出的要求,按分包的专业工程估算造价的3%~5%计算。

③招标人自行供应材料的,按招标人供应材料价值的1%计算。

(5)招标控制价的规费和税金必须按国家或省级、行业建设主管部门的规定计算。

(三)投诉与处理

(1)投标人经复核认为招标人公布的招标控制价未按照"13计价规范"的规定进行编制的,应在招标控制价公布后5天内向招投标监督机构和工程造价管理机构投诉。

(2)投诉人投诉时,应当提交由单位盖章和法定代表人或其委托人签名或盖章的书面投诉书。投诉书应包括下列内容:

1)投诉人与被投诉人的名称、地址及有效联系方式。

2)投诉的招标工程名称、具体事项及理由。

3)投诉依据及有关证明材料。

4)相关的请求及主张。

(3)投诉人不得进行虚假、恶意投诉,阻碍招投标活动的正常进行。

(4)工程造价管理机构在接到投诉书后应在2个工作日内进行审查,对有下列情况之一的,不予受理:

1)投诉人不是所投诉招标工程招标文件的收受人。

2)投诉书提交的时间不符合上述第(1)条规定的。

3)投诉书不符合上述第(2)条规定的。

4)投诉事项已进入行政复议或行政诉讼程序的。

(5)工程造价管理机构应在不迟于结束审查的次日将是否受理投诉的决定书面通知投诉人、被投诉人以及负责该工程招投标监督的招投标管理机构。

(6)工程造价管理机构受理投诉后,应立即对招标控制价进行复查,组织投诉人、被投诉人或其委托的招标控制价编制人等单位人员对投诉问题逐一核对。有关当事人应当予以配合,并应保证所提供资料的真实性。

(7)工程造价管理机构应当在受理投诉的 10 天内完成复查,特殊情况下可适当延长,并做出书面结论通知投诉人、被投诉人及负责该工程招投标监督的招投标管理机构。

(8)当招标控制价复查结论与原公布的招标控制价误差大于±3%时,应当责成招标人改正。

(9)招标人根据招标控制价复查结论需要重新公布招标控制价的,其最终公布的时间至招标文件要求提交投标文件截止时间不足 15 天的,应相应延长投标文件的截止时间。

第五节 建筑工程投标报价编制

一、一般规定

(1)投标价应由投标人或受其委托具有相应资质的工程造价咨询人编制。

(2)投标价中除"13 计价规范"中规定的规费、税金及措施项目清单中的安全文明施工费应按国家或省级、行业建设主管部门的规定计价,不得作为竞争性费用外,其他项目的投标报价由投标人自主决定。

(3)投标人的投标报价不得低于工程成本。《中华人民共和国反不正当竞争法》第十一条规定:"经营者不得以排挤竞争对手为目的,以低于成本的价格销售商品"。《中华人民共和国招标投标法》第四十一规定:"中标人的投标应当符合下列条件……(二)能够满足招标文件的实质性要求,并且经评审的投标价格最低;但是投标价格低于成本的除外"。《评标委员会和评标方法暂行规定》(国家计委等七部委第 12 号令)第二十一条规定:"在评标过程中,评标委员会发现投标人的报价明显低于其他投标报价或者在设有标底时明显低于标底的,使得其投标报价可能低于其个别成本的,应当要求该投标人做出书面说明并提供相关证明材料。投标人不能合理说明或者不能提供相关证明材料的,由评标委员会认定该投标人以低于成本报价竞标,其投标应作废标处理"。

(4)实行工程量清单招标,招标人在招标文件中提供工程量清单,其目的是使各投标人在投标报价中具有共同的竞争平台。因此,要求投标人必须按招标工程量清单填报价格,工程量清单的项目编码、项目名称、项目特征、计量单位、工程数量必须与招标人招标文件中提供的招标工程量清单一致。

(5)根据《中华人民共和国政府采购法》第三十六条规定:"在招标采购中,出现下列情形之一的,应予废标……(三)投标人的报价均超过了采购预算,采购人不能支付的"。《中华人民共和国招标投标法实施条例》第五十一条规定:"有下列情形之一者,评标委员会应当否决其投标:……(五)投标报价低于成本或者高于招标文件设定的最高投标限价"。对于国有资金投资的工程,其招标控制价相当于政府采购中的采购预算,且其定义就是最高投标限价,因此,投标人的投标报价不能高于招标控制价,否则,应予废标。

二、投标报价编制与复核

(1)投标报价应根据下列依据编制和复核:

1)"13 计价规范"。

2)国家或省级、行业建设主管部门颁发的计价办法。

3)企业定额,国家或省级、行业建设主管部门颁发的计价定额和计价办法。

4)招标文件、招标工程量清单及其补充通知、答疑纪要。

5)建设工程设计文件及相关资料。

6)施工现场情况、工程特点及投标时拟定的施工组织设计或施工方案。

7)与建设项目相关的标准、规范等技术资料。

8)市场价格信息或工程造价管理机构发布的工程造价信息。

9)其他的相关资料。

(2)综合单价中应考虑招标文件中要求投标人承担的风险内容及其范围(幅度)产生的风险费用,招标文件中没有明确的,应提请招标人明确。在施工过程中,当出现的风险内容及其范围(幅度)在合同约定的范围内时,合同价款不作调整。

(3)分部分项工程和措施项目中的单价项目,应根据招标文件和招标工程量清单项目中的特征描述确定综合单价。招标工程量清单的项目特征描述是确定分部分项工程和措施项目中的单价的重要依据之一,投标人投标报价时应依据招标工程量清单项目的特征描述确定清单项目的综合单价。招投标过程中,当出现招标工程量清单项目特征描述与设计图纸不符时,投标人应以招标工程量清单的项目特征描述为准,确定投标报价的综合单价。当施工中施工图纸或设计变更与招标工程量清单的项目特征描述不一致时,发、承包双方应按实际施工的项目特征,依据合同约定重新确定综合单价。

招标文件中提供了暂估单价的材料,应按暂估的单价计入综合单价;综合单价中应考虑招标文件中要求投标人承担的风险内容及其范围(幅度)产生的风险费用。在施工过程中,当出现的风险内容及其范围(幅度)在合同约定的范围内时,工程价款不做调整。

(4)投标人可根据工程实际情况并结合施工组织设计,对招标人所列的措施项目进行增补。由于各投标人拥有的施工装备、技术水平和采用的施工方法有所差异,招标人提出的措施项目清单是根据一般情况确定的,没有考虑不同投标人的"个性",投标人投标时应根据自身编制的投标施工组织设计或施工方案确定措施项目,对招标人提供的措施项目进行调整。投标人根据投标施工组织设计或施工方案调整和确定的措施项目应通过评标委员会的评审。

措施项目中的总价项目应采用综合单价计价。其中安全文明施工费应按国家或省级、行业建设主管部门的规定确定,且不得作为竞争性费用。

(5)其他项目应按下列规定报价:

1)暂列金额应按招标工程量清单中列出的金额填写,不得变动。

2)材料、工程设备暂估价应按招标工程量清单中列出的单价计入综合单价,不得变动和更改。

3)专业工程暂估价应按招标工程量清单中列出的金额填写,不得变动和更改。

4)计日工应按招标工程量清单中列出的项目和数量,自主确定综合单价并计算计日工金额。

5)总承包服务费应依据招标工程量清单中列出的专业工程暂估价内容和供应材料、设备情况,按照招标人提出协调、配合与服务要求和施工现场管理需要自主确定。

(6)规费和税金应按国家或省级、行业建设主管部门的规定计算,不得作为竞争性费用。规费和税金的计取标准是依据有关法律、法规和政策规定制定的,具有强制性。投标人是法律、法规和政策的执行者,不能改变,更不能制定,而必须按照法律、法规、政策的有关规定执行。

(7)招标工程量清单与计价表中列明的所有需要填写单价和合价的项目,投标人均应填写且只允许有一个报价。未填写单价和合价的项目,可视为此项费用已包含在已标价工程量清单中其他项目的单价和合价之中。当竣工结算时,此项目不得重新组价予以调整。

(8)实行工程量清单招标,投标人的投标总价应当与组成已标价工程量清单的分部分项工程费、措施项目费、其他项目费和规费、税金的合计金额相一致,即投标人在投标报价时,不能进行投标总价优惠(或降价、让利),投标人对招标人的任何优惠(或降价、让利)均应反映在相应清单项目的综合单价中。

第六节 建筑工程竣工结算编制

竣工结算是施工企业在所承包的工程全部完工教工之后,与建设单位进行最终的价款结算。竣工结算反映该工程项目上施工企业的实际造价以及还有多少工程款要结清。通过竣工结算,施工企业可以考核实际的工程费用是降低还是超支。竣工结算是建设单位竣工决算的一个组成部分。建筑安装工程竣工结算造价加上设备购置费,勘察设计费,征地拆迁费和一切建设单位为建设这个项目中的其他全部费用,才能成为该工程完整的竣工决算。

一、一般规定

(1)工程完工后,发承包双方必须在合同约定时间内办理工程竣工结算。合同中没有约定或约定不清的,按"13 计价规范"中有关规定处理。

(2)工程竣工结算应由承包人或受其委托具有相应资质的工程造价咨询人编制,并应由发包人或受其委托具有相应资质的工程造价咨询人核对。实行总承包的工程,由总承包人对竣工结算的编制负总责。

(3)当发承包双方或一方对工程造价咨询人出具的竣工结算文件有异议时,可向工程造价管理机构投诉,申请对其进行执业质量鉴定。

(4)工程造价管理机构对投诉的竣工结算文件进行质量鉴定,宜按本章第五节的相关规定进行。

(5)根据《中华人民共和国建筑法》第六十一条规定:"交付竣工验收的建筑工程,必须符合规定的建筑工程质量标准,有完整的工程技术经济资料和经签署的工程保修书,并具备国家规定的其他竣工条件",由于竣工结算是反映工程造价计价规定执行情况的最终文件,竣工结算办理完毕,发包人应将竣工结算文件报送工程所在地或有该工程管辖权的行业管理部门的工程造价管理机构备案。竣工结算文件应作为工程竣工验收备案、交付使用的必备文件。

二、竣工结算编制与复核

(1)工程竣工结算应根据下列依据编制和复核:
1)"13计价规范"。
2)工程合同。
3)发承包双方实施过程中已确认的工程量及其结算的合同价款。
4)发承包双方实施过程中已确认调整后追加(减)的合同价款。
5)建设工程设计文件及相关资料。
6)投标文件。
7)其他依据。

(2)分部分项工程和措施项目中的单价项目应依据发承包双方确认的工程量与已标价工程量清单的综合单价计算;发生调整的,应以发承包双方确认调整的综合单价计算。

(3)措施项目中的总价项目应依据已标价工程量清单的项目和金额计算;发生调整的,应以发承包双方确认调整的金额计算,其中安全文明施工费应按照国家或省级、行业建设主管部门的规定计算。施工过程中,国家或省级、行业建设主管部门对安全文明施工费进行了调整的,措施项目费中和安全文明施工费应作相应调整。

(4)办理竣工结算时,其他项目费的计算应按以下要求进行计价:
1)计日工的费用应按发包人实际签证确认的数量和合同约定的相应项目综合单价计算。
2)当暂估价中的材料、工程设备是招标采购的,其单价按中标价在综合单价中调整。当暂估价中的材料、设备为非招标采购的,其单价按发承包双方最终确认的单价在综合单价中调整。当暂估价中的专业工程是招标发包的,其专业工程费按中标价计算。当暂估价中的专业工程为非招标发包的,其专业工程费按发承包双方与分包人最终确认的金额计算。

3)总承包服务费应依据已标价工程量清单金额计算,发承包双方依据合同约定对总承包服务进行了调整,应按调整后的金额计算。

4)索赔事件产生的费用在办理竣工结算时应在其他项目费中反映。索赔费用的金额应依据发承包双方确认的索赔事项和金额计算。

5)现场签证发生的费用在办理竣工结算时应在其他项目费中反映。现场签证费用金额依据发承包双方签证资料确认的金额计算。

6)合同价款中的暂列金额在用于各项价款调整、索赔与现场签证后,若有余额,则余额归发包人,若出现差额,则由发包人补足并反映在相应的工程价款中。

(5)规费和税金应按国家或省级、行业建设主管部门对规费和税金的计取标准计算。规费中的工程排污费应按工程所在地环境保护部门规定的标准缴纳后按实列入。

(6)由于竣工结算与合同工程实施过程中的工程计量及其价款结算、进度款支付、合同价款调整等具有内在联系,因此,发承包双方在合同工程实施过程中已经确认的工程计量结果和合同价款,在竣工结算办理中应直接进入结算,从而简化结算流程。

第七节 建筑工程造价鉴定

发承包双方在履行施工合同过程中,由于不同的利益诉求,有一些施工合同纠纷需要采用仲裁、诉讼的方式解决,工程造价鉴定在一些施工合同纠纷案件处理中就成了裁决、判决的主要依据。

一、一般规定

(1)在工程合同价款纠纷案件处理中,需做工程造价司法鉴定的,应根据《工程造价咨询企业管理办法》(建设部令第149号)第二十条的规定,委托具有相应资质的工程造价咨询人进行。

(2)工程造价咨询人接受委托时提供工程造价司法鉴定服务,不仅应符合建设工程造价方面的规定,还应按仲裁、诉讼程序和要求进行,并应符合国家关于司法鉴定的规定。

(3)按照《注册造价工程师管理办法》(建设部令第150号)的规定,工程计价活动应由造价工程师担任。《建设部关于对工程造价司法鉴定有关问题的复函》(建办标函[2005]155号)第二条:"从事工程造价司法鉴定的人员,必须具备注册造价工程师执业资格,并只得在其注册的机构从事工程造价司法鉴定工作,否则不具有在该机构的工程造价成果文件上签字的权力"。鉴于进入司法程序的工程造价鉴定的难度一般较大,因此,工程造价咨询人进行工程造价司法鉴定时,应指派专业对口、经验丰富的注册造价工程师承担鉴定工作。

(4)工程造价咨询人应在收到工程造价司法鉴定资料后10天内,根据自身专业能力和证据资料判断能否胜任该项委托,如不能,应辞去该项委托。工程造价咨询人不得在鉴定期满后以上述理由不做出鉴定结论,影响案件处理。

(5)为保证工程造价司法鉴定的公正进行,接受工程造价司法鉴定委托的工程造价咨询人或造价工程师如是鉴定项目一方当事人的近亲属或代理人、咨询人以及其他关系可能影响鉴定公正的,应当自行回避;未自行回避,鉴定项目委托人以该理由要求其回避的,必须回避。

(6)《最高人民法院关于民事诉讼证据的若干规定》(法释[2001]33号)第五十九条规定:"鉴定人应当出庭接受当事人质询",因此,工程造价咨询人应当依法出庭接受鉴定项目当事人对工程造价司法鉴定意见书的质询。如确因特殊原因无法出庭的,经审理该鉴定项目的仲裁机关或人民法院准许,可以书面形式答复当事人的质询。

二、取证

(1)工程造价的确定与当时的法律法规、标准定额以及各种要素价格具有密切关系,为做好一些基础资料不完备的工程鉴定,工程造价咨询人进行工程造价鉴定工作,应自行收集以下(但不限于)鉴定资料:

1)适用于鉴定项目的法律、法规、规章、规范性文件以及规范、标准、定额。

2)鉴定项目同时期同类型工程的技术经济指标及其各类要素价格等。

(2)真实、完整、合法的鉴定依据是做好鉴定项目工程造价司法工作鉴定的前提。工程造价咨询人收集鉴定项目的鉴定依据时,应向鉴定项目委托人提出具体书面要求,其内容包括:

1)与鉴定项目相关的合同、协议及其附件。

2)相应的施工图纸等技术经济文件。

3) 施工过程中的施工组织、质量、工期和造价等工程资料。
4) 存在争议的事实及各方当事人的理由。
5) 其他有关资料。

(3) 根据最高人民法院规定"证据应当在法庭上出示,由当事人质证。未经质证的证据,不能作为认定案件事实的依据(法释[2001]33号)",工程造价咨询人在鉴定过程中要求鉴定项目当事人对缺陷资料进行补充的,应征得鉴定项目委托人同意,或者协调鉴定项目各方当事人共同签认。

(4) 根据鉴定工作需要现场勘验的,工程造价咨询人应提请鉴定项目委托人组织各方当事人对被鉴定项目所涉及的实物标的进行现场勘验。

(5) 勘验现场应制作勘验记录、笔录或勘验图表,记录勘验的时间、地点、勘验人、在场人、勘验经过、结果,由勘验人、在场人签名或者盖章确认。绘制的现场图应注明绘制的时间、测绘人姓名、身份等内容。必要时应采取拍照或摄像取证,留下影像资料。

(6) 鉴定项目当事人未对现场勘验图表或勘验笔录等签字确认的,工程造价咨询人应提请鉴定项目委托人决定处理意见,并在鉴定意见书中做出表述。

三、鉴定

(1)《最高人民法院关于审理建设工程施工合同纠纷案件适用法律问题的解释》(法释[2004]14号)第十六条一款规定:"当事人对建设工程的计价标准或者计价方法有约定的,按照约定结算工程价款",因此,如鉴定项目委托人明确告之合同有效,工程造价咨询人就必须依据合同约定进行鉴定,不得随意改变发承包双方合法的合意,不能以专业技术方面的惯例来否定合同的约定。

(2) 工程造价咨询人在鉴定项目合同无效或合同条款约定不明确的情况下应根据法律法规、相关国家标准和"13计价规范"的规定,选择相应专业工程的计价依据和方法进行鉴定。

(3) 为保证工程造价鉴定的质量,尽可能将当事人之间的分歧缩小直至化解,为司法调解、裁决或判决提供科学合理的依据,工程造价咨询人出具正式鉴定意见书之前,可报请鉴定项目委托人向鉴定项目各方当事人发出鉴定意见书征求意见稿,并指明应书面答复的期限及其不答复的相应法律责任。

(4)工程造价咨询人收到鉴定项目各方当事人对鉴定意见书征求意见稿的书面复函后,应对不同意见认真复核,修改完善后再出具正式鉴定意见书。

(5)工程造价咨询人出具的工程造价鉴定书应包括下列内容:

1)鉴定项目委托人名称、委托鉴定的内容。

2)委托鉴定的证据材料。

3)鉴定的依据及使用的专业技术手段。

4)对鉴定过程的说明。

5)明确的鉴定结论。

6)其他需说明的事宜。

7)工程造价咨询人盖章及注册造价工程师签名盖执业专用章。

(6)进入仲裁或诉讼的施工合同纠纷案件,一般都有明确的结案时限,为避免影响案件的处理,工程造价咨询人应在委托鉴定项目的鉴定期限内完成鉴定工作,如确因特殊原因不能在原定期限内完成鉴定工作时,应按照相应法规提前向鉴定项目委托人申请延长鉴定期限,并应在此期限内完成鉴定工作。

经鉴定项目委托人同意等待鉴定项目当事人提交、补充证据的,质证所用的时间不应计入鉴定期限。

(7)对于已经出具的正式鉴定意见书中有部分缺陷的鉴定结论,工程造价咨询人应通过补充鉴定做出补充结论。

第六章 建筑工程工程量计算

第一节 工程量计算注意事项

确定工程项目和计算工程量是编制预算的重要环节,为了做到计算准确,便于审核,一般应注意以下几点:

1. 计算口径一致

计算工程量时,根据施工图列出的分项工程的口径与定额中相应分项工程的口径相一致,在划分项目时,一定要熟悉定额中该项目所包括的工程内容。如楼地面工程的整体楼地面,北京市预算定额中包括了结合层、找平层、面层,因此在确定项目时,结合层和找平层就不应另列项重复计算。

2. 计算单位一致

计算工程量所取定的尺寸和工程量计量单位要符合定额的规定,计算公式要正确,取定尺寸来源要注明部位或轴线。如现浇钢筋混凝土构造柱定额的计量单位是立方米,工程量的计量单位也应该是立方米。另外,还要正确地掌握同一计量单位的不同含义,如阳台栏杆与楼梯栏杆虽然都是以"延长米"为计量单位,但按定额的含义,前者是图示长度,而后者是指水平投影长度。

3. 严格执行定额中的工程量计算规则

在计算工程量时,必须严格执行工程量计算规则,以免造成工程量计算中的误差,从而影响工程造价的准确性,如计算墙体工程量时应按立方米计算,并扣除门窗外围面积,以及 $3m^2$ 以上孔洞和圈梁、过梁、梁、柱所占的体积(其中门窗为框外围面积,而不是门窗洞口面积)。

4. 计算的准确性

计算底稿要整齐,数字清楚,数值要准确,切忌草率零乱,辨认不清。

第六章 建筑工程工程量计算

对数值精确度的要求,工程量算至小数点后两位,钢材及木材可算至小数点后三位,余数四舍五入。

5. 尽量利用一数多用的计算原则

(1)重复使用的数值,要反复核对后再使用。

(2)对计算结果影响大的数字,要严格要求其精确度,如长×宽,面积×高,则对长或高的数字,应要求正确无误。

(3)计算顺序要合理,利用共同因数计算其他有关项目。

6. 门窗和洞口的计算

门窗和洞口要结合建筑平、立面图对照清点,列出数量、面积明细表,以备扣除门窗面积、洞口面积之用。

7. 计算时要做到不重不漏

为了防止遗漏和重复计算,根据平面图布置情况,一般有以下几种方法:

(1)从平面图左上角开始,按顺时针方向逐步计算,绕一周后再回到左上角为止,这种方法适用于计算外墙、外墙基础、外墙装修、楼地面、天棚等工程量,如图 6-1 所示。

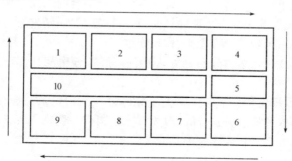

图 6-1 顺时针计算法计算法

(2)按先横后竖、先上后下、先左后右,先外墙后内墙,先从施工图纵轴顺序计算,后从施工图横轴顺序计算。此种方法适用于计算内墙、内墙基础和各种间壁墙、保温墙等工程量,如图 6-2 所示 1~7,(一)~(九)。

(3)按图示轴线编号先纵轴后横轴计算,如图 6-3 所示Ⓐ、Ⓑ……,①、②……。

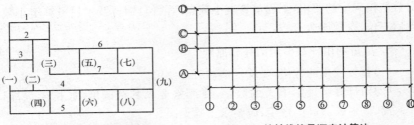

图 6-2 横竖先后顺序计算法　　图 6-3 按轴线编号顺序计算法

(4)按图纸上注明不同类别的构件、配件的编号顺序进行计算。此种方法适用于计算打桩工程,钢筋混凝土柱、梁、板等构件,金属构件、钢木门窗及建筑构件等。如结构图示,柱 $Z1,\cdots,Zn$;梁 $L1,\cdots,Ln$。建筑图示,门窗编号,$M1,\cdots,Mn$;$C1,\cdots,Cn$;M、C 等。

8. 工程量计算和汇总

工程量都应该分层、分段(以施工分段为准)计算,分别计列分层分段的数量,然后汇总。这样既便于核算,又能满足其他职能部门业务管理上的需要。

为了便于整理核对,工程量计算顺序也可综合使用:

(1)按施工顺序。先计算建筑面积,再计算基础、结构、屋面、装修(先室内后室外)、台阶、散水、管沟、构筑物等。

(2)结合图纸、结构分层计算,内装修分层、分房间计算,外装修分立面计算。

(3)按预算定额分部顺序。关于分部分项工程量汇总应该根据定额和费用定额取费标准分别计算,首先将建筑工程与装饰工程区分开,一般按照定额的分部工程顺序来汇总。

建筑工程可按下列顺序:

(1)基础工程(含土方、桩基及基坑支护、排水、垫层、基础、防水)。

(2)结构工程(含砌筑、混凝土、模板、钢筋、构件运输、安装等)。

(3)屋面工程(含保温、找平、防水保护层、排水等)。

(4)室外道路停车场及管道工程。

(5)脚手架、大型垂直运输机械使用费、高层建筑超高费及工程水电费。

第六章 建筑工程工程量计算

装饰工程可按下列顺序：
(1)门窗工程(含制、安、塞口、安玻璃、刷油漆等)。
(2)楼地面工程、天棚工程、栏杆及扶手。
(3)墙面、隔墙、隔断、装饰线条、独立柱及油漆。
(4)建筑配件、变形缝。
(5)脚手架及垂直运输机械和高层建筑超高费。

9. 工程量表格形式填写计算

工程量也可利用表格形式填写计算，这些表格要根据预算定额有关工程量计算规定要求的内容，进行设计制定。

利用表格形式计算工程量，优点是表内项目内容全面，计算形式、顺序固定，栏目关系明确，熟练过程短，不易漏项，少出差错，又可以加快计算速度。

第二节 层高和檐高

一、建筑物层高的计算

(1)建筑物的首层层高，按室内设计地坪标高至首层顶部的结构层(楼板)顶面的高度，如图 6-4 所示。

(2)其余各层的层高，均为上下结构层顶面标高之差，如图 6-4 所示。

建筑物层高是计算结构工程、装饰工程和脚手架工程的重要依据。如定额规定，多层或高层建筑结构局部超过 6m 时，可局部执行每增高 1m 的子目，有吊顶天棚且层高超过 4.5m 时，其超过部分可执行每增加 1m 的子目。

二、建筑物檐高的计算

建筑物檐高以室外设计地坪标高作为计算起点。由于建筑物檐高的不同，则选择垂直运输机械的类型也有所差异，同时，也影响到劳动力和机械的生产效率，所以准确地计算檐

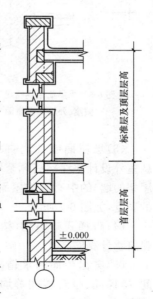

图 6-4 建筑物层高示意图

高,对工程造价的确定有着重要的意义。

(1)平屋顶带挑檐者,从室外设计地坪标高算至挑檐板下皮标高,如图 6-5 所示。

(2)平屋顶带女儿墙者,从室外设计地坪标高算至屋顶结构板上皮标高,如图 6-6 所示。

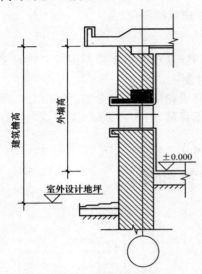

图 6-5　平屋顶带挑檐建筑物檐高、外墙高示意图

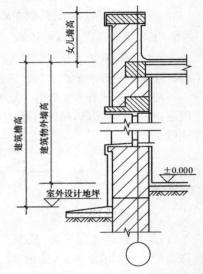

图 6-6　平屋顶带女儿墙建筑物檐高、外墙高示意图

(3)坡屋面或其他曲面屋顶,从室外设计地坪标高算至墙(支撑屋架的墙)的中心线与屋面板交点的高度,如图 6-7 所示。

(4)阶梯式建筑物,按高层的建筑物计算檐高。

(5)突出屋面的水箱间、电梯间、楼梯间、亭台楼阁等均不计算檐高。

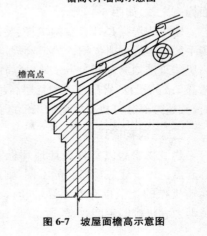

图 6-7　坡屋面檐高示意图

第三节 建筑面积计算

一、建筑面积的概念、组成及作用

建筑面积,亦称建筑展开面积,是各层建筑面积的总和。

建筑面积包括使用面积、辅助面积和结构面积三部分。

(1)使用面积:是指建筑物各层平面中直接为生产或生活使用的净面积之和。例如,住宅建筑中的各居室、客厅等。

(2)辅助面积:是指建筑物各层平面中为辅助生产或辅助生活所占净面积之和。例如,住宅建筑中的楼梯、走道、厨房、厕所等。使用面积与辅助面积的总和称为有效面积。

(3)结构面积:是指建筑物各层平面中的墙、柱等结构所占面积的总和。

建筑面积是建设投资、建设项目可行性研究、建设项目勘察设计、建设项目评估、建设项目招标投标、建筑工程施工和竣工验收、建筑工程造价管理、建筑工程造价控制等一系列工作的重要计算指标。例如,依据建筑面积可以计算出单方造价、单方资源消耗量、建筑设计中的有效面积率、平面系数等重要的技术经济指标;建筑面积是计算某些分项工程量的基本数据,例如,计算平整场地、综合脚手架、室内回填土、楼地面工程等,这些都与建筑面积有关;此外,确定拟建项目的规模、反映国家的建设速度、人民生活改善状况、评价投资效益、设计方案的经济性和合理性、对单项工程进行技术经济分析等都与建筑面积有关。

二、建筑面积计算规则

1. 应计算建筑面积的范围

(1)建筑物的建筑面积应按自然层外墙结构外围水平面积之和计算。结构层高在 2.20m 及以上的,应计算全面积;结构层高在 2.20m 以下的,应计算 1/2 面积。主体结构外的室外阳台、雨篷、檐廊、室外走廊、室外楼梯等按下述相应规则计算建筑面积。当外墙结构本身在一个层高范围内不等厚时,以楼地面结构标高处的外围水平面积计算。

【例 6-1】 试计算图 6-8 所示某建筑物的建筑面积。

【解】 建筑物的建筑面积应按自然层外墙结构外围水平面积之和计算。结构层高在 2.20m 及以上的,应计算全面积;结构层高在 2.20m 以下的,应计算 1/2 面积。本例中,该建筑物为单层,且层高在 2.20m 以上。

建筑面积 $=(12+0.24)×(5+0.24)=64.14m^2$

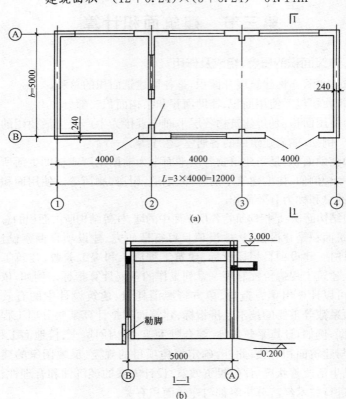

图 6-8 某单层房屋建筑示意图
(a)平面图;(b)剖面图

(2)建筑物内设有局部楼层(图 6-9)时,对于局部楼层的二层及以上楼层,有围护结构的应按其围护结构外围水平面积计算,无围护结构的应按其结构底板水平面积计算。结构层高在 2.20m 及以上的,应计算全面积;结构层高在 2.20m 以下的,

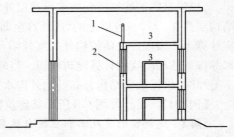

图 6-9 建筑物内的局部楼层
1—围护设施;2—围护结构;3—局部楼层

应计算 1/2 面积。

【**例 6-2**】 试计算图 6-10 所示建筑物的建筑面积。

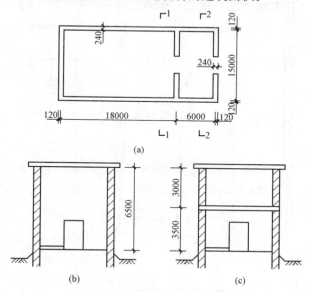

图 6-10 某单层建筑示意图
(a)平面图;(b)1—1 剖面图;(c)2—2 剖面图

【**解**】 建筑物内设有局部楼层时,对于局部楼层的二层及以上楼层,有围护结构的应按其围护结构外围水平面积计算,无围护结构的应按其结构底板水平面积计算。本例中,该建筑物设有局部楼层,且局部楼层层高为 3.0m,有围护结构。

建筑面积 = (18+6+0.24)×(15+0.24)+(6+0.24)×(15+0.24)
       = 464.52m²

【**例 6-3**】 试计算图 6-11 所示单层厂房的建筑面积。

【**解**】 本单层厂房内设有局部楼层,其中一处局部楼层有围护结构,另一处无围护结构。局部楼层的层高均超过 2.20m。

单层厂房建筑面积 = 厂房建筑面积 + 局部楼层建筑面积
            = 15.24×8.04+(5+0.24)×(3+0.24)×2
            = 156.49m²

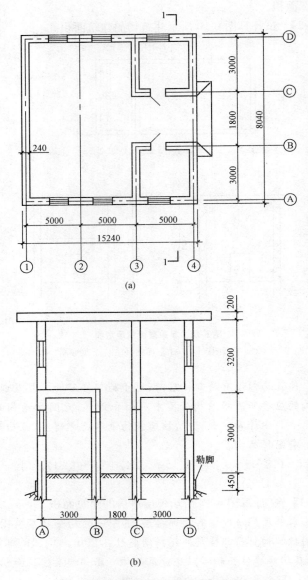

图 6-11　某单层厂房示意图(墙厚 240mm)
(a)平面图；(b)剖面图

【例 6-4】 根据图 6-12 计算该建筑物的建筑面积(墙厚 240mm)。

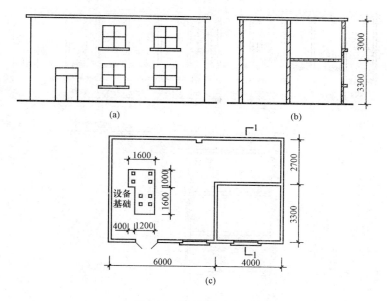

图 6-12 某建筑物示意图
(a)立面图；(b)1—1 剖面图；(c)平面图

【解】 底层建筑面积=(6.0+4.0+0.24)×(3.30+2.70+0.24)
$$=63.90\text{m}^2$$
局部楼层建筑面积=(4.0+0.24)×(3.30+0.24)=15.01m²
建筑物总建筑面积=底层建筑面积+局部楼层建筑面积
$$=63.90+15.01$$
$$=78.91\text{m}^2$$

【例 6-5】 试计算图 6-13 所示某办公楼的建筑面积。

【解】 建筑面积=(39.6+0.24)×(8.0+0.24)×4=1313.13m²

(3)形成建筑空间的坡屋顶，结构净高在 2.10m 及以上的部位应计算全面积；结构净高在 1.20m 及以上至 2.10m 以下的部位应计算 1/2 面积；结构净高在 1.20m 以下的部位不应计算建筑面积。

(4)场馆看台下的建筑空间，结构净高在 2.10m 及以上的部位应计算全面积；结构净高在 1.20m 及以上至 2.10m 以下的部位应计算 1/2 面

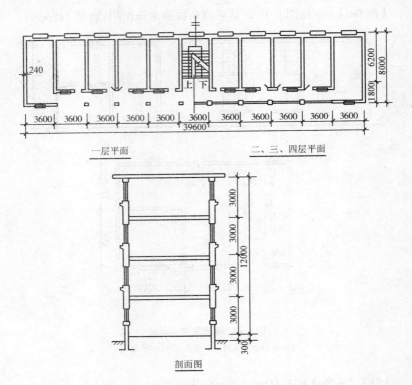

图 6-13 某办公楼示意图

积;结构净高在 1.20m 以下的部位不应计算建筑面积。室内单独设置的有围护设施的悬挑看台,应按看台结构底板水平投影面积计算建筑面积。有顶盖无围护结构的场馆看台应按其顶盖水平投影面积的 1/2 计算面积。

注:场馆看台下的建筑空间因其上部结构多为斜板,所以采用净高的尺寸划定建筑面积的计算范围和对应规则。室内单独设置的有围护设施的悬挑看台,因其看台上部设有顶盖且可供人使用,所以按看台板的结构底板水平投影计算建筑面积。

(5)地下室、半地下室应按其结构外围水平面积计算。结构层高在 2.20m 及以上的,应计算全面积;结构层高在 2.20m 以下的,应计算 1/2 面积。

(6)出入口外墙外侧坡道有顶盖的部位,应按其外墙结构外围水平面积的1/2计算面积。

注:出入口坡道分有顶盖出入口坡道和无顶盖出入口坡道,出入口坡道顶盖的挑出长度,为顶盖结构外边线至外墙结构外边线的长度;顶盖以设计图纸为准,对后增加及建设单位自行增加的顶盖等,不计算建筑面积。顶盖不分材料种类(如钢筋混凝土顶盖、彩钢板顶盖、阳光板顶盖等)。地下室出入口如图6-14所示。

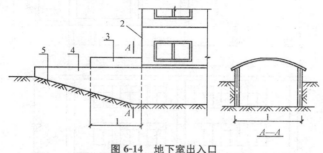

图 6-14 地下室出入口
1—计算1/2投影面积部位;2—主体建筑;3—出入口顶盖
4—封闭出入口侧墙;5—出入口坡道

(7)建筑物架空层及坡地建筑物吊脚架空层(图 6-15),应按其顶板水平投影计算建筑面积。结构层高在 2.20m 及以上的,应计算全面积;结构层高在 2.20m 以下的,应计算1/2面积。

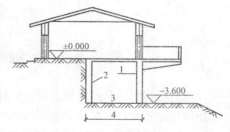

图 6-15 建筑物吊脚架空层
1—柱;2—墙;3—吊脚架空层
4—计算建筑面积部位

【例 6-6】 计算图 6-16 所示处于坡地的建筑物的建筑面积。

【解】 建筑物架空层及坡地建筑物吊脚架空层,应按其顶板水平投影计算建筑面积。结构层高在2.20m及以上的,应计算全面积;结构层高在2.20m以下的,应计算1/2面积。

$$坡地建筑物的建筑面积 = (7.44 \times 4.74) \times 2 + (2 + 0.24) \times 4.74 + 1.6 \times 4.74 \times 1/2$$
$$= 84.95 m^2$$

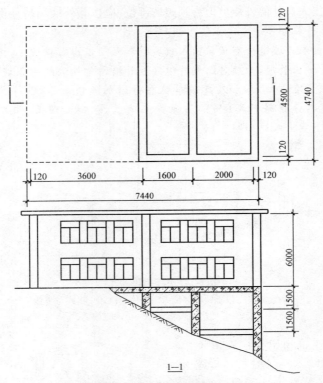

图 6-16 某坡地建筑物示意图

(8)建筑物的门厅、大厅应按一层计算建筑面积,门厅、大厅内设置的走廊应按走廊结构底板水平投影面积计算建筑面积。结构层高在 2.20m 及以上的,应计算全面积;结构层高在 2.20m 以下的,应计算 1/2 面积。

(9)建筑物间的架空走廊,有顶盖和围护结构的,应按其围护结构外围水平面积计算全面积;无围护结构、有围护设施的,应按其结构底板水平投影面积计算 1/2 面积。

注:无围护结构的架空走廊如图 6-17 所示;有围护结构的架空走廊如图 6-18 所示。

(10)立体书库、立体仓库、立体车库,有围护结构的,应按其围护结构外围水平面积计算建筑面积;无围护结构、有围护设施的,应按其结构底板水平投影面积计算建筑面积。无结构层的应按一层计算,有结构层的

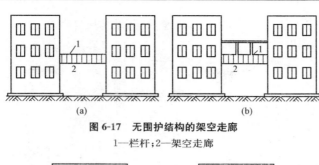

图 6-17 无围护结构的架空走廊
1—栏杆；2—架空走廊

图 6-18 有围护结构的架空走廊
1—架空走廊

应按其结构层面积分别计算。结构层高在 2.20m 及以上的，应计算全面积；结构层高在 2.20m 以下的，应计算 1/2 面积。

注：起局部分隔、存储等作用的书架层、货架层或可升降的立体钢结构停车层均不属于结构层，故该部分分层不计算建筑面积。

（11）有围护结构的舞台灯光控制室，应按其围护结构外围水平面积计算。结构层高在 2.20m 及以上的，应计算全面积；结构层高在 2.20m 以下的，应计算 1/2 面积。

（12）附属在建筑物外墙的落地橱窗，应按其围护结构外围水平面积计算。结构层高在 2.20m 及以上的，应计算全面积；结构层高在 2.20m 以下的，应计算 1/2 面积。

（13）窗台与室内楼地面高差在 0.45m 以下且结构净高在 2.10m 及以上的凸（飘）窗，应按其围护结构外围水平面积计算 1/2 面积。

（14）有围护设施的室外走廊（挑廊），应按其结构底板水平投影面积计算 1/2 面积；有围护设施（或柱）的檐廊（图 6-19），应按其围护设施（或柱）外围水平面积计算 1/2 面积。

（15）门斗（图 6-20）应按其围护结构外围水平面积计算建筑面积。结构层高在 2.20m 及以上的,应计算全面积;结构层高在 2.20m 以下的,应计算 1/2 面积。

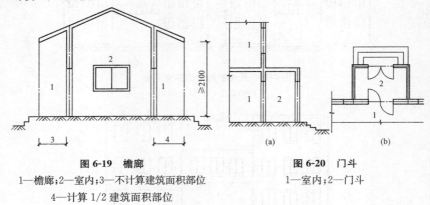

图 6-19 檐廊
1—檐廊;2—室内;3—不计算建筑面积部位
4—计算 1/2 建筑面积部位

图 6-20 门斗
1—室内;2—门斗

(16)门廊应按其顶板水平投影面积的 1/2 计算建筑面积;有柱雨篷应按其结构板水平投影面积的 1/2 计算建筑面积;无柱雨篷的结构外边线至外墙结构外边线的宽度在 2.10m 及以上的,应按雨篷结构板的水平投影面积的 1/2 计算建筑面积。

注:雨篷分为有柱雨篷和无柱雨篷。有柱雨篷,没有出挑宽度的限制,也不受跨越层数的限制,均计算建筑面积。无柱雨篷,其结构板不能跨层,并受出挑宽度的限制,设计出挑宽度大于或等于 2.10m 时才计算建筑面积。出挑宽度,是指雨篷结构外边线至外墙结构外边线的宽度,弧形或异形时,取最大宽度。

【例 6-7】 试计算图 6-21 所示有柱雨篷的建筑面积。已知雨篷结构板挑出柱边的长度为 500mm。

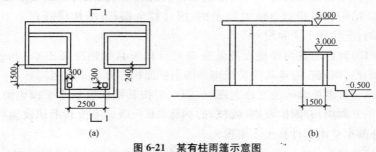

图 6-21 某有柱雨篷示意图
(a)平面图;(b)1—1 剖面图

【解】 有柱雨篷应按其结构板水平投影面积的1/2计算建筑面积。
有柱雨篷的建筑面积＝(2.5＋0.3＋0.5×2)×(1.5－0.24＋0.15＋
　　　　　　　　　0.5)×1/2
　　　　　　　　＝3.63m²

(17)设在建筑物顶部的、有围护结构的楼梯间、水箱间、电梯机房等，结构层高在2.20m及以上的应计算全面积；结构层高在2.20m以下的，应计算1/2面积。

【例6-8】 试计算图6-22所示屋面上楼梯间的建筑面积。

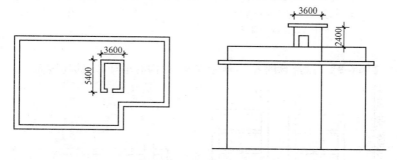

图6-22　屋面上楼梯间示意图

【解】 屋面上楼梯间的建筑面积＝5.4×3.6＝19.44m²

(18)围护结构不垂直于水平面的楼层，应按其底板面的外墙外围水平面积计算。结构净高在2.10m及以上的部位，应计算全面积；结构净高在1.20m及以上至2.10m以下的部位，应计算1/2面积；结构净高在1.20m以下的部位，不应计算建筑面积。

注：斜围护结构与斜屋顶采用相同的计算规则，即只要外壳倾斜，就按结构净高划段，分别计算建筑面积。斜围护结构如图6-23所示。

(19)建筑物的室内楼梯、电梯井、提物井、管道井、通风排气竖井、烟道，应并入建筑物的自然层计算建筑面积。有顶盖的采光井应按一层计算面积，结构净高在2.10m及以上的，应计算全面积；结构净高在2.10m以下的，应计算1/2面积。

注：建筑物的楼梯间层数按建筑物的层数计算。有顶盖的采光井包括建筑物中的采光井和地下室采光井。地下室采光井如图6-24所示。

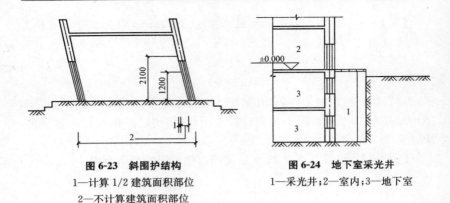

图 6-23 斜围护结构
1—计算 1/2 建筑面积部位
2—不计算建筑面积部位

图 6-24 地下室采光井
1—采光井；2—室内；3—地下室

【例 6-9】 试计算图 6-25 所示建筑物（内有电梯井）的建筑面积。

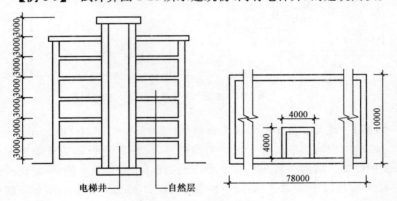

图 6-25 设有电梯的某建筑物示意图
(a)剖面图；(b)平面图

【解】 建筑物的室内楼梯、电梯井、提物井、管道井、通风排气竖井、烟道，应并入建筑物的自然层计算建筑面积。另外，设在建筑物顶部的、有围护结构的楼梯间、水箱间、电梯机房等，结构层高在 2.20m 及以上的应计算全面积；结构层高在 2.20m 以下的，应计算 1/2 面积。

建筑物建筑面积 $=78\times10\times6+4\times4=4696\mathrm{m}$

(20)室外楼梯应并入所依附建筑物自然层，并应按其水平投影面积的 1/2 计算建筑面积。

注:利用室外楼梯下部的建筑空间不得重复计算建筑面积;利用地势砌筑的为室外踏步,不计算建筑面积。

【例6-10】 试计算图6-26所示室外楼梯的建筑面积。

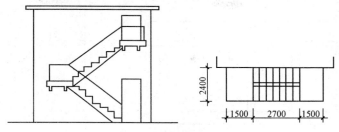

图6-26 室外楼梯示意图

【解】 室外楼梯应并入所依附建筑物自然层,并应按其水平投影面积的1/2计算建筑面积。

$$室外楼梯建筑面积=(1.5\times2+2.7)\times2.4\times2$$
$$=27.36m^2$$

(21)在主体结构内的阳台,应按其结构外围水平面积计算全面积;在主体结构外的阳台,应按其结构底板水平投影面积计算1/2面积。

注:建筑物的阳台,不论其形式如何,均以建筑物主体结构为界分别计算建筑面积。

【例6-11】 试计算图6-27所示封闭式阳台的建筑面积。

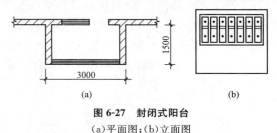

图6-27 封闭式阳台
(a)平面图;(b)立面图

【解】 建筑物的阳台,不论其形式如何,均以建筑物主体结构为界分别计算建筑面积。其中在主体结构内的阳台,应按其结构外围水平面积计算全面积;在主体结构外的阳台,应按其结构底板水平投影面积计算1/2面积。本例中封闭式阳台位于建筑物主体结构外,故其建筑面积为:

$$封闭式阳台建筑面积=3.0\times1.5\times1/2=2.25m^2$$

(22)有顶盖无围护结构的车棚、货棚、站台、加油站、收费站等,应按其顶盖水平投影面积的1/2计算建筑面积。

【例6-12】 试计算图6-28所示有柱车棚的建筑面积。

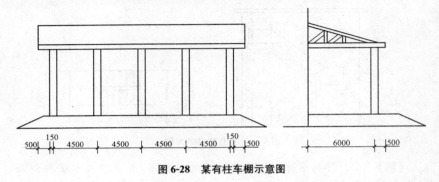

图6-28 某有柱车棚示意图

【解】 有柱车棚建筑面积=(4.5×4+0.15×2+0.5×2)×(6+
0.5)×1/2
=62.73m²

(23)以幕墙作为围护结构的建筑物,应按幕墙外边线计算建筑面积。

注:设置在建筑物墙体外起装饰作用的幕墙,不计算建筑面积。

(24)建筑物的外墙外保温层,应按其保温材料的水平截面积计算,并计入自然层建筑面积。

注:建筑物外墙外侧有保温隔热层的,保温隔热层以保温材料的净厚度乘以外墙结构外边线长度按建筑物的自然层计算建筑面积,其外墙外边线长度不扣除门窗和建筑物外已计算建筑面积构件(如阳台、室外走廊、门斗、落地橱窗等部件)所占长度。当建筑物外已计算建筑面积的构件(如阳台、室外走廊、门斗、落地橱窗等部件)有保温隔热层时,其保温隔热层也不再计算建筑面积。外墙是斜面者按楼面楼板处的外墙外边线长度乘以保温材料的净厚度计算。外墙外保温以沿高度方向满铺为准,某层外墙外保温铺设高度未达到全部高度时(不包括阳台、室外走廊、门斗、落地橱窗、雨篷、飘窗等),不计算建筑面积。保温隔热层的建筑面积是以保温隔热材料的厚度来计算的,不包含抹灰层、防潮层、保护层(墙)的厚度。建筑外墙外保温如图6-29所示。

(25)与室内相通的变形缝,应按其自然层合并在建筑物建筑面积内计算。对于高低联跨的建筑物,当高低跨内部连通时,其变形缝应计算在

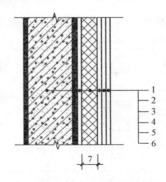

图 6-29　建筑外墙外保温示意图

1—墙体；2—粘结胶浆；3—保温材料；4—标准网

5—加强网；6—抹面胶浆；7—计算建筑面积部位

低跨面积内。

注：与室内相通的变形缝是指暴露在建筑物内，在建筑物内可以看得见的变形缝。

(26)对于建筑物内的设备层、管道层、避难层等有结构层的楼层，结构层高在 2.20m 及以上的，应计算全面积；结构层高在 2.20m 以下的，应计算 1/2 面积。

2. 不应计算建筑面积的范围

(1)与建筑物内不相连通的建筑部件。

(2)骑楼(图 6-30)、过街楼(图 6-31)底层的开放公共空间和建筑物通道。

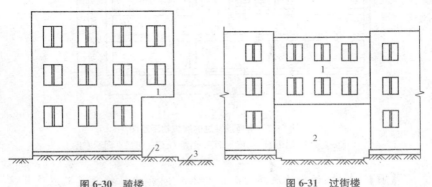

图 6-30　骑楼

1—骑楼；2—人行道；3—街道

图 6-31　过街楼

1—过街楼；2—建筑物通道

【例6-13】 计算图6-32所示建筑物的建筑面积。

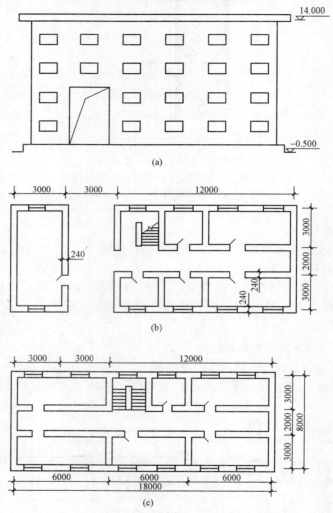

图6-32 有通道穿过的建筑物示意图
(a)正立面示意图；(b)二层平面示意图；(c)三、四层平面示意图

【解】 骑楼、过街楼底层的开放公共空间和建筑物通道不应计算建筑面积。本例中，建筑物底部有通道穿过，通道部分不应计算建筑面积。

建筑面积=(18+0.24)×(8+0.24)×4-(3-0.24)×(8+0.24)×2
=555.71m²

(3)舞台及后台悬挂幕布和布景的天桥、挑台等。

(4)露台、露天游泳池、花架、屋顶的水箱及装饰性结构构件。

(5)建筑物内的操作平台、上料平台、安装箱和罐体的平台。

(6)勒脚、附墙柱、垛、台阶、墙面抹灰、装饰面、镶贴块料面层、装饰性幕墙,主体结构外的空调室外机搁板(箱)、构件、配件,挑出宽度在2.10m以下的无柱雨篷和顶盖高度达到或超过两个楼层的无柱雨篷。

(7)窗台与室内地面高差在0.45m以下且结构净高在2.10m以下的凸(飘)窗,窗台与室内地面高差在0.45m及以上的凸(飘)窗。

(8)室外爬梯、室外专用消防钢楼梯。

(9)无围护结构的观光电梯。

(10)建筑物以外的地下人防通道,独立的烟囱、烟道、地沟、油(水)罐、气柜、水塔、贮油(水)池、贮仓、栈桥等构筑物。

第四节 土石方工程

一、定额说明及工程量计算规则

(一)定额说明

1. 人工土石方

人工土石方定额说明见表6-1。

表6-1　　　　　　　　　人工土石方定额说明

序号	定额项目	定额说明
1	土壤岩石类别	土石方工程土壤类别的划分,依工程勘测资料与"土壤及岩石分类表"对照后确定"土壤及岩石分类表"见《全国统一建筑工程基础定额(土建)》
2	人工土方	人工土方定额是按干土编制的,如挖湿土时,人工乘以系数1.18。干湿的划分,应根据地质勘测资料以地下常水位为准划分,地下常水位以上为干土,以下为湿土
3	人工挖孔桩	人工挖孔桩定额,适用于在有安全防护措施的条件下施工

续表

序号	定额项目	定额说明
4	地下水位	定额未包括地下水位以下施工的排水费用，发生时另行计算。挖土方时如有地表水需要排除时，亦应另行计算
5	挡土板支撑下挖土方	在有挡土板支撑下挖土方时，按实挖体积，人工乘以系数 1.43
6	挖桩间土方	挖桩间土方时，按实挖体积（扣除桩体占用体积），人工乘以系数 1.5
7	人工挖孔桩	人工挖孔桩，桩内垂直运输方式按人工考虑。如深度超过 12m 时，16m 以内按 12m 项目人工用量乘以系数 1.3；20m 以内乘以系数 1.5 计算。同一孔内土壤类别不同时，按定额加权计算，如遇有流砂、流泥时，另行处理
8	场地竖向布置挖填土方	场地竖向布置挖土时，不再计算平整场地的工程量
9	石方爆破	石方爆破定额是按炮眼法松动爆破编制的，不分明炮、闷炮，但闷炮的覆盖材料应另行计算。 石方爆破定额是按电雷管导电起爆编制的，如采用火雷管爆破时，雷管应换算，数量不变。扣除定额中的胶质导线，换为导火索，导火索的长度按每个雷管 2.12m 计算

2. 机械土石方

机械土石方定额说明见表 6-2。

表 6-2　　　　　　　　机械土石方定额说明

序号	定额项目	定额说明
1	岩石分类	岩石分类详见《全国统一建筑工程基础定额（土建）》中"土壤及岩石分类表"（表列 Ⅴ 类为定额中松石；Ⅵ～Ⅷ 类为定额中次坚石；Ⅸ、Ⅹ 类为定额中普坚石；Ⅺ～Ⅻ 类为特坚石）
2	推土机推土，铲运机铲运土	推土机推土、推石碴，铲运机铲运土重车上坡时，如果坡度大于 5% 时，其运距按坡度区段斜长乘表 6-3 系数计算。 推土机推土或铲运机铲土土层平均厚度小于 300mm 时，推土机台班用量乘以系数 1.25；铲运机台班用量乘以系数 1.17

续表

序号	定额项目	定额说明
3	汽车、人力车、重车上坡降效	汽车、人力车、重车上坡降效因素,已综合在相应的运输定额项目中,不再另行计算
4	机械挖土方	机械挖土方工程量,按机械挖土方90%,人工挖土方10%计算,人工挖土部分按相应定额项目人工乘以系数2
5	土壤含水率	土壤含水率定额是按天然含水率为准制定:若含水率大于25%时,定额人工、机械乘以系数1.15;若含水率大于40%时另行计算
6	挖掘机在垫板上作业	挖掘机在垫板上进行作业时,人工、机械乘以系数1.25,定额内不包括垫板铺设所需的工料、机械消耗
7	推土机、铲运机,推、铲未经压实的积土	推土机、铲运机,推、铲未经压实的积土时,按定额项目乘以系数0.73
8	机械土方定额	机械土方定额是按三类土编制的,如实际土壤类别不同时,定额中机械台班量乘以表6-4系数
9	爆破材料	定额中的爆破材料是按炮孔中无地下渗水、积水编制的,炮孔中若出现地下渗水、积水时,处理渗水或积水发生的费用另行计算。定额内未计爆破时所需覆盖的安全网、草袋、架设安全屏障等设施,发生时另行计算
10	机械上下行驶坡道土方	机械上下行驶坡道土方,合并在土方工程量内计算
11	汽车运土运输	汽车运土运输道路是按一、二、三类道路综合确定的,已考虑了运输过程中,道路清理的人工,如需要铺筑材料时,另行计算

表6-3　　　　　　　　　　坡度系数表

坡度/(%)	5～10	15以内	20以内	25以内
系数	1.75	2.0	2.25	2.50

表6-4　　　　　　　　　　机械台班系数

项目	一、二类土壤	四类土壤
推土机推土方	0.84	1.18
铲运机铲运土方	0.84	1.26
自行铲运机铲运土方	0.86	1.09
挖掘机挖土方	0.84	1.14

(二)工程量计算规则

1. 土方工程

(1)平整场地。平整场地是指建筑场地挖、填土方厚度在±30cm以内及找平。

图6-33(a)所示的平整场地,其工程量按建筑物外墙外边线每边各加2m,以m^2计算,如图6-33(b)所示。其计算公式可表示为:

$$平整场地工程量=(a+4)\times(b+4)$$
$$=S_1+2L_{外}+16$$

其中,S_1为底层建筑面积;$L_{外}$为外墙外边线长度。

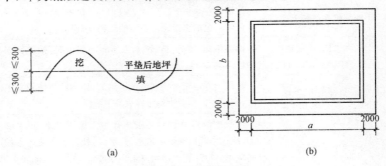

图6-33 平整场地示意图
(a)平整场地剖面示意图;(b)平整场地计算范围示意图

平整场地工程量计算注意事项:

1)人工平整场地超过±30cm的按挖、填土方计算工程量。

2)场地土方平衡竖向布置,是将原有地形划分成20m×20m或10m×10m若干个方格网,将设计标高和自然地形标高分别标注在方格点的右上角和左下角,再根据这些标高数据计算出零线位置,然后确定挖方区和填方区的精度较高的土方工程量计算方法。

(2)挖沟槽。

1)沟槽基坑划分。

①凡图示沟槽底宽在3m以内(含3m),且沟槽长大于宽3倍以上的称为沟槽,如图6-34所示。其工程量土方体积,均以挖掘前的天然密实体积为准计算。如遇有必须以天然密实体积折算时,可按表6-5所列数值换算;挖土一律以设计室外地坪标高为准计算。

第六章 建筑工程工程量计算

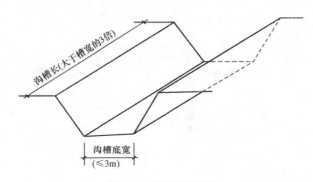

图 6-34 挖沟槽示意图

表 6-5　　　　　　　　　土方体积折算表

虚方体积	天然密实度体积	夯实后体积	松填体积
1.00	0.77	0.67	0.83
1.30	1.00	0.87	1.08
1.50	1.15	1.00	1.25
1.20	0.92	0.80	1.00

说明：

图示沟槽底宽和基坑底面积的长、宽均不含两边工作面的宽度。

根据施工图判断沟槽、基坑、挖土方的顺序是：先根据尺寸判断沟槽是否成立，若不成立再判断是否属于基坑，若还不成立，就一定是挖土方项目。

工程量计算：

由于沟槽土方开挖的形式不同，故工程量计算的方式不同。具体分为以下几种：

a. 有放坡地槽（图 6-35）：

$$挖沟槽工程量 = (a + 2c + KH)HL$$

式中　　a——基础垫层宽度；

　　　　c——工作面宽度；

　　　　H——地槽深度；

　　　　K——放坡系数；

　　　　L——地槽长度。

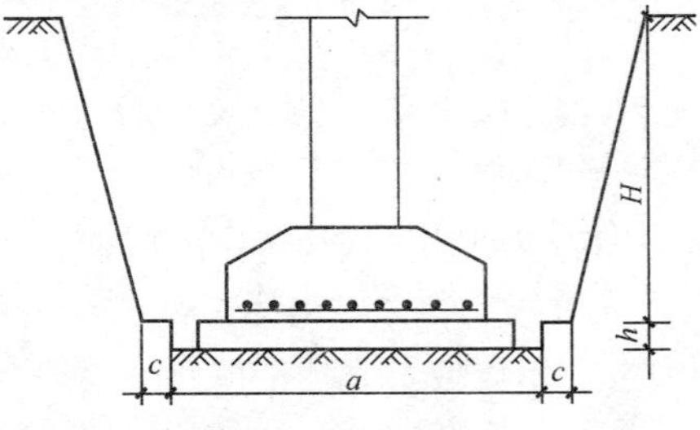

【例 6-14】　某地槽长 16.00m，槽深 1.55m，混凝土基础垫层宽

图 6-35　有放坡地槽

1.15m,有工作面,四类土,计算人工挖地槽工程量。

【解】 已知:$a=1.15$m

$c=0.30$m(查表6-6)

$H=1.55$m

$L=16.00$m

$K=0.25$(查表6-7)

故:$V=(a+2c+KH)HL$

$=(1.15+2\times0.30+0.25\times1.55)\times1.55\times16$

$=53.01$m^3

表6-6　　　　　　　　基础施工所需工作面宽度计算表

基础材料	每边各增加工作面宽度/mm
砖基础	200
浆砌毛石、条石基础	150
混凝土基础垫层支模板	300
混凝土基础支模板	300
基础垂直面做防水层	800(防水层面)

表6-7　　　　　　　　　放坡系数表

土壤类别	放坡起点/m	人工挖土	机械挖土	
			在坑内作业	在坑上作业
一、二类土	1.20	1:0.5	1:0.33	1:0.75
三类土	1.50	1:0.33	1:0.25	1:0.67
四类土	2.00	1:0.25	1:0.10	1:0.33

注:1. 沟槽、基坑中土的类别不同时,分别按其放坡起点、放坡系数、依不同土的厚度加权平均计算。

2. 计算放坡时,在交接处的重复工程量不予扣除,原槽、坑作基础垫层时,放坡自垫层上表面开始计算。

b. 支撑挡土板地槽(图6-36):

挖沟槽工程量$=(a+2c+2\times0.10)HL$

c. 不放坡不支挡土板地槽(图6-37):

挖沟槽工程量$=(a+2c)HL$

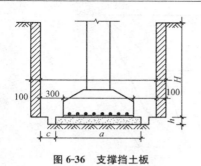

图 6-36 支撑挡土板　　　　图 6-37 不放坡不支挡土板

d. 无工作面不放坡地槽(图 6-38)：
$$挖沟槽工程量 = aHL$$
e. 自垫层上表面放坡地槽(图 6-39)：
$$挖沟槽工程量 = [a_1 H_2 + (a_2 + 2c + KH_1)H_1] \times L$$

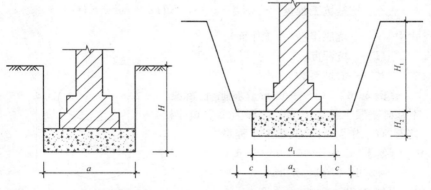

图 6-38 无工作面不放坡地槽示意图　　　图 6-39 自垫层上表面放坡地槽示意图

【例 6-15】 如图 6-39 所示为放坡地槽，已知 $a_1 = 1.00$m，$a_2 = 0.63$m，$c = 0.35$m，$H_1 = 1.60$m，$H_2 = 0.4$m，计算 13.2m 长的地槽土方工程量(四类土)。

【解】 $K = 0.25$(查表 6-7)

故：$V = [1 \times 0.4 + (0.63 + 2 \times 0.35 + 0.25 \times 1.6) \times 1.6] \times 13.2$
$\quad\quad = 41.82 \text{m}^3$

② 凡图示基坑底面积在 20m² 以内的基坑如图 6-40 所示，其计算规则与挖沟槽相同。

图 6-40 基坑示意图

工程量计算:
a. 圆形放坡地坑(图 6-41):

$$挖基坑工程量 = \frac{1}{3}\pi H[r^2 + (r+KH)^2 + r(r+KH)]$$

式中　r——坑底半径(含工作面);
　　　H——坑深度;
　　　K——放坡系数。

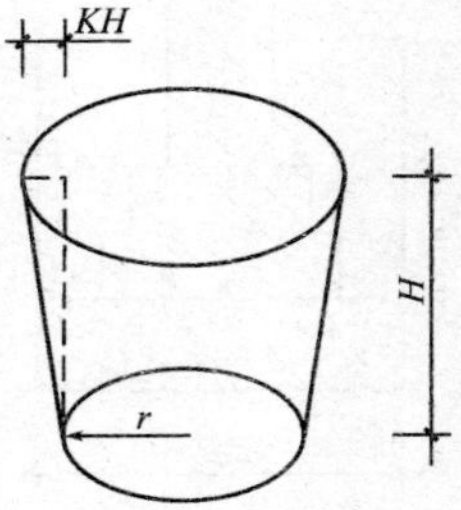

【例 6-16】 已知一圆形放坡地坑,混凝土基础垫层半径为 0.6m,坑深为 1.72m,四类土,有工作面,计算其土方工程量。

【解】 已知:$c=0.30$m(查表 6-6)
$r=0.6+0.30=0.9$m
$H=1.72$
$K=0.25$(查表 6-7)

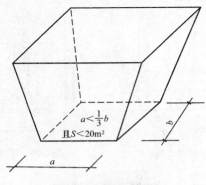

图 6-41 圆形放坡地坑示意图

故:$V = \frac{1}{3} \times 3.1416 \times 1.72 \times [0.9^2 + (0.9+0.25\times1.72)^2 +$
　　　$0.9\times(0.9+0.25\times1.72)]$
　　$= 6.80\text{m}^3$

当圆形地坑不放坡时
$$挖基坑工程量 = \pi r^2 H$$

b. 矩形放坡地坑(图 6-42):

挖基坑工程量$=(a+2c+KH)\times(b+2c+KH)H+\dfrac{1}{3}K^2H^3$

式中　a——基础垫层宽度；
　　　b——基础垫层长度；
　　　c——工作面宽度；
　　　H——地坑深度；
　　　K——放坡系数。

【例6-17】 已知某混凝土独立基础长度为2.3m，宽度为1.6m。设计室外标高为-0.32m，垫层底部标高为-2.1m，工作面$c=300$mm，坑内土质为Ⅳ类土。试计算人工挖土工程量。

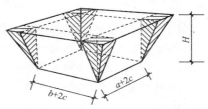

图6-42　矩形放坡地坑示意图

【解】 由已知条件可知，槽底宽度为$1.6+2\times0.3=2.4$m<3m，但槽长为$2.3+2\times0.3=2.9$m，不是槽宽的3倍，所以该挖土工程量应执行"挖基坑"定额项目。

挖土深度$=1.9-0.32=1.58$m>1.5m，所以需放坡开挖土方。由表6-7可知，放坡系数$K=0.25$。则：

挖基坑工程量$=(a+2c+KH)\times(b+2c+KH)H+\dfrac{1}{3}K^2H^3$

$\quad\quad\quad\quad=(2.3+2\times0.3+0.25\times1.58)\times(1.6+2\times0.3+$

$\quad\quad\quad\quad\quad 0.25\times1.58)\times1.58+\dfrac{1}{3}\times(0.25)^2\times(1.58)^3$

$\quad\quad\quad\quad=13.59\text{m}^3$

c. 矩形不放坡基坑：

挖基坑工程量$=abH$

③凡图示沟槽底宽3m以上，坑底面积20m²以上，平整场地挖土方厚度在30cm以上，均按挖土方计算。

建筑工程中竖向布置平整场地，常有大规模土方工程。所谓大规模土方工程是指一个单位工程的挖方或填方工程分别在2000m³以上及无砌筑管道沟的挖土方。其土方量，常用的方法有横截面计算法和方格网计算法两种。

a. 横截面计算法。横截面计算方法运用于地形起伏变化较大或形状狭长地带。

计算土方量，按照计算的各截面面积，根据相邻两截面间距离，计算

出土方量,其计算公式如下:

$$V = \frac{S_1 + S_2}{2} \times L$$

式中　　V——相邻两截面间土方量(m^3);
　　　S_1、S_2——相邻两截面的填、挖方截面(m^2);
　　　L——相邻两截面的距离(m)。

常用横截面的计算公式参见表 6-8。

表 6-8　　常用横截面计算公式

图　　示	面　积　计　算　公　式
(梯形，底 b，高 h，坡度 $1:n$)	$S = h(b + nh)$
(梯形，两侧坡度 $1:m$ 和 $1:n$，底 b，高 h)	$S = h\left[b + \dfrac{h(m+n)}{2}\right]$
(不规则截面，h_1、h、h_2，底 b，坡度 $1:m$、$1:n$)	$S = b\dfrac{h_1 + h_2}{2} + nh_1 h_2$
(多段截面，h_1~h_4，底 a_1~a_5)	$S = h_1 \dfrac{a_1 + a_2}{2} + h_2 \dfrac{a_2 + a_3}{2} + h_3 \dfrac{a_3 + a_4}{2} + h_4 \dfrac{a_4 + a_5}{2}$
(等分截面，h_0~h_n，宽 a)	$S = \dfrac{1}{2} a (h_0 + 2h + h_n)$ $h = h_1 + h_2 + h_3 + \cdots\cdots + h_n$

第六章 建筑工程工程量计算

b. 方格网计算法。根据需要平整区域的地形图(或直接测量地形)划分方格网。方格的大小视地形变化的复杂程度及计算要求的精度不同而不同,一般方格的大小为 20m×20m(也可 10m×10m)。然后按设计(总图或竖向布置图),在方格网上套划出方格角点的设计标高(即施工后需达到的高度)和自然标高(原地形高度)。设计标高与自然标高之差即为施工高度,"−"表示挖方,"+"表示填方。

当方格内相邻两角一为填方、一为挖方时,则按比例分配计算出两角之间不挖不填的"零"点位置,并标于方格边上。再将各"零"点用直线连起来,就可将建筑场地划分为填、挖方区。计算零点可采用以下公式:

$$x = \frac{h_1}{h_1 + h_4} \times a$$

式中 x——施工标高至零界点的距离;

h_1、h_4——挖土和填土的施工标高;

a——方格网的每边长度。

方格内土方工程计算的几种形式,见表 6-9。

表 6-9　　方格内的土方工程计算表

序号	挖土形式	图形	尺寸符号	计算公式
1	四点均为填土或挖土		h_1、h_2、h_3、h_4 为施工标高;a 为方格网的每边长度(m);$\pm V$ 为填土或挖土的工程量(m^3)	$\pm V = \dfrac{h_1 + h_2 + h_3 + h_4}{4} \times a^2$

续表一

序号	挖土形式	图形	尺寸符号	计算公式
2	二点挖土和二点填土			$+V = \dfrac{(h_1+h_2)^2}{4(h_1+h_2+h_3+h_4)} \times a^2$ $-V = \dfrac{(h_3+h_4)^2}{4(h_1+h_2+h_3+h_4)} \times a^2$
3	三点挖土和一点填土或三点填土一点挖土		h_1、h_2、h_3、h_4 为施工标高；a 为方格网的每边长度(m)；$\pm V$ 为填土或挖土的工程量(m^3)	$+V = \dfrac{h_2{}^3}{6(h_1+h_2)(h_2+h_3)} \times a^2$ $-V = +V + \dfrac{a^2}{b}(2h_1+2h_2+h_4-h_3)$

续表二

序号	挖土形式	图形	尺寸符号	计算公式
4	二点挖土和二点填土成对角形		h_1、h_2、h_3、h_4 为施工标高；a 为方格网的每边长度(m)；$\pm V$ 为填土或挖土的工程量(m^3)	$\pm V = \dfrac{1}{6} \times$ 底面积 $\times$ 施工标高

注：以上土方工程量计算公式，是假设在自然地面和设计地面都是平面的条件，但自然地面很少符合实际情况，因此计算出来的土方工程量会有误差，为了提高计算的精确度，应检查一个计算的精确程度，用 K 值表示：

$$K = \frac{h_2 + h_4}{h_1 + h_3}$$

计算挖沟槽、基坑土方工程量需放坡时，放坡系数按表 6-7 计算。

说明：

a. 放坡点深是指挖土方时，各类土超过表中的放坡起点深时，才能按表中的系数计算放坡工程。

b. 表 6-7 中，人工挖四类土超过 2m 深时，放坡系数为 1∶0.25，含义是每挖深 1m，放坡宽度 b 就增加 0.25m。

c. 放坡开挖。在土方开挖深度超过一定深度（即放坡起点深度）时，为防止土方侧壁塌方，保证施工安全，土壁应做成有一定倾斜坡度（即放坡系数）的边坡（图 6-43）。放坡起点及有关规定见表 6-7，表中放坡系数指放坡宽度 b 与挖土深度 H 的比值，用 K 表示，即：

$$K = \tan\alpha = \frac{b}{H}$$

不同的土壤类别取不同的 α 角度值，放坡系数是根据 $\tan\alpha$ 值来确定的填入三类土的 $\tan\alpha = \dfrac{b}{H} = 0.33$。

d. 沟槽放坡时,交接处重复工程量不予扣除,如图 6-44 所示。

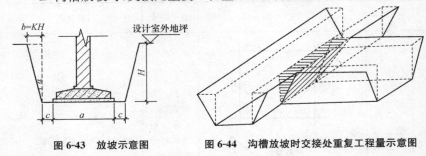

图 6-43　放坡示意图　　　图 6-44　沟槽放坡时交接处重复工程量示意图

e. 原槽、坑作为基础垫层时,放坡由垫层上表面开始。

2) 挖沟槽、基坑需支挡土板时,其宽度按图示沟槽、基坑底宽,单面加 10cm,双面加 20cm 计算。挡土板面积按槽、坑垂直支撑面积计算,支挡土板后,不得再计算放坡。

3) 基础施工时所需工作面,因某些项目的需求或为保证施工人员施工方便,挖土时要在垫层两侧增加部分面积,这部分面积称为工作面。基础施工所需工作面按表 6-6 计算。

4) 挖沟槽长度,外墙按图示中心线长度计算;内墙按图示基础底面之间净长线长度计算;内外突出部分(垛、附墙烟囱等)体积并入沟槽土方工程量内计算。

【例 6-18】　根据图 6-45 计算地槽长度。

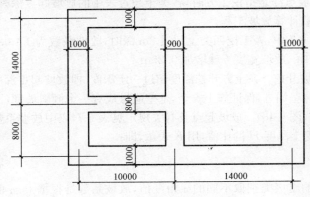

图 6-45　地槽及槽底宽平面图

第六章　建筑工程工程量计算

【解】　外墙地槽长(宽 1.0m) = (14+8+10+14)×2 = 92m

内墙地槽长(宽 0.9m) = $8+14-\frac{1.0}{2}×2 = 21$m

内墙地槽长(宽 0.8m) = $10-\frac{1.0}{2}-\frac{0.9}{2} = 9.05$m

5）人工挖土方深度超过 1.5m 时，按表 6-10 增加工日。

表 6-10　　　　　　人工挖土方超深增加工日表　　　　（单位：100m³）

深 2m 以内	深 4m 以内	深 6m 以内
5.55 工日	17.60 工日	26.16 工日

6）挖管道沟槽按图示中心线长度计算。沟底宽度，设计有规定的，按设计规定尺寸计算；设计无规定的，可按表 6-11 规定宽度计算。

表 6-11　　　　　　管道地沟沟底宽度计算表　　　　　（单位：m）

管 径 /mm	铸铁管、钢管 石棉水泥管	混凝土、钢筋混凝土、 预应力混凝土管	陶土管
50～70	0.60	0.80	0.70
100～200	0.70	0.90	0.80
250～350	0.80	1.00	0.90
400～450	1.00	1.30	1.10
500～600	1.30	1.50	1.40
700～800	1.60	1.80	—
900～1000	1.80	2.00	—
1100～1200	2.00	2.30	—
1300～1400	2.20	2.60	—

注：1. 按本表计算管道沟土方工程量时，各种井类及管道(不含铸铁给排水管)接口等处需加宽增加的土方量不另行计算，底面积大于 20m² 的井类，其增加工程量并入管沟土方内计算。

2. 铺设铸铁给排水管道时其接口等处土方增加量，可按铸铁给排水管道地沟土方总量的 2.5% 计算。

7）沟槽、基坑深度，按图示沟槽、基坑底至室外地坪深度计算；管道地沟按图示沟底至室外地坪深度计算。

(3) 人工挖孔桩土方工程量计算。按图示桩断面面积乘以设计桩孔中心线深度计算。

【例 6-19】 根据图 6-46 中的有关数据计算挖孔桩土方工程量。

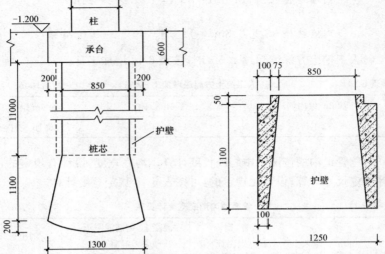

图 6-46 挖孔桩示意图

【解】 $V = 3.1416 \times \left(\dfrac{1.25}{2}\right)^2 \times 11 = 13.50 \text{m}^3$

圆台部分：

$$V = \dfrac{1}{3}\pi h(r^2 + R^2 + rR)$$

$$= \dfrac{1}{3} \times 3.1416 \times 1.1 \times \left[\left(\dfrac{0.85}{2}\right)^2 + \left(\dfrac{1.30}{2}\right)^2 + \dfrac{0.85}{2} \times \dfrac{1.30}{2}\right]$$

$$= 1.01 \text{m}^3$$

球冠部分：

$$R' = \dfrac{\left(\dfrac{1.30}{2}\right)^2 + (0.2)^2}{2 \times 0.2} = 1.16 \text{m}$$

$$V = \pi h^2 \left(R' - \dfrac{h}{3}\right) = 3.1416 \times (0.20)^2 \times \left(1.16 - \dfrac{0.20}{3}\right) = 0.14 \text{m}^3$$

所以，挖孔桩体积 $= 13.50 + 1.01 + 0.14 = 14.65 \text{m}^3$

(4) 井点降水工程量计算。井点降水区别轻型井点、喷射井点、大口径井点、电渗井点、水平井点，按不同井管深度的井管安装、拆除，以根为单位计算，使用按套、天计算。

井点套组成：

轻型井点:50根为1套；喷射井点、电渗井点阳极:30根为1套；大口径井点:45根为1套；水平井点:10根为1套。

井管间距应根据地质条件和施工降水要求，依施工组织设计确定，施工组织设计没有规定时，可按轻型井点管距0.8~1.6m，喷射井点管距2~3m确定。

使用天应以每昼夜24小时为一天，使用天数应按施工组织设计规定的使用天数计算。

2. 石方工程

(1)人工凿岩石按图示尺寸以 m^3 计算，计算公式如下：

$$人工凿岩石工程量=岩石体积$$

(2)爆破岩石按图示尺寸以 m^3 计算，其沟槽、基坑深度、宽允许超挖量：次坚石为200mm，特坚石为150mm，超挖部分岩石并入岩石挖方量之内计算。其计算公式如下：

$$爆破岩石工程量=岩石长度×(岩石宽+允许超挖量)×(岩石深度+允许超挖量)$$

3. 土(石)方运输与回填工程

回填土是指基础、垫层等隐蔽工程完工后，在5m以内取土回填的施工过程。回填土分夯填和松填，按图示尺寸和下列规定计算：

(1)沟槽、基坑回填土。沟槽、基坑回填土是指室外地坪以下的回填土；房心回填土是指室外地坪以上至室内地面垫层之间的回填土，也称室内回填土。沟槽、基坑回填土体积以挖方体积减去设计室外地坪以下埋设砌筑物（包括基础垫层、基础等）体积计算，如图6-47所示。

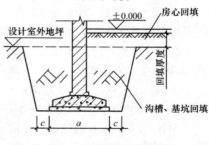

图6-47 回填土示意图

回填土工程量=挖方体积-设计室外地坪以下埋设砌筑物

图6-47中，在减去沟槽内砌筑的基础时，不能直接减去砖基础的工程量，因为砖基础与砖墙的分界线在设计室内地面，而回填土的分界线在设计室外地坪，所以，要注意调整两个分界线之间相差的工程量。即：

回填土体积＝挖方体积－基础垫层体积－砖基础体积＋
高出设计室外地坪砖基础体积

(2) 管道沟槽回填,以挖方体积减去管径所占体积计算。管径在500mm以下的不扣除管道所占体积;管径超过500mm以上时,按表6-12规定扣除管道所占体积计算。

表6-12　　　　　　　管道扣除土方体积表

管道名称	管道直径/mm					
	501～600	601～800	801～1000	1001～1200	1201～1400	1401～1600
钢　　管	0.21	0.44	0.71	—	—	—
铸铁管	0.24	0.49	0.77	—	—	—
混凝土管	0.33	0.60	0.92	1.15	1.35	1.55

(3) 房心回填土即室内回填土,按主墙之间的面积乘以回填土厚度计算。即:

$$\text{房心回填土工程量} = \text{主墙之间的净面积} \times \text{回填土厚度}$$
$$= (\text{底层建筑面积} - \text{主墙所占面积}) \times \text{回填土厚度}$$
$$= (S_1 - L_{\text{中}} \times \text{外墙厚度} - L_{\text{内}} \times \text{内墙厚度}) \times \text{回填土厚度}$$

式中　回填土厚度——设计室外地坪至室内地面垫层间的距离。

(4) 运土工程量按天然密实体积以 m³ 计算。运土包括余土外运和取土。当回填土方量小于挖方量时,需余土外运;反之,需取土。

各地区的预算定额规定,土方的挖、填、运工程量均按自然密实体积计算,不换算为虚方体积。

余(取)土工程量＝挖土总体积－回填土总体积－其他需土体积

式中,计算结果为正值时,为余土外运体积;为负值时,为须取土体积。

另外,在土方开挖后基础施工前,要进行地基钎探。此项费用可按当地建设行政主管部门颁发的有关规定执行。

土方运距按下列规定计算:

推土机运距:按挖方区重心至回填区重心之间的直线距离计算。

铲运机运土距离:按挖方区重心至卸土区重心加转向距离45m计算。

自卸汽车运距:按挖方区重心至填土区(或堆放地点)重心的最短距离计算。

二、综合实例

【例 6-20】 某建筑物基础平面图及剖面图如图 6-48 所示。试对土石方工程相关项目进行列项,并计算各分项工程量。(已知设计室外地坪以下砖基础体积为 16.28m³,混凝土垫层体积为 3.02m³,室内地面厚度为 178mm,工作面 $c=300$mm,土质为 II 类土。要求挖出土方堆于现场,回填后余下的土外运。)

【解】 (1)列项。本工程完成的与土石方工程相关的施工内容有:平整场地、挖土、原土夯实、回填土、运土。从图 6-48 可以看出,挖土的槽底宽度为 $0.85+2×0.3=1.4\text{m}<3\text{m}$,槽长大于 3 倍槽宽,故挖土应执行挖沟槽项目,由此,原土打夯项目不再单独列项。本分部工程应列的土石方工程定额项目为:平整场地、挖沟槽、基础回填土、房心回填土、运土。

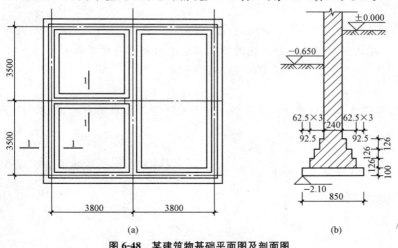

图 6-48 某建筑物基础平面图及剖面图
(a)平面图;(b)基础 1—1 剖面图

(2)计算工程量。
1)基础计算。
$L_{外}=(3.8×2+0.24+3.5×2+0.24)×2=30.16\text{m}$
$L_{中}=(3.8×2+3.5×2)×2=29.2\text{m}$
$L_{内}=(3.5×2-0.24)+(3.8-0.24)=10.32\text{m}$
$S_1=(3.8×2+0.24)×(3.5×2+0.24)=56.76\text{m}^2$
2)平整场地。

平整场地工程量 $= S_1 + 2L_{外} + 16 = 56.76 + 2 \times 30.16 + 16$
$= 133.08 \text{m}^2$

3)挖沟槽,如图 6-48(b)所示。

挖沟槽深度 $= 2.10 - 0.65 = 1.45 \text{m} > 1.2 \text{m}$

需放坡开挖沟槽,土质为Ⅳ类土,放坡系数 $K = 0.5$,由垫层下表面放坡,有

外墙挖沟槽工程量 $= (a + 2c + KH)HL_{中} = (0.85 + 2 \times 0.3 +$
$0.5 \times 1.45) \times 1.45 \times 29.2$
$= 92.09 \text{m}^3$

内墙挖沟槽工程量 $= (a + 2c + KH)H \times$ 基底净长线
$= [(0.85 + 2 \times 0.3 + 0.5 \times 1.45) \times 1.45] \times [3.5 \times 2 -$
$(0.425 + 0.3) \times 2 + 3.8 - (0.425 + 0.3) \times 2]$
$= 24.91 \text{m}^3$

挖沟槽工程量 = 外墙挖沟槽工程量 + 内墙挖沟槽工程量
$= 92.09 + 24.91 = 117 \text{m}^3$

4)回填土。

基础回填土工程量 = 挖土体积 - 室外地坪以下埋设的基础、垫层的体积
$= 117 - 16.28 - 3.02$
$= 97.7 \text{m}^3$

房心回填土工程量 $= (S_1 - L_{中} \times$ 外墙厚度 $- L_{内} \times$ 内墙厚度$) \times$
回填土厚度
$= (56.76 - 29.2 \times 0.24 - 10.32 \times 0.24) \times$
$(0.65 - 0.178)$
$= 22.31 \text{m}^3$

回填土总体积 = 基础回填土工程量 + 房心回填土工程量
$= 97.7 + 22.31$
$= 120.01 \text{m}^3$

5)运土。由图 6-48 及已知条件可知:

运土工程量 = 挖土总体积 - 回填土总体积
$= 117 - 120.01$
$= -3.01 \text{m}^3$

计算结果为负,表示应由场外向场内运输。

第五节 桩基础工程

一、相关知识

桩的作用在于将上部建筑结构的荷载传递到深处承载力较大的土层;或者使软土层挤实,以提高土壤的承载力和密实度,保证建筑物的稳定和减少其沉降量。

(一)土壤级别

根据工程地质资料中的土层构造和土壤物理、力学性能、砂夹层等指标,桩基础工程中土壤级别划分为两级,即Ⅰ级土和Ⅱ级土,其划分方式见表6-13。

表 6-13　　　　　　　　　　土质鉴别表

内 容		土 壤 级 别	
		Ⅰ级土	Ⅱ级土
砂夹层	砂层连续厚度	<1m	>1m
	砂层中卵石含量	—	<15%
物理性能	压缩系数	>0.02	<0.02
	孔隙比	>0.7	<0.7
力学性能	静力触探值	<50	>50
	动力触探系数	<12	>12
每米纯沉桩时间平均值		<2min	>2min
说　明		桩经外力作用较易沉入的土,土壤中夹有较薄的砂层	桩经外力作用较难沉入的土,土壤中夹有不超过3m的连续厚度砂层

(二)桩基础的组成及分类

当地基土上部为软弱土层,且荷载很大,采用浅基础已不能满足地基变形与强度要求时,可利用地基下部较坚硬的土层作为基础。常用的深基础有桩基础、沉井及地下连续墙等。当上部结构质量很大,而软弱土层又较厚时,采用桩基础施工,可省去大量的土方,支撑和排水、降水设施,具有良好的经济效果。因此,桩在建筑工程中得到广泛的应用,特别是高层和超高层建筑在大城市中迅速发展,现阶段深基坑的支护也随着发展。

1. 桩基础的组成

桩基础由桩身及承台组成,桩身全部或部分埋入土中,顶部由承台联成一体,在承台上修建上部建筑物,如图 6-49 所示。

2. 桩基础的分类

(1)按受力性质可分为摩擦桩和端承桩。

1)摩擦桩:桩上的荷载由桩四周摩擦力或由桩周边摩擦力和桩端土共同承受。施工时以控制入土深度和标高为主,贯入度作为参考。

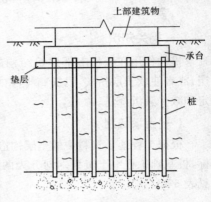

图 6-49 桩基础示意图

2)端承桩:桩上的荷载主要由桩端土承受。施工时控制入土深度,应以贯入度为主,而以标高作为参考。

(2)按制作方法可分为预制桩和灌注桩。图 6-50 所示为常见几种桩的示意图。

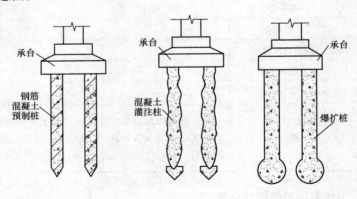

图 6-50 桩基础示意图

1)预制桩:在工厂或工地预制后运到现场,再用各种方法(打入、振入、压入等)将桩沉入土中。预制桩刚度好,适宜用在新填土或极软弱的地基。

第六章 建筑工程工程量计算

预制桩按制作材料不同可分为钢筋混凝土桩、预应力钢筋混凝土桩和钢桩等;按贯入的方法可分为锤击桩、钻孔沉桩、振动沉桩、静力压桩和射水沉桩等。

2)灌注桩:在预定的桩位上成孔,在孔内灌注混凝土成桩。按成孔方法可分为泥浆护壁成孔灌注桩、干作业成孔灌注桩、套管成孔灌注桩和爆扩成孔灌注桩等。

(3)按材料可分为木桩、钢桩、混凝土桩、钢筋混凝土桩、钢管混凝土桩、砂桩和灰土桩。

(4)按形状可分为方桩、圆桩、多边桩和管桩。

二、定额说明及工程量计算规则

1. 桩基础定额说明

桩基础定额适用于一般工业与民用建筑工程的桩基础,不适用于水工建筑、公路桥梁工程。桩基础定额说明见表 6-14。

表 6-14 桩基础定额说明

序号	定额项目	定 额 说 明
1	土的级别划分	土的级别划分应根据工程地质资料中的土层构造和土的物理、力学性能的有关指标,参考纯沉桩时间确定。凡遇有砂夹层者,应首先按砂层情况确定土级。无砂层者,按土的物理力学性能指标并参考每 m 平均纯沉桩时间确定。用土的力学性能指标鉴别土的级别时,桩长在 12m 以内,相当于桩长的 1/3 的土层厚度应达到所规定的指标。12m 以外,按 5m 厚度确定
2	接桩	定额除静力压桩外,均未包括接桩,如需接桩,除按相应打桩定额项目计算外,按设计要求另计算接桩项目
3	单位工程打(灌)桩	单位工程打(灌)桩工程量在表 6-15 规定数量以内时,其人工、机械量按相应定额项目乘以 1.25 计算
4	焊接桩接头	焊接桩接头钢材用量,设计与定额用量不同时,可按设计用量换算
5	打试验桩	打试验桩按相应定额项目的人工、机械乘以系数计算
6	打桩、打孔	打桩、打孔,桩间净距小于 4 倍桩径(桩边长)的,按相应定额项目中的人工、机械乘以系数 1.13

续表

序号	定额项目	定额说明
7	打直桩与打斜桩	定额以打直桩为准,如打斜桩斜度在1:6以内者,按相应定额项目乘以系数1.25,如斜度大于1:6者,按相应定额项目人工、机械乘以系数1.43
8	平地打桩与坡地打桩	定额以平地(坡度小于15°)打桩为准,如在堤坡上(坡度大于15°)打桩时,按相应定额项目人工、机械应乘以系数1.15。如在基坑内(基坑深度大于1.5m)打桩或在地坪上打坑槽内(坑槽深度大于1m)桩时,按相应定额项目人工、机械乘以系数1.11
9	灌注材料	定额各种灌注的材料用量中,均已包括表6-16规定的充盈系数和材料损耗;其中灌注砂石桩除上述充盈系数和损耗率外,还包括级配密实系数1.334
10	桩间补桩与强夯后地基补桩	在桩间补桩或强夯后的地基打桩时,按相应定额项目人工、机械乘以系数1.15
11	打送桩	打送桩时可按相应打桩定额项目综合工日及机械台班乘以表6-17规定系数计算
12	金属周转材料	金属周转材料中包括桩帽、送桩器、桩帽盖、活瓣桩尖、钢管、料斗等属于周转性使用的材料

表 6-15　　　　　　　　单位工程打(灌)桩工程量

项　目	单位工程的工程量	项　目	单位工程的工程量
钢筋混凝土方桩	150m³	打孔灌注混凝土桩	60m³
钢筋混凝土管桩	50m³	打孔灌注砂、石桩	60m³
钢筋混凝土板桩	50m³	钻孔灌注混凝土桩	100m³
钢板桩	50t	潜水钻孔灌注混凝土桩	100m³

表 6-16　　　　　　　　定额各种灌注的材料用量表

项目名称	充盈系数	损耗率/(%)
打孔灌注混凝土桩	1.25	1.5
钻孔灌注混凝土桩	1.30	1.5
打孔灌注砂桩	1.30	3
打孔灌注砂石桩	1.30	3

第六章 建筑工程工程量计算

表 6-17　　　　　　　　送桩深度及系数表

送桩深度	系　　数
2m 以内	1.25
4m 以内	1.43
4m 以上	1.67

2. 工程量计算规则

(1)预制混凝土桩。

1)打桩。打预制钢筋混凝土桩的体积,按设计桩长(包括桩尖,不扣除桩尖虚体积)乘以桩截面面积计算。管桩的空心体积应扣除。如管桩的空心部分按设计要求灌注混凝土或其他填充材料时,应另行计算。如图 6-51 所示,计算公式如下:

$$预制混凝土方桩工程量 = abLN$$
$$预制混凝土管桩工程量 = \pi(R^2 - r^2)LN$$
$$预制混凝土板桩工程量 = btLN$$

式中　N——桩的根数。

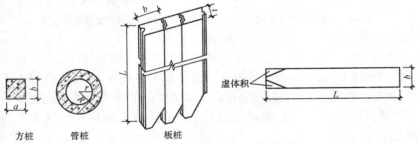

图 6-51　桩示意图

【例 6-21】 图 6-52 所示为某单位工程采用的钢筋混凝土方桩基础,试计算方桩工程量(三类土,用柴油打桩机打预制混凝土方桩 160 根。)

【解】 方桩工程量:

$V =$ 桩截面面积×设计全长
　$= 0.3 \times 0.3 \times 18 \times 160$
　$= 259.2 \text{m}^3$

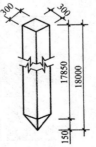

图 6-52　钢筋混凝土方桩基础

2)接桩。当工程需要桩基长超过30m时,可将桩分成几节(段)预制,然后在打桩过程中逐段接长,称为接桩。接桩的方法一般有电焊接桩法和硫磺胶泥接桩两种。其中,电焊接桩的工程量按桩的设计接头,以个计算(图6-53);硫磺胶泥接桩的工程量按桩断面面积以 m^2 计算(图6-54)。其计算公式如下:

电焊接桩工程量=桩设计接头个数

硫磺胶泥接桩工程量=桩断面面积×桩设计接头个数

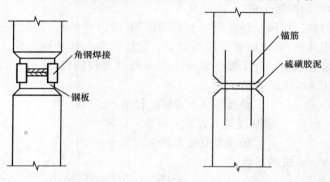

图6-53 电焊接桩示意图　　图6-54 硫磺胶泥接桩示意图

3)送桩。当桩顶面需要送入自然地坪以下时,受打桩机的影响,桩锤不能直接锤击到桩头,而必须用另一根桩置于原桩头上,将原桩打入土中,此过程称为送桩。按桩截面面积乘以送桩长度(即打桩架底至桩顶面高度或自桩顶面至自然地坪面另加0.5m)计算。送桩长度如图6-55所示。

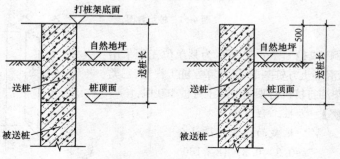

图6-55 送桩长度示意图

【例6-22】 如图6-56所示为某工程需进行钢筋混凝土方桩的送桩、接桩工作。桩断面尺寸为350mm×350mm，每根桩长4m，设计桩全长16.00m，电焊接桩，包钢板。桩底标高-17.25m，桩顶标高-1.25m，该工程共需用85根桩。试计算送桩、接桩工程量。

【解】 长度按桩长加0.5m计算。

送桩工程量＝0.35×0.35×(1.25＋0.5)×85
　　　　　＝18.74m³

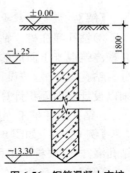

图6-56 钢筋混凝土方桩送桩、接桩示意图

接桩工程量＝(4－1)×85＝255个

(2)钢板桩。打拔钢板桩按钢板桩质量以t计算。

【例6-23】 欲采用柴油打桩机打(拔)65根用36b工字钢制作的钢板桩(图6-57)，一类土，试计算其工程量。

【解】 查相关资料可知，36b工字钢理论质量为65.6kg/m。

钢板桩＝65.6×13×65
　　　＝55432kg
　　　＝55.432t

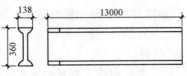

图6-57 钢板桩示意图

(3)灌注桩。

1)打孔灌注桩。打孔灌注桩是先将钢管打入地下，然后安放钢筋笼并现浇筑混凝土而成的桩，如沉管灌注桩。其计算规则如下：

①混凝土桩、砂桩、碎石桩的体积，按设计规定的桩长(包括桩尖，不扣除桩尖虚体积)乘以钢管管箍外径截面面积计算。

　　打孔灌注桩工程量＝管箍外径断面面积×桩全长×桩根数

②扩大桩的体积按单桩体积乘以次数计算。

③打孔后先埋入预制混凝土桩尖，再灌注混凝土者，桩尖按钢筋混凝土定额章节规定计算体积，灌注桩按设计长度(自桩尖顶面至桩顶面高度)乘以钢管管箍外径截面面积计算。

【例6-24】 图6-58所示为在套管成孔灌注桩中采用预制混凝土桩尖，求桩尖工程量(二类土共65根)。

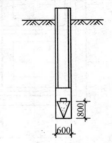

图6-58 预制混凝土桩尖图

【解】 桩尖工程量$=\pi\times 0.3^2\times 0.8\times 65=14.7m^3$

2)钻孔灌注桩。钻孔灌注桩是指先用钻孔机钻孔,然后安放钢筋笼并现浇筑混凝土而成的桩,有泥浆护壁成孔灌注桩、干作业成孔灌注桩之分。钻孔灌注桩,按设计桩长(包括桩尖,不扣除桩尖虚体积)增加 0.25m 乘以设计断面面积计算。

钻孔灌注桩工程量=桩断面面积×(桩全长+0.25m)×根数

【例 6-25】 如图 6-59 所示,求履带式螺旋钻机钻孔灌注 85 根桩的工程量(二类土)。

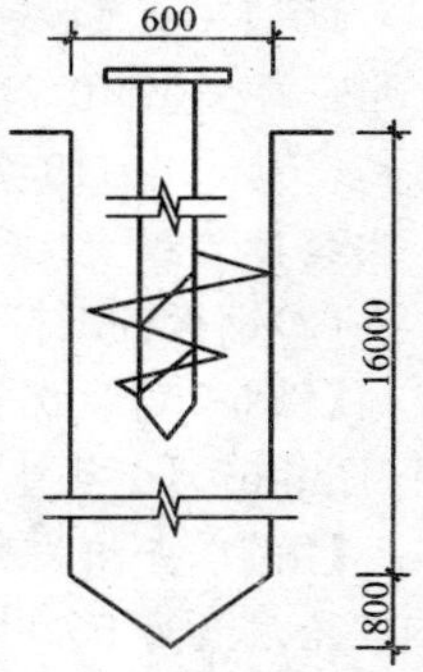

【解】 工程量=钻杆螺旋外径截面面积×(设
计桩长+0.25)×桩数
$=\pi\times 0.3^2\times(16+0.8+0.25)\times 85$
$=409.77m^3$

3)灌注混凝土桩。灌注混凝土桩的钢筋笼制作设计规定,按定额中钢筋混凝土章节相应项目以 t 计算。

4)泥浆运输。泥浆运输工程量按钻孔体积以m^3计算。

泥浆运输工程量=钻孔体积×钻孔个数

图 6-59 履带式螺旋钻机钻孔混凝土灌注桩

【例 6-26】 试计算基础工程的直接费及水泥、砂子、石子和标准砖用量,如图 6-60 所示。采用 C20 混凝土带形基础,M10 水泥砂浆标准砖基础$\left(1\frac{1}{2}\right)$砖,防水砂浆防潮层,室内外高差 30cm。

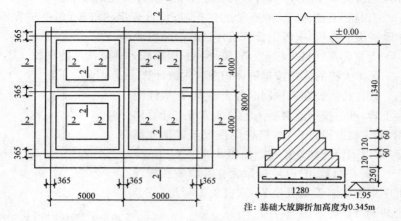

注:基础大放脚折加高度为0.345m

图 6-60 带形基础

【解】 工程量计算:

C20 混凝土带形基础:$[(10.0+8.0)\times 2+(5.0-1.28)+(8.0-1.28)]\times 1.28\times 0.25=14.86m^3$

砖基础:$[(10.0+8.0)\times 2+(5.0-0.365)+(8.0-0.365)]\times 0.365\times (1.7+0.345)=36.03m^3$

第六节 脚手架工程

一、相关知识

1. 脚手架的概念

脚手架是指为施工作业需要而搭设的架子。随着脚手架品种和多功能用途的发展,现已扩展为使用脚手架材料(杆件、配件和构件)所搭设的、用于施工要求的各种临时性构架。

2. 脚手架的分类与构造

(1)脚手架主要有以下几种分类方法:

1)按用途分为操作(作业)脚手架、防护用脚手架、承重支撑用脚手架。

2)按构架方式分为杆件组合式脚手架、框架组合式脚手架、格构件组合式脚手架和台架。

3)按设置形式分为单排脚手架、双排脚手架、多排脚手架、满堂脚手架、交圈(周边)脚手架和特形脚手架。

4)按脚手架的支固方式分为落地式脚手架、悬挑脚手架、附墙悬挂脚手架、悬吊脚手架、附着升降脚手架和水平移动脚手架。

5)按脚手架平、立杆的连接方式分为承插式脚手架、扣接式脚手架和销栓式脚手架。

6)按脚手架材料分为竹脚手架、木脚手架和钢管或金属脚手架。

(2)扣件式钢管外脚手架构造形式如图 6-61 所示。其相邻立杆接头位置应错开布置在不同的步距内,与相近大横杆的距离不宜大于步距的 1/3,上下横杆的接长位置也应错开布置在不同的立杆纵距中,与相邻立杆的距离不大于纵距的 1/3(图 6-62)。

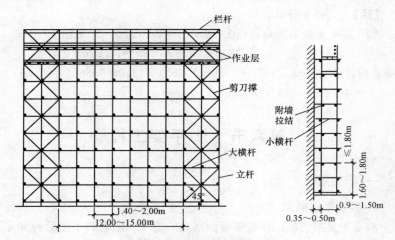

图 6-61 扣件式钢管外脚手架

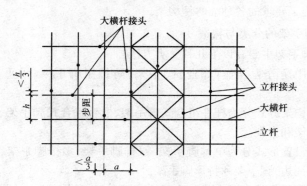

图 6-62 立杆、大横杆的接头位置

3. 脚手架定额的分项方法

在实际的施工过程中,需要搭设的各种脚手架,因施工的需要决定搭设的方法,加上施工企业的管理方法和装备水平有所不同,脚手架费用也存在着一定的差异。为了正确计算脚手架费用,计价定额按照既简化计算方法又相对合理的原则,将脚手架分为综合脚手架和单项脚手架。综合脚手架项目中又分单层建筑和多层建筑。单项脚手架的项目分为里脚手架、外脚手架、悬空脚手架、挑脚手架、满堂脚手架、水平防护架、垂直防护架和建筑物的垂直封闭架网。

第六章　建筑工程工程量计算

凡能够按《建筑工程建筑面积计算规范》(GB/T 50353—2013)计算建筑面积的建筑工程均按综合脚手架定额计算。综合脚手架的工程量就是建筑面积,单位为 m^2。定额已综合考虑了砌筑、浇筑、吊装、抹灰、油漆涂料等脚手架费用。

凡不能按《建筑工程建筑面积计算规范》(GB/T 50353—2013)计算建筑面积的建筑工程,施工时又必须搭设脚手架时,按单项脚手架计算其费用。

二、定额说明与工程量计算

1. 定额说明

脚手架工程定额说明见表 6-18。

表 6-18　　　　　　　　　脚手架工程定额说明

序号	定额项目	定　额　说　明
1	外脚手架	外脚手架定额中均综合了上料平台、护卫栏杆等
2	斜道	斜道是按依附斜道编制的,独立斜道按依附斜道定额项目人工、材料、机械乘以系数 1.8
3	水平防护架和垂直防护架	水平防护架和垂直防护架指脚手架以外单独搭设的,用于车辆通道、人行通道、临街防护和施工与其他物体隔离等的防护
4	烟囱脚手架	烟囱脚手架综合了垂直运输架,斜道,缆风绳,地锚
5	水塔脚手架	水塔脚手架按相应的烟囱脚手架人工乘以系数 1.11,其他不变
6	架空运输道	架空运输道,以架宽 2m 为准,如架宽超过 2m 时,应按相应项目乘以系数 1.2,超过 3m 时按相应项目乘以系数 1.5
7	满堂脚手架	满堂基础套用满堂脚手架基本层定额项目的 50%计算脚手架
8	外架全封闭材料	外架全封闭材料按竹席考虑,如采用竹笆板时,人工乘以系数 1.10;采用纺织布时,人工乘以系数 0.80
9	高层钢管脚手架	高层钢管脚手架是按现行规范为依据计算的,如采用型钢平台加固时,各地市自行补充定额

2. 定额工程量计算

(1)一般规定。

1)建筑物外墙脚手架,凡设计室外地坪至檐口(或女儿墙上表面)的砌筑高度在 15m 以下的按单排脚手架计算;砌筑高度在 15m 以上的或砌筑高度虽不足 15m,但外墙门窗及装饰面积超过外墙表面积 60%以上时,均按双排脚手架计算。

采用竹制脚手架时,按双排计算。

【例 6-27】 某工程370mm厚外墙平面尺寸如图6-63所示,设计室外地坪标高-0.500m,女儿墙顶面标高+15.200m,砖墙面勾缝,门窗外口抹水泥砂浆,试计算图6-63所示钢管外脚手架工程量。

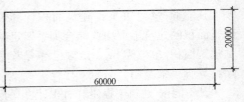

图6-63 某工程外墙平面图

【解】 周长=(60+20)×2=160m

高度=15.2+0.5=15.7m

工程量计算=160×15.7=2512m²

注:本工程室外地坪至女儿墙顶面高度为15.2+0.5=15.7m,按规定15m以上应套24m以内双排脚手架。

2)建筑物内墙脚手架,凡设计室内地坪至顶板下表面(或山墙高度的1/2处)的砌筑高度在3.6m(含3.6m)以下的,按外脚手架计算;砌筑高度超过3.6m以上时,按单排脚手架计算。

3)石砌墙体,凡砌筑高度超过1.0m以上时,按外脚手架计算。

4)计算内、外墙脚手架时,均不扣除门、窗洞口、空圈洞口等所占的面积。

5)同一建筑物高度不同时,应按不同高度分别计算。

【例6-28】 根据6-64图示尺寸,计算建筑物外墙钢管脚手架工程量。

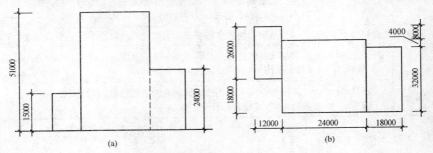

图6-64 计算外墙脚手架工程量示意图
(a)建筑物立面图;(b)建筑物平面图

【解】 单排脚手架(15m 高)=(26+12×2+8)×15=870m²

双排脚手架(24m 高)=(18×2+32)×24=1632m²

双排脚手架(27m 高)=32×27=864m²

双排脚手架(36m 高)＝(26－8)×36＝648m³

双排脚手架(51m 高)＝(18＋24×2＋4)×51＝3570m²

6)滑升模板施工的钢筋混凝土烟囱、筒仓,不另计算脚手架。

7)砌筑贮仓,按双排外脚手架计算。

8)贮水(油)池,大型设备基础,凡距地坪高度超过 1.2m 以上的,均按双排脚手架计算。

【例 6-29】 如图 6-65 所示为某贮油池设计图。试求其木制脚手架工程量。

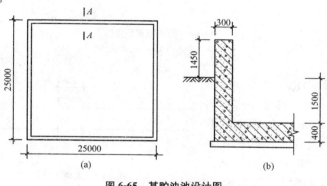

图 6-65 某贮油池设计图
(a)平面图;(b)A—A 剖面图

【解】 贮油池双排脚手架工程量＝外边线×地坪至池顶高度

工程量＝(25＋25)×2×1.45＝145m²

(2)砌筑脚手架工程量计算。

砌筑用外脚手架工程量＝$L_{外}$×外墙砌筑高度＋应增加面积

1)外脚手架按外墙外边线长度,乘以外墙砌筑高度以 m² 计算,突出墙面宽度在 24cm 以内的墙垛,附墙烟囱等不计算脚手架;宽度超过 24cm 以外时按图示尺寸展开计算,并入外脚手架工程量之内。

2)里脚手架按墙面垂直投影面积计算。

【例 6-30】 图 6-66 所示为围墙砌筑示意图,试求其木制脚手架工程量。

【解】 围墙里脚手架工程量＝(160×2＋65×2＋25＋65×2)×3

＝1815m²

3)围墙脚手架,凡室外自然地坪至围墙顶面的砌筑高度在 3.6m 以下的按里脚手架计算;砌筑高度在 3.6m 以上时,按单排脚手架计算。

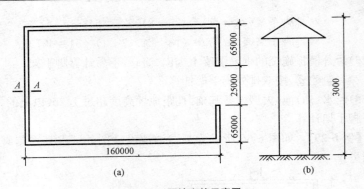

图 6-66 围墙砌筑示意图
(a)平面图;(b)A—A 剖面图

【例 6-31】 已知某砖砌围墙长 140m,高 2.5m,围墙厚度为 240mm,围墙内外壁柱截面尺寸为 370mm×120mm,如图 6-67 所示,试计算围墙木制脚手架工程量。

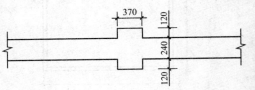

图 6-67 围墙示意图

【解】 围墙木制脚手架工程量 = $140 \times 2.5 = 350 m^2$

4)独立柱按图示柱结构外围周长另加 3.6m,乘以砌筑高度以 m^2 计算,套用相应外脚手架定额。

【例 6-32】 求图 6-68 所示独立砖柱脚手架工程量。

【解】 独立砖柱脚手架工程量 = $(0.5 \times 4 + 3.6) \times 5 = 28 m^2$

(3)现浇钢筋混凝土框架脚手架计算。

1)现浇钢筋混凝土框架柱、梁按双排脚手架计算。

2)现浇钢筋混凝土柱,按柱图示周长尺寸另加 3.6m,乘以柱高以 m^2 计算,套用相应外脚手架定额。

3)现浇钢筋混凝土梁、墙,按设计室外地坪或楼板上表面至楼板底之间的高度,乘以梁、墙净长以 m^2 计算,套用相应双排外脚手架定额。

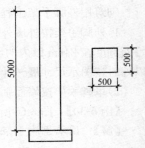

图 6-68 独立砖柱示意图

【例 6-33】 求图 6-69 所示现浇混凝土框架柱木制脚手架工程量。

【解】 根据工程量计算规则：

工程量 = [(0.5+0.5)×2+3.6]×(8+1)
    = 50.4m²

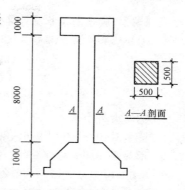

图 6-69 现浇混凝土框架柱示意图

(4) 装饰工程脚手架工程量计算。

1) 满堂脚手架，按室内净面积计算，其高度在 3.6～5.2m 之间时，计算基本层，超过 5.2m 时，每增加 1.2m 按增加一层计算，不足 0.6m 的不计算。其计算公式表示如下：

$$满堂脚手架增加层 = \frac{室内净高-5.2m}{1.2m}$$

2) 挑脚手架，按搭设长度和层数，以延长米计算。

3) 悬空脚手架，按搭设水平投影面积以 m² 计算。

4) 室内天棚装饰面距设计室内地坪在 3.6m 以上时，应计算满堂脚手架，计算满堂脚手架后，墙面装饰工程则不再计算脚手架。

【例 6-34】 某厂房构造示意图如图 6-70 所示，求其脚手架工程量（已知标高 7.4m 处板厚为 200mm）。

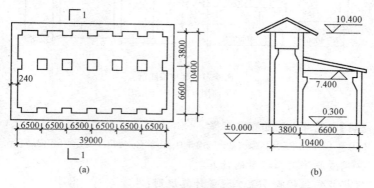

图 6-70 某厂房构造示意图
(a) 平面图；(b) 1—1 剖面图

【解】 脚手架工程量计算如下:

①外墙脚手架工程量=[39+0.24×2+(3.8+0.24)×2]×10.40+
(39+0.24×2)×(10.4−7.40)+[(6.6
+0.24)×2+39+0.24×2]×7.4
=1006.45m²

②满堂脚手架:

基本层:3.8×39+6.6×39=405.6m²

增加层:3.6m跨部分=(10.4−5.2)/1.2=4 层

6.6m跨部分=(7.4−5.2)/1.2=2 层

增加层工程量=3.8×39×4+6.6×39×2=1107.6m²

5)高度超过3.6m墙面装饰不能利用原砌筑脚手架时,可以计算装饰脚手架。装饰脚手架按双排脚手架乘以0.3计算。

6)整体满堂钢筋混凝土基础,凡其宽度超过3m以上时,按其底板面积计算满堂脚手架。

【例 6-35】 如图6-71所示,单层建筑物高度为10.2m,试计算其脚手架工程量。

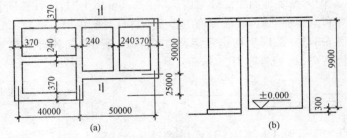

图 6-71 某单层建筑
(a)平面图;(b)1—1 剖面图

【解】 ①综合脚手架工程量:

(50+40+0.25×2)×(25+50+0.25×2)−50×25=5582.75m²

②满堂脚手架工程量的计算:

根据装饰工程脚手架工程量计算规则:

天棚高度为3.6～5.2m的满堂脚手架工程量计算:

$L_\text{中}$=[(40+50+0.25×2)+(25+50+0.25×2)]×2−0.37×4
=330.52m

$L_内 = (40-0.24)+(50-0.24) \times 2 = 139.28m$

满堂脚手架(基本层)工程量(5582.75m² 为建筑面积):
$5582.75 - 0.37 \times 330.52 - 0.24 \times 139.28 = 5427.03m^2$

天棚高度在 5.2m 以上的满堂脚手架增加层的计算:

增加层 $= (9.9-5.20)/1.2 = 3.92$ 层

$(0.92 \times 1.1 > 0.6)$ 取 4 层

(5)其他脚手架工程量计算。

1)水平防护架,按实际铺板的水平投影面积,以 m² 计算。

2)垂直防护架,按自然地坪至最上一层横杆之间的搭设高度,乘以实际搭设长度,以 m² 计算。

3)架空运输脚手架,按搭设长度以延长米计算。

4)烟囱、水塔脚手架,区别不同搭设高度,以座计算。

5)电梯井脚手架,按单孔以座计算。

6)斜道,区别不同高度以座计算。

7)砌筑贮仓脚手架,不分单筒或贮仓组均按单筒外边线周长,乘以设计室外地坪至贮仓上口之间高度,以 m² 计算。

8)贮水(油)池脚手架,按其外形周长乘以地坪至外形顶面边线之间高度,以 m² 计算。

9)大型设备基础脚手架,按其外形周长乘以地坪至外形顶面边线之间高度,以 m² 计算。

10)建筑物垂直封闭工程量按封闭面的垂直投影面积计算。

(6)安全网工程量计算。

1)立挂式安全网按架网部分的实挂长度乘以实挂高度计算。

2)挑出式安全网按挑出的水平投影面积计算。

第七节 砌筑工程

一、计算砌筑工程量之前的资料准备

砌筑工程划分为砌砖、砌块部分和砌石部分,包含了砖(石)基础、砖(石)围墙、砖柱、砖过梁、零星砌体等定额项目。下面主要介绍砌砖、砌块部分。

计算砌筑工程量之前应了解以下相关内容:

(1)砌筑砂浆的种类及强度等级。因房屋中各墙体的位置及所承受

的荷载大小不同,所以,设计时各墙体所采用的砌筑砂浆的种类及强度等级也有所不同。而不同的砌筑砂浆种类及强度等级又对应不同的定额基价,因此,计算工程量时,应按不同的砌筑砂浆种类及强度等级分别计算砌体工程量。

(2)砌体所选用的材料。定额中,砌砖和砌块对应不同的定额项目,所以应区别砖和砌块分别计算砌体工程量。

二、定额说明与工程量计算

(一)定额说明

(1)砖块、砌块定额说明见表6-19。

表6-19 砖块、砌块定额说明

序号	定额项目	定 额 说 明
1	砖的规格	定额中砖的规格,是按标准砖编制的;砌块、多孔砖规格是按常用规格编制的。规格不同时,可以换算
2	砖墙定额	砖墙定额中已包括先立门窗框的调直用工以及腰线、窗台线、挑檐等一般出线用工
3	砖砌体	砖砌体均包括了原浆勾缝用工,加浆勾缝时,另按相应定额计算
4	填充墙	填充墙以填炉渣、炉渣混凝土为准,如实际使用材料与定额不同时允许换算,其他不变
5	拉接钢筋	墙体必需放置的拉接钢筋,应按钢筋混凝土章节另行计算
6	硅酸盐砌块与加气混凝土砌块墙	硅酸盐砌块、加气混凝土砌块墙,是按水泥混合砂浆编制的,如设计使用水玻璃矿渣等粘结剂为胶合料时,应按设计要求另行换算
7	圆形烟囱基础	圆形烟囱基础按砖基础定额执行,人工乘以系数1.2
8	砖砌挡土墙	砖砌挡土墙,2砖以上执行砖基础定额;2砖以内执行砖墙定额
9	零星项目	零星项目是指砖砌小便池槽、明沟、暗沟、隔热板带砖墩、地板墩等
10	砂浆	项目中砂浆按常用规格、强度等级列出,如与设计不同时,可以换算

(2)砌石工程定额说明见表6-20。

表 6-20　　　　　　　　　　砌石工程定额说明

序号	定额项目	定额说明
1	粗、细料石墙	定额中粗、细料石(砌体)墙按400mm×220mm×200mm,柱按450mm×200mm,踏步石按400mm×200mm×100mm规格编制
2	毛石墙镶砖墙身	毛石墙镶砖墙身按内背镶1/2编制的,墙体厚度为60mm
3	毛石护坡高度	毛石护坡高度超过4m时,定额人工乘以系数1.15
4	砌筑圆弧形石砌体基础	砌筑圆弧形石砌体基础、墙(含砖石混合砌体)按定额项目人工乘以系数1.1

(二)工程量计算

1. 砖基础

(1)基础与墙(柱)身的划分。

1)基础与墙(柱)身使用同一种材料时,以设计室内地面为界;有地下室者,以地下室室内设计地面为界,以下为基础,以上为墙(柱)身,如图 6-72 所示。

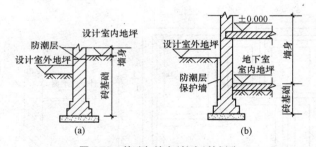

图 6-72　基础与墙身(柱身)的划分

(a)同种材料无地下室时;(b)同种材料有地下室时

2)基础与墙身使用不同材料时,位于设计室内地面±300mm 以内时,以不同材料为分界线;超过±300mm 时,以设计室内地面为分界线。

3)砖、石围墙,以设计室外地坪为界线,以下为基础,以上为墙身。

(2)基础长度。

1)外墙墙基按外墙中心线长度计算;内墙墙基按内墙基净长计算。基础大放脚 T 形接头处的重叠部分以及嵌入基础的钢筋、铁件、管道、基础防潮层及单个面积在 0.3m² 以内孔洞所占体积不予扣除,但靠墙暖气沟的挑檐亦不增加。附墙垛基础宽出部分体积应并入基础工程量内。内墙基净长如图 6-73 所示。

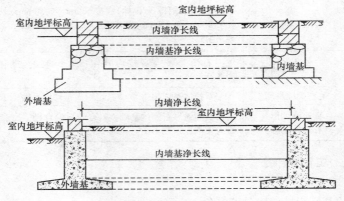

图 6-73 内墙基净长

【例 6-36】 根据图 6-74 所示基础施工图的尺寸,计算砖基础的长度(基础墙均为 240 厚)。

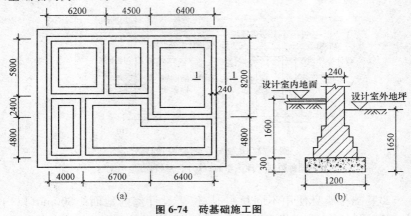

图 6-74 砖基础施工图
(a)基础平面图;(b)1—1 剖面图

【解】 外墙砖基础长($L_中$):

$$L_中 = [(4.8+2.4+5.8)+(4.0+6.7+6.4)] \times 2$$
$$= 60.2m$$

内墙砖基础净长($L_内$):

$$L_内 = (5.8-0.24)+(8.2-0.24)+(4.8+2.4-$$
$$0.24)+(4.0+6.7-0.24)+6.4$$
$$=37.34m$$

2) 砖砌挖孔桩护壁工程量按实砌体积计算。

2. 墙体

(1) 计算墙体的规定。

1) 计算墙体时,应扣除门窗洞口、过人洞、空圈、嵌入墙身的钢筋混凝土柱、梁(包括过梁、圈梁、挑梁)、砖砌平拱和暖气包壁龛(图 6-75)及内墙板头(图 6-76)的体积,不扣除梁头、外墙板头(图 6-77)、檩头、垫木、木楞头、沿椽木、木砖、门窗走头、砖墙内的加固钢筋、木筋、铁件、钢管及每个面积在 $0.3m^2$ 以下的孔洞等所占的体积,突出墙面的窗台虎头砖(图 6-78)、压顶线(图 6-79)、山墙泛水(图 6-80)、烟囱根、门窗套(图 6-81)及三皮以内的腰线和挑檐(图 6-82)等体积亦不增加。

图 6-75 暖气包壁龛示意图

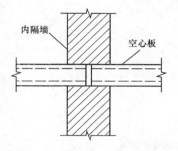

图 6-76 内墙板头示意图

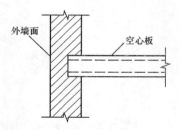

图 6-77 外墙板头示意图

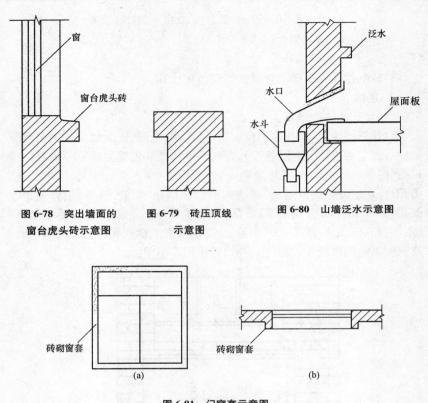

图 6-78 突出墙面的窗台虎头砖示意图

图 6-79 砖压顶线示意图

图 6-80 山墙泛水示意图

图 6-81 门窗套示意图
(a)窗套立面图;(b)窗套剖面图

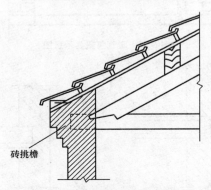

图 6-82 坡屋面砖挑檐示意图

2)砖垛、三皮砖以上的腰线和挑檐等体积,并入墙身体积内计算(图 6-83)。

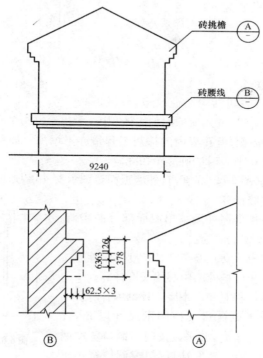

图 6-83 砖挑檐、腰线示意图

砖垛工程量计算方法,附墙垛分为墙身附垛和转角附垛两种。

①墙身附垛体积,按下式计算:

$$墙身附垛体积 = a \times d \times h \times n$$

式中 h——附垛高度(m)。

或者将附垛的断面面积折算成砖墙长度加到所依附的墙身长度中,按砖墙计算工程量,如下式:

$$附垛折加长度 = \frac{附垛断面面积(a \times d)}{砖垛附着墙的墙厚(b)}$$

则砖墙的实际计算长度 L 为:

$$L = 图示砖墙计算长度 + 附垛折加长度 \times n$$

②转角附垛体积。转角附垛如图6-84所示,其体积按转角附垛断面面积乘以垛高度计算。其计算公式如下:

$$转角附垛体积 = (2b+d) \times d \times h \times n$$
$$= (2a-d) \times d \times h \times n$$

式中 $(2b+d) \times d = (2a-d) \times d$——为转角附垛断面面积($m^2$)。

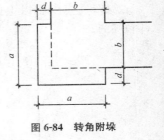

图6-84 转角附垛

3)附墙烟囱(包括附墙通风道、垃圾道)按其外形体积计算,并入所依附的墙体积内,不扣除每一个孔洞横截面在$0.1m^2$以下的体积,但孔洞内的抹灰工程量亦不增加。如单个孔洞的横断面面积超过$0.1m^2$时的则应予扣除。

4)女儿墙(图6-85)高度,自外墙顶面至图示女儿墙顶面高度,不同墙厚分别并入外墙计算。

女儿墙是指房屋外墙高出屋面部分的矮墙。女儿墙体积的计算公式为:

$$女儿墙体积 = 女儿墙高度 \times 长度 \times 厚度$$

式中 女儿墙长度按外墙中心线长度计算;

女儿墙体积应并入外墙工程量内计算。

5)砖平碹平砌砖过梁按图示尺寸以m^3计算。如设计无规定时,砖平碹按门窗洞口宽度两端共加100mm,乘以高度计算(门窗洞口宽小于

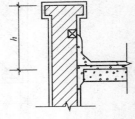

图6-85 女儿墙

1500mm时,高度为240mm,大于1500mm时,高度为365mm);平砌砖过梁按门窗洞口宽度两端共加500mm,高按440mm计算。

(2)砌体厚度的计算。

1)标准砖以240mm×115mm×53mm为准,其砌体计算厚度见表6-21。

2)使用非标准砖时,其砌体厚度应按砖实际规格和设计厚度计算。

表6-21 标准砖墙墙厚计算表

砖数(厚度)	1/4	1/2	3/4	1	1.5	2	2.5	3
计算厚度/mm	53	115	180	240	365	490	615	740

(3)砖墙工程量计算。

1)墙的长度。外墙长度按外墙中心线长度计算;内墙长度按内墙净

第六章 建筑工程工程量计算

长线计算。

①墙长在转角处的计算。墙体在 90°转角时,用中轴线尺寸计算墙长,就能算准墙体的体积。

②T 形接头的墙长计算。当墙体处于 T 形接头时,T 形上部水平墙拉通算完长度后,垂直部分的墙只能从墙内边算净长。

③十字形接头的墙长计算。当墙体处于十字形接头时,计算方法基本同 T 形接头。十字形接头处分断的二道墙也应算净长。

【例 6-37】 根据图 6-86 所示,计算内、外墙长(墙厚均为 240mm)。

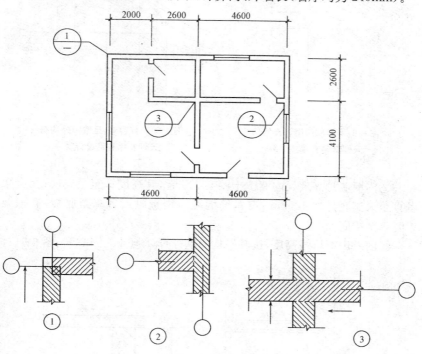

图 6-86 墙长计算示意图

【解】 240 厚外墙长:
$$l_中=[(4.6+4.6)+(4.1+2.6)]×2=31.8m$$
240 厚内墙长:
$$l_中=(4.1+2.6-0.24)+(4.6-0.24)+(2.6-0.12)+(2.6-0.12)$$
$$=15.78m$$

2)墙身高度的规定。

①外墙墙身高度。斜(坡)屋面无檐口天棚者算至屋面板底(图6-87);有屋架,且室内外均有天棚者,算至屋架下弦底面另加200mm(图6-88);无天棚者算至屋架下弦底面另加300mm;出檐宽度超过600mm时,应按实砌高度计算;平屋面算至钢筋混凝土板底。

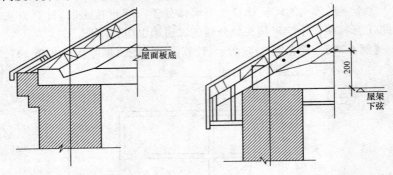

图 6-87 斜(坡)屋面无檐口天棚者墙身高度计算

图 6-88 有屋架,且室内外均有天棚者墙身高度计算

②内墙墙身高度。内墙位于屋架下弦者,其高度算至屋架底;无屋架者算至天棚底另加100mm;有钢筋混凝土楼板隔层者算至底板;有框架梁时算至梁底面。

③内外山墙墙身高度,按其平均高度计算(图6-89、图6-90、图6-91)。

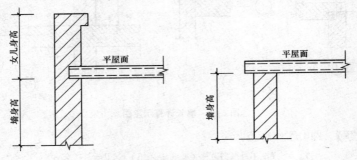

图 6-89 平屋面外墙墙身高度示意图

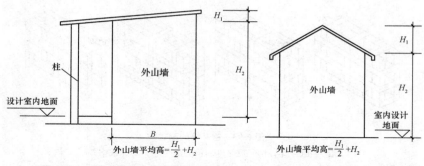

图 6-90　一坡水屋面外山墙墙高示意图

图 6-91　二坡水屋面山墙
墙身高度示意图

(4)其他墙体工程量计算。

1)框架间砌体工程量计算。分别内外墙以框架间的净空面积乘以墙厚计算,框架外表镶贴砖部分亦并入框架间砌体工程量内计算,应扣除门窗洞口及 0.3m² 以上其他洞口所占体积。

框架间砌体工程量＝框架间净空面积×墙厚度－嵌入墙之间的洞
口、埋件所占体积
＝框架柱间净距×框架梁间净高×墙厚度－
嵌入墙之间的洞口、埋件所占体积

2)空花心墙工程量计算。按空花部分外形体积以 m³ 计算,空花部分不予扣除,其中实体部分以 m³ 另行计算,如图 6-92 所示。

3)空斗墙工程量计算。空斗墙是用普通砖砌成的外实内空的墙,适用于隔墙或低层居住建筑。砌筑时,可将砖侧砌或平砌与侧砌相结合形成空斗,侧砌的砖称为斗砖,平砌的砖称为眠砖。

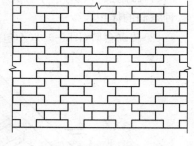

图 6-92　空花心墙

常用的砌式有一眠一斗、一眠二斗、一眠三斗和无眠空斗等,如图 6-93 所示。

空斗墙工程量按外形尺寸以 m³ 计算。墙角,内外墙交接处,门窗洞口立边,窗台砖及屋檐处的实砌部分已包括在定额内,不另行计算,但窗间墙、窗台下、楼板下、梁头下等实砌部分,应另行计算,套零星砌体定额项目。

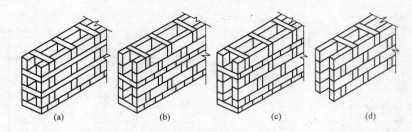

图 6-93　空斗墙的砌式

(a)一眠一斗；(b)一眠二斗；(c)一眠三斗；(d)无眠空斗

4) 多孔砖、空心砖工程量计算。多孔砖墙和空心砖墙所用砖的规格有多种，各地也不尽相同。砌法有整砖顺砌，上下皮竖缝相互错开 1/2 砖长，也有采用一顺一丁或梅花丁砌筑形式，多孔砖、空心砖墙工程量按体积以 m^3 计算，不扣除其中孔、空心部分的体积。

5) 填充墙工程量计算。填充墙按外形尺寸以 m^3 计算，其中实砌部分已包括在定额内，不另行计算。

6) 加气混凝土墙工程量计算。硅酸盐砌块墙、小型空心砌块墙，按图示尺寸以 m^3 计算。

3. 零星砌体

(1) 砖砌锅台、炉灶，不分大小，均按图示外形尺寸以 m^3 计算，不扣除各种空洞的体积。

(2) 砖砌台阶（图 6-94）（不包括梯带）按水平投影面积以 m^3 计算。

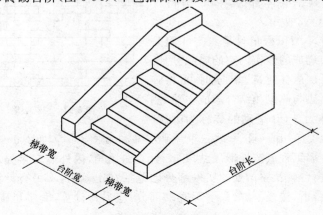

图 6-94　砖砌台阶示意图

(3)厕所蹲台、水槽腿、灯箱、垃圾箱、台阶挡墙或梯带、花台、花池、地垄墙及支撑地楞的砖墩,房上烟囱、屋面架空隔热层砖墩及毛石墙的门窗立边、窗台虎头砖等实砌体积,以 m^3 计算,套用零星砌体定额项目。图 6-95 是几种零星砌体的构造示意图。

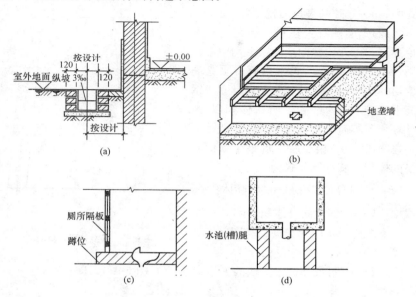

图 6-95 零星砌体构造示意图
(a)砖砌明沟;(b)地垄墙;(c)砖砌蹲位;(d)砖砌水池(槽)腿

(4)检查井及化粪池不分壁厚均以 m^3 计算,洞口上的砖平拱碹等并入砌体体积内计算。

(5)砖砌地沟不分墙基、墙身合并以 m^3 计算。石砌地沟按其中心线长度以延长米计算。

4. 砌烟囱

(1)烟囱基础工程量。烟囱砖基础与砖筒身以基础大放脚扩大顶面为界,扩大顶面以下为基础。烟囱砖基础的工程量按体积以 m^3 计算,按砖基础定额执行。

烟囱环形砖基础如图 6-96 所示,

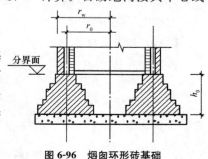

图 6-96 烟囱环形砖基础

砖基础大放脚亦分等高式和非等高式两种类型。基础体积的计算方法与条形基础的方法相同,分别计算出砖基身及放脚增加断面面积即可得烟囱基础体积。其计算公式为:

$$砖基身断面面积 = b \times h_c$$

式中　b——砖基身顶面宽度(m)。

(2)烟囱筒身工程量。烟囱筒身不论圆形、方形,均按图示筒壁平均中心线周长乘以筒壁厚度,再乘以筒身垂直高度,扣除筒身各种孔洞($0.3m^2$ 以上)、钢筋混凝土圈梁、过梁等所占体积以 m^3 计算。若其筒壁周长不同时,分别计算每段筒身体积,相加后即得整个烟囱筒身的体积。其计算公式为:

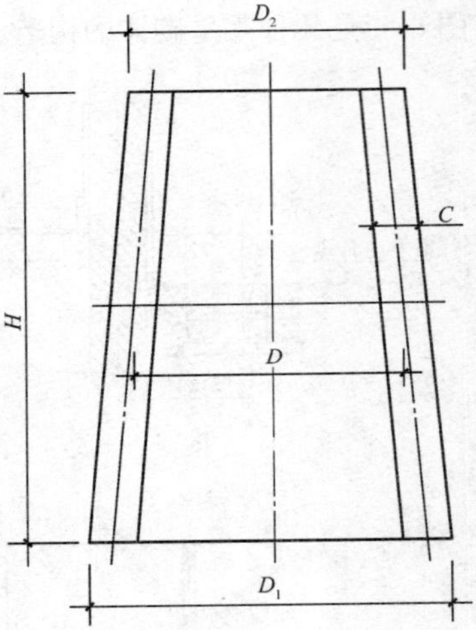

$$V = \sum (H \times C \times \pi D - 应扣除体积)$$

式中　V——烟囱筒身体积(m^3);

　　　H——每段筒身垂直高度(m);

　　　C——每段筒壁厚度(m);

　　　D——每段筒壁中心线的平均直径(m)(图 6-97)。即:

$$D = \frac{(D_1 - C) + (D_2 - C)}{2} = \frac{D_1 + D_2}{2} - C$$

图 6-97　筒身体积计算图

砖烟囱中的混凝土圈梁,应按图示尺寸以 m^3 计算。

【例 6-38】　计算图 6-98 所示砖烟囱筒身体积。已知烟囱分为三段,每段高均为 12m,下段外包直径为 2.30m,筒壁厚 0.30m,其他各段直径及筒壁厚见图 6-98 示尺寸。

【解】　烟囱下段体积:

筒壁厚为 0.30m

下口中心直径 = 2.30 − 0.30 = 2m

上口中心直径 = 1.80 − 0.30 = 1.50m

下段体积 = $3.1416 \times \left(\dfrac{2.00 + 1.50}{2}\right) \times$

　　　　　$12.00 \times 0.3 = 19.79 m^3$

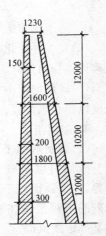

图 6-98　砖烟囱示意图

烟囱中段体积：

筒壁厚为 0.20m

$$下口中心直径=1.80-0.20=1.60m$$
$$上口中心直径=1.60-0.20=1.40m$$
$$中段体积=3.1416\times\left(\frac{1.6+1.4}{2}\right)\times12.00\times0.2=11.31m^3$$

烟囱上段体积：

筒壁厚为 0.15m

$$下口中心直径=1.6-0.15=1.45m$$
$$上口中心直径=1.23-0.15=1.08m$$
$$上段体积=3.1416\times\left(\frac{1.45+1.08}{2}\right)\times12\times0.15=7.15m^3$$

砖烟囱筒身全部体积：

$$全部体积=19.79+11.31+7.15=38.25m^3$$

【例6-39】 计算图 6-99 所示的混凝土圈梁的体积。

【解】 圈梁体积=π×圈梁圆周中心直径×断面面积

圈梁圆周中心直径=
$\left(1.5-\frac{0.35+0.50}{2}\right)=1.075m$

圈梁截面面积$=0.335\times\frac{1}{2}\times(0.35+0.50)=0.142m^2$

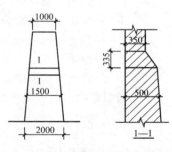

图 6-99 砖烟囱圈梁示意图

圈梁体积$=3.1416\times1.075\times0.142=0.480m^3$

(3) 烟道、烟囱内衬工程量。烟道、烟囱内衬工程量，区别不同内衬材料按图示内衬中心线长度及厚度，以实体积计算，并扣除各种孔洞所占体积。

(4) 烟囱内壁表面隔热层及填料工程。烟囱内壁表面隔热层，按筒身内壁并扣除各种孔洞后的面积以 m^2 计算；填料按烟囱内衬与筒身之间的中心线平均周长乘以图示宽度和筒高，并扣除各种孔洞所占体积（但不扣除连接横砖及防沉带的体积）后以 m^3 计算。

1) 烟囱内壁表涂抹隔热层，则筒身体积计算图如图 6-100 所示。

$$S=\sum[\pi(D-C)\times H-应扣除孔洞面积]$$

式中 S——烟囱内壁隔热层面积(m^2)。

2)填料工程量计算公式如下:
$$V=\sum[\pi(D-C-\delta)\times\delta\times H-应扣除体积]$$

式中 V——填充料体积(m^3);

D——高为 H 的筒壁中心线平均直径(m);

δ——填充料厚度(m)。

(5)烟道砌砖:烟道与炉体的划分以第一道闸门为界,炉体内的烟道部分列入炉体工程量计算。烟道砌砖工程量按图示尺寸以实砌体积计算(图6-100)。

$$V=C\left[2H+\pi\left(R-\frac{C}{2}\right)\right]\times L$$

式中 V——砖砌烟道工程量(m^3);

C——烟道墙厚(m);

H——烟道墙垂直部分高度(m);

R——烟道拱形部分外半径(m);

L——烟道长度(m),自炉体第一道闸门至烟囱筒身外表面相交处。

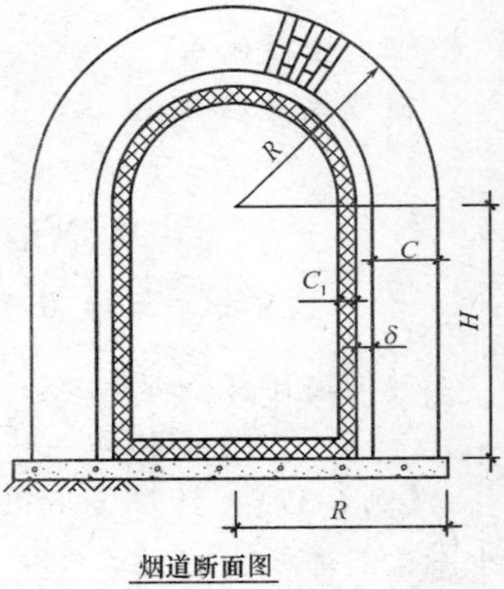

烟道断面图

图6-100 烟道工程量计算图

参照图6-100,即可写出烟道内衬工程量计算公式如下:
$$V=C_1\left[2H+\pi\left(R-C-\delta-\frac{C_1}{2}\right)+(R-C-\delta-C_1)\times 2\right]$$

式中 V——烟道内衬体积(m^3);

C_1——烟道内衬厚度(m)。

烟道拱顶计算方法有按矢高的长高比计算与按圆弧长公式计算两种。

1)按矢高的长高比公式计算。

烟道拱顶体积=拱厚×拱长×中心线跨距×延长系数

拱顶延长系数见表6-22。

表6-22　　　　　　　拱顶延长系数表

矢高 矢长	$\frac{1}{2}$	$\frac{1}{3}$	$\frac{1}{4}$	$\frac{1}{5}$	$\frac{1}{6}$	$\frac{1}{7}$	$\frac{1}{8}$	$\frac{1}{9}$	$\frac{1}{10}$
系　数	1.57	1.27	1.16	1.10	1.07	1.05	1.04	1.03	1.02

【例 6-40】 已知矢高为 1,拱跨为 7,拱厚为 0.15m,拱长 7.8m,求拱顶体积。

【解】 查表 6-22,知延长系数为 1.05。

故:$V = 7 \times 1.05 \times 0.15 \times 7.8 = 8.60 m^3$

2)按圆弧长公式计算。当拱弧标注尺寸为圆弧半径 R 和中心角 θ 时,即:

$$V = \frac{\pi\theta}{180°} \times R \times a \times L$$

式中 V——弧顶体积(m^3);
R——拱顶圆弧半径(m);
θ——中心角(°);
L——烟道长度(m);
a——拱顶厚度(m)。

【例 6-41】 已知某煤烟道拱顶厚 0.16m,半径为 4.6m,中心角为 180°,拱长 9.8m,求拱顶体积。

【解】 由已知条件知:

$V = \frac{3.1416}{180°} \times 180° \times 4.6 \times 0.16 \times 9.8$

$= 22.66 m^3$

5. 砖砌水塔

(1)基础工程量。水塔基础与塔身划分:以砖基础的扩大部分顶面为界,以上为塔身,以下为基础(图 6-101),分别套用相应基础砌体定额。基础工程量按实体积以 m^3 计算,计算方法见烟囱基础部分。

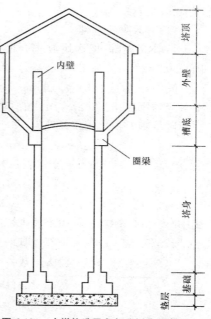

图 6-101 水塔构造及各部分划分示意图

(2)塔身工程量。塔身与槽底以圈梁为分界线,圈梁以上为槽底(水箱),以下为塔身。砖砌塔身工程量按图示中心线平均周长乘以砌体壁厚及塔身高度,以实砌体积 m^3 计算,扣除门窗洞口和混凝土构件所占的体积,砖平拱及砖出檐等并入塔身体积内计算;套水塔砌筑定额。塔身工程量计算公式为:

$$V=\sum[H\times C\times \pi D\pm 应扣除(并入)体积]$$

式中　V——塔身体积(m^3)；

　　　H——每段塔身垂直高度(m)；

　　　C——塔身壁厚(m)；

　　　D——每段塔身中心线平均直径(m)。

(3)砖水箱内外壁，不分壁厚，均以图示实砌体积计算，套相应的内外墙定额。

6. 砌体内钢筋加固

砌体内钢筋加固，以 t 计算，套用钢筋混凝土章节相应项目。

(1)有放脚砖基础。

1)等高放脚：把两块放脚合成一个矩形，如图 6-102 所示，其高为 $126\times n$，宽为 $62.5\times(n+1)$。

其中：n 为放脚层数；126mm 为二皮砖加二个灰缝的厚度；62.5mm 为 1/4 砖的宽度。

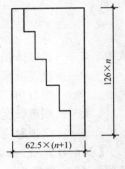

图 6-102　等高放脚合成矩形

则放脚面积与体积分别为：

$$\Delta S=0.126\times n\times 0.0625\times(n+1)$$
$$=0.007875\times n\times(n+1)(长度以 m 为单位)$$
$$V_{基}=(dh+\Delta S)l$$
$$=[dh+0.007875n(n+1)]l$$

式中　0.007875——一个放脚标准块面积(m^2)；

　　$0.007875n(n+1)$——全部放脚增加面积(m^2)；

　　　n——放脚层数；

　　　d——基础墙厚(m)；

　　　h——基础墙高(m)；

　　　l——基础长(m)。

【**例 6-42**】　某工程砌筑的等高式标准砖放脚基础如图 6-103 所示，当基础墙高 $h=1.5m$，基长 $l=26.30m$ 时，计算砖基础工程量。

【**解**】　已知：$d=0.365m$，$h=1.5m$，$l=26.30m$，$n=4$

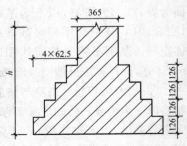

图 6-103　等高式砖基础放脚形式

$$V_{砖基} = (0.365 \times 1.50 + 0.007875 \times 4 \times 5) \times 26.30$$
$$= (0.5475 + 0.1575) \times 26.30$$
$$= 18.54 \text{m}^3$$

2)间隔式放脚：也同样把两块放脚合成一个矩形，当放脚层数为奇数时，如图 6-104 所示。

放脚面积 $S = A \times B$

其中：$A = 62.5 \times (n+1)$

$$B = 63 \times \left[\frac{(n-1) \times 3}{2} + 2\right]$$

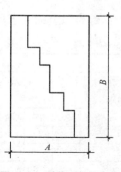

图 6-104 放脚层数为奇数

63 为一皮砖加一个灰缝厚度；式中括号内为砖的皮数。

当放脚层数为偶数时，如图 6-105 所示。

放脚面积 $S = A' \times B'$

其中：$A' = 62.5 \times n$

$$zB' = 63 \times \left(\frac{3n}{2} + 2\right)$$

式中括号内的数字为砖的皮数。

$$V_{基} = \{dh + 0.007875[n(n+1) - \sum 半层放脚层数值]\} \times l$$

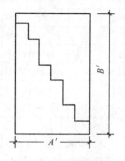

图 6-105 放脚层数为偶数

式中 半层放脚层数值——半层放脚(0.063m 高)所在放脚层的值。

3)基础大放脚 T 形接头处的重叠部分，以及嵌入基础的钢筋、钢件、管道、基础防潮层及单个面积在 0.3m² 以内孔洞所占体积不予扣除，但靠墙暖气沟的挑檐也不增加，如图 6-106 所示。

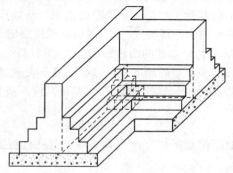

图 6-106 T 形接头重叠部分

综合以上的式子可以制出表 6-23。

表 6-23　　　　标准砖大放脚折加高度及增加断面面积表

放脚层数	折加高度(m)											增加断面面积 (m²)	
	$\frac{1}{2}$ 砖 (0.115)		1 砖 (0.24)		$1\frac{1}{2}$ 砖 (0.365)		2 砖 (0.49)		$2\frac{1}{2}$ 砖 (0.615)		3 砖 (0.74)			
	等高	间隔式	等高	间隔式	等高	间隔式	等高	间隔式	等高	间隔式	等高	间隔式	等高	间隔式
一	0.137	0.137	0.066	0.066	0.043	0.043	0.032	0.032	0.026	0.026	0.021	0.021	0.1575	0.1575
二	0.411	0.342	0.197	0.164	0.129	0.108	0.096	0.080	0.077	0.064	0.064	0.053	0.04725	0.03938
三	—	—	0.394	0.328	0.259	0.216	0.193	0.161	0.154	0.128	0.128	0.106	0.0945	0.07875
四	—	—	0.656	0.525	0.432	0.345	0.321	0.253	0.205	0.205	0.213	0.140	0.1575	0.126
五	—	—	0.984	0.788	0.674	0.518	0.482	0.380	0.384	0.307	0.319	0.255	0.2363	0.189
六	—	—	1.378	1.083	0.906	0.712	0.672	0.530	0.538	0.419	0.447	0.351	0.3308	0.2599
七	—	—	1.838	1.444	1.208	0.949	0.900	0.707	0.717	0.563	0.596	0.468	0.441	0.3465
八	—	—	2.363	1.838	1.553	1.208	1.157	0.900	0.922	0.717	0.766	0.596	0.567	0.4411
九	—	—	2.953	2.297	1.942	1.510	1.447	1.125	1.153	0.896	0.958	0.745	0.7088	0.5513
十	—	—	3.610	2.789	2.372	1.834	1.768	1.366	1.409	1.088	1.171	0.905	0.8663	0.6694

放脚面积的数值只与放脚形式和层数有关,与所附的基础宽度无关,为了计算方便,把附在不同宽度的放脚,由基础底部往下延伸,使其面积与放脚面积相同,则其延伸的高度应为$\frac{放脚面积}{基础宽度}$,把这个高度叫作折加高度,如图 6-107 所示。这样可以事先计算出不同形式和不同层数的放脚附在不同宽度基础上的折加高度,正如定额说明的附表所示。在计算砖基础时,也可以把计算公式写成:

条形砖基础工程量＝基础断面面积×基础长度

式中,外墙墙基按外墙中心线长度计算,内墙墙基按内墙基净长计算。

如图 6-107 所示为砖基础的两种断面形式,其计算公式如下:

砖基础断面面积＝基础墙墙厚×基础高度＋大放脚增加面积

或　　砖基础断面面积＝基础墙墙厚×(基础高度＋折加高度)

$$折加高度 = \frac{大放脚增加面积}{基础墙墙厚}$$

式中,大放脚增加面积及折加高度可查表 6-23 获得,折加高度基础墙墙厚折合成的高度。

(2)毛条石、条石基础。毛条石基础工程量的计算可参照表 6-24 进行。

第六章 建筑工程工程量计算

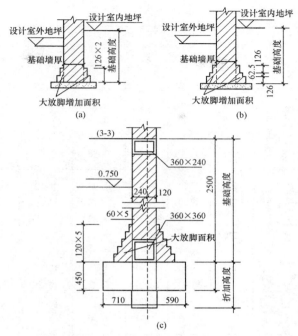

图 6-107 砖基础及折加高度示意图
(a)等高式大放脚；(b)间隔式大放脚；(c)折加高度示意图

表 6-24　　　　　　　　　　毛条石基础工程量表(定值)

基础阶数	图示	截面尺寸			截面面积 /m²	毛石砌体 /(m³/10m)	材料消耗	
		顶宽	底宽	高			毛石	砂浆
		mm					m³	
一阶式		600	600	600	0.36	3.60	4.14	1.44
		700	700	600	0.42	4.20	4.83	1.68
		800	800	600	0.48	4.80	5.52	1.92
		900	900	600	0.54	5.40	6.21	2.16
		600	600	1000	0.60	6.00	6.90	2.40
		700	700	1000	0.70	7.00	8.05	2.80
		800	800	1000	0.80	8.00	9.20	3.20
		900	900	1000	0.90	9.00	10.12	3.60

续表

基础阶数	图示	截面尺寸			截面面积 /m²	毛石砌体 /(m³/10m)	材料消耗	
		顶宽	底宽	高			毛石	砂浆
		mm					m³	
二阶式		600	1000	800	0.64	6.40	7.36	2.56
		700	1100	800	0.72	7.20	8.28	2.88
		800	1200	800	0.80	8.00	9.20	3.20
		900	1300	800	0.88	8.80	10.12	3.52
		600	1000	1200	1.04	9.40	11.96	4.16
		700	1100	1200	1.16	11.60	13.34	4.64
		800	1200	1200	1.28	12.80	14.72	5.12
		900	1300	1200	1.40	14.00	16.10	5.60
三阶式		600	1400	1200	1.20	12.00	13.80	4.80
		700	1500	1200	1.32	13.20	15.18	5.28
		800	1600	1200	1.44	14.40	16.56	5.76
		900	1700	1200	1.56	15.60	17.94	6.24
		600	1400	1600	1.76	17.60	20.24	7.04
		700	1500	1600	1.92	19.20	22.08	7.68
		800	1600	1600	2.08	20.80	23.92	8.92
		900	1700	1600	2.24	22.40	25.76	8.96

（3）有放脚砖柱基础。有放脚砖柱基础工程量计算分为两部分，一是将柱的体积算至基础底；二是将柱四周放脚体积算出。其计算公式如下：

$$V_{柱基} = abh + \Delta V$$
$$= abh + n(n+1)[0.007875(a+b) + 0.000328125(2n+1)]$$

式中　a——柱断面长(m)；

　　　b——柱断面宽(m)；

　　　h——柱基高(m)；

　　　n——放脚层数；

　　　ΔV——柱四周放脚体积(m³)。

砖柱基四周放脚体积见表6-25。

表 6-25　　　　　　　　砖柱基四周放脚体积表　　　　　　（单位：m³）

a×b 放脚层数	0.24× 0.24	0.24× 0.365	0.365× 0.365 0.24× 0.49	0.365× 0.49 0.24× 0.615	0.49× 0.49 0.365× 0.615	0.49× 0.615 0.365× 0.74	0.365× 0.865 0.615× 0.615	0.615× 0.74 0.49× 0.865	0.74×0.74 0.615× 0.865
一	0.010	0.011	0.013	0.015	0.017	0.019	0.021	0.024	0.025
二	0.033	0.038	0.045	0.050	0.056	0.062	0.068	0.074	0.080
三	0.073	0.085	0.097	0.108	0.120	0.132	0.144	0.156	0.167
四	0.135	0.154	0.174	0.194	0.213	0.233	0.253	0.272	0.292
五	0.221	0.251	0.281	0.310	0.340	0.369	0.400	0.428	0.458
六	0.337	0.379	0.421	0.462	0.503	0.545	0.586	0.627	0.669
七	0.487	0.543	0.597	0.653	0.708	0.763	0.818	0.873	0.928
八	0.674	0.745	0.816	0.887	0.957	1.028	1.095	1.170	1.241
九	0.910	0.990	1.078	1.167	1.256	1.344	1.433	1.521	1.61
十	1.173	1.282	1.390	1.498	1.607	1.715	1.823	1.931	2.04

三、综合实例

【**例 6-43**】 某办公楼平面图及其基础剖面图如图 6-108 所示，根据图纸说明试对砌筑工程列项并计算各分项工程量，有关尺寸见表 6-26。

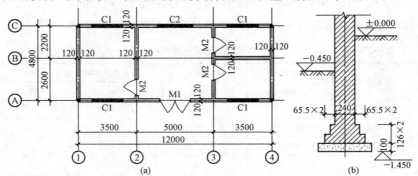

图 6-108　办公楼平面及基础剖面图
（a）平面图；（b）内、外墙基础剖面图

图纸说明：

(1)内、外墙墙厚均为 240mm，室内净高为 3.2m。

(2)内、外墙上均设圈梁，洞口上部设置过梁（洞口宽度在 1m 以内的采用钢筋砖过梁，洞口宽度在 1m 以外的采用钢筋混凝土过梁），外墙转角处设置构造柱及砌体加固筋。

表 6-26 门窗尺寸及墙体埋件尺寸

门窗名称	门窗尺寸(宽×高)/mm	构件名称		构件尺寸或体积
M1	1200×2400	构造柱		0.18m³/根
M2	900×2100	圈梁	外墙	$L_{中}×0.24m×0.2m$
C1	1500×1500		内墙	$L_{内}×0.24m×0.2m$
C2	2100×1800	钢筋混凝土过梁		(洞口宽度+0.5m)× 0.24m×0.18m

【解】 1)列项。由上述资料可知,本工程所完成砌筑工程的施工内容有:砖基础、砖墙、钢筋砖过梁及砌体加固筋。而砌体加固筋应套用混凝土及钢筋混凝土工程中相应项目,所以本例应列的砌筑工程定额项目为:砖基础、砖墙、钢筋砖过梁。

2)计算工程量。

① 基数。

$$L_{中}=(3.5+5.0+3.5+2.6+2.2)×2=33.6m$$

$$L_{内}=(2.6+2.2-0.24)×2+3.5-0.24=12.38m$$

门窗洞口面积及墙体埋件体积的计算分别见表 6-27 和表 6-28。

表 6-27 门窗洞口面积计算表

门窗名称	洞口尺寸/mm	洞口面积/m²	洞口所在部位(数量/面积)	
			外墙	内墙
M1	1200×2400	2.88	1/2.88	
M2	900×2100	1.89		3/5.67
C1	1500×1500	2.25	4/9.00	
C2	2100×1800	3.78	1/3.78	
合计			15.66	5.67

表 6-28 墙体埋件体积计算表

构件名称	构件体积/m³	构件所在部位/m³		备 注
		外墙	内墙	
构造柱	0.72	0.72		0.72=0.18×4
圈梁	2.2	1.61	0.59	1.61=33.6×0.24×0.2; 0.59=12.38×0.24×0.2

续表

构件名称		构件体积 /m³	构件所在部位/m³		备 注
			外墙	内墙	
过梁	M1	0.07	0.07		M1、C1、C2 的洞口尺寸大于1m,设置钢筋混凝土过梁;M2 洞口尺寸为 1m,设置钢筋砖过梁。 M1 过梁体积=(1.2+0.5)×0.24×0.18=0.07m³ M2 过梁体积=(0.9+0.5)×0.24×0.18×3=0.18m³ C1 过梁体积=(1.5+0.5)×0.24×0.18×4=0.35m³ C2 过梁体积=(2.1+0.5)×0.24×0.18=0.11m³
	M2	0.18		0.18	
	C1	0.35	0.35		
	C2	0.11	0.11		
过梁小计		0.71	0.53	0.18	
合计			2.86	0.77	

②砖基础。

$$砖基础工程量=基础断面面积×基础长度$$

由图 6-108(b)及表 6-23 可知:

外墙基础工程量=[0.24×(1.45−0.1)+0.04725]×33.6
      =12.47m³

内墙基础工程量=[0.24×(1.45−0.1)+0.04725]×12.38
      =4.60m³

$$砖基础工程量=12.47+4.60=17.07m³$$

③砖墙。

$$砖墙工程量=(墙体厚度×墙体高度−门窗洞口所占面积)×$$
$$墙体厚度−嵌入墙身的柱、梁所占体积$$

外墙工程量=(33.6×3.2−15.66)×0.24−2.86=19.19m³

内墙工程量=(12.38×3.2−5.67)×0.24−0.77=7.38m³

④钢筋砖过梁由表 6-28 可知:

$$钢筋砖过梁工程量=0.18m³$$

四、工程量计算主要技术资料

1. 毛石条形基础断面面积

毛石条形基础断面面积见表 6-29。

表 6-29　　　　　　　　　毛石条形基础断面面积表

宽度/mm	断面面积/m² 高度/mm										
	400	450	500	550	600	650	700	750	800	850	900	950
500	0.200	0.225	0.250	0.275	0.300	0.325	0.350	0.375	0.400	0.425	0.450	0.475
550	0.220	0.243	0.275	0.303	0.330	0.358	0.385	0.413	0.440	0.468	0.495	0.523
600	0.240	0.270	0.300	0.330	0.360	0.390	0.420	0.450	0.480	0.510	0.540	0.570
650	0.260	0.293	0.325	0.358	0.390	0.423	0.455	0.488	0.520	0.553	0.585	0.518
700	0.280	0.315	0.350	0.385	0.420	0.455	0.490	0.525	0.560	0.595	0.630	0.665
750	0.300	0.338	0.375	0.413	0.450	0.488	0.525	0.563	0.600	0.638	0.675	0.713
800	0.320	0.360	0.400	0.440	0.480	0.520	0.560	0.600	0.640	0.680	0.720	0.760
850	0.340	0.383	0.425	0.468	0.510	0.553	0.595	0.638	0.680	0.723	0.765	0.808
900	0.360	0.405	0.450	0.495	0.540	0.585	0.630	0.675	0.720	0.765	0.810	0.855
950	0.380	0.428	0.475	0.523	0.570	0.618	0.665	0.713	0.760	0.808	0.855	0.903
1000	0.400	0.450	0.500	0.550	0.600	0.650	0.700	0.750	0.800	0.850	0.900	0.950
1050	0.420	0.473	0.525	0.578	0.630	0.683	0.735	0.788	0.840	0.893	0.945	0.998
1100	0.440	0.495	0.550	0.605	0.660	0.715	0.770	0.825	0.880	0.935	0.990	1.050
1150	0.460	0.518	0.575	0.633	0.690	0.748	0.805	0.863	0.920	0.978	1.040	1.093
1200	0.480	0.540	0.600	0.660	0.720	0.780	0.840	0.900	0.960	1.020	1.080	1.140
1250	0.500	0.563	0.625	0.688	0.750	0.813	0.875	0.933	1.000	1.063	1.125	1.188
1300	0.520	0.585	0.650	0.715	0.780	0.845	0.910	0.975	1.040	1.105	1.170	1.235
1350	0.540	0.608	0.675	0.743	0.810	0.878	0.945	1.013	1.080	1.148	1.215	1.283
1400	0.560	0.630	0.700	0.770	0.840	0.910	0.980	1.050	1.120	1.19	1.260	1.330
1450	0.580	0.653	0.725	0.798	0.870	0.943	1.015	1.088	1.160	1.233	1.305	1.378
1500	0.600	0.675	0.750	0.825	0.900	0.975	1.050	1.125	1.200	1.275	1.350	1.425
1600	0.640	0.720	0.800	0.880	0.960	1.040	1.120	1.200	1.280	1.360	1.440	1.520
1700	0.680	0.765	0.850	0.935	1.020	1.105	1.190	1.275	1.360	1.445	1.530	1.615
1800	0.720	0.810	0.900	0.990	1.080	1.170	1.260	1.350	1.440	1.530	1.620	1.710
2000	0.800	0.900	1.000	1.100	1.200	1.300	1.400	1.500	1.600	1.700	1.800	1.900

2. 砖垛工程量计算

砖垛工程量计算可查表 6-30。

表6-30　标准砖附墙砖垛或附墙烟囱、通风道折算墙身面积系数

突出断面 墙身厚度 D /cm $a \times b$ /cm	1/2砖 11.5	3/4砖 18	1砖 24	$1\frac{1}{2}$砖 36.5	2砖 49	$2\frac{1}{2}$砖 61.5
12.25×24	0.2609	0.1685	0.1250	0.0822	0.0612	0.0488
12.5×36.5	0.3970	0.2562	0.1900	0.1249	0.0930	0.0741
12.5×49	0.5330	0.3444	0.2554	0.1680	0.1251	0.0997
12.5×61.5	0.6687	0.4320	0.3204	0.2107	0.1569	0.1250
25×24	0.5218	0.3371	0.2500	0.1644	0.1224	0.0976
25×36.5	0.7938	0.5129	0.3804	0.2500	0.1862	0.1485
25×49	1.0625	0.6882	0.5104	0.2356	0.2499	0.1992
25×61.5	1.3374	0.8641	0.6410	0.4214	0.3138	0.2501
37.5×24	0.7826	0.5056	0.3751	0.2466	0.1836	0.1463
37.5×36.5	1.1904	0.7691	0.5700	0.3751	0.2793	0.2226
37.5×49	1.5983	1.0326	0.7650	0.5036	0.3749	0.2989
37.5×61.5	2.0047	1.2955	0.9608	0.6318	0.4704	0.3750
50×24	1.0435	0.6742	0.5000	0.3288	0.2446	0.1951
50×36.5	1.5870	1.0253	0.7604	0.5000	0.3724	0.2967
50×49	2.1304	1.3764	1.0208	0.6712	0.5000	0.3980
50×61.5	2.6739	1.7273	1.2813	0.8425	0.6261	0.4997
62.5×36.5	1.9813	1.2821	0.9510	0.6249	0.4653	0.3709
62.5×49	2.6635	1.7208	1.3763	0.8390	0.6249	0.4980
62.5×61.5	3.3426	2.1600	1.6016	1.0532	0.7842	0.6250
74×36.5	2.3487	1.5174	1.1254	0.7400	0.5510	0.4392

注：表中 a 为突出墙面尺寸(cm)，b 为砖垛(或附墙烟囱、通风道)的宽度(cm)。

第八节　混凝土及钢筋混凝土工程

一、相关知识

1. 混凝土相关知识

(1)混凝土：以水泥、沥青或合成材料(如树脂、合成纤维)作为胶结材料、水(或其他液体)、细骨料砂和粗骨料碎(砾)石经合理混合硬化后而成的材料,总称为混凝土。混凝土按照胶结材料的不同,可分为水泥混凝

土、沥青混凝土、聚合物混凝土和纤维混凝土。

(2)混凝土强度标准值见表 6-31。

表 6-31　　　　　　　　　混凝土强度标准值　　　　　　(单位:N/mm²)

强度种类	符号	混凝土强度等级						
		C15	C20	C25	C30	C35	C40	C45
轴心抗压	f_{ck}	10.0	13.4	16.7	20.1	23.4	26.8	29.6
弯曲抗拉	f_{tk}	1.27	1.54	1.78	2.01	2.20	2.39	2.51
强度种类	符号	混凝土强度等级						
		C50	C55	C60	C65	C70	C75	C80
轴心抗压	f_{ck}	32.4	35.5	38.5	41.5	44.5	47.4	50.2
轴心抗拉	f_{tk}	2.64	2.74	2.85	2.93	2.99	3.05	3.11

(3)混凝土构件按材料分为无筋混凝土构件和钢筋混凝土构件。钢筋混凝土构件是最常用的主要构件,按施工方法和程序的不同分为现浇构件和预制构件两大类。

2. 钢筋混凝土相关知识

(1)钢筋混凝土:混凝土能承受很大的压力,但抵抗拉力的能力却很低,受拉时很容易断裂,如果在构件的受拉部位配上一种抗拉能力很强的材料——钢筋,并且使钢筋和混凝土形成一个整体,共同受力,则可使它们发挥各自的特长,既能受压又能受拉,这种配有钢筋的混凝土,就称为钢筋混凝土。

(2)钢筋混凝土的强度标准值见表 6-32 及表 6-33。

表 6-32　　　　　　　　　普通钢筋强度标准值

牌号	符号	公称直径 d/mm	屈服强度标准值 f_{yk}/(N/mm²)	极限强度标准值 f_{stk}/(N/mm²)
HPB300	Φ	6~22	300	420
HRB335 HRBF335	Φ Φ^F	6~50	335	455
HRB400 HRBF400 RRB400	Φ Φ^F Φ^R	6~50	400	540
HRB500 HRBF500	Φ Φ^F	6~50	500	630

表 6-33　　预应力钢筋强度标准值

种类		符号	公称直径 d/mm	屈服强度标准值 f_{pyk}/(N/mm²)	极限强度标准值 f_{ptk}/(N/mm²)
中强度预应力钢丝	光面 螺旋肋	ϕ^{PM} ϕ^{HM}	5、7、9	620	800
				780	970
				980	1270
预应力螺纹钢筋	螺纹	ϕ^T	18、25、32、40、50	785	980
				930	1080
				1080	1230
消除应力钢丝	光面 螺旋肋	ϕ^P ϕ^H	5	—	1570
				—	1860
			7	—	1570
			9	—	1470
				—	1570
钢绞线	1×3 (三股)	ϕ^S	8.6、10.8、12.9	—	1570
				—	1860
				—	1960
	1×7 (七股)		9.5、12.7、15.2、17.8	—	1720
				—	1860
				—	1960
			21.6	—	1860

注:极限强度标准值为 1960N/mm² 的钢绞线作后张预应力配筋时,应有可靠的工程经验。

3. 模板的相关知识

(1)模板的作用和要求:模板系统包括模板、支架和紧固件三个部分。其是保证混凝土在浇筑过程中保持正确的形状和尺寸,在硬化过程中进行防护和养护的工具。

(2)模板的分类:按其所用的材料不同可分为木模板、钢模板、钢木模板、铝合金模板、塑料模板、胶合板模板、玻璃钢模板和预应力混凝土薄板等;按其形式不同可分为整体式模板、定型模板、工具式模板、滑升模板、胎模等。

二、定额说明与工程量计算

(一)定额说明

(1)模板工程定额说明见表6-34。

表6-34　　　　　　　　　　　模板工程定额说明

序号	定额项目	定 额 说 明
1	现浇混凝土模板	现浇混凝土模板按不同构件,分别以组合钢模板、钢支撑、木支撑、复合木模板、钢支撑、木支撑、木模板、木支撑配制,模板不同时,可以编制补充定额
2	预制钢筋混凝土模板	预制钢筋混凝土模板,按不同构件分别以组合钢模板、复合木模板、木模板、定型钢模、长线台多拉模,并配制相应的砖地模、砖胎模、长线台混凝土地模编制的,使用其他模板时,可以换算
3	框架轻板	定额中框架轻板项目,只适用于全装配式定型框架轻板住宅工程
4	模板与模板	模板工作内容包括:清理、场内运输、安装、刷隔离剂、浇灌混凝土时模板维护、拆模、集中堆放、场外运输。木模板包括制作(预制包括刨光,现浇不刨光),组合钢模板、复合木模板包括装箱
5	现浇混凝土梁、板、柱、墙	现浇混凝土梁、板、柱、墙是按支模高度(地面至板底)3.6m编制的,超过3.6m时按超过部分工程量另按超高的项目计算
6	钢滑升模板施工的构筑物	用钢滑升模板施工的烟囱、水塔及贮仓是按无井架施工计算的,并综合了操作平台。不再计算脚手架及竖井架。用钢滑升模板施工的烟囱、水塔、提升模板使用的钢爬杆用量是按100%摊销计算的,贮仓是按50%摊销计算的,设计要求不同时,另行换算
7	倒锥壳水塔塔身钢滑升模板项目	倒锥壳水塔塔身钢滑升模板项目,也适用于一般水塔塔身滑升模板工程
8	烟囱钢滑升模板与水塔钢滑升模板	烟囱钢滑升模板项目均已包括烟囱筒身、牛腿、烟道口;水塔钢滑升模板均已包括直筒、门窗洞口等模板用量
9	组合钢模板与复合木模板	组合钢模板、复合木模板项目,未包括回库维修费用。应按定额项目中所列摊销量的模板、零星夹具材料价格的8%计入模板预算价格之内。回库维修费的内容包括:模板的运输费、维修的人工、机械、材料费等

(2)钢筋工程定额说明见表6-35。

第六章 建筑工程工程量计算

表 6-35 钢筋工程定额说明

序号	定额项目	定 额 说 明
1	钢筋工程列项	钢筋工程按钢筋的不同品种、不同规格,按现浇构件钢筋、预制构件钢筋、预应力钢筋及箍筋分别列项。 预应力构件中的非预应力钢筋按预制钢筋相应项目计算
2	非预应力钢筋	非预应力钢筋不包括冷加工,如设计要求冷加工时,另行计算
3	钢筋接头	设计图纸未注明的钢筋接头和施工损耗的,已综合在定额项目内
4	电焊条	绑扎铁丝、成型点焊和接头焊接用的电焊条已综合在定额项目内
5	钢筋工程内容	钢筋工程内容包括:制作、绑扎、安装以及浇灌混凝土时维护钢筋用工
6	现浇构件钢筋	现浇构件钢筋以手工绑扎,预制构件钢筋以手工绑扎、点焊分别列项,实际施工与定额不同时,不再换算
7	预应力钢筋	预应力钢筋如设计要求人工时效处理时,应另行计算
8	预制构件钢筋	预制构件钢筋,如用不同直径钢筋点焊在一起,按直径最小的定额项目计算,如粗细筋直径比在两倍以上时,其人工乘以系数 1.25
9	后张法钢筋的锚固	后张法钢筋的锚固是按钢筋帮条焊、U 型插垫编制的,如采用其他方法锚固时,应另行计算
10	其他构件钢筋	表 6-36 所列的构件,其钢筋可按表列系数调整人工、机械用量

表 6-36 钢筋调整人工、机械系数表

项目	预制钢筋		现浇钢筋		构筑物			
系数范围	拱梯形屋架	托架梁	小型构件	小型池槽	烟囱	水塔	贮仓	
							矩形	圆形
人工、机械调整系数	1.16	1.05	2	2.52	1.7	1.7	1.25	1.50

(3)混凝土工程定额说明见表 6-37。

表 6-37 混凝土工程定额说明

序号	定额项目	定 额 说 明
1	混凝土的工作内容	混凝土的工作内容包括:筛砂子、筛洗石子、后台运输、搅拌、前台运输、清理、润湿模板、浇灌、捣固、养护

续表

序号	定额项目	定 额 说 明
2	毛石混凝土	毛石混凝土,是按毛石占混凝土体积20%计算的。如设计要求不同时,可以换算
3	小型混凝土构件	小型混凝土构件,是指每件体积在0.05m³以内的未列出定额项目的构件
4	预制构件厂生产的构件	预制构件厂生产的构件,在混凝土定额项目中考虑了预制厂内构件运输、堆放、码垛、装车运出等的工作内容
5	构筑物混凝土	构筑物混凝土按构件选用相应的定额项目
6	轻板框架的混凝土梅花柱	轻板框架的混凝土梅花柱按预制异型柱;叠合梁按预制异型梁;楼梯段和整间大楼板按相应预制构件定额项目计算
7	现浇钢筋混凝土柱、墙	现浇钢筋混凝土柱、墙定额项目,均按规范规定综合了底部灌注1:2水泥砂浆的用量
8	混凝土等级	混凝土已按常用列出强度等级,如与设计要求不同时,可以换算

(二)工程量计算

1. 现浇混凝土及钢筋混凝土模板工程量计算

(1)现浇混凝土及钢筋混凝土模板工程量,除另有规定者外,均应区别模板的不同材质,按混凝土与模板接触面面积,以 m² 计算。除了底面有垫层、构件(侧面有构件)及上表面不需支撑模板外,其余各个方向的面积均应计算模板接触面面积。

(2)现浇钢筋混凝土柱、梁、板、墙的支模高度(即室外地坪至板底或板面至板底之间的高度),如图6-109所示,以3.6m以内为准,超过3.6m以上部分,另按超过部分计算增加支撑工程量。

(3)现浇钢筋混凝土板、墙上单孔面积在0.3m²以内的孔洞,不予扣除,洞侧壁模板面积也不增加;单孔面积在0.3m²以外时,应予扣除,洞侧壁模板面积并入板、墙模板工程量计算。

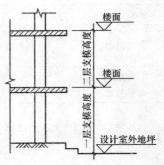

图6-109 支模高度示意图

(4)现浇钢筋混凝土框架分别按梁、板、柱、墙有关规定计算,附墙柱,并入墙内工程量计算。

(5)杯形基础杯口高度大于杯口大边长度的,套高杯基础定额项目,如图 6-110 所示。

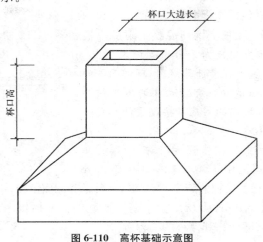

图 6-110　高杯基础示意图
(杯口高大于杯口大边长时)

(6)柱与梁、柱与墙、梁与梁等连接的重叠部分以及伸入墙内的梁头、板头部分,均不计算模板面积。

(7)构造柱外露面均应按图示外露部分计算模板面积。构造柱与墙接触面不计算模板面积,如图 6-111 所示。

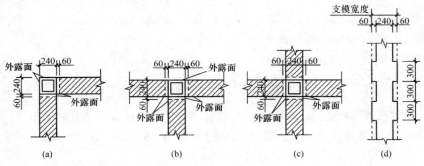

图 6-111　构造柱设置示意图
(a)转角处;(b)T形接头处;(c)十字接头处;(d)支模宽度示意图

(8)现浇钢筋混凝土悬挑板(雨篷、阳台)按图示外挑部分尺寸的水平投影面积计算。挑出墙外的牛腿梁及板边模板在实际施工时需支模板,为了简化工程量计算在编制该项定额,已经将该因素考虑在定额消耗内,不另计算,而未包含在投影范围内的雨篷梁,则应另列过梁项目计算。

【例 6-44】 某现浇钢筋混凝土雨篷模板如图 6-112 所示,试计算其模板工程量(雨篷总长为 $2.26+0.12\times2=2.5m$)。

【解】 根据工程量计算规则,现浇雨篷的模板工程量按图示外挑部分尺寸的水平投影面积计算(嵌入墙内的梁应另按过梁计算)。

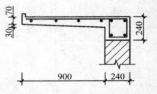

图 6-112 钢筋混凝土雨篷

模板工程量$=2.5\times0.9=2.25m^2$

(9)现浇钢筋混凝土楼梯,以图示露明面尺寸的水平投影面积计算,不扣除小于 500mm 楼梯井所占面积。楼梯的踏步、踏步板、平台梁等侧面模板,不另计算。

【例 6-45】 图 6-113 所示为某钢筋混凝土楼梯栏板示意图(已知栏板高为 0.9m),试计算其模板的工程量。

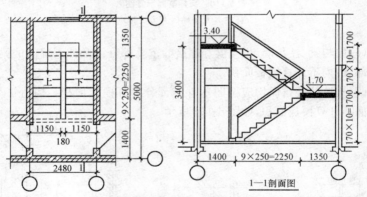

图 6-113 某钢筋混凝土楼梯栏板示意图

【解】 根据工程量计算规则,模板工程量按侧模接触面面积计算。

工程量$=[2.25\times1.15(斜长系数)\times2+0.18+0.18+$
$1.15]\times0.9(高度)\times2(面)$
$=12.03m^2$

(10)混凝土台阶不包括梯带,按图示台阶尺寸的水平投影面积计算,台阶端头两侧不另计算模板面积。

【例 6-46】 图 6-114 所示为某现浇钢筋混凝土台阶示意图,试计算其模板的工程量。

【解】 根据混凝土台阶模板工程量计算规则:
$$工程量 = 4.3 \times 1.4 = 6.02 m^2$$

(11)现浇混凝土小便槽池槽按构件外围体积计算,池槽内、外侧及底部的模板不应另计算。

【例 6-47】 图 6-115 所示为某混凝土小便槽示意图,试计算其模板工程量(图示长度为 2.2m)。

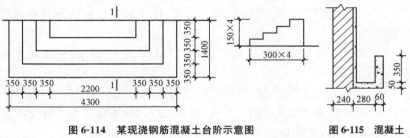

图 6-114 某现浇钢筋混凝土台阶示意图

图 6-115 混凝土小便槽

【解】 根据工程量计算规则,模板工程量按小便槽外围体积计算。
$$工程量 = 2.2 \times (0.28 + 0.06) \times (0.35 + 0.05) = 0.30 m^3$$

2. 预制钢筋混凝土构件模板工程量

(1)预制钢筋混凝土构件模板工程量,除另有规定外,均按混凝土实体体积以 m^3 计算。不扣除构件内钢筋、铁件及 300mm×300mm 以内孔洞所占体积,除预制钢筋混凝土屋架、桁架、托架及长度在 9m 以上的梁、板、桩外,其他预制构件应增加制作废品、运输堆放及安装损耗,这三项损耗共占混凝土体积的 1.5%。即:

预制钢筋混凝土构件模板工程量 = 构件实体体积 × (1+1.5%)

(2)小型池槽模板工程量按外形体积以 m^3 计算。

小型池槽模板工程量 = 池槽外形体积 × (1+1.5%)

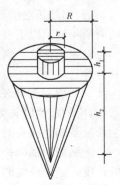

图 6-116 预制桩尖示意图

(3)预制桩尖多用于现场灌注桩(图 6-116),

其模板按虚体积(不扣除桩尖虚体积部分)计算。即：

$$预制桩尖 = \pi r^2 h_1 + \pi R^2 h_2$$
$$= 3.1416(r^2 h_1 + R^2 h_2)$$

式中　r、h_1——桩尖芯半径和高度(m)；
　　　R、h_2——桩尖身半径和高度(m)。

3. 构筑物钢筋混凝土模板工程量

(1)构筑物工程的模板工程量,除另有规定外,区别现浇、预制和构件类别,分别按现浇和预制混凝土及钢筋混凝土模板工程量计算。

(2)大型池槽等分别按基础、墙、板、梁、柱等有关规定计算并套相应定额项目。

(3)液压滑升钢模板施工的烟囱、水塔塔身、贮仓等,均按混凝土体积,以 m^3 计算。

(4)预制倒圆锥形水塔罐壳模板按混凝土体积,以 m^3 计算。

(5)预制倒圆锥形水塔罐壳组装、提升、就位,按不同容积以座计算。

4. 钢筋工程工程量

(1)钢筋工程量计算规定。

1)钢筋工程,应区别现浇、预制构件、不同钢种和规格,分别按设计长度乘以单位质量,以 t 计算。

2)计算钢筋工程量时,设计已规定钢筋搭接长度的,按规定搭接长度计算;设计未规定搭接长度的,已包括在钢筋的损耗率之内,不另计算搭接长度。钢筋电渣压力焊接、套筒挤压等接头,以个计算。

(2)钢筋长度的计算。钢筋混凝土构件的种类很多,其所配置的钢筋均有所不同。以下分别介绍不同钢筋的长度计算方法。

1)纵向钢筋。纵向钢筋是指沿构件长度(或高度)方向设置的钢筋,其计算公式为：

$$纵向钢筋长度 = 构件支座间净长度 + 应增加钢筋长度$$

式中,应增加钢筋长度包括钢筋的锚固长度、钢筋弯钩长度、弯起钢筋增加长度及钢筋接头的搭接长度。

①钢筋的锚固长度,为满足受力需要,埋入支座的钢筋必须具有足够的长度。锚固长度的大小,对于设计图上对钢筋的锚固长度有明确规定,应按图计算。如表示不明确的,按《混凝土结构设计规范》(GB 50010—2010)规定执行,规范规定如下：

第六章 建筑工程工程量计算

a. 受拉钢筋的锚固长度。受拉钢筋的锚固长度应按下列公式计算:

普通钢筋　　$l_a = \alpha(f_y/f_t)d$

预应力钢筋　$l_a = \alpha(f_{py}/f_t)d$

式中　f_y、f_{py}——普通钢筋、预应力钢筋的抗拉强度设计值,按表 6-38 和表 6-39 采用;

　　　f_t——混凝土轴心抗拉强度设计值,按表 6-40 采用,当混凝土强度等级高于 C40 时,按 C40 取值;

　　　d——钢筋的公称直径;

　　　α——钢筋的外形系数(光面钢筋 α 取 0.16,带肋钢筋 α 取 0.14)。

表 6-38　　　　　　　　普通钢筋强度设计值　　　　　　　(单位:N/mm²)

牌号	抗拉强度设计值 f_y	抗压强度设计值 f'_y
HPB300	270	270
HRB335、HRBF335	300	300
HRB400、HRBF400、RRB400	360	360
HRB500、HRBF500	435	410

表 6-39　　　　　　　　普通钢筋强度设计值　　　　　　　(单位:N/mm²)

种类	极限强度标准值 f_{ptk}	抗拉强度设计值 f_{py}	抗压强度设计值 f'_{py}
中强度预应力钢丝	800	510	410
	970	650	
	1270	810	
消除应力钢丝	1470	1040	410
	1570	1110	
	1860	1320	
钢绞线	1570	1110	390
	1720	1220	
	1860	1320	
	1960	1390	
预应力螺纹钢筋	980	650	410
	1080	770	
	1230	900	

注:当预应力筋的强度标准值不符合表中的规定时,其强度设计值应进行相应比例的换算。

表 6-40　　　　　　　　混凝土抗拉强度设计值　　　　　　　（单位：N/mm²）

强度	混凝土强度等级													
	C15	C20	C25	C30	C35	C40	C45	C50	C55	C60	C65	C70	C75	C80
f_t	0.91	1.10	1.27	1.43	1.57	1.71	1.80	1.89	1.96	2.04	2.09	2.14	2.18	2.22

当符合下列条件时，计算的锚固长度应进行修正：

(a) 当 HRB335、HRB400、RRB400 级钢筋的直径大于 25mm 时，其锚固长度应乘以修正系数 1.1。

(b) 当 HRB335、HRB400、RRB400 级的环氧树脂涂层钢筋，其锚固长度应乘以修正系数 1.25。

(c) 当 HRB335、HRB400、RRB400 级钢筋在锚固区的混凝土保护层厚度大于钢筋直径的 3 倍且配有箍筋时，其锚固长度可乘以修正系数 0.8。

(d) 经上述修正后的锚固长度不应小于按公式计算箍筋长度的 0.7 倍，且不应小于 250mm。

(e) 纵向受压钢筋的锚固长度不应小于受拉钢筋锚固长度的 0.7 倍。

纵向受拉钢筋抗震锚固长度 l_{aE} 按表 6-41 计算。

表 6-41　　　　　　　纵向受拉钢筋抗震锚固长度 l_{aE}

钢筋种类与直径			混凝土强度等级与抗震等级								
			C20		C25		C30		C35		≥C40	
			一、二级抗震等级	三级抗震等级	一、二级抗震等级	三级抗震等级	一、二级抗震等级	三级抗震等级	一、二级抗震等级	三级抗震等级	一、二级抗震等级	三级抗震等级
HPB300	普通钢筋		36d	33d	31d	28d	27d	25d	25d	23d	23d	21d
HRB335	普通钢筋	d≤25	44d	41d	38d	35d	34d	31d	31d	29d	29d	26d
		d>25	49d	45d	42d	39d	38d	34d	34d	31d	32d	29d
HRB400 RRB400	普通钢筋	d≤25	53d	49d	46d	42d	41d	37d	37d	34d	34d	31d
		d>25	58d	53d	51d	46d	45d	41d	41d	38d	38d	34d

b. 圈梁、构造柱钢筋锚固长度。对于钢筋混凝土圈梁、构造柱等，图纸上一般不表示其锚固长度，应按《建筑抗震结构详图》97G329（三）（四）有关规定执行。

② 钢筋的弯钩长度。钢筋弯钩长度的确定与弯钩形式有关。常见的弯

钩形式有半圆弯钩、直弯钩、斜弯钩三种。当 HPB300 钢筋的末端做成 180°、90°、135°三种弯钩时，其圆弧弯曲直径 D 不应小于钢筋直径 d 的 2.5 倍，平直部分长度不宜小于钢筋直径的 3 倍。各弯钩长度如图 6-117 所示。

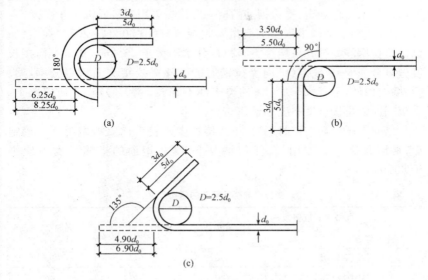

图 6-117 钢筋弯钩示意图
(a)180°半圆弯钩；(b)90°直弯钩；(c)135°斜弯钩

有
$$180°半圆弯钩每个长=6.25d$$
$$90°直弯钩每个长=3.5d$$
$$135°斜弯钩每个长=4.9d$$

钢筋的弯钩长度(d=钢筋直径)见表 6-42。

表 6-42　　　　　　　　钢筋弯钩长度　　　　　　　　　(单位:m)

钢筋弯钩形式 \ 钢筋直径	φ6	φ8	φ10	φ12	φ14	φ16	φ18	φ20	φ22	φ28	φ30
直弯钩(3.5d)	0.021	0.028	0.035	0.042	0.049	0.056	0.063	0.07	0.077	0.098	0.105
斜弯钩(4.9d)	0.029	0.039	0.049	0.059	0.069	0.078	0.088	0.098	0.108	0.137	0.147
半圆钩(6.25d)	0.040	0.050	0.060	0.075	0.090	0.100	0.110	0.125	0.140	0.175	0.188

③钢筋接头及搭接长度的计算。钢筋按外形分为有光圆钢筋、螺纹钢筋、钢丝和钢绞线。其中，光圆钢筋中 φ10 以内的钢筋为盘条；φ10 以外

及螺纹钢筋为直条钢筋,长度为 6～12m。也就是说,当构件设计长度较长时,ϕ10 以内的圆钢筋,可以按设计要求长度下料,但 ϕ10 以外的圆钢筋及螺纹钢筋就需要接头了。钢筋的接头方式有:绑扎、连接、焊接和机械连接。施工规范规定:受力钢筋的接头应优先采用焊接或机械连接。

按《混凝土结构工程施工质量验收规范》(GB 50204—2002)规定:当纵向受拉钢筋的绑扎搭接接头面积百分率不大于 25% 时,其最小搭接长度应符合表 6-43 规定(纵向受拉钢筋的绑扎搭接接头面积百分率,梁、板、墙类构件,不宜大于 25%;柱类构件不宜大于 50%),在任何情况下,受拉钢筋的搭接长度不应小于 300mm。

纵向受压钢筋搭接时,其最小搭接长度按表 6-43 及"注释"规定确定后,乘以系数 0.7 取用,在任何情况下,受压钢筋的搭接长度不应小于 200mm。

表 6-43　　　　　　　　　受拉钢筋绑扎接头的搭接长度

钢筋类型 \ 混凝土强度等级	C20	C25	高于 C25
HPB300 级	35d	30d	25d
HRB335 级	45d	40d	35d
HRB400 级	55d	50d	45d
冷拔低碳钢丝	300mm		

注:1. 当 HRB335、HRB400 级钢筋直径 d 大于 25mm 时,其受拉钢筋的搭接长度应按表中数值增加 5d 采用。

2. 当螺纹钢筋直径 d 不大于 25mm 时,其受拉钢筋的搭接长度应按表中值减少 5d 采用。

3. 当混凝土在凝固过程中钢筋易受扰动时,其搭接长度宜适当增加。

4. 在任何情况下,纵向受拉钢筋的搭接长度不应小于 300mm;受压钢筋的搭接长度不应小于 200mm。

5. 轻骨料混凝土的钢筋绑扎接头搭接长度应按普通混凝土搭接长度增加 5d,对冷拔低碳钢丝增加 50mm。

6. 当混凝土强度等级低于 C20 时,HPB300、HRB335 级钢筋的搭接长度应按表中 C20 的数值相应增加 10d,HRB400 级钢筋不宜采用。

7. 对有抗震要求的受力钢筋的搭接长度,对一、二级抗震等级应增加 5d。

8. 两根直径不同钢筋的搭接长度,以较细钢筋的直径计算。

计算钢筋工程量时,设计已规定(即图纸规定或规范规定)钢筋搭接长度的,按规定搭接长度计算;设计未规定钢筋搭接长度的(如焊接接头长度,双面焊接 $5d$,单面焊接 $10d$),已包括在钢筋的损耗之内,不另计算搭接长度。钢筋电渣压力焊接,套筒挤压焊接等接头,以个计算。

④弯起钢筋的增加长度。弯起钢筋的弯起角度,一般有 30°、45°、60°三种,其弯起增加值是指斜长与水平投影长度之间的差值,如图 6-118 所示。

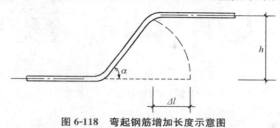

图 6-118 弯起钢筋增加长度示意图

$$\text{弯起钢筋增加长度 } \Delta l = S - L = \tan\frac{\alpha}{2} h$$

式中 h——弯起钢筋的高度,等于构件截面减去两边保护层的厚度;
S——弯起部分的斜长;
L——弯起部分的水平长度;
α——钢筋弯起角度。

弯起钢筋斜长及增加长度计算见表 6-44。

表 6-44 弯起钢筋长系数表

弯起角度	$\alpha=30°$	$\alpha=45°$	$\alpha=60°$
斜边长度 S	$2h$	$1.414h$	$1.154h$
底边长度 L	$1.732h$	h	$0.577h$
增加长度 $S-L$	$0.268h$	$0.414h$	$0.58h$

2)箍筋。箍筋是钢筋混凝土构件中形成骨架,并与混凝土一起承担剪力的钢筋,在梁、柱构件中设置。

箍筋的末端应做弯钩,弯钩形式应符合设计要求。当设计无具体要求时,用 HPB300 级钢筋或冷拔低碳钢丝制作的箍筋,其弯钩的弯曲直径应大于受力钢筋直径,且不小于箍筋直径的 2.5 倍;弯钩平直部分的长度,对一般结构,不宜小于箍筋直径的 5 倍;对有抗震要求的结构不应小于箍筋直径的 10 倍。其计算公式如下:

箍筋长度=单根箍筋长度×箍筋个数

①单根箍筋长度计算。单根箍筋的长度,与箍筋的设置形式有关。

箍筋常见的设置形式有双肢箍、四肢箍及螺旋箍,如图 6-119 所示。

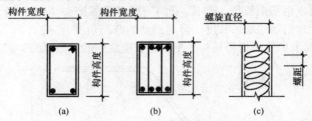

图 6-119 箍筋形式示意图
(a)双肢箍;(b)四肢箍;(c)螺旋箍

a. 双肢箍。
双肢箍长度＝构件周长－8×混凝土保护层厚度＋箍筋两个弯钩增加长度
箍筋增减值见表 6-45。

表 6-45　　　　　　　　　箍筋长度调整表　　　　　　（单位:mm）

形　状	直径 d						备注
	4	6	6.5	8	10	12	
	Δl						
抗震结构	－88	－33	－20	22	78	133	$\Delta l = 200 - 27.8d$
一般结构	－133	－100	－90	－66	－33	0	$\Delta l = 200 - 16.75d$
	－140	－110	－103	－80	－50	－20	$\Delta l = 200 - 15d$

注:本表根据《混凝土结构工程施工质量验收规范》(GB 50204—2002)第 5.3.2 条编制。
　　保护层按 25mm 考虑。

b. 四肢箍。四肢箍即两个双肢箍,其长度与构件纵向钢筋根数及其排列有关。如当纵向钢筋每侧为四根时,可按下式计算:

四肢箍长度＝一个双肢箍长度×2
$$= \{[(构件宽度-两端保护层厚度)\times\frac{2}{3}+$$
构件高度－两端保护层厚度$]\times 2+$
箍筋两个弯钩增加长度$\times 2\}\times 2$

c. 螺旋箍。图 6-120 所示螺旋箍的计算长度为：
$$L = N\sqrt{p^2+(D-2a-d)^2\pi^2}+弯钩增加长度$$

式中　N——螺旋箍圈数；
　　　D——圆柱直径(m)；
　　　p——螺距。

②箍筋根数的计算。箍筋根数与钢筋混凝土构件的长度有关，若箍筋为等间距配置，间距为 c，则每一构件箍筋根数 N：

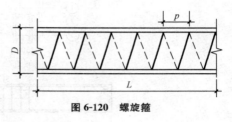

图 6-120　螺旋箍

$$N = \frac{l}{c}+1 (两端均设箍筋)$$

$$N = \frac{l}{c} (两端中只有一端设箍筋)$$

$$N = \frac{l}{c}-1 (两端均不设箍筋)$$

箍筋即可等间距设置，也可在局部范围内加密，无论采用哪种设置方式，计算方法都是一样的。当箍筋在构件中等间距设置时，其计算公式可表示为：

箍筋设置区域的长度＝构件长度－两端保护层厚度

3）预应力钢筋。先张法预应力钢筋，按构件外形尺寸计算长度；后张法预应力钢筋按设计图纸规定的预应力钢筋预留孔道长度，并区别不同的锚具类型，分别按下列规定计算：

①低合金钢筋两端采用螺杆锚具时，预应力的钢筋按预留孔道长度减 0.35m，螺杆另行计算。

②低合金钢筋一端采用镦头插片，另一端采用螺杆锚具时，预应力钢筋长度按预留孔长度计算，螺杆另行计算。

③低合金钢筋一端采用镦头插片，另一端采用帮条锚具时，预应力钢筋增加 0.15m 计算，两端均采用帮条锚具时，预应力钢筋共增加 0.3m 计算。

④低合金钢筋采用后张混凝土自锚时,预应力钢筋长度增加0.35m计算。

⑤低合金钢筋或钢绞线采用JM、XM、QM型锚具和碳素钢丝采用锥形锚具,孔道长度至20m以内时,预应力钢筋长度增加1m计算;孔道长度在20m以上时,预应力钢筋长度增加1.8m计算。

⑥碳素钢丝两端采用镦粗头时,预应力钢丝长度增加0.35m计算。

【例6-48】 图6-121所示为某工程预制钢筋混凝土过梁示意图,试计算其钢筋用量。

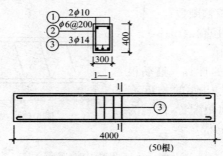

图6-121 某工程预制钢筋混凝土过梁示意图

【解】 钢筋用量见表6-46。

表6-46　　　　　　　　　一根梁钢筋用量

钢筋编号	型号	根数	每根长度/m	总长/m	总质量/kg	备注
①	$\phi 10$	2	$3.95+6.25\times 0.01\times 2=4.075$	8.15	5.03	套用基础定额5-326
②	$\phi 6$	20	$(0.4-0.015\times 2)\times 2+(0.3-0.015\times 2)\times 2+0.1=1.38$	27.6	6.13	套用基础定额5-355
③	$\phi 14$	3	$3.95+6.25\times 0.014\times 2=4.125$	12.375	14.97	套用基础定额5-330

钢筋用量:$(5.03+14.97+6.13)\times 50/1000=1.3065t$

每$10m^3$过梁钢筋用量为:$1.3065/(0.3\times 0.4\times 4\times 50)\times 10=0.544t$

(3)钢筋质量计算。钢筋每米长的质量可直接从表6-47中查出,也可按下式计算:

$$钢筋每米长质量 = 0.006165d^2$$

式中 d——以 mm 为单位的钢筋直径。

表 6-47　　　　　每米钢筋质量表

直径/mm	断面面积/cm²	每米质量/kg	直径/mm	断面面积/cm²	每米质量/kg
4	0.126	0.099	18	2.545	2.00
5	0.196	0.154	19	2.835	2.23
6	0.283	0.222	20	3.142	2.47
8	0.503	0.395	22	3.801	2.98
9	0.636	0.499	25	4.909	3.85
10	0.785	0.617	28	6.158	4.83
12	1.131	0.888	30	7.069	5.55
14	1.539	0.210	32	8.042	6.31
16	2.011	0.580			

$$钢筋工程量 = \sum(分规格长 \times 分规格每米质量)(H 损耗率)$$

【例 6-49】 计算如图 6-122 所示的钢筋混凝土板配筋板内钢筋工程量。已知板混凝土强度等级为 C25，板厚 100mm，正常环境下使用，试计算板内钢筋工程量。

【解】（1）计算钢筋长度。

该板所需的混凝土保护层厚度为 0.015mm。

1）①号钢筋（$\phi 8$）。

①号钢筋（$\phi 8$）每根长度 = 构件长度 - 两端保护层厚度 + 两个弯钩增加长度 = $6.3 + 0.24 - 2 \times 0.015 + 2 \times 6.25 \times 0.008 = 6.61$m

①号钢筋根数 = 钢筋设置区域的长度/钢筋设置间距 + 1

$$= \frac{4.8 - 0.24}{0.15} + 1$$

≈ 31 根

①号钢筋（$\phi 8$）总长度 = 每根长度 × 根数 = $6.61 \times 31 = 204.91$m

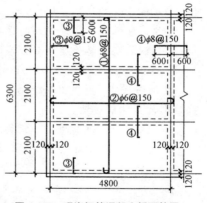

图 6-122　现浇钢筋混凝土板配筋图

2) ②号钢筋($\phi6$)。

②号钢筋($\phi6$)每根长度 $=4.8+2\times6.25\times0.006=4.88\text{m}$

②号钢筋根数 $=\left(\dfrac{2.1-0.24}{0.15}+1\right)\times3\approx14\times3=42$ 根

②号钢筋($\phi6$)总长度 $=4.88\times42=204.96\text{m}$

3) ③号钢筋($\phi8$)。

③号钢筋($\phi8$)每根长度 $=$ 直长段 $+$ 两个弯折长度
$$=0.6+(0.1-0.015)\times2$$
$$=0.77\text{m}$$

③号钢筋根数 $=\left(\dfrac{2.1-0.24-0.1}{0.15}+1\right)+31(同①号钢筋)\times2$
$$=[(12+1)\times3+31\times2]$$
$$=101 \text{ 根}$$

③号钢筋($\phi8$)总长度 $=0.77\times101=77.77\text{m}$

4) ④号钢筋($\phi8$)

④号钢筋($\phi8$)每根长度 $=0.6\times2+(0.1-0.015)\times2=2.57\text{m}$

④号钢筋根数 $=$ ③号钢筋的根数 $=101$ 根

④号钢筋($\phi8$)总长度 $=2.57\times101=259.57\text{m}$

5) $\phi8$ 钢筋长度汇总 $=204.91+77.77+259.57=542.25\text{m}$

$\phi6$ 钢筋长度汇总 $=204.96\text{m}$

(2) 计算钢筋质量。

$$钢筋质量 = 钢筋总长度 \times 每米质量$$
$$\phi8 \text{ 钢筋质量} = 542.25\times0.395 = 214.19\text{kg}$$
$$\phi6 \text{ 钢筋质量} = 204.96\times0.222$$
$$=45.5\text{kg}$$

5. 铁件工程量

钢筋混凝土构件预埋铁件工程量,按设计图示尺寸以 t 计算。其计算公式如下:

$$预埋铁件工程量 = 图示铁件质量$$

其中
$$钢板质量 = 钢板面积 \times 钢板每平方米质量$$
$$型钢质量 = 型钢长度 \times 型钢每米质量$$

6. 现浇混凝土工程量

混凝土工程量除另有规定外,均按图示尺寸实体体积以 m^3 计算。不扣除构件内钢筋、预埋铁件及墙、板中 0.3m² 内的孔洞所占体积。

(1)条形基础。条形基础混凝土工程量＝基础断面面积×基础长度

1)外墙基础体积＝外墙基础中心线长度×基础断面面积

2)内墙基础体积＝内墙基础底净长度×基础断面面积＋T形接头搭接体积

【例 6-50】 图 6-123 所示为有梁式条形基础,计算其混凝土工程量。

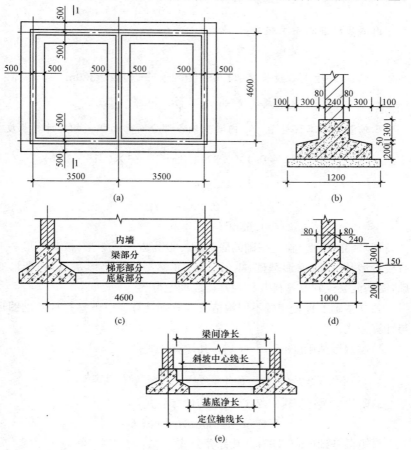

图 6-123 有梁式条形基础平面图及剖面图
(a)基础平面图;(b)基础剖面图;(c)1—1 剖面图;
(d)内墙基础剖面图;(e)内墙基础计算长度取值

【解】 外墙基础混凝土工程量的计算:

由图 6-123(b)可以看出,该基础的中心线与外墙中心线(也是定位轴线)重合,故外墙基的计算长度可取 $L_{中}$,则:

外墙基础混凝土工程量=基础断面面积×$L_{中}$

$$= \left(0.4 \times 0.3 + \frac{0.4+1}{2} \times 0.5 + 1 \times 0.2\right) \times$$

$$(3.5 \times 2 + 4.6) \times 2 = 15.54 \text{m}^3$$

内墙基础混凝土工程量:

梁间净长度=$4.6-0.2 \times 2=4.2$m

斜坡中心线长度=$4.6 - \left(0.2 + \frac{0.3}{2}\right) \times 2 = 3.9$m

基底净长度=$4.6 - 0.5 \times 2 = 3.6$m

墙基础混凝土工程量=$\sum$ 内墙基础各部分断面面积×相应计算长度

$$= 0.4 \times 0.3 \times 4.2 + \frac{0.4+1}{2} \times 0.15 \times 3.9 +$$

$$1 \times 0.2 \times 3.6$$

$$= 0.504 + 0.409 + 0.72$$

$$= 1.63 \text{m}^3$$

(2)独立基础。独立基础的底面积一般为方形或矩形,按其外形一般有棱台形基础、阶梯形基础、矩形基础(亦称平浅柱垫形基础)和杯形基础,钢筋混凝土独立基础与柱在基础表面上分界。

独立基础工程量应按不同构造形式分别计算。以下是几种基础图形与计算公式:

1)棱台形基础[图 6-124(a)]。其计算公式:

$$V = a_1 b_1 h_1 + a_2 b_2 h_3 + \frac{h_2}{6}[a_1 b_1 + a_2 b_2 + (a_1 + a_2)(b_1 + b_2)]$$

2)阶梯形基础[图 6-124(b)]。其计算公式:

$$V = b_1 a_1 h_1 + b_2 a_2 h_2 + b_3 a_3 h_3$$

3)矩形基础(图 6-125)。其计算公式:

$$V = b_1 a_1 H$$

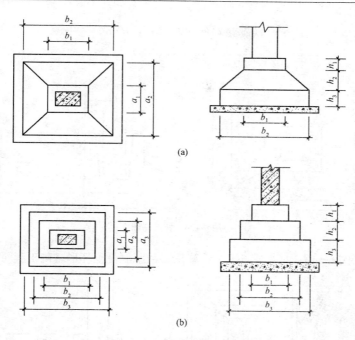

图 6-124 基础平面图与剖面图
(a)棱台形基础;(b)阶梯形基础

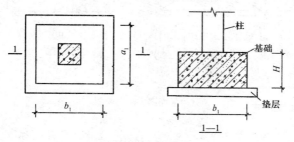

图 6-125 矩形基础

4)杯形基础(图 6-126)。

现浇钢筋混凝土杯形基础的工程量分为四部分计算:底部立方体,中部立方体,上部立方体,并扣除杯口空心棱台体积,计算公式:

$$V = ABh_3 + \frac{h_1-h_3}{3}(AB + a_1b_1 + \sqrt{AB \times a_1b_1}) + a_1b_1(h-h_1) -$$

$$\frac{h-h_2}{3}[(a-0.025\times2)(b-0.025\times2)+ab+$$
$$\sqrt{(a-0.025\times2)(b-0.025\times2)ab}\,]$$

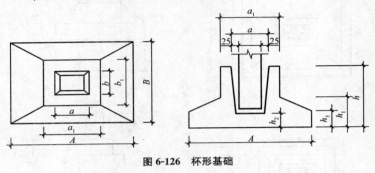

图 6-126 杯形基础

【例 6-51】 根据图 6-127 计算现浇钢筋混凝土杯形基础工程量。

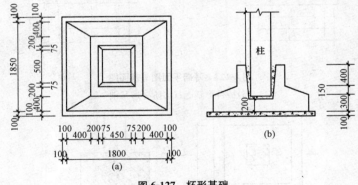

图 6-127 杯形基础
(a)平面图;(b)剖面图

【解】 $V=$下部立方体+中部棱台体+上部立方体-杯口空心棱台体

$$=1.8\times1.85\times0.30+\frac{1}{3}\times0.15\times(1.8\times1.85+1.0\times$$
$$1.05+\sqrt{1.8\times1.85\times1.0\times1.05}\,)+1.0\times1.05\times$$
$$0.4-\frac{1}{3}\times(0.85-0.2)\times(0.45\times0.5+0.6\times0.65+$$
$$\sqrt{0.45\times0.5\times0.6\times0.65}\,)$$
$$=1.534\text{m}^3$$

(3)满堂基础。按不同构造形式满堂基础可分为无梁式(即板式)满堂基础、有梁式(筏式)满堂基础和箱式满堂基础。

1)无梁式满堂基础(图 6-128),形似倒置的无梁楼板。如有扩大或锥形柱墩(脚)时,其工程量应按板的体积加柱脚的体积计算,柱脚高度按设计尺寸,无设计尺寸则算至柱墩的扩大面。

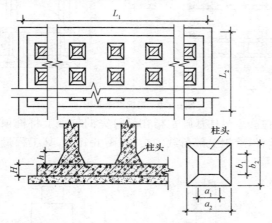

图 6-128 无梁式满堂基础

其体积:
$$V=L_1L_2H+\frac{h}{6}[a_1b_1+a_2b_2+(a_1+a_2)\times(b_1+b_2)]$$

2)有梁式满堂基础(图 6-129)。

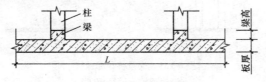

图 6-129 有梁式满堂基础

其体积:

有梁式满堂基础混凝土工程量=基础底板体积+梁体积

3)箱式满堂基础。箱式满堂基础(图 6-130)上有盖板,下有底板,中间有纵、横墙及柱连成整体。其工程量应分别按无梁式满堂基础(底板)、柱、墙、梁、板有关规定计算。箱式满堂基础应列项为:底板执行无梁式满堂基础项目,隔板执行钢筋混凝土项目,顶板执行钢筋混凝土平板项目。

箱形基础体积＝顶板体积＋底板体积＋墙体体积

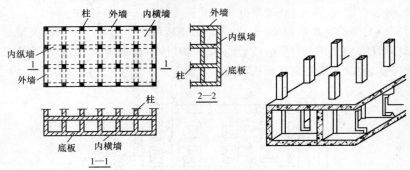

图 6-130 箱式满堂基础

（4）承台柱。承台柱基础是指在已打完的桩顶上将桩顶连成一体的钢筋混凝土承台，承担上部荷载的结构（图 6-131），其工程量按承台图示尺寸以 m^3 计算。

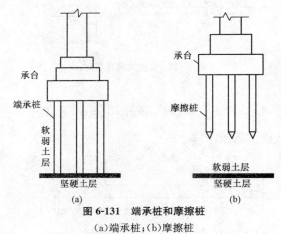

图 6-131 端承桩和摩擦桩
(a)端承桩；(b)摩擦桩

桩台混凝土工程量＝桩承台长度×桩承台宽度×桩台高度

（5）柱。

1) 柱混凝土工程量按图示断面尺寸乘以柱高度以 m^3 计算，构造柱与砖墙嵌接部分的体积，并入柱体积内计算。其计算公式为：

柱混凝土工程量＝柱断面面积×柱高度

①柱高按表 6-48 规定计取。

第六章 建筑工程工程量计算

表 6-48　　　　　　　　　　　柱高取值表

名　称	柱高度取值	图　示
有梁板的柱高	自柱基上表面(或楼板上表面)至上一层楼板上表面之间的高度	图 6-132
无梁板的柱高	自柱基上表面(或楼板上表面)至柱帽下表面之间的高度	图 6-133
框架柱的柱高	自柱基上表面至柱顶之间的高度	图 6-134
构造柱的柱高	全高,即自柱基上表面至柱顶面之间的高度	图 6-135

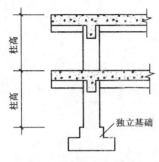

图 6-132　有梁板柱高示意图

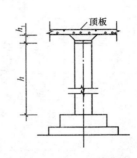

图 6-133　无梁柱柱高示意图

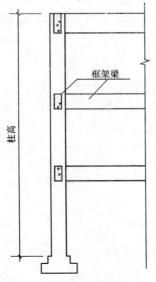

图 6-134　框架柱柱高示意图

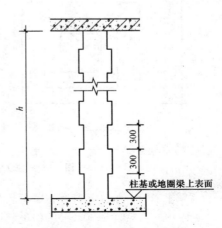

图 6-135　构造柱柱高示意图

②柱断面 S 按图示尺寸计算：

a. 圆环形(空心)柱面积。

$$S=\frac{\pi}{4}(D^2-a^2)=0.7854(D^2-d^2)$$

式中　D, d——分别为圆环形断面的外径与内径(m)。

b. 工字形断面面积。一般工字形断面(图 6-136)其断面面积按外形面积扣除两侧凹槽面积计算。

$$S=h\times b-2(h_1+m)\times b_2$$

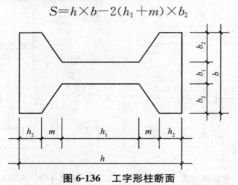

图 6-136　工字形柱断面

【例 6-52】　图 6-137 所示为某工程钢筋混凝土独立柱基示意图，试计算 4 个独立柱基的工程量。

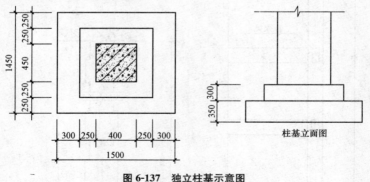

图 6-137　独立柱基示意图

【解】　$V=[1.50\times1.45\times0.35+(0.25+0.4+0.25)\times(0.25+$
$0.45+0.25)\times0.3]\times4$
$=6.46\text{m}^3$

2)构造柱与砌墙嵌接部分的体积应并入柱身体积内计算。

常用构造柱的构造形式一般有四种,即 L 形拐角、T 字形接头、十字形交叉及长墙中间"一字形",如图 6-138 所示。

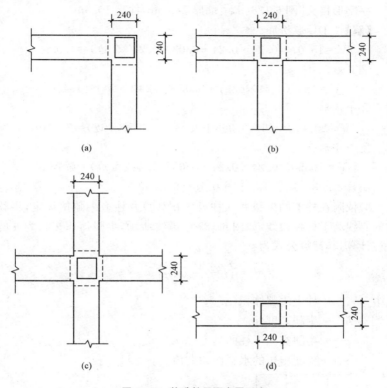

图 6-138　构造柱平面布置形式
(a)L形;(b)T形;(c)十字形;(d)一字形

构造柱的马牙咬接槎的纵间距一般为 300mm,咬接高度 300mm,马牙宽 60mm。为便于工程量计算,马牙咬接宽度按全高的平均宽度 $1/2 \times 60\text{mm} = 30\text{mm}$ 计算。若构造柱两个方向的尺寸记为 a 及 b,则:

$$S_g = ab + 0.03n_1 a + 0.03n_2 b = ab + 0.03(n_1 a + n_2 b)$$

式中　S_g——构造柱计算断面面积(m^2);

$n_1、n_2$——分别为相应于 $a、b$ 方向的咬接边数,其数值为 0,1,2。

【例 6-53】　根据下列数据计算构造柱体积:

L形拐角[图6-138(a)]:墙厚240mm,柱高15m
T形接头[图6-138(b)]:墙厚240mm,柱高187m
十字形接头[图6-138(c)]:墙厚365mm,柱高20m
一字形接头[图6-138(d)]:墙厚240mm,柱高10.5m

【解】 ①L形拐角。

$V=15.0\times(0.24\times0.24+0.03\times0.24\times2\text{边})=1.08\text{m}^3$

②T形。

$V=18\times(0.24\times0.24+0.03\times0.24\times3\text{边})=1.43\text{m}^3$

③十字形。

$V=20\times(0.365\times0.365+0.03\times0.365\times4\text{边})=3.54\text{m}^3$

④一字形。

$V=10.5\times(0.24\times0.24+0.03\times0.24\times2\text{边})=0.76\text{m}^3$

小计:$1.08+1.43+3.54+0.76=6.81\text{m}^3$

3)依附在柱上的牛腿并入柱身体积计算。柱上牛腿按规定,牛腿与柱的界线为下柱柱边线,如图6-139中虚线所示,牛腿体积按高为h的四棱柱计算,其计算公式为:

$$V_t = \left(h - \frac{1}{2}c\tan\alpha\right)\times c \times b$$

式中 V_t——柱上牛腿体积(m^3);

h——牛腿高度(m);

c——牛腿突出下柱的高度(m);

α——牛腿斜边的水平面的夹角。

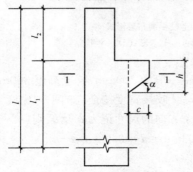
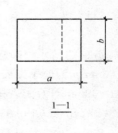

图6-139 带牛腿钢筋混凝土柱

【例6-54】 某工程用带牛腿的钢筋混凝土柱(图6-139),20根,其下柱长 $l_1=6.8\text{m}$,断面尺寸 500mm×400mm;上柱长 $l_2=2.8\text{m}$,断面尺寸 300mm×400mm;牛腿参数:$h=800\text{mm}$、$c=200\text{mm}$,$\alpha=60°$,试计算该柱工程量。

【解】 该钢筋混凝土柱的体积是下柱、上柱及牛腿三部分计算后相加。

$$V = [0.5 \times 0.4 \times 6.8 + 0.3 \times 0.4 \times 2.8 +$$
$$\left(0.8 - \frac{1}{2} \times 0.2 \times \tan 60°\right) \times 0.2 \times 0.4] \times 20$$
$$= 34.92\text{m}^3$$

【例6-55】 图6-140所示为某工程的构造柱示意图,柱高度为4.2m,试计算其混凝土工程量。

【解】 由构造图6-140(d)可知:

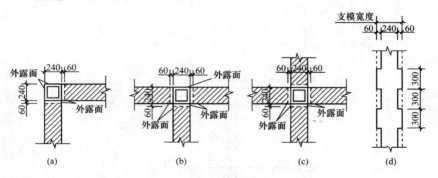

图6-140 某工程构造柱示意图
(a)转角处;(b)T形接头处;(c)十字接头处;(d)支模宽度示意图

构造柱断面面积=原构造柱断面面积+1/2马牙槎断面面积×马牙槎个数

构造柱混凝土工程量=构造柱断面面积×柱高度

图6-140中构造柱混凝土工程量为:

由图6-140(a)可得:

$$\left(0.24 \times 0.24 + \frac{1}{2} \times 0.06 \times 0.24 \times 2\right) \times 4.2 = 0.30\text{m}^3$$

由图 6-140(b)可得：

$$\left(0.24\times0.24+\frac{1}{2}\times0.06\times0.24\times3\right)\times4.2=0.33\text{m}^3$$

由图 6-140(c)可得：

$$\left(0.24\times0.24+\frac{1}{2}\times0.06\times0.24\times4\right)\times4.2=0.36\text{m}^3$$

所以，构造柱混凝土工程量为：

$$0.30+0.33+0.36=0.99\text{m}^3$$

(6)梁。梁的体积，按图示断面尺寸乘以梁长以 m^3 计算，伸入墙的梁头、梁垫体积并入梁体积内计算，计算公式可表示为：

$$V=SL$$

式中　S——梁的图示断面面积；

　　　L——梁长。

梁长按下列规定计算：

1)梁与柱连接时，梁长算至柱侧面。

2)主梁与次梁连接时，次梁长算至主梁侧面(图 6-141)。

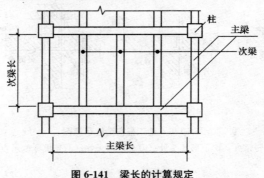

图 6-141　梁长的计算规定

3)伸入墙内梁头、梁垫体积并入梁体积内计算。

4)圈梁长按中心线长度计算，圈梁与过梁连接时，应分别计算，过梁的梁长可按图示尺寸或按门窗洞口宽度两端共加 50cm 计算。

【例 6-56】　某房屋 $L_{中}=26\text{m}$，$L_{内}=4.78\text{m}$，共设 5 个洞口宽度为 1.8m 的窗户及两个洞口宽度为 1.2m 的门。已知圈梁与过梁连接在一起，断面尺寸为 240mm(宽)×300mm(高)。试计算圈梁、过梁的混凝土工程量。

【解】 因为圈梁与过梁连接在一起,所以圈梁体积中应减去过梁所占的体积。

①过梁。

过梁混凝土工程量＝过梁断面面积×过梁长度
$$= 0.24 \times 0.3 \times (1.8+0.5) \times 5 + 0.24 \times 0.3 \times (1.2+0.5) \times 2$$
$$= 1.07 \text{m}^3$$

②圈梁。

圈梁混凝土工程量＝圈梁断面面积×圈梁长度－过梁所占体积
$$= 0.24 \times 0.3 \times (L_中 + L_内) - 1.07$$
$$= 0.24 \times 0.3 \times (26+4.78) - 1.07$$
$$= 1.15 \text{m}^3$$

(7)板。现浇板按图示面积乘以板厚以 m^3 计算。

1)有梁板包括主、次梁与板,按梁板体积之和计算。

$$V = V_{pb} + V_{L(主)} + V_{L(次)}$$

式中　V_{pb}——平板部分体积(m^3);

$V_{L(主)}$——主梁的体积(m^3);

$V_{L(次)}$——次梁的体积(m^3)。

2)无梁板按板和柱帽体积之和计算。

无梁板混凝土工程量＝板体积＋柱帽体积

当柱帽为圆形时

$$柱帽体积 = \frac{\pi h_1}{3}(R^2 + r^2 + Rr)$$

式中　h_1——柱帽高度(m);

R、r——柱帽上口半径和下口半径(m)。

当柱帽为矩形时,柱帽体积计算与锥形独立基础相同。

3)平板混凝土工程量按实体积计算。

平板混凝土工程量＝板长度×板高度×板厚度

4)现浇挑檐天沟按图示实体积计算。当其与板(包括屋面板、楼板)连接时,以外墙为分界线,与圈梁(包括其他梁)连接时,以梁外边线为分界线。外墙边线以外或梁外边线以外为挑檐天沟,如图6-142所示。

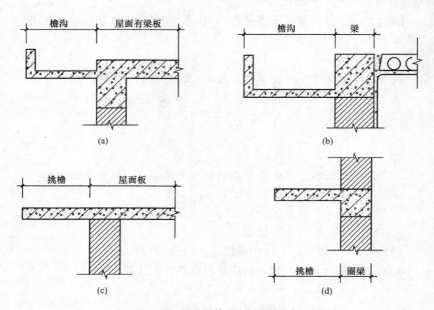

图 6-142 现浇挑檐天沟与板、梁划分
(a)、(b)屋面檐沟；(c)屋面挑檐；(d)挑檐

【例 6-57】 图 6-143 所示为工程现浇钢筋混凝土楼板示意图，试计算其混凝土工程量。

【解】 由图可见，该钢筋混凝土板为有梁板，分别计算板和梁的工程量。

①板。平面尺寸为 $(2.55+0.26)\times(3.11-0.26)=8.009$，板厚为 100mm，则

$$V_{pb}=8.009\times0.10=0.801\text{m}^3$$

②梁。

1—1 断面处梁，2 根 $V_{c1}=(0.26^2-0.13^2)\times2.55\times2=0.259\text{m}^3$

2—2 断面处梁，梁高 0.16m，梁长 3.2m，体积

$$V_{c2}=0.16\times3.11\times0.26=0.129\text{m}^3$$

$2'$—$2'$ 断面处梁，梁高 0.16m，梁长 $(2.55-0.26)$

$$V_{c3}=0.16\times2.24\times0.13=0.052\text{m}^3$$

③该梁板的混凝土工程量。

$$V=0.801+0.259+0.129+0.052=1.241\text{m}^3$$

5)各类板伸入梁的板头，并入板体积计算。

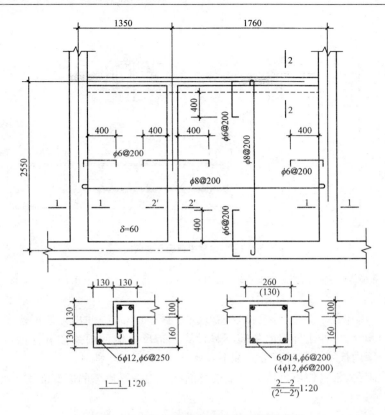

图 6-143 现浇钢筋混凝土楼板平、断面配筋图

(8)墙。墙的体积按图示中心线长度乘以墙高及厚度以 m^3 计算,应扣除门窗洞口及 $0.3m^2$ 以上孔洞的体积,墙垛及突出部分并入墙体积内计算(指突出墙面宽度在 120mm 以内时,并入墙体积内计算;当超过 120mm 时,按柱定额项目执行),剪力墙中的暗柱、梁并入墙体积内计算。

墙高:从墙基上表面或基础梁上表面算至墙顶,有梁者算至梁底。

墙厚:按设计图示尺寸。

(9)整体楼梯。整体楼梯包括休息平台,平台梁、斜梁及楼梯的连接梁,按水平投影面积计算,不扣除宽度小于 500mm 的楼梯井,伸入墙内部分不另增加。

【例 6-58】 某工程现浇钢筋混凝土楼梯(图 6-144)包括休息平台至平台梁,试计算该楼梯工程量(建筑物 5 层,共 4 层楼梯)。

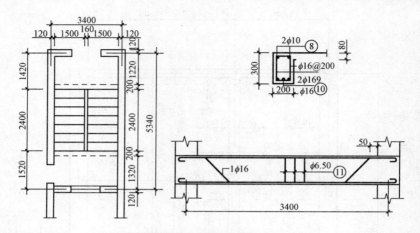

图 6-144 楼梯平面图与剖面图

【解】 $S=(1.50+0.16+1.50)\times(1.52-0.12+2.4+0.2)\times 4$
$=50.56\mathrm{m}^2$

(10) 阳台、雨篷 (悬挑板) (图 6-145、图 6-146),按伸出外墙的水平投影面积计算,伸出外墙的牛腿不另计算。带反挑檐的雨篷按展开面积并入雨篷内计算。其计算公式如下:

阳台、雨篷伸出外墙的水平投影面积+雨篷反挑檐的展开面积

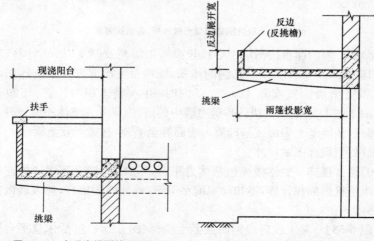

图 6-145 有现浇挑梁的现浇阳台   图 6-146 带反边雨篷示意图

(11)栏杆、栏板。栏杆按净长度以延长米计算,伸入墙内的长度已综合在定额内;栏板以 m^3 计算,伸入墙内的栏板,合并计算。

栏板混凝土工程量=栏板实际长度×栏板高度×栏板厚度

(12)预制板补浇板缝。预制板补浇板缝不是板的接头灌缝,它是指在室内布置完预制板后,还剩余一定宽度,需现浇混凝土补缝。其工程量按平板计算,如图 6-147 所示。

(13)预制钢筋混凝土框架柱现浇接头。预制钢筋混凝土框架柱接头的接头方式较多,其中现浇接头工程量按设计规定断面面积乘以长度以 m^3 计算(图 6-148)。其计算公式如下:

预制钢筋混凝土框架柱现浇接头工程量=接头断面面积×接头长度

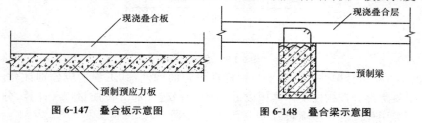

图 6-147　叠合板示意图　　　图 6-148　叠合梁示意图

7. 预制混凝土工程量

(1)各类预制混凝土钢筋构件。各类预制钢筋混凝土构件的混凝土工程量按图示尺寸实体体积以 m^3 计算,不扣除构件内钢筋、铁件以及小于 300mm×300mm 以内孔洞的面积。

【例 6-59】 图 6-149 所示为某工程预制天沟板示意图,试计算 15 块预制天沟板的工程量。

【解】 $V=$ 断面面积×长度×块数

$$= [(0.05+0.07) \times \frac{1}{2} \times (0.255-0.04) + 0.65 \times$$

$$0.04 + (0.05+0.07) \times \frac{1}{2} \times (0.135-0.04)] \times$$

$$3.72 \times 15 = 2.49 m^3$$

(2)桩。预制桩按桩全长(包括桩尖)乘以桩断面面积(空心桩应扣除孔洞体积)以 m^3 计算。其混凝土工程量应包含制作损耗,损耗率为 2.0%,计算公式如下:

预制桩的混凝土工程量=桩断面面积×桩全长×(1+2.0%)

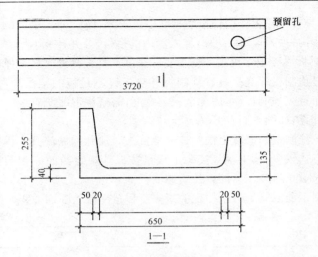

图 6-149 预制天沟板

(3)组合构件。混凝土与钢杆件组合的构件,其工程量应分别计算,混凝土部分按构件实体体积以 m^3 计算,钢构件部分按质量以 t 计算,分别套用相应的定额项目。

8. 构筑物混凝土工程量

构筑物混凝土除另有规定外,均按图示尺寸扣除门窗洞口及 $0.3m^2$ 以外孔洞所占体积以实体体积计算。

(1)水塔。

1)筒身与槽底以槽底连接的圈梁为界,以上为槽底,以下为筒身(图 6-150)。

2)塔身工程量。筒式塔身及依附于筒身的过梁、雨篷、挑檐等,并入筒身体积内计算;柱式塔身,柱、梁合并计算。

3)塔顶包括顶板和圈梁,槽底包括底板挑出的斜壁板和圈梁等合并计算。

塔顶及槽底工程量计算公式如下:

①圆锥形[图 6-151(a)]。

$$V=\pi rkt$$

②球形[图 6-151(b)]。

$$V=\pi t(r^2+H^2)$$

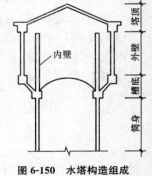

图 6-150 水塔构造组成

式中 k——圆锥斜面平均长度(m)；
　　t——壁厚(m)；
　　r——圆锥形底或球形底半径(m)；
　　H——球面壁平均高度(m)。

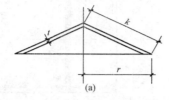 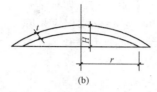

图 6-151　圆锥形及球形塔顶槽底工程量示图
(a)圆锥形；(b)球形

圈梁体积按断面面积乘以中心线长计算。即：
$$V=2\pi rS$$
式中 S——圈梁断面面积(m^2)；
　　r——圈梁中心线至水槽轴线的半径(m)。

(2)贮水池。

1)池底：不分平底、锥底、坡底，均按池底计算。平池底的池底体积，应包括池壁下部的扩大部分；锥形底应算至壁基梁底面；无壁基梁时算至锥形底坡的上口。

2)池壁：壁基梁、池壁不分圆形壁和矩形壁，均按池壁计算。壁基梁是指在池壁与池底之间设置的环形梁，亦称池壁基础梁。壁基梁的高度为梁底至池壁下部的底面。如与锥形底连接时，应算至梁的底面。

池壁应区别不同厚度(按上下平均厚度计算)按实体积以 m^3 计算。其高度不包括池壁上下处的扩大部分；无扩大部分时，则自池底上表面算至池盖下表面。

3)池盖：按图示尺寸以 m^3 计算，无梁盖应包括与池壁相连的扩大部分的体积；肋形盖应包括主、次梁及盖部分的体积；球形盖应自池壁顶面以上，包括边侧梁的体积在内。

4)贮水(油)池其他项目均按现浇混凝土部分相应项目计算。

9. 钢筋混凝土接头灌缝

(1)钢筋混凝土构件接头灌缝，包括构件坐浆、灌缝、堵板孔、塞板梁缝等，均按预制钢筋混凝土构件实体积以 m^3 计算。

(2)柱与柱基的灌缝,按首层柱体积计算,首层柱以上灌缝,按各层柱体积计算。

(3)空心板堵孔的人工、材料,已包括在定额内。如不堵孔时,每 10m³ 空心板体积应扣除 0.23m³ 预制混凝土块和 2.2 个工日。

三、综合实例

【例 6-60】 某现浇框架结构房屋的三层结构平面图,如图 6-152 所示。已知二层板顶

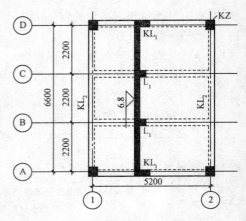

图 6-152 三层结构平面图

标高为 3.5m,三层板顶标高为 6.8m,板厚 100mm,构件断面尺寸见表 6-49,试对三层结构的钢筋混凝土构件进行列项并计算其工程量。

表 6-49　　　　　　　　　　构件尺寸表

构件名称	构件尺寸/(mm×mm)
KZ	450×450
KL$_1$	300×600(宽×高)
KL$_2$	350×650(宽×高)
L$_1$	300×550(宽×高)

【解】 (1)列项。根据题意可知支模高度=6.8-3.5-0.1=3.2m<3.6m,因此列项为:

模板工程,包括矩形柱(KZ),单梁(KL$_1$、KL$_2$、L$_1$),平板;

混凝土工程,包括矩形柱(KZ),单梁(KL$_1$、KL$_2$、L$_1$),平板。

(2)模板工程量计算。

1)矩形柱(KZ)模板工程量计算。

矩形柱(KZ)模板工程量=柱周长×柱高度-柱与梁交接处的面积
=0.45×4×(6.8-3.5)×4(根)-[0.3×0.6×4(KL$_1$)+0.35×0.65×4(KL$_2$)]
=22.13m²

2)单梁(KL$_1$、KL$_2$、L$_1$)模板工程量计算。

第六章 建筑工程工程量计算

单梁模板工程量＝梁支模展开宽度×梁支模长度×根数

KL_1 模板工程量＝$(0.3+0.6+0.6-0.1)\times(5.2-\frac{0.45}{2}\times 2)\times 2$

$\qquad =13.30m^2$

KL_2 模板工程量＝$(0.35+0.65+0.65-0.1)\times(6.6-\frac{0.45}{2}\times 2)\times$

$\qquad 2-0.3\times(0.55-0.1)\times 4$(与 L_1 交接处)

$\qquad =18.525m^2$

L_1 模板工程量＝$[0.30+(0.55-0.1)\times 2]\times(5.2+\frac{0.45}{2}\times 2-$

$\qquad 0.35\times 2)\times 2$

$\qquad =11.88m^2$

单梁模板工程量＝KL_1、KL_2、L_1 模板工程量之和

$\qquad =13.30+18.525+11.88$

$\qquad =43.705m^2$

3)平板模板工程量计算。

平板模板工程量＝板长度×板宽度－柱所占面积－梁所占面积

$=(5.2+\frac{0.45}{2}\times 2)\times(6.6+\frac{0.45}{2}\times 2)-0.45\times 0.45\times 4-[0.30\times$

$(5.2-\frac{0.45}{2}\times 2)\times 2(KL_1)+0.35\times(6.6-\frac{0.45}{2}\times 2)\times 2(KL_2)+$

$0.30\times(5.2+\frac{0.45}{2}\times 2-0.35\times 2)\times 2(L_1)]$

$=28.90m^3$

(3)混凝土工程量计算。

1)矩形柱(KZ)混凝土工程量计算。

矩形柱(KZ)混凝土工程量＝柱断面面积×柱高度×柱根数

$\qquad =0.45\times 0.45\times(6.8-3.5)\times 4m^3$

$\qquad =2.673m^3$

2)单梁(KL_1、KL_2、L_1)混凝土工程量计算。

单梁混凝土工程量＝梁宽度×梁高度×梁长度×根数

KL_1 混凝土工程量＝$0.3\times(0.6-0.1)\times(5.2-\frac{0.45}{2}\times 2)\times 2$

$\qquad =1.425m^3$

KL_2 混凝土工程量 $=0.35\times(0.65-0.1)\times(6.6-\dfrac{0.45}{2}\times2)\times2$

$\qquad =2.368m^3$

L_1 混凝土工程量 $=0.3\times(0.55-0.1)\times(5.2+\dfrac{0.45}{2}\times2-0.35\times2)\times2$

$\qquad =1.337m^3$

单梁混凝土工程量 $=KL_1、KL_2、L_1$ 混凝土工程量之和

$\qquad =1.425+2.368+1.337=5.13m^3$

3) 平板混凝土工程量计算。

平板混凝土工程量 $=$ 板长度×板宽度×板厚度－柱所占体积

$\qquad =(6.6+\dfrac{0.45}{2}\times2)\times(5.2+\dfrac{0.45}{2}\times2)\times0.1-$

$\qquad 0.45\times0.45\times0.1\times4$

$\qquad =3.98-0.08=3.9m^3$

四、工程量计算主要技术资料

1. 冷拉钢筋质量换算

冷拉钢筋质量换算可参照表 6-50 进行。

表 6-50　　　　　　　　冷拉钢筋质量换算表

冷拉前直径 /mm			5	6	8	9	10	12	14	15
冷拉前质量 /(kg/m)			0.154	0.222	0.395	0.499	0.617	0.888	1.208	1.387
冷拉后质量 /(kg/m)	钢筋伸长率 /(%)	4	0.148	0.214	0.38	0.48	0.594	0.854	1.162	1.334
		5	0.147	0.211	0.376	0.475	0.588	0.846	1.152	1.324
		6	0.145	0.209	0.375	0.471	0.582	0.838	1.142	1.311
		7	0.144	0.208	0.369	0.466	0.577	0.83	1.132	1.299
		8	0.143	0.205	0.366	0.462	0.571	0.822	1.119	1.284
		4	1.518	1.992	2.14	2.372	2.871	3.414	3.705	4.648
		5	1.505	1.905	2.12	2.352	2.838	3.381	3.667	4.6
		6	1.491	1.887	2.104	2.33	2.811	3.349	3.632	4.557
		7	1.477	1.869	2.084	2.308	2.785	3.318	3.598	4.514
		8	1.441	1.85	2.061	2.214	2.763	3.288	3.568	4.476

2. 钢筋弯头、搭接长度计算表

钢筋弯头、搭接长度计算见表 6-51。

表 6-51　　　　　　　　钢筋弯头、搭接长度计算表

钢筋直径 D /mm	保护层 b/cm			钢筋直径 D /mm	保护层 b/cm		
	1.5	2.0	2.5		1.5	2.0	2.5
	按 L 增加长度/cm				按 L 增加长度/cm		
4	2.0	1.0	—	22	24.5	23.5	22.5
6	4.5	3.5	2.5	24	27.0	26.0	25.0
8	7.0	6.0	5.0	25	28.3	27.3	26.3
9	8.3	7.3	6.3	26	29.5	28.5	27.5
10	9.5	8.5	7.5	28	32.0	31.0	30.0
12	12.0	11.0	10.0	30	34.5	33.5	32.5
14	14.5	13.5	12.5	32	37.0	36.0	35.0
16	17.0	16.0	15.0	35	40.8	39.8	38.8
18	19.5	18.5	17.5	38	44.4	43.5	42.5
19	20.8	19.8	18.8	40	47.0	46.0	45.0
20	22.0	21.0	20.0				

第九节　构件运输及安装工程

一、定额说明

1. 构件运输

构件运输定额说明见表 6-52。

表 6-52　　　　　　　　构件运输定额说明

序号	定额项目	定额说明
1	定额包含内容	定额包括混凝土构件运输、金属结构构件运输及木门窗运输
2	定额适用范围	定额适用于由构件堆放场地或构件加工施工现场的运输
3	城镇运输、现场运输道路等级	定额综合考虑了城镇、现场运输道路等级、重车上下坡等各种因素,不得因道路条件不同而修改定额
4	构件类型和外形尺寸	定额按构件的类型和外形尺寸划分。混凝土构件分为六类;金属结构构件分为三类,见表 6-53 及表 6-54
5	其他费用	构件运输过程中,如遇路桥限载(限高),而发生的加固、拓宽等费用及有电车线路和公安交通管理部门的保安护送费用,应另行处理

表 6-53　预制混凝土构件分类

类别	项目
1	4m 以内空心板、实心板
2	6m 以内的桩、屋面板、工业楼板、进深梁、基础梁、吊车梁、楼梯休息板、楼梯段、阳台板
3	6m 以上至 14m 梁、板、柱、桩,各类屋架、桁架、托架(14m 以上另行处理)
4	天窗架、挡风架、侧板、端壁板、天窗上下档、门框及单件体积在 0.1m³ 以内小构件
5	装配式内、外墙板、大楼板、厕所板
6	隔墙板(高层用)

表 6-54　金属结构构件分类

类别	项目
1	钢柱、屋架、托架梁、防风桁架
2	吊车梁、制动梁、型钢檩条、钢支撑、上下档、钢拉杆栏杆、盖板、垃圾出灰门、倒灰门、笼子、爬梯、零星构件平台、操作台、走道休息台、扶梯、钢吊车梯台、烟囱紧固箍
3	墙架、挡风架、天窗架、组合檩条、轻型屋架、滚动支架、悬挂支架、管道支架

2. 构件安装

构件安装定额是按单机作业制定的,定额具体说明见表 6-55。

表 6-55　构件安装定额说明

序号	定额项目	定额说明
1	距离计算	定额是按机械起吊点中心回转半径 15m 以内的距离计算的。如超出 15m 时,应另按构件 1km 运输定额项目执行
2	机械位移	每一工作循环中,均包括机械的必要位移
3	汽车起重机	定额是按履带式起重机、轮胎式起重机、塔式起重机分别编制的。如使用汽车式起重机时,按轮胎式起重机相应定额项目计算,乘以系数 1.05
4	钢筋焊接	柱接柱定额未包括钢筋焊接
5	小型构件安装	小型构件安装是指单体小于 0.1m³ 的构件安装
6	升板预制柱加固	升板预制柱加固是指预制柱安装后,至楼板提升完成期间,所需的加固搭设费

续表

序号	定额项目	定额说明
7	金属构件拼接	定额内未包括金属构件拼接和安装所需的连接螺栓
8	钢屋架	钢屋架单榀质量在1t以下者,按轻钢屋架定额计算
9	拼装	钢柱、钢屋架、天窗架安装定额中,不包括拼装工序,如需拼装时,按拼装定额项目计算
10	砖模制作	预制混凝土构件若采用砖模制作时,其安装定额中的人工、机械乘以系数1.1
11	预制混凝土构件和金属构件安装	预制混凝土构件和金属构件安装定额均不包括为安装工程所搭设的临时性脚手架,若发生应另按有关规定计算。预制混凝土构件、钢构件,若需跨外安装时,其人工、机械乘以系数1.18
12	塔式起重机台班	定额中的塔式起重机台班均已包括在垂直运输机械费定额中
13	单层房屋盖系统构件必须在跨外安装	单层房屋盖系统构件必须在跨外安装时,按相应的构件安装定额的人工、机械台班乘系数1.18,用塔式起重机、卷扬机时,不乘此系数
14	工日综合	定额综合工日不包括机械驾驶人工工日
15	钢柱安装在混凝土柱上	钢柱安装在混凝土柱上,其人工、机械乘以系数1.43
16	钢构件的安装螺栓	钢构件的安装螺栓均为普通螺栓,若使用其他螺栓时,应按有关规定进行调整
17	钢网架拼装	钢网架拼装定额不包括拼装后所用材料,使用本定额时,可按实际施工方案进行补充。钢网架定额是按焊接考虑的,安装是按分体吊装考虑的,若施工方法与定额不同时,可另行补充

二、工程量计算

1. 运输工程量计算

(1) 预制混凝土构件运输工程量按构件图示尺寸,以实体积计算。

(2) 预制混凝土构件运输及安装损耗率按表6-56的规定计算后,并入构件工程量内。其中预制混凝土屋架、桁架、托架及长度在9m以上的梁、板、柱不计算损耗率。其计算公式如下:

预制混凝土构件运输工程量＝混凝土构件实体体积×(1＋损耗率)

表 6-56　预制钢筋混凝土构件制作、运输、安装损耗率表

名　称	制作废品率	运输堆放损耗	安装(打桩)损耗
各类预制构件	0.2%	0.8%	0.5%
预制钢筋混凝土桩	0.1%	0.4%	1.5%

【例 6-61】 图 6-153 所示为某预制钢筋混凝土槽形板示意图,试计算当运距为 20km 时,其运输安装的工程量。

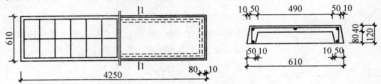

图 6-153　预制钢筋混凝土槽形板示意图

【解】 根据相应工程量计算规则:

槽形板实体积＝$[(0.61+0.59)/2]×[(4.25+4.23)/2]×0.12-$
$[(0.51+0.49)/2]×[(4.09+4.07)/2]×0.08$
＝$0.142m^3$

由于槽形板的长度不足 9m,应计算损耗,由表 6-55 得出:安装损耗为 $0.00213m^3$;运输损耗为 $0.000568m^3$;故此槽形板的实际运输工程量＝$0.142+0.00213+0.000568=1447m^3$

(3)预制混凝土构件运输的最大运输距离取 50km 以内;钢构件和木门窗的最大运输距离 20km 以内;超过时另行补充。

(4)加气混凝土板(块)、硅酸盐板运输每立方米折合钢筋混凝土构件体积 $0.4m^3$ 按一类构件运输计算。

(5)钢构件按构件设计图示尺寸以 t 计算,所需螺栓、电焊条等质量不另计算。

(6)木门窗按外框面积以 m^2 计算。"外框面积"不是洞口面积,而是框的外围面积,其尺寸可从木门窗标准图集中查出;木门窗的最大运距取 20km,超过时另行补充。

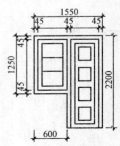

图 6-154　门连窗

【例 6-62】 门连窗如图 6-154 所示,其运距为 5km,求其运输工程量(20 个)。

【解】 $S=(1.25\times0.6+0.95\times2.2)\times20$
$=56.8\text{m}^2$

2. 构件安装工程

(1)预制混凝土构件安装。预制混凝土构件安装工程量按构件尺寸以实体积(m^3)计算。

1)焊接形成的预制钢筋混凝土框架结构,其柱安装按框架柱计算,梁安装按框架梁计算;节点浇筑成形的框架,按连体框架梁、柱计算。

2)预制钢筋混凝土工字形柱、矩形柱、空腹柱、双肢柱、空心柱、管道支架等安装,均按柱安装计算。

3)组合屋架安装,以混凝土部分实体体积计算,钢杆件部分不另计算。

【例6-63】 图6-155是由焊接组成的五层预制框架结构示意图,试计算现场安装工程量和工料用量,建筑物跨度15.0m,长度36m,柱距6m,柱单根体积2.8m^3。

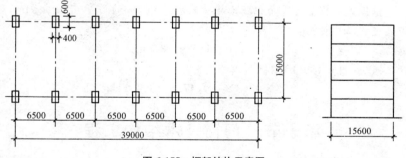

图6-155 框架结构示意图

【解】 预制框架柱安装工程量(考虑安装损耗)
$$2.8\times14\times(1+0.5\%)=39.40\text{m}^3$$

(2)金属构件安装工程。

1)钢筋构件安装按图示构件钢材质量以t计算。

2)依附于钢柱上的牛腿及悬壁梁等,并入柱身主材质量计算。

3)金属构件中所用钢板设计为多边形者,按矩形计算,矩形的边长以设计尺寸中互相垂直的最大尺寸为准。

【例6-64】 图6-156(a)、(b)所示两块钢板为某桁架连接板,板厚6.5mm,采用焊接方法连接,共48块,试计算其工程量。

【解】 根据工程量计算规则,对不规则多边形钢材面积的计算,应以设计尺寸中互相垂直的最大尺寸为矩形边长,算出矩形面积,再按钢板单位面积质量计算钢材质量,如图 6-156(a)所示。若遇到某种棱角较多的不规则多边形,可以用多边形中最长的对角线乘以与之垂直的最大宽度来计算钢板面积,如图 6-156(b)所示。

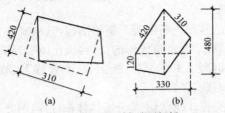

图 6-156　不规则多边形钢板

计算图 6-156(a)多边形钢板的安装工程量:

$$钢板总面积 = 0.42 \times 0.31 \times 48 = 6.25 \text{m}^2$$

根据钢板每平方米面积理论质量表,6mm 钢板的质量 47.10kg/m²,则钢板安装工程量为:

$$47.1 \times 6.25 = 294.375 \text{kg}$$

同样,图 6-156(b)钢板的工程量为:

$$0.33 \times 0.48 \times 48 \times 47.1 = 358.11 \text{kg}$$

第十节　门窗及木结构工程

一、相关知识

(一)金属门窗

1. 钢门窗的基本构造

(1)钢门的形式有半玻璃钢板门(也可为全部玻璃,仅留下部少许钢板,常称为落地长窗)、满镶钢板门(为安全和防火之用)。实腹钢门框一般用 32mm 或 38mm 钢料,门扇大的可采用后者。门芯板用 2~3mm 厚的钢板,门芯板与门梃、冒头的连接,可于四周镶扁钢或钢皮线脚焊牢;或做双面钢板与门的钢料相平。钢门须设下槛,不设中框,两扇门关闭时,合缝应严密,插销应安装在门梃外侧合缝内。

(2)钢窗从构造类型上有"一玻"及"一玻一纱"之分。实腹钢窗料的选择一般与窗扇面积、玻璃大小有关,通常 25mm 钢料用于 550mm 宽度以内的窗扇；32mm钢料用于700mm宽的窗扇；38mm钢料用于700mm宽的窗扇。钢窗一般不做窗头线（即贴脸板），如做窗头线则须先做筒子板，均用木材制作，也可加装木纱窗。钢窗如加装铁纱窗时，窗扇外开，而铁纱窗固定于内侧。大面积钢窗，可用各式标准窗拼接组装而成。其拼条连接方式有扁钢、型钢、钢管及空腹薄壁钢等形式。钢窗五金以钢质居多，也有表面镀铬或上烘漆的。撑头用于开窗时固定窗扇，有单杆式撑头、双根滑动牵筋、套栓撑档或螺钉匣式牵筋等，均可调整窗扇开启大小与通风量。执手在钢窗关闭时兼作固定之用，有钩式与旋转式两种，钩式可装纱窗，旋转式不可装纱窗。

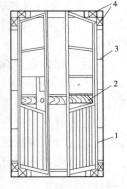

图 6-157　钢门安装基本形式
1—门洞口；2—临时木撑；
3—铁脚；4—木楔

（3）钢门安装及钢窗构造分别如图 6-157、图 6-158 所示。

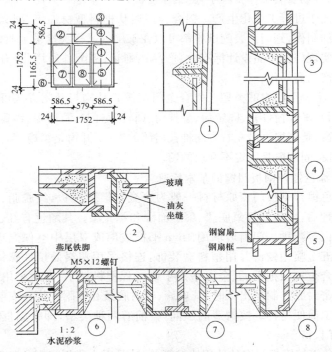

图 6-158　钢窗构造示例

2. 铝合金门窗的基本构造

(1)铝合金门窗的特点。铝合金门窗与普通木门窗、钢门窗相比主要特点是：

1)轻。铝合金门窗用材省、质量轻，平均耗用铝型材质量只有 8~12kg/m^2（钢门窗耗钢材质量平均为 17~20kg/m^2），较钢木门窗轻 50% 左右。

2)性能好。铝合金门窗较木门窗、钢门窗突出的优点是密封性能好，气密性、水密性、隔音性好。

3)色调美观。铝合金门窗框料型材表面经过氧化着色处理，可着银白色、古铜色、暗色、黑色等柔和的颜色或带色的花纹。制成的铝合金门窗表面光洁、外观美丽、色泽牢固，增加了建筑物立面和内部的美观。

4)耐腐蚀，使用维修方便。铝合金门窗不需要涂漆，不褪色、不脱落，表面不需要维护；铝合金门窗强度高，刚性好，坚固耐用，开闭轻便灵活，无噪声，现场安装工作量较小，施工速度快。

5)便于进行工业化生产。铝合金门窗从框料型材加工、配套零件及密封件的制作，到门窗装配试验都可以在工厂内进行大批量工业化生产，有利于实现门窗产品设计标准化、产品系列化、零配件通用化，有利于实现门窗产品商品化。

(2)铝合金门窗的类型。铝合金门窗按其结构与开闭方式可分为推拉窗(门)、平开窗(门)、固定窗、悬挂窗、回转窗(门)、百叶窗、纱窗等。所谓推拉窗，是窗扇可沿左右方向推拉启闭的窗；平开窗是窗扇绕合页旋转启闭的窗；固定窗是固定不开启的窗。

3. 涂色镀锌钢板门窗的基本构造

涂色镀锌钢板门窗原材料一般为合金化镀锌卷板，经脱脂、化学辊涂预处理后，再辊涂环氧底漆、聚酯面漆和罩光漆。其颜色有红、绿、棕、蓝和乳白等数种。门窗玻璃用 4mm 平板玻璃或双层中空保温玻璃；配件采用五金喷塑铰链并用塑料盒装饰，连接采用塑料插接件螺钉，把手为锌基合金三位把手、五金镀铬把手或工程塑料把手；密封采用橡胶密封条和密封胶。制品出厂时，其玻璃、密封胶条和零附件均已安装齐全，现场施工简便易行。按构造的不同，目前有两种类型，即带副框或不带副框的门、窗。

涂色镀锌钢板门窗的选用比较简单，这是因为彩板门窗的窗型(或门型)设计与普通钢门窗基本相仿,而其材料中空腔室又不像塑料门窗挤出异型材那样复杂。一般情况下,彩板门窗的造型,也模仿钢门窗的方法进行造型(或门窗)。

(二)木结构工程

1. 木门的基本构造

门是由门框(门樘)和门扇两部分组成的。当门的高度超过2.1m时,还要增加门窗(又称亮子或幺窗);门的各部分名称如图6-159所示。各种门的门框构造基本相同,但门扇却不一样。

2. 木窗的基本构造

木窗由窗框、窗扇组成,在窗扇上按设计要求安装玻璃(图6-160)。

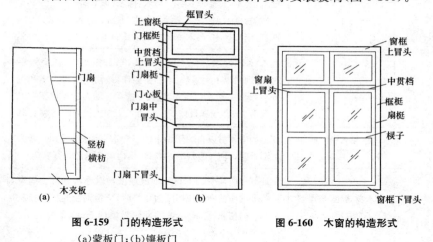

图6-159 门的构造形式
(a)蒙板门;(b)镶板门

图6-160 木窗的构造形式

(1)窗框。窗框由梃、上冒头、下冒头等组成,有上窗时,要设中贯横挡。

(2)窗扇。窗扇由上冒头、下冒头、扇梃、扇棂等组成。

(3)玻璃。玻璃安装于冒头、窗扇梃、窗棂之间。

(4)连接构造。木窗的连接构造与门的连接构造基本相同,都是采用榫结合。按照规矩,是在梃上凿眼,冒头上开榫。如果采用先立窗框再砌墙的安装方法,应在上、下冒头两端留出走头(延长端头),走头长120mm。

窗梃与窗棂的连接,也是在梃上凿眼,窗棂上做榫。

二、定额说明与工程量计算

(一)定额说明

定额是按机械和手工操作综合编制的,因此,不论实际采取何种操作方法,均按定额执行。定额具体说明见表 6-57。

表 6-57　　　　　　　　　定额说明与工程量计算

序号	定额项目	定　额　说　明
1	木材木种分类	一类:红松、水桐木、樟子松。 二类:白松(方杉、冷杉)、杉木、杨木、柳木、椴木。 三类:青松、黄花松、秋子木、马尾松、东北榆木、柏木、苦楝木、梓木、黄菠萝、椿木、楠木、柚木、樟木。 四类:栎木(柞木)、檩木、色木、槐木、荔木、麻栗木(麻栎、青刚)、桦木、荷木、水曲柳、华北榆木
2	木材木种标准	木材木种均以一、二类木种为准,如采用三、四类木种时,分别乘以下列系数:木门窗制作,按相应项目人工和机械乘系数 1.3;木门窗安装,按相应项目的人工和机械乘以系数 1.16;其他项目按相应项目人工和机械乘以系数 1.35
3	定额中木材的编制	定额中木材以自然干燥条件下含水率为准编制的,需人工干燥时,其费用可列入木材价格内由各地区另行确定
4	木材断面与厚度标准的取定	定额中所注明的木材断面或厚度均以毛料为准。如设计图纸注明的断面或厚度为净料时,应增加刨光损耗;板、方材一面刨光增加 3mm;两面刨光增加 5mm;圆木每 m^3 材积增加 $0.05m^3$
5	木门窗框、扇断面	无纱镶板门框:60mm×100mm;有纱镶板门框:60mm×120mm;无纱窗框:60mm×90mm;有纱窗框:60mm×110mm;无纱镶板门扇:45mm×100mm;有纱镶板门扇:45mm×100mm+35mm×100mm;无纱窗扇:45mm×60mm;有纱窗扇:45mm×60mm+35mm×60mm;胶合板门窗:38mm×60mm。 定额取定的断面与设计规定不同时,应按比例换算。框断面以边框断面为准(框裁口如为钉条者加贴条的断面);扇料以主挺断面为准。换算公式为: $$\frac{设计断面(加刨光损耗)}{定额断面} \times 定额材积$$

第六章 建筑工程工程量计算

续表一

序号	定额项目	定额说明
6	普通木门窗	定额所附普通木门窗小五金表,仅作备料参考
7	弹簧门、厂库大门、钢木大门	弹簧门、厂库大门、钢木大门及其他特种门,定额所附五金铁件表均按标准图用量计算列出,仅作备料参考
8	保温门的填充料	保温门的填充料与定额不同时,可以换算,其他工料不变
9	厂库房大门及特种门的钢骨架制作	厂库房大门及特种门的钢骨架制作,以钢材质量表示,已包括在定额项目中,不再另列项目计算。定额中不包括固定铁件的混凝土垫块及门樘或梁柱内的预埋铁件
10	木门窗制作	木门窗不论现场或附属加工厂制作,现场外制作点至安装地点的运输另行计算
11	普通木门窗、天窗等列项	定额普通木门窗、天窗按框制作、框安装、扇制作、扇安装分列项目;厂库房大门,钢木大门及其他特种门按扇制作、扇安装分列项目
12	普通木窗、钢窗、铝合金窗等适用范围	定额中普通木窗、钢窗、铝合金窗、塑料窗、彩板组角钢窗等适用于平开式,推拉式,中转式,上、中、下悬式。双层玻璃窗小五金按普通木窗不带纱窗乘2计算
13	铝合金门窗的制作与安装	铝合金门窗制作兼安装项目,是按施工企业附属加工厂制作编制的。加工厂至现场堆放点的运输,另行计算。木骨架枋材40mm×45mm,设计与定额不符时可以换算
14	铝合金地弹门制作	铝合金地弹门制作(框料)型材是按101.6mm×44.5mm,厚1.5mm方管编制的;单扇平开门,双扇平开窗是按38系列编制的;推拉窗按90系列编制的。如型材断面尺寸及厚度与定额规定不同时,可按定额附表调整铝合金型材用量,附表中"( )"内数量为定额取定量。地弹门、双扇全玻地弹门包括不锈钢上下帮地弹簧、玻璃门、拉手、玻璃胶及安装所需辅助材料
15	铝合金卷闸门、彩板组角钢门窗、塑料门窗安装定额编制	铝合金卷闸门(包括卷筒、导轨)、彩板组角钢门窗、塑料门窗、钢门窗安装以成品安装编制的。由供应地至现场的运杂费,应计入预算价格中

续表二

序号	定额项目	定额说明
16	玻璃厚度、颜色、密封油膏	玻璃厚度、颜色、密封油膏,软填料,如设计与定额不同时可以调整
17	铝合金门窗、彩板组角钢门窗等的成品安装	铝合金门窗、彩板组角钢门窗、塑料门窗和钢门窗成品安装,如每100m² 门窗实际用量超过定额含量1%以上时,可以换算,但人工、机械用量不变。门窗成品包括五金配件在内。采用附框安装时,扣除门窗安装子目中的膨胀螺栓、密封膏用量及其他材料费
18	钢门、钢材含量	钢门、钢材含量与定额不同时,钢材用量可以换算,其他不变。 (1)钢门窗安装按成品件考虑(包括五金配件和铁脚在内)。 (2)钢天窗安装角铁横档及连接件,设计与定额用量不同时,可以调整,损耗按6%。 (3)实腹式或空腹式钢门窗均执行本定额。 (4)组合窗、钢天窗为拼装缝需满刮油灰时,每100m²洞口面积增加人工5.54工日,油灰58.5kg。 (5)钢门窗安玻璃,如采用塑料、橡胶条,按门窗安装工程量每100m² 计算压条736m
19	铝合金门窗制作、安装综合机械台班	铝合金门窗制作、安装(7—259~283项)综合机械台班是以机械折旧费68.26元、大修费5元、经常修理费12.83元、电力183.94kW·h组成。 38系列,外框0.408kg/m,中框0.676kg/m,压线0.176kg/m。 76.2×44.5×1.5方管0.975kg/m,压线15kg/m

(二)工程量计算

(1)各类门窗制作、安装工程量均按门、窗洞口面积计算。

1)门窗盖口条、贴脸、披水条(图6-161)按图示尺寸以延长米计算,执行木装修项目。

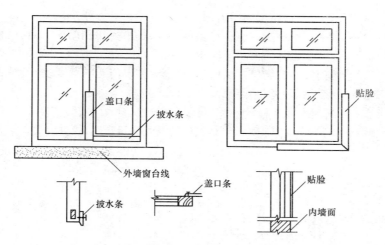

图6-161 门窗盖口条,贴脸、披水条示意图

2)普通窗上部带有半圆窗的工程量应分别按半圆窗和普通窗计算。其分界线以普通窗和半圆窗之间的横框上裁口线为分界线,如图6-162所示。

$$半圆窗面积(m^2)=\frac{\pi}{2}\times D^2=0.393\times D^2$$

普通矩形窗面积$(m^2)=D\times h$

式中 D——普通矩形窗宽度(m);

h——普通矩形窗高度(m)。

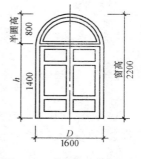

图6-162 普通窗上带半圆窗

图6-162中表示出半圆窗与普通矩形窗的分界应以半圆窗扇下冒头底边线为分界线。

【例6-65】 某工程采用图6-162所示木窗,框断面54cm²,共22樘,计算木窗工程量。

【解】 ①半圆窗工程量:

$$\frac{1}{2}\times\pi\times 0.8^2\times 22=22.12m^2$$

②单层木窗工程量:

$$1.4\times 1.6\times 22=49.28m^2$$

3)门窗扇包镀锌铁皮,按门窗洞口面积以m²计算;门窗框包镀锌铁皮、钉橡皮条、钉毛毡按图示门窗洞口尺寸以延长米计算。

(2)铝合金门窗制作、安装,不锈钢门窗、彩板组角钢门窗、塑料门窗、钢门窗安装,均按设计门窗洞口面积计算。

(3)卷闸门安装按洞口高度增加600mm乘以门实际宽度以m^2计算。电动装置安装以套计算,小门安装以个计算。

卷闸门安装工程量=(门洞口高度+0.6)×门实际宽度

【例6-66】 图6-163所示为某工程的卷闸门示意图,求其安装工程量。

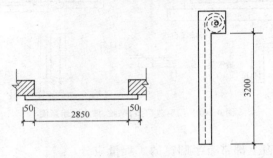

图6-163 卷闸门示意图

【解】 工程量=(2.85+0.05+0.05)×(3.2+0.6)
$\qquad$ =11.21m^2

(4)不锈钢片包门框按框外表面面积以m^2计算;彩板组角钢门窗附框安装,以延长米计算。

(5)木屋架的制作安装工程量。

1)木屋架制作安装(图6-164)均按设计断面竣工木料以m^3计算,其后备长度及配制损耗均不另外计算。

2)方木屋架一面刨光时增加3mm,两面刨光时增加5mm,圆木屋架按屋架刨光时木材体积每立方米增加0.05m^3计算。附属于屋架的夹板、垫木等已并入相应的屋架制作项目中,不另计算;与屋架连接的挑檐木、支撑等,其工程量并入屋架竣工木料体积内计算;带气楼的框架(图6-165),其气楼部分并入所依附屋架的体积计算。

3)屋架的制作安装应区别不同跨度,其跨度应以屋架上下弦杆的中心线交点之间的长度为准。带气楼的屋架并入所依附屋架的体积内计算。

4)屋架的马尾、折角和正交部分半屋架(图6-166),应并入相连接屋

第六章 建筑工程工程量计算

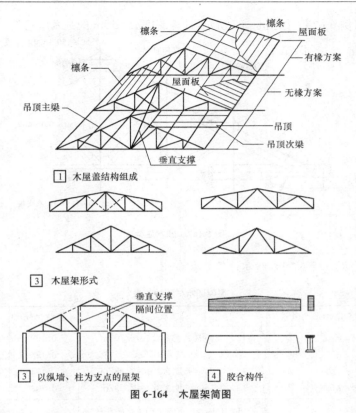

图 6-164 木屋架简图

架的体积内计算。

图 6-165 带气楼木屋架

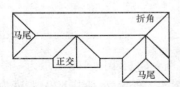

图 6-166 屋架的马尾、折角和正交示意图

5) 钢木屋架区分圆、方木,按竣工木料以 m^3 计算。

圆木屋架的制作工程量=安装工程量=杆件单杆材积×杆件根数

方木屋架的制作工程量=安装工程量=杆件长度×杆件断面面积

杆件长度=屋架跨度×杆件长度系数

6) 圆木屋架连接的挑檐木、支撑等如为方木时,其方木部分应乘以系数 1.7,折合成圆木并入屋架竣工木料内,单独的方木挑檐,按矩形檩木计算。

【例 6-67】 如图 6-167 所示,计算跨度 $L=12\mathrm{m}$ 的圆木屋架工程量。

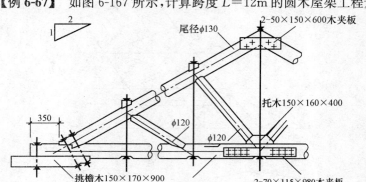

图 6-167 圆木屋架

【解】 屋架圆木材积计算见表 6-58。

表 6-58　　　　　　　　屋架圆木材积计算表

名数	尾径(cm)	数量	计算式	单根材积(m³)	材积
上弦	φ13	2	12×0.559(长度系数)=6.708m	0.169	0.338
下弦	φ13	2	6+0.35=6.35m	0.156	0.312
斜杠1	φ12	2	12×0.236(长度系数)=2.832m	0.404	0.088
斜杠2	φ12	2	12×0.186(长度系数)=2.232m	0.303	0.060
毛木		1	0.15×0.16×0.40×1.70(长度系数)		0.016
挑檐木		2	0.15×0.17×0.90×2×1.70(长度系数)		0.078
合计					0.892

【例 6-68】 图 6-168 所示为一圆木屋架原料仓库示意图。试计算该仓库屋架工程量(屋架共 8 榀,跨度为 8m,坡度为 1/2,四节间)。

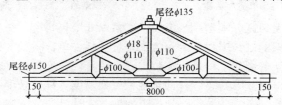

图 6-168 圆木屋架原料仓库示意图

【解】 计算屋架各杆件长度：
　　　屋架杆件长度(m)＝屋架跨度(m)×长度系数
①杆件1　下弦杆　$8+0.15\times2=8.3$m
②杆件2　上弦杆2根　$8\times0.559\times2=4.47$m×2根
③杆件4　斜杆2根　$8\times0.28\times2=2.24$m×2根
④杆件5　竖杆2根　$8\times0.125\times2=1$m×2根
计算材积：
若屋架杉圆木制作，其材积可按下式计算：
$V=7.854\times10^{-5}\times[(0.026L+1)D^2+(0.37L+1)D+10\times(L-3)]\times L$
式中　V——杉圆木材积；
　　　L——杉圆木材长；
　　　D——杉圆木小头直径。

①杆件1，下弦材积，以尾径 $\phi150$，长8.3m代入式计算 V_1：
$V_1=7.854\times10^{-5}\times[(0.026\times8.3+1)\times15^2+(0.37\times8.3+1)\times$
　　　$15+10\times(8.3-3)]\times8.3=0.2527$m³；

②杆件2，上弦杆，以尾径 $\phi135$ 和 $L=4.47$m代入，则杆件2材积：
$V_2=7.854\times10^{-5}\times4.47\times[(0.026\times4.47+1)\times13.5^2+(0.37\times$
　　　$4.47+1)\times13.5+10\times(4.47-3)]\times2=0.1783$m³；

③杆件4，斜杆2根，以尾径 $\phi110$ 和2.24m代入，则
$V_4=7.854\times10^{-5}\times2.24\times[(0.026\times2.24+1)\times11^2+(0.37\times$
　　　$2.24+1)\times11+10\times(2.24-3)]\times2=0.0495$m³；

④杆件5，竖杆2根，以尾径 $\phi10$ 及 $L=1$m代入，则竖杆材积为：
$V_5=7.854\times10^{-5}\times1\times1\times[(0.026\times1+1)\times10^2+(0.37\times1+$
　　　$1)\times10+10\times(1-3)]\times2=0.0151$m³。

按计算规则，附属于屋架的夹板、垫木已并入屋架制作项目中，不另行计算。一榀屋架的工程量为上述各杆件材积之和，即：
$V=V_1+V_2+V_4+V_5=0.2527+0.1783+0.0494+0.0151$
　　$=0.4956$m³

⑤竣工木料材积：$0.4956\times8=3.96$m³

7)檩木按竣工木料以 m³ 计算。简支檩条长度按设计规定计算，如设计无规定者，按屋架或山墙中距增加200mm计算，如两端出山，檩条长度算至博风板；连续檩条的长度按设计长度计算，其接头长度按全部连续檩

木总体积的5%计算。檩条托木已计入相应的檩木制作项目中,不另计算。简支檩条增加长度和连续檩条,接头如图6-169、图6-170所示。

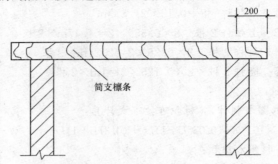

图6-169 简支檩条增加长度示意图

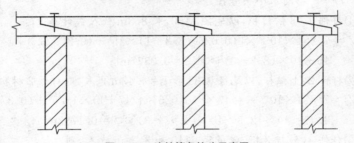

图6-170 连续檩条接头示意图

檩条工程量计算公式表示为:

①方木檩条。

$$V_L = \sum_{i=1}^{n} a_i \times b_i \times l_i (m^3)$$

式中 V_L——方木檩条的体积(m^3);

a_i, b_i——第i根檩木断面的双向尺寸(m);

l_i——第i根檩木的计算长度(m);

n——檩木的根数。

②圆木檩条。

$$V_L = \sum_{i=1}^{n} V_i$$

式中 V_i——一根圆檩木的体积(m^3)。

式中其他符号意义同前。

8) 屋面木基层由檩条、椽子、屋面板、挂瓦条组成,如图 6-171 所示。其工程量按屋面斜面面积计算。屋面板的工程量可按下式计算:

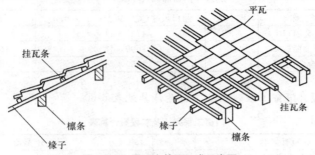

图 6-171 屋面木基层组成示意图

$$S_b = L \times B \times i$$

式中 S_b——屋面板的斜面面积(m^2);

L, B——分别为屋面板的水平投影长度和宽度(m);

i——屋面坡度系数。

9) 封檐板按图示檐口外围长度计算;博风板按斜长度计算,每个大刀头增加长度 500mm。挑檐木、封檐板、大刀头示意图如图 6-172 及图 6-173 所示。

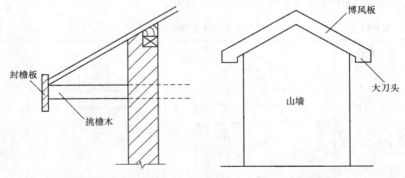

图 6-172 挑檐木、封檐板示意图　　图 6-173 博风板、大刀头示意图

10) 木楼梯按水平投影面积计算,不扣除宽度小于 300mm 的楼梯井,其踢脚板、平台和伸入墙内部分,不另行计算。

三、综合实例

【例 6-69】 某单层房屋设计用铝合金门窗,其尺寸见表 6-59,试对门窗工程进行列项并计算工程量。

表 6-59　　　　　　　　　门窗洞口尺寸表

门窗名称	樘数	洞口尺寸(宽×高)/(mm×mm)	形式
有亮铝合金窗口 C1	3	1750×1750	推拉、双扇
有亮铝合金窗口 C2	1	1600×1800	推拉、双扇
无亮铝合金门 M	2	1150×2400	平开

【解】门窗工程列项及工程量计算见表 6-60。

表 6-60　　　　　　门窗工程列项及工程量计算表

项目名称	单位	工程量	计算式
有亮双扇铝合金推拉窗的制作	m²	12.07	1.75×1.75×3+1.6×1.8×1
有亮双扇铝合金推拉窗的安装	m²	12.07	
无亮单扇铝合金门的制作	m²	5.52	1.15×2.4×2
无亮单扇铝合金门的安装	m²	5.52	
铝合金窗的五金配件	樘	4	3+1
铝合金门的五金配件	樘	2	2

四、工程量计算主要技术资料

1. 木屋架杆件长度系数

木屋架杆件长度系数可按表 6-61 选用。

表 6-61　　　　　　　　屋架杆件长度系数表

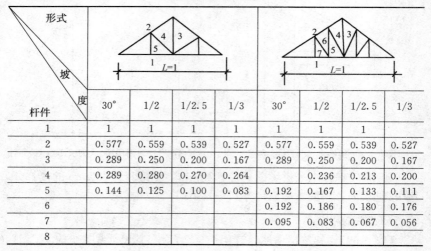

杆件 \ 形式、坡度	30°	1/2	1/2.5	1/3	30°	1/2	1/2.5	1/3
1	1	1	1	1	1	1	1	1
2	0.577	0.559	0.539	0.527	0.577	0.559	0.539	0.527
3	0.289	0.250	0.200	0.167	0.289	0.250	0.200	0.167
4	0.289	0.280	0.270	0.264		0.236	0.213	0.200
5	0.144	0.125	0.100	0.083	0.192	0.167	0.133	0.111
6					0.192	0.186	0.180	0.176
7					0.095	0.083	0.067	0.056
8								

续表

形式 \ 坡度 \ 杆件	30°	1/2	1/2.5	1/3	30°	1/2	1/2.5	1/3
1	1	1	1	1	1	1	1	1
2	0.577	0.559	0.539	0.527	0.577	0.559	0.539	0.527
3	0.289	0.250	0.200	0.167	0.289	0.250	0.200	0.167
4	0.250	0.225	0.195	0.177	0.252	0.224	0.189	0.167
5	0.216	0.188	0.150	0.125	0.231	0.200	0.160	0.133
6	0.181	0.177	0.160	0.150	0.200	0.180	0.156	0.141
7	0.144	0.125	0.100	0.083	0.173	0.150	0.120	0.100
8	0.144	0.140	0.135	0.132	0.153	0.141	0.128	0.120
9	0.070	0.063	0.050	0.042	0.116	0.100	0.080	0.067
10				0.110	0.112	0.108	0.105	
11				0.058	0.050	0.040	0.033	

2. 屋面坡度与斜面长度系数

屋面坡度与斜面长度的系数可参照表 6-62 选用。

表 6-62　　屋面坡度与斜面长度系数

屋面坡度	高度系数	1.00	0.67	0.50	0.45	0.40	0.33	0.25	0.20	0.15	0.125	0.10	0.083	0.066
	坡度	1/1	1/1.5	1/2	—	1/2.5	1/3	1/4	1/5	—	1/8	1/10	1/12	1/15
	角度	45°	33°40′	26°34′	24°14′	21°48′	18°26′	14°02′	11°19′	8°32′	7°08′	5°42′	4°45′	3°49′
斜长系数		1.4142	1.2015	1.1180	1.0966	1.0770	1.0541	1.0380	1.0198	1.0112	1.0078	1.0050	1.0035	1.0022

3. 人字钢木屋架每榀材料参考用量

人字钢木屋架每榀材料用量可参考表 6-63 进行计算。

表 6-63　　人字钢木屋架每榀材料用量参考表

类别	屋架跨度/m	屋架间距/m	屋面荷载/(N/m²)	每榀用料 木材/m³	每榀用料 钢材/kg	每榀屋架平均用支撑木材用量/m³
方木	9.0	3.0	1510	0.235	63.6	0.032
			2960	0.285	83.8	0.082
		3.3	1510	0.235	72.6	0.090
			2960	0.297	96.3	0.090
	10.0	3.0	1510	0.390	80.2	0.085
			2960	0.503	130.9	0.085
		3.3	1510	0.405	85.7	0.093
			2960	0.524	130.9	0.093
	12.0	3.0	1510	0.390	80.2	0.085
			2960	0.503	130.0	0.085
		3.3	1510	0.405	85.7	0.093
			2960	0.524	130	0.093
	15.0	3.0	1510	0.602	105.0	0.091
		3.3	1510	0.628	105.0	0.099
		4.0	1510	0.690	118.7	0.116
	18.0	3.0	1510	0.709	160.6	0.087
		3.3	1510	0.738	163.04	0.095
		4.0	1510	0.898	248.36	0.112
圆木	9.0	3.0	1510	0.259	63.6	0.080
			2960	0.269	83.8	0.080
		3.3	1510	0.259	72.6	0.089
			2960	0.272	96.3	0.089
	10.0	3.0	1510	0.290	70.5	0.081
			2960	0.304	101.7	0.081
		3.3	1510	0.290	74.5	0.090
			2960	0.304	101.7	0.090
	12.0	3.0	1510	0.463	80.2	0.083
			2960	0.416	130.9	0.083
		3.3	1510	0.463	85.7	0.092
			2960	0.447	130.9	0.092
	15.0	3.0	1510	0.766	105.0	0.089
		3.3	1510	0.776	105.0	0.097

第十一节 楼 地 面

一、相关知识

1. 常用楼地面的做法

地面的基本构造层为面层、垫层和地基;楼面的基本构造层为面层和楼板。根据使用和构造要求可增设相应的构造层(结构层、找平层、防水层、保温隔热层等)。其层次如图 6-174 所示。

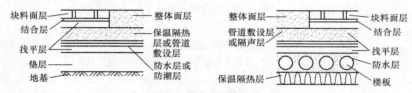

图 6-174 常用楼地面构造层次

(1)楼地面术语解释。

1)面层:面层是直接承受各种物理和化学作用的建筑地面表层,分整体和块料两类。

2)结合层:结合层是面层与下一层结构相联结的中间层,分胶凝层和松散材料两类。

3)基层:基层是面层下的构造层,包括填充层、隔离层、找平层、垫层和基土等。

4)填充层:填充层是在建筑地面上起隔声、保温、找坡和暗敷管线等作用的构造层。

5)隔离层:隔离层是防止建筑地面上各种液体或地下水、潮气渗透地面等作用的构造层;仅防止地下潮气透过地面时,可称作防潮层。

6)找平层:在垫层、楼板或轻质松散材料上起找平或找坡作用的构造层。

7)防水层:防止楼地面上液体透过面层的构造层。

8)垫层:垫层是承受并传递地面荷载于基土上的构造层,分为刚性和柔性两类。

9)基土:基土是底层地面的地基土层。

10)缩缝:缩缝是防止水泥混凝土垫层在气温降低时产生不规则裂缝

而设置的收缩缝。

11)伸缝:伸缝是防止水泥混凝土垫层在气温升高时在缩缝边缘产生挤碎或拱起而设置的伸胀缝。

(2)不同楼地面的适用范围见表6-64。

表6-64　　　　　　　　不同楼地面的适用范围

序号	楼地面种类	适用范围
1	承受剧烈磨损的地面	宜采用C20混凝土、铁屑水泥或块石及条石面条
2	常用坚硬物体冲击地面	宜采用混凝土垫层兼面层或细石混凝土面层。有强烈冲击的地面宜采用混凝土土板、块石或素土面层
3	承受剧烈振动作用或大面积、贮放重型材料地面	宜选用粒料、灰土类柔性地面。同时有平整和清洁要求时,宜采用有砂浆结合层的预制混凝土板面层
4	有高温影响的地面	同时有较高平整和清洁要求或同时有强烈磨损的地面宜采用金属面层
5	常有大量水作用或冲洗的块料面层地面	结合层宜采用胶凝类材料。经常有大量水作用或冲洗的楼面等用装配式楼板时应加强楼面整体性
6	地面防潮要求较高	地面防潮要求较高者宜卷材或涂料防水层
7	有食品或药物接触的地面	面层应避免采用含氟硅酸钠的材料和有毒的塑料或涂料
8	与火接触或使用温度大于60℃的地面	不宜用聚氯乙烯塑料板或过氯乙烯涂料面层
9	经常有机油作用地面	不宜采用沥青类材料做面层及嵌缝。楼面应有防油渗措施
10	火灾危险性属甲、乙类的厂房地面	如有坚硬物体冲击或摩擦并有可能产生火花引起爆炸,应采用不发火花地面
11	有较高清洁要求的地面	有较高清洁要求的地面宜采用光洁水泥面层、水磨石面层或块料面层、经常受潮或有热源影响时不宜使用菱苦土地面
12	有一定弹性和清洁要求的地面	使用汞的地面宜采用密实材料无缝地面,有防腐蚀要求的地面采用防腐面层

2. 黏土砖、水泥、水磨石、菱苦土楼地面

黏土砖、水泥、水磨石、菱苦土楼地面适用于有清洁、弹性或防爆要求的地段。磨损不多的地段,用不掺砂的软性菱苦土。磨损较多的地段,宜用掺砂的硬性菱苦土。不适用于经常有水或各种液体存留及地面温度经常处在35℃以上的地段。

3. 塑料、金属楼地面

(1)塑料楼地面具有耐磨、自熄、绝缘性好、吸水性小、耐化学侵蚀等特点;有一定弹性,行走舒适,可制作各色图案;宜用于洁净要求较高的生产用房或公共活动厅室。尚存在一些缺点,如老化、变形、静电吸尘,必须经常打蜡。因石棉绒有致癌性,不宜用作塑料地面的填充料。

(2)金属楼地面用于有强磨损,高温影响,同时,又有较高平整和洁净要求的楼地面。当其他面层材料不能满足上述使用要求时,可局部采用不同做法的金属楼地面。

4. 木楼地面

木楼地面面层分为普通木楼地面、硬木条楼地面、拼花木楼地面等。构造方式有实铺、空铺、粘贴、用弹簧等。木楼地面根据需要可做成单层或双层,见表6-65。

表6-65　　　　　木楼地面的单层与双层构造　　　　(单位:mm)

地面名称	规格			层数	选用树种
	长	宽	厚		
普通木地面	≥800	75 100 125 150	18~23	单层	红松　杉木　铁衫　樟子松　华山桦 柏木　四川红松
硬木条地面	≥800	50	18~23	单层 双层	柞木　色木　榆木　水曲柳　核桃木 桦木　槐木　楸木　黄菠萝　青岗栎
拼花木地面	250 300	30 37.5 42 50	18~23	单层 双层	槠栎　麻栎　红桧　胡桃木 花榈木　柳安　橡木　柚木

注:单层拼花木地面只用于粘贴式。

5. 弹簧木楼地面

弹簧木楼地面适用于室内体育用房、排练厅、舞台、交谊舞厅等对弹性有特殊要求的楼地面。其构造可分为橡皮、木弓、钢弓、弹簧等做法,以橡皮为常用。

6. 块料、防水、防潮、耐油、不发火楼地面

(1)块料楼地面。板块面层是用陶瓷锦砖、大理石、碎块大理石、水泥花砖以及用混凝土、水磨石等预制板块分别铺设在砂、水泥砂浆或沥青玛琋脂的结合层上而成。砂结合层厚度为20～30mm；水泥砂浆结合层厚度为10～15mm；沥青玛琋脂结合层厚度为2～5mm。

(2)防水楼地面。防水楼地面做法如图6-175所示。

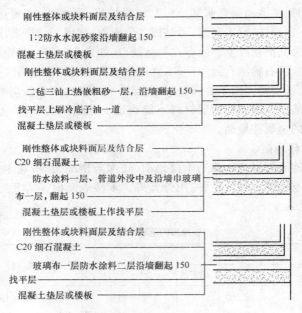

图 6-175 防水楼地面做法

(3)防潮楼地面。防潮楼地面做法如图6-176所示。

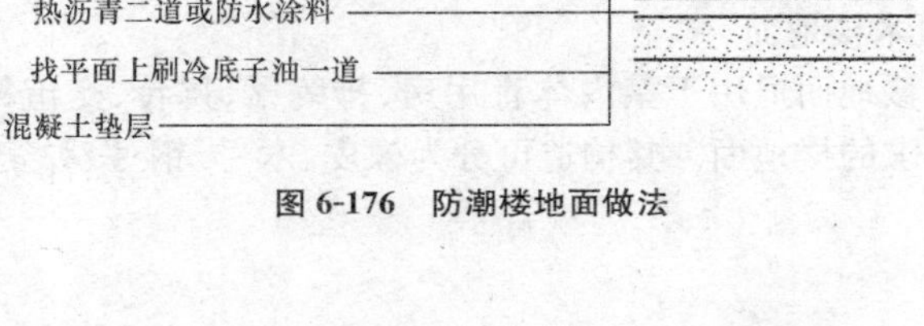

图 6-176 防潮楼地面做法

(4)耐油楼地面。制作和用途：在较密实的普通混凝土中，掺入三氯化铁混合剂，以提高混凝土的抗渗性。用作长期接触矿物油制品的楼地面材料。

材料要求：水泥——用泌水性小的硅酸盐水泥；骨料——粒径 5～40mm 碎石，≤5mm 的中砂；三氯化铁混合剂。

(5)不发火楼地面。面层做法：分不发火屑料类（不发火混凝土、砂浆、水磨石、沥青砂浆、沥青混凝土，其厚度一般为 30mm）；框类（所用钉子不得外露）；橡皮类；菱苦土类；塑料类。

材料要求：强度等级为 42.5、52.5、62.5 的普通硅酸盐水泥，粗细骨料——以硫酸钙为主要成分，具有不发火性能的大理石、白云石料或焙烧匀称的黏土砖块。由于纯净度不同，须经试验确认不发火花后，破碎分级成级配材料，不得混有其他石渣或杂质，并经吸铁石检查，石渣粒径≤20mm；石砂粒径为 0.15～5mm；粉料为与骨料相同的石料粉末；填充料为 6～7 级石棉纤维、石棉粉或木粉。

试验方法：试验工具为 ϕ150 转速 600～1100r/min 的电动砂轮机。先在音室检查砂轮，用小块的工具钢、石英岩或含石英岩的混凝土试件，加 1～2kN 压力和旋转的砂轮摩擦，如发生清晰的火花，则确定该砂轮为合格。

不发火花混凝土地面施工程序如图 6-177 所示。

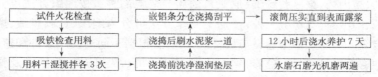

图 6-177　不发火花混凝土地面施工程序图

不发火花沥青砂浆地面施工程序如图 6-178 所示。

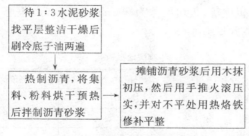

图 6-178　不发火花沥青砂浆地面施工程序图

7. 防腐蚀楼地面

防腐蚀楼地面如图 6-179 所示。

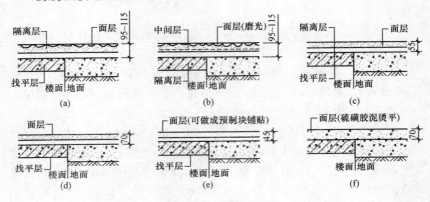

图 6-179 防腐蚀楼地面
(a)水玻璃混凝土地面;(b)水玻璃水磨石面层;(c)沥青砂浆面层(有隔离层);
(d)沥青混凝土面层(无隔离层);(e)聚酯树脂砂浆面层;(f)硫磺混凝土面层

8. 地毯楼地面

地毯按原料可分为羊毛与化学纤维两种。化学纤维有丙烯酸、聚丙烯腈、聚丙烯、聚酰胺纤维(尼龙)、烯族烃烯等品种。按编织方法可分为切绒、圈绒、提花切绒三种;按加工制作方法可分为编织、针刺簇绒、熔融胶合等。产品大多为卷材与块材,选用时要根据不同的使用条件和造价,对地毯的质量、毛长、色彩,编织法、抗静电、抗污染、防燃、耐摩擦及弹性等性能进行选择。

9. 防静电楼地面

防静电楼地面是由铝合金骨架(支架)、防静电地板面组成,主要用于计算机房、电话机房等,板块尺寸为 500mm×500mm,距地 250mm。

典型地板荷载见表 6-66。

表 6-66　　　　　　　　　　典型地板荷载

房间	集中荷载/N	均布荷载/(N/m^2)
电子计算机房	10000	2500
普通办公室	6000	1500
重荷载房间	12500	3000

10. 玻璃镜地面

玻璃镜地面是石英玻璃直接贴于地面,用于舞厅地面,但粘贴时地面必须平整。规格一般为 500mm 以下,如图 6-180 所示。

11. 竹地面

竹地面是将竹子经过加工,制成板材,构造同木板地面,并具有木地板地面的特点,如图 6-181 所示。

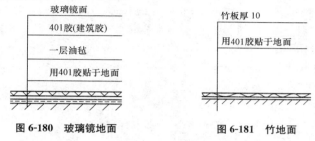

图 6-180　玻璃镜地面　　　　图 6-181　竹地面

12. 台阶、坡道、花池、花台

(1)台阶。台阶高度及深度应根据使用要求确定。

(2)坡道。砖砌台阶坡道如图 6-182 所示。

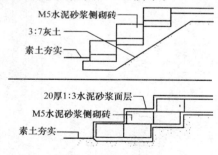

图 6-182　砖砌台阶坡道构造图

(3)花池及花台。花池基础深度 H,按设计确定,花池紧靠建筑物外墙时,可做防水砂浆或贴油毡。花台挡土墙厚度按高度确定。花池及花台示意图如图 6-183 所示。

13. 踢脚

大理石(或磨光花岗石)踢脚板如图 6-184 所示。

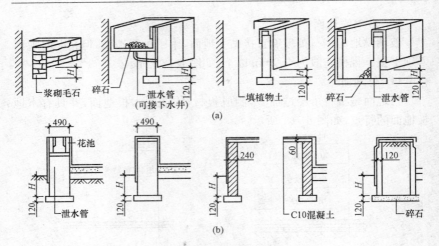

图 6-183 花池及花台示意图
(a)花池；(b)花台

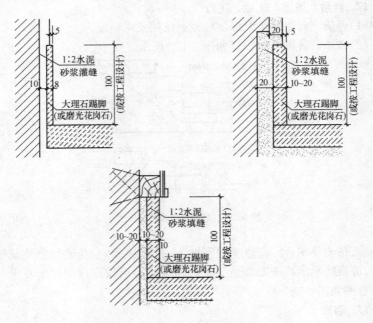

图 6-184 大理石(或磨光花岗石)踢脚板

14. 散水

砖散水与混凝土散水如图 6-185 所示。

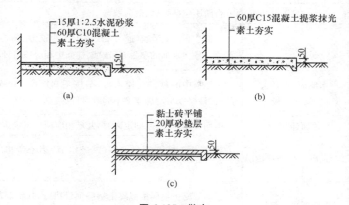

图 6-185 散水
(a)、(b)混凝土散水；(c)砖散水

二、定额说明与工程量计算

(一)定额说明

楼地面工程定额说明见表 6-67。

表 6-67　　　　　　　楼地面工程定额说明

序号	定额项目	定　额　说　明
1	水泥砂浆、水泥砂混凝土的配合比	水泥砂浆、水泥石子浆、混凝土等的配合比，如设计规定与定额不同时，可以换算
2	整体面层、块料面层中的楼地面	整体面层、块料面层中的楼地面项目，均不包括踢脚板工料；楼梯不包括踢脚板、侧面及板底抹灰，另按相应定额项目计算
3	踢脚板	踢脚板高度是按 150mm 编制的。超过时材料用量可以调整，人工、机械用量不变
4	菱苦土地面、现浇水磨石	菱苦土地面、现浇水磨石定额项目已包括酸洗打蜡工料，其余项目均不包括酸洗打蜡
5	扶手、栏杆、栏板	扶手、栏杆、栏板适用于楼梯、走廊、回廊及其他装饰性栏杆、栏板。扶手不包括弯头制作，另按弯头单项定额计算

续表

序号	定额项目	定 额 说 明
6	台阶	台阶不包括牵边、侧面装饰
7	零星项目	定额中的"零星装饰"项目,适用于小便池、蹲位、池槽等。定额中未列的项目,可按墙、柱面中相应项目计算
8	木地板中的硬、衫、松木板	木地板中的硬、衫、松木板,是按毛料厚度 25mm 编制的,设计厚度与定额厚度不同时,可以换算
9	地面伸缩缝	地面伸缩缝按《基础定额》第九章相应项目及规定计算
10	碎石、砾石灌沥青垫层	碎石、砾石灌沥青垫层按《基础定额》第十章相应项目计算
11	钢筋混凝土垫层	钢筋混凝土垫层按混凝土垫层项目执行,其钢筋部分按《基础定额》第五章相应项目及规定计算
12	明沟平均净空断面	各种明沟平均净空断面(深×宽),均按 190mm×260mm 计算的,断面不同时允许换算

(二)工程量计算

1. 垫层

地面垫层按室内主墙间净空面积乘以设计厚度以 m^3 计算。应扣除凸出地面的构筑物、设备基础、室内铁道、地沟等所占体积,不扣除柱、垛、间壁墙、附墙烟囱及面积在 $0.3m^2$ 以内孔洞所占体积;基础垫层按面积乘以垫层宽度计算。

地面垫层工程量＝主墙间净空面积×垫层厚度－应扣除的体积
$$= (S_1 - L_{中} \times 外墙墙厚 - L_{内} \times 内墙墙厚) \times 垫层厚度 - 应扣除的体积$$

基础垫层工程量＝垫层长度×垫层宽度×垫层厚度

【例 6-70】 某房屋楼地面示意图如图 6-186 所示,试计算其他面垫层工程量。

【解】
工程量＝$[(3.2-0.12-0.12)\times(3.2-0.12\times2)\times2-0.24\times0.24\times2]\times0.25=4.352m^2$

第六章 建筑工程工程量计算

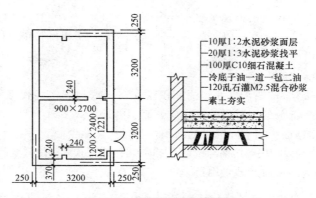

图 6-186 某房屋楼地面示意图

2. 整体面层、找平层

整体面层、找平层均按主墙间净空面积以 m^2 计算。应扣除凸出地面构筑物、设备基础、室内管道、地沟等所占面积，不扣除柱、垛、间壁墙、附墙烟囱及面积在 $0.3m^2$ 以内的孔洞所占面积，但门洞、空圈、暖气包槽、壁龛的开口部分亦不增加。

整体面层找平层工程量＝主墙间净空面积－地面凸出部分所占面积

【例 6-71】 根据图 6-187 计算该建筑物的室内地面面层工程量。

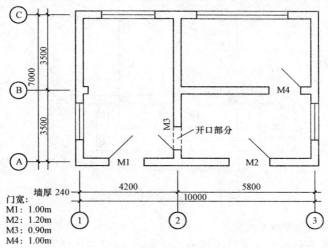

图 6-187 某建筑平面图

【解】 室内地面面层工程量=(10-0.24)×(7-0.24)-[(7-0.24)+(5.8-0.24)]×0.24
=63.02m³

3. 块料面层

块料面层,按图示尺寸实铺面积以 m² 计算,门洞、空圈、暖气包槽和壁龛的开口部分的工程量并入相应的面层内计算。

(1)实铺面积指实际铺设的面积,铺多少,算多少。

(2)当铺设的块料规格与设计不同时,可以按下式调整块料及砂浆用量:

1)勾缝的块料及砂浆用量。

$$块料用量=\frac{100m^2}{(块料长度)×(块料宽度+灰度)}×(1+损耗率)$$

$$砂浆用量=(100m^2-块料净用量×每个块料面积)×灰缝厚度×(1+损耗率)$$

2)密缝的块料及砂浆用量(假设灰缝=0,不计灰缝砂浆)。

$$块料用量=\frac{100m^2}{块料长度×块料宽度}×(1+损耗率)$$

【例 6-72】 图 6-188 所示为某办公楼室内平面图,试求门厅镶贴大理石地面面层工程量。

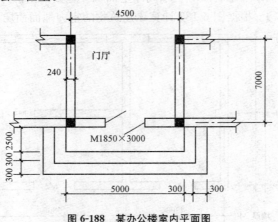

图 6-188 某办公楼室内平面图

【解】 工程量:

大理石面层工程量按实铺面积计算,应加门洞开口部分面积。

(4.5-0.24)×(7-0.24)+1.85×0.24=29.24m²

4. 楼梯面层

楼梯面层(包括踏步、平台以及小于 500mm 宽的楼梯井)按水平投影面积计算。

【例 6-73】 根据图 6-189 所示的尺寸计算水泥豆石砂浆楼梯间面层(只算一层)工程量。

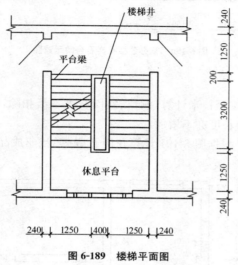

图 6-189 楼梯平面图

【解】 水泥豆石砂浆楼梯间面层 $= (1.25 \times 2 + 0.4) \times (0.200 +$

$1.25 \times 2 + 3.2)$

$= 17.11 \text{m}^2$

5. 台阶面层

台阶面层(包括踏步及最上一层踏步沿 300mm)按水平投影面积计算。

【例 6-74】 图 6-190 所示为某办公楼花岗石台阶示意图,试求花岗石台阶面层工程量。

【解】 花岗石台阶面层 = 台阶中心线长 × 台阶宽

$= [(0.35 \times 2 + 2.15) + (0.35 +$

$1.05) \times 2] \times (0.35 \times 2)$

$= 3.96 \text{m}^2$

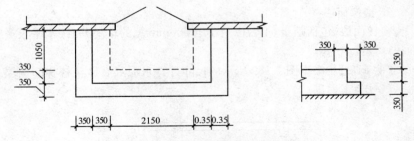

图 6-190 某办公楼花岗石台阶示意图

6. 其他

(1) 踢脚板按延长米计算,洞口、空圈长度不予扣除,洞口、空圈、垛、附墙烟囱等侧壁长度亦不增加。

【例 6-75】 根据图 6-191 计算花岗石踢脚线(非成品、120mm 高)的工程量。

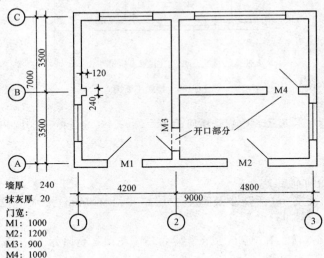

图 6-191 某建筑平面图

【解】 大房间:
$$S = [(4.2-0.24)+(7.0-0.24)] \times 2$$
$$= 21.44\text{m}$$

小房间：
$$S=[(4.8-0.24)+(3.5-0.24)]\times2\times2$$
$$=31.28m$$

花岗石踢脚线工程量 $=21.44+31.28=52.72m$

(2) 散水、防滑坡道按图示尺寸以 m^2 计算，散水面积的计算公式可表示为：
$S_{散水}=$（外墙外边周长＋散水宽×4）×散水宽－坡道、台阶所占面积

【例6-76】 图6-192所示为某办公楼散水示意图，试求混凝土为C10、面层为一次性抹光散水的工程量。

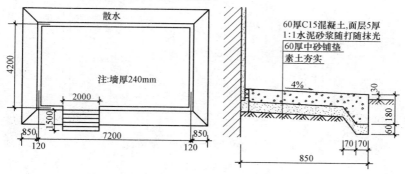

图6-192 散水平面及剖面图示意图

【解】 根据散水工程量计算规则：
$$散水工程量=\{[(7.2+0.24)+(4.2+0.24)]\times2+$$
$$0.85\times4\}\times0.85-2.0\times0.85$$
$$=21.39m^2$$

(3) 栏杆、扶手包括弯头长度以延长米计算，栏杆已包括在扶手定额项目中，不另计算。扶手应按实际长度计算，既要计算斜长部分，又要计算最后一跑楼梯连接的安全栏杆扶手。

【例6-77】 某大楼有等高的10跑楼梯，采用不锈钢管扶手栏杆，每跑楼梯高为1.78m，每跑楼梯扶手水平长为4.20m，扶手转弯处为0.25m，最后一跑楼梯连接的安全栏杆水平长1.60m，求该扶手栏杆工程量。

【解】 不锈钢扶手栏杆工程量 $=\sqrt{1.78^2+4.20^2}\times10(跑)+$
$$0.25(转弯)\times9+1.60(水平)$$
$$=4.56\times10+0.25\times9+1.60$$
$$=49.45m$$

(4)防滑条按楼梯踏步两端距离减 300mm 以延长米计算。

(5)明沟按图尺寸以延长米计算。

【例 6-78】 图 6-193、图 6-194 所示为某工程混凝土明沟示意图,试求其工程量(做法:80 厚水泥石灰炉渣)。

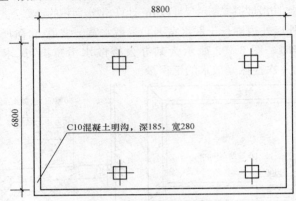

图 6-193 混凝土明沟示意图

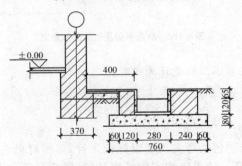

图 6-194 混凝土明沟示意图

【解】 根据明沟工程量计算规则:

$$明沟工程量=(6.8+8.8)\times 2+\frac{0.28}{2}\times 2\times 4+0.4\times 2\times 4=35.52m$$

三、综合实例

【例 6-79】 图 6-195 所示为某房屋平面图(内、外墙墙厚均为 240mm),试计算:(1)20mm 厚水泥砂浆面层工程量;(2)65mm 厚 C15 混凝土地面垫层工程量;(3)水泥砂浆踢脚线工程量;(4)水泥砂浆防滑坡道及台阶工程量;(5)散水面层工程量。

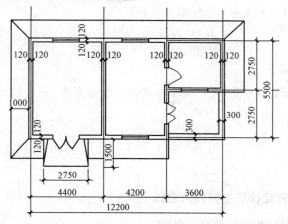

图 6-195 某房屋平面图

【解】 (1)20mm 厚水泥砂浆面层。20mm 厚水泥砂浆面层工程量中包括两部分:一部分是地面面层,另一部分是与台阶相连的平台部分的面层。

地面面层工程量=主墙间净空面积
$$= (4.4-0.24+4.2-0.24) \times (5.5-0.24) + (3.6-0.24) \times (2.75-0.24)$$
$$= 51.14 m^2$$

平台面层工程量$=(3.6-0.3) \times (2.75-0.3)=8.09 m^2$

水泥砂浆面层工程量=地面面层工程+平台面层工程量
$$= 51.14+8.09=59.23 m^2$$

(2)65mm 厚 C15 混凝土地面垫层。

地面垫层工程量=主墙间净空面积×垫层厚度
$$= 51.14 \times 0.065 = 3.32 m^3$$

(3)水泥砂浆踢脚线。

踢脚线工程量=内墙面净长
$$= (4.4-0.24+5.5-0.24) \times 2 + (4.2-0.24+5.5-0.24) \times 2 + (3.6-0.24+2.75-0.24) \times 2$$
$$= 49.02 m$$

(4)水泥砂浆防滑坡道及台阶。

防滑坡道工程量＝坡道水平投影面积＝2.75×1.5＝4.13m
台阶面层工程量＝台阶水平投影面积
　　　　　　　＝3.6×2.75－(3.6－0.3)×(2.75－0.3)
　　　　　　　＝1.82m²

(5)散水面层。
散水面层工程量＝(外墙外边周长＋散水宽度×4)×散水宽－坡道
　　　　　　　所占面积
　　　　　　　＝[(12.2＋0.24)＋(5.5＋0.24)＋(4.4＋4.2＋
　　　　　　　0.24)＋(2.75＋0.24)＋1×4]×1－2.75×1
　　　　　　　＝31.26m²

四、工程量计算主要技术资料

1. 水泥砂浆中各种材料用量

单位体积水泥砂浆中各材料用量分别由下列各式确定：

$$砂子用量 \quad q_c = \frac{c}{\sum f - c \times C_p} (m^3)$$

$$水泥用量 \quad q_a = \frac{a \times \gamma_a}{c} \times q_c (kg)$$

式中　a、c 分别为水泥、砂之比，即 $a:c=$ 水泥：砂；

　　　$\sum f$ ——配合比之和；

　　　C_p ——砂空隙率(%)，$C_p = (1 - \frac{\gamma_0}{\gamma_c}) \times 100\%$；

　　　γ_a ——水泥密度(kg/m^3)，可按 $1200kg/m^3$ 计；

　　　γ_0 ——砂相对密度按 $2650kg/m^3$ 计；

　　　γ_c ——砂密度按 $1550kg/m^3$ 计。

则 $C_p = (1 - \frac{1550}{2650}) \times 100\% = 41\%$

当砂用量超过 $1m^3$ 时，因其空隙容积已大于灰浆数量，均按 $1m^3$ 计算。

2. 垫层材料用量计算

(1)质量比计算方法(配合比以质量比计算)：

$$压实系数 = \frac{虚铺厚度}{压实厚度}$$

$$混合物质量 = \frac{1000}{\frac{甲材料占百分率}{甲材料密度} + \frac{乙材料占百分率}{乙材料密度} + \cdots\cdots}$$

材料用量＝混合物质量×压实系数×材料占百分率×(1＋损耗率)

例如：黏土炉渣混合物,其配合比(质量比)为 1∶0.8(黏土∶炉渣),黏土的密度为 1400kg/m³,炉渣的密度为 800kg/m³,其虚铺厚度为 25cm,压实厚度为 17cm。求每 1m³ 的材料用量。

$$黏土占百分率 = \frac{1}{1+0.8} \times 100\% = 55.6\%$$

$$炉渣占百分率 = \frac{0.8}{1+0.8} \times 100\% = 44.4\%$$

$$压实系数 = \frac{25}{17} = 1.47$$

$$每 1m^3 1∶0.8 黏土炉渣混合物质量 = \frac{1000}{\frac{0.556}{1.4} + \frac{0.444}{0.8}} = 1050kg$$

则每 1m³ 黏土炉渣的材料用量为：

黏土＝1050×1.47×0.556×1.025(加损耗)＝880kg

$$折合成体积 = \frac{880}{1400} = 0.629m^3$$

炉渣＝1050×1.47×0.444×1.015(加损耗)＝696kg

$$折合成体积 = \frac{696}{800} = 0.87m^3$$

(2)体积比计算方法(配合比以体积比计算)。

每 1m³ 材料用量＝每 1m³ 的虚体积×材料占配合比百分率

每 1m³ 的虚体积＝1×压实系数

$$材料占配合比百分率 = \frac{甲(乙\cdots\cdots)材料之配比}{甲材料之配比 + 乙材料之配比 + \cdots\cdots}$$

材料实体积＝材料占配合比百分率×(1－材料孔隙率)

$$材料孔隙率 = \left(1 - \frac{材料容量}{材料密度}\right) \times 100\%$$

例如：水泥、石灰、炉渣混合物,其配合比为 1∶1∶9(水泥∶石灰∶炉渣),其虚铺厚度为 23cm,压实厚度为 16cm,求每 1m³ 的材料用量。

$$压实系数 = \frac{23}{16} = 1.438$$

$$水泥占配合比百分率=\frac{1}{1+1+9}\times100\%=9.1\%$$

$$石灰占配合比百分率=\frac{1}{1+1+9}\times100\%=9.1\%$$

$$炉渣占配合比百分率=\frac{9}{1+1+9}\times100\%=81.8\%$$

则每 $1m^3$ 水泥、石灰、炉渣的材料用量为:

$$水泥=1.438\times0.091\times1200kg/m^3(水泥密度)\times1.01(损耗)=159kg$$

$$石灰=1.438\times0.091\times600kg/m^3\times1.02(损耗)=80kg$$

$$炉渣=1.438\times0.818\times1.015(损耗)=1.19m^3$$

(3)灰土体积比计算公式。

$$每1m^3灰土的石灰或黄土的用量=\frac{虚铺厚度}{压实厚度}\times\frac{石灰或黄土的配比}{石灰、黄土配比之和}$$

每 $1m^3$ 灰土所需生石灰(kg)=石灰的用量(m^3)×每 $1m^3$ 粉化灰需用生石灰数量(取石灰成分:块末=2:8)

例如,计算 3:7 灰土的材料用量为:

$$黄土=\frac{18}{11}\times\frac{7}{3+7}\times1.025(损耗)=1.174m^3$$

$$石灰=\frac{18}{11}\times\frac{3}{3+7}\times1.02(损耗)\times600kg/m^3=300kg$$

(4)砂、碎(砾)石等单一材料的垫层用量计算公式。

$$定额用量=定额单位\times压实系数\times(1+损耗率)$$

$$压实系数=\frac{压实厚度}{虚铺厚度}$$

对于砂垫层材料用量的计算,按上述公式计算得出干砂后,需另加中粗砂的含水膨胀系数 21%。

(5)碎(砾)石、毛石或碎砖灌浆垫层材料用量计算

碎(砾)石、毛石或碎砖的用量与干铺垫层用量计算相同,其灌浆用的砂浆用量则按下列公式计算:

$$砂浆用量=\frac{碎(砾)石、毛石或碎砖相对密度-碎(砾)石、毛石或碎砖容量\times压实系数}{碎(砾)石、毛石或碎砖的相对密度\times填充密度(80\%)(1+损耗率)}$$

3. 块料面层结合层和底层找平层参考厚度

块料面层结合层和底层找平层参考厚度见表 6-68。

第六章 建筑工程工程量计算

表 6-68　　块料面层结合层和底层找平层参考厚度　　(单位:mm)

序号	项目		块料规格	灰缝		结合层厚	底层找平层
				宽	深		
1	方整石	砂缝砂结合层	200×300×120	5	120	20	—
2		砂浆缝砂浆结合层	200×300×120	5	120	15	—
3	红(青)砖	砂缝砂结合层	平铺 240×115×53	5	53	15	—
4			侧铺 240×115×53	5	115	15	—
5	缸砖	砂浆结合层	150×150×15	2	15	5	20
6		沥青结合层	150×150×15	2	15	4	20
7	水泥砂浆结合层	陶瓷锦砖(马赛克)				5	20
8		混凝土板	400×400×60			5	20
9		水泥砖	200×200×25			5	20
10		大理石板	500×500×20	1	20	5	20
11		菱苦土板	250×250×20	3	20	5	20
12	水磨石板	地面	305×305×20	2	20	5	20
13		楼梯面	—	—	—	3	20
14		踢脚板	—	—	—	3	20

4. 防潮层卷材刷油面积计算

卷材刷油面积是按满铺面积加搭接缝面积计算,搭接缝铺油一般按搭接宽度 40mm 计算。刷油厚度计算参考表 6-69。

表 6-69　　　　　　刷油厚度计算　　　　　　(单位:mm)

项目		卷材防潮层						刷热沥青		刷玛琋脂		冷底子油	
		沥青			玛琋脂			每一遍	每增一遍	每一遍	每增一遍	每一遍	每增一遍
		底层	中层	面层	底层	中层	面层						
平面		1.7	1.3	1.2	1.9	1.5	1.4	1.6	1.3	1.7	1.4	0.13	0.16
立面	砖墙面	—	—	—	—	—	—	1.9	1.6	2.0	1.7	—	—
	抹灰及混凝土面	1.8	1.4	1.3	2.0	1.6	1.5	1.7	1.4	1.8	1.5	0.13	0.16

注:冷底子油第一遍按沥青:汽油=30:70;第二遍按沥青:汽油=50:50。

5. 楼梯块料面层工程量计算

楼梯块料面层工程量分层按其水平投影面积计算(包括踏步、平台、小于500mm宽的楼梯井以及最上一层踏步沿300mm),如图6-196所示。即:

当 $b > 500mm$ 时 $S = \sum L \times B - \sum l \times b$

当 $b \leqslant 500mm$ 时 $S = \sum L \times B$

式中 S——楼梯面层的工程量(m^2);

L——楼梯的水平投影长度(m);

B——楼梯的水平投影宽度(m);

l——楼梯井的水平投影长度(m);

b——楼梯井的水平投影宽度(m)。

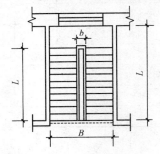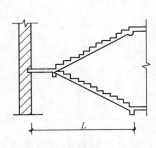

图6-196 楼梯示意图

6. 台阶块料面层工程量计算

台阶块料面层工程量按台阶水平投影面积计算,但不包括翼墙、侧面装饰,当台阶与平台相连时,台阶与平台的分界线,应以最上层踏步外沿另加300mm计算,如图6-197所示台阶工程量可按下式计算:

$$S = L \times B$$

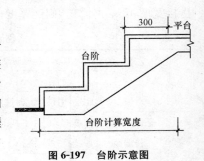

图6-197 台阶示意图

式中 S——台阶块料面层工程量(m^2);

L——台阶计算长度(m);

B——台阶计算宽度(m)。

7. 块材面层材料用量计算

块料面层工程中的主要材料是指表面装饰块料,一般都有特定规格,因此,可以根据装饰面积和规格块料的单块面积,计算出块料数量。

当缺少某种块料的定额资料时,它的用量确定可以按照实物计算法计算。即根据设计图纸计算出装饰面的面积,除以一块规格块料(包括拼缝)的面积,求得块料净用量,再考虑一定的损耗量,即可得出该种装饰块料的总用量。每 100m² 块料面层的材料用量按下式计算:

$$Q_t = q(1+\eta) = \frac{100}{(l+\delta)(b+\delta)} \cdot (1+\eta)$$

式中 l——规格块料长度(m);

b——规格块料宽度(m);

δ——拼缝宽(m)。

结合层用料量=100m²×结合层厚度×(1+损耗率)

找平层用料量同上。

灰缝材料用量=(100m²−块料长×块料宽×100m² 块料净用量)×灰缝深×(1+损耗率)

如为木板面层时,则按下列公式计算:

每 100m² 面层用木板体积=$\frac{板材毛宽}{板材有效宽度}$×板材厚度(毛板)×100×(1+损耗率)

第十二节 屋面及防水工程

一、相关知识

(一)屋面工程

1. 平屋面的层次及其构造

(1)保温层。保温层应干燥、坚固、不变形。预算定额中的保温层项目分干铺加气混凝土块、聚苯乙烯泡沫板、水泥珍珠岩块、水泥砼石板等。

(2)找坡层。为顺利地排除屋面的雨水,通常在平屋顶上做一层找坡层。

(3)找平层。为使防水卷材有一个平整而坚实的基层,便于卷材的铺设防止破损,在保温层上抹1:3水泥砂浆找平、压实。

(4)防水层。按所用防水材料的不同,可以分为柔性防水屋面及刚性防水屋面。柔性防水屋面是指采用油毡、沥青等柔性材料铺设和粘结的防水屋面。刚性防水屋面是指用细石混凝土、防水水泥砂浆等刚性材料做成的防水屋面。北京地区目前常用的是柔性防水屋面,所以预算定额是按柔性防水屋面编制的。防水屋面有三毡四油及增减一毡一油等做法以及三元乙丙卷材的氯丁橡胶卷材屋面等。

2. 坡屋顶的构造

概算定额中的坡屋顶屋面材料有平瓦(黏土瓦、水泥瓦),坡形瓦(小波石棉瓦、玻璃钢瓦、镀锌瓦垄铁皮),不同的屋面材料,适用于不同的屋面坡度,并有各自的构造。

(1)平瓦屋面。以木屋面板或椽子作为屋面的承重基层,油毡干铺在屋面板上,用顺水条钉压。挂瓦条架空在顺水条上,然后挂瓦,并在檐口及封山处做封檐板及博风板。

(2)波形瓦屋面。波形瓦直接钉铺在檩条上,预算定额中的檩条分为木檩条、钢檩条,封山处做封檐板及博风板。

3. 柔性防水屋面

柔性防水屋面的构造要求见表 6-70。

表 6-70　　　　　　　　柔性防水屋面构造要求

序号	定额项目	构造要求
1	卷材防水屋面	卷材防水屋面适用于防水等级为Ⅰ~Ⅳ级的屋面防水,屋面防水等级为Ⅰ级或Ⅱ级的多道防水设防时,可采用多道卷材、涂膜、刚性防水复合使用
2	屋面防水卷材	屋面防水卷材应根据当地最高最低气温、屋面坡度和使用条件,选择耐热度和柔性相适应的卷材;根据地基变形程度、结构形式,当地年、日温差和震动等因素,选择拉伸性能相适应的卷材;根据卷材暴露程度,选择耐紫外线、热老化保持率相适应的卷材
3	找平层设分格缝	找平层宜设分格缝,缝宽宜为 2mm,并嵌填密封材料,分格缝兼作排气屋面的排气时,可适当加宽,并与保温层相连通
4	排气层面排气道	排气层面的排气道应纵横连贯,每 36m^2 设一个排气孔与大气相通
5	天沟、檐沟纵向坡度	天沟、檐沟纵坡度不应小于 1%;沟底水落差不得超过 200mm

续表

序号	定额项目	构 造 要 求
6	高低跨屋面的屋面排水	高低跨屋面的高跨屋面为无组织排水时,低跨屋面受水冲刷部位应加铺一层整幅卷材,再铺设 300~500mm 宽的板材加强保护;当有组织排水时,水落管下应加设钢筋混凝土水簸箕
7	结构找坡层	跨度大于 18m 的屋面应采用结构找坡。找坡层应做分格缝。无保温层的屋面,板端缝应采用空铺附加层或卷材直接空铺处理,空铺宽度宜为 200~300mm
8	上人屋面	上人屋面采用块体或细石混凝土面层时,应在面层与防水层之间设隔离层
9	屋面防水层上放置设施	屋面防水层上放置设施时,设施下部防水层应做附加增强层。需经常维护的设施周围和屋面出入口至设施之间的人行道部位应设刚性保护层
10	卷材屋面保护层	卷材屋面应有保护层。如卷材本身无保护层时,可采用与卷材材性相容、黏结力强和耐风化的浅色涂料、铝箔等作保护层,也可采用水泥砂浆、细石混凝土或块材作保护层

4. 刚性防水屋面

刚性防水层是指普通细石混凝土防水层,补偿收缩混凝土防水层,块体刚性防水层。它是通过控制混凝土的水灰比、最小水泥用量、含砂率、灰砂比与配筋,以及使用外加剂(减水剂、防水剂与膨胀剂)来保证混凝土的密实度,提高抗渗性与抗裂度,从而达到防水的目的。

刚性防水层的构造做法见表 6-71。

表 6-71　　　　　　　　刚性防水层的构造做法

序号	定额项目	构 造 做 法
1	刚性防水屋面	刚性防水屋面的坡度宜为 2%~3%,并应采用结构找坡
2	细石混凝土防水层	细石混凝土防水层的厚度不应小于 40mm,并应配置直径为 $\phi4$~$\phi6$,间距为 100~200mm 的双向钢筋网片。钢筋网片在分格缝处应断开,其保护层厚度不应小于 10mm

续表

序号	定额项目	构 造 做 法
3	防水层内配筋	防水层内配置的钢筋宜采用冷拔低碳钢筋
4	细石混凝土	细石混凝土强度不应低于C20,水泥强度等级不宜低于42.5级,并不得使用火山灰质水泥
5	细石混凝土防水层与基层间设置隔离层	细石混凝土防水层与基层间宜设置隔离层,隔离层可采用低强度等级砂浆、干铺卷材等材料
6	防水层分格缝	防水层的分格缝应设在屋面板的支承端、屋面转折处、防水层与突出屋面结构的交接处,并应与板缝对齐,其纵横间距不宜大于6m,缝中应嵌填密封材料
7	块体刚性防水层	块体刚性防水层应用1∶3水泥砂浆铺砌;块体之间的缝宽应为12~15mm;坐浆厚度不应小于25mm;面层应用1∶2水泥砂浆,其厚度不应小于12mm。水泥砂浆中应掺入防水剂

(二)防水工程

1. 防水层

防水层的设置方法如图6-198所示。

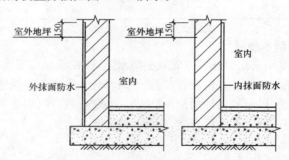

图6-198 防水层的设置方法

2. 止水带

应用于变形缝中的止水带必须具有一定的防水能力;能与结构部分牢固地结合;其耐久性与结构所有材料的耐久性相适应,并具有适应结构反复变形,在变形范围内不开裂、不折断等性能,止水带做法分为预埋式和后埋式,如图6-199所示。

第六章 建筑工程工程量计算

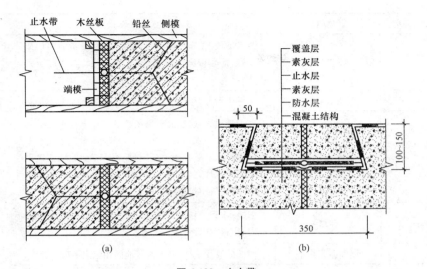

图 6-199 止水带
(a)预埋式止水带施工示意图;(b)后埋式止水带变形缝构造

二、定额说明与工程量计算

(一)定额说明

定额说明见表 6-72。

表 6-72　　　　　屋面及防水工程定额说明

序号	定额项目	定　额　说　明
1	水泥瓦、黏土瓦、小青瓦、石棉瓦	水泥瓦、黏土瓦、小青瓦、石棉瓦规格与定额不同时,瓦材数量可以换算,其他不变
2	高分子卷材	高分子卷材厚度,再生橡胶卷材按 1.5mm;其他均按 1.2mm 取定
3	防水工程	防水工程也适用于楼地面、墙基、墙身、构筑物、水池、水塔及室内厕所、浴室等防水,建筑物±0.00 以下的防水、防潮工程按防水工程相应项目计算
4	三元乙丙丁基橡胶屋面防水	三元乙丙丁基橡胶卷材屋面防水,按相应三元丙橡胶卷材屋面防水项目计算

续表

序号	定额项目	定额说明
5	氯丁冷胶"二布三涂"	氯丁冷胶"二布三涂"项目,其"三涂"是指涂料构成防水层数,而非指涂刷遍数;每一层"涂层"刷两遍至数遍不等
6	沥青、玛琋脂	定额中沥青、玛琋脂均指石油沥青、石油沥青玛琋脂
7	变形缝填缝	变形缝填缝:建筑油膏聚氯乙烯胶泥断面取定 3cm×2cm;油浸木丝板取定为 2.5cm×15cm;紫铜板止水带系 2mm 厚,展开宽 45cm;氯丁橡胶宽 30cm,涂刷式氯丁胶贴玻璃止水片宽 35cm。其余均为 15cm×3cm。如设计断面不同时,用料可以换算
8	盖缝	盖缝:木板盖缝断面为 20cm×2.5cm,如设计断面不同时,用料可以换算,人工不变
9	屋面砂浆找平	屋面砂浆找平层,面层按楼地面相应定额项目计算

(二)工程量计算

1. 瓦屋面

瓦屋面、金属压型板(包括挑檐部分)均按图 6-200 所示尺寸的水平投影面积乘以屋面坡度系数以 m^2 计算。不扣除房上烟囱、风帽底座、风道、屋面小气窗、斜沟等所占面积,屋面小气窗的出檐部分亦不增加。工程量计算公式为:

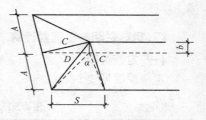

图 6-200 屋面坡度示意图

$$S_w = (S_t + S_c) \times C$$

式中 S_w——瓦屋面、金属压型板屋面的工程量(实际面积)(m^2);

S_t——瓦屋面、金属压型板屋面的水平投影面积(m^2);

S_c——与屋面重叠部分增加面积的水平投影,例如天窗出檐部分与屋面重叠的面积(m^2);

C——屋面坡度系数(或称延尺系数),见表 6-73。

表 6-73 为屋面坡度系数,即屋面斜面面积与水平投影面积的比值;不论是四坡排水屋面还是两坡排水屋面均以屋面坡度系数计算。

表 6-73　　　　　　　　　　屋面坡度系数表

坡度			延尺系数 $C(A=1)$	隅延尺系数 $D(A=1)$
以高度 B 表示（当 $A=1$ 时）	以高跨比表示（$B/2A$）	以角度表示（α）		
1	1/2	45°	1.4142	1.7321
0.75		36°52′	1.2500	1.6008
0.70		35°	1.2207	1.5779
0.666	1/3	33°40′	1.2015	1.5620
0.65		33°01′	1.1926	1.5564
0.60		30°58′	1.1662	1.5362
0.577		30°	1.1547	1.5270
0.55		28°49′	1.1413	1.5170
0.50	1/4	26°34′	1.1180	1.5000
0.45		24°14′	1.0966	1.4839
0.40	1/5	21°48′	1.0770	1.4697
0.35		19°17′	1.0594	1.4569
0.30		16°42′	1.0440	1.4457
0.25		14°02′	1.0308	1.4362
0.20	1/10	11°19′	1.0198	1.4283
0.15		8°32′	1.0112	1.4221
0.125		7°8′	1.0078	1.4191
0.100	1/20	5°42′	1.0050	1.4177
0.083		4°45′	1.0035	1.4166
0.066	1/30	3°49′	1.0022	1.4157

【例 6-80】 图 6-201 所示为某房屋屋面示意图，试根据图示尺寸计算四坡水屋面工程量。

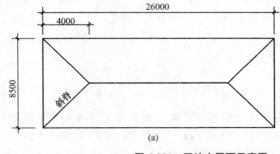
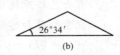

图 6-201　四坡水屋面示意图
(a)平面图；(b)立面图

【解】 S = 水平面积 × 坡度系数 C
   = 8.5 × 26 × 1.1180（查表 6-73）
   = 260.78m²

2. 卷材屋面

（1）卷材屋面是采用沥青油毡、高分子卷材、高聚物卷材等柔性防水材料所做的屋面防水层。其工程量按图示尺寸的水平投影面积乘以规定的坡度系数以 m² 计算。但不扣除房上烟囱、风帽底座、风道、屋面小气窗、斜沟等所占面积,屋面的女儿墙、伸缩缝和天窗等处的弯起部分,按图示尺寸并入屋面工程量计算。如图纸无规定时,女儿墙、伸缩缝的弯起部分可按 250mm 计算,天窗弯起部分可按 500mm 计算。计算卷材屋面工程量时,其附加层、接缝、收头、找平层的嵌缝,冷底子油已计入定额内,不另计算。

卷材屋面有坡屋面和平屋面之分。当坡度小于或等于 5% 时,按平屋面计算。其计算公式可表示为:

卷材坡屋面工程量 = 屋面水平投影面积 × 屋面坡度系数 + 应增加面积

卷材平屋面工程量 = 屋面水平投影面积 + 应增加面积

式中,应增加部分面积的计算与屋面排水方式有关。

有女儿墙无挑檐时:

卷材平屋面工程量 = 屋面建筑面积 − 女儿墙所占面积 + 弯起部分面积

无女儿墙有挑檐时,其计算公式为:

卷材平屋面工程量 = 屋面建筑面积 + 挑檐部分增加面积

【例 6-81】 计算如图 6-202 所示二毡三油卷材平屋面工程量。

【解】 根据卷材坡屋面工程量计算规则,其工程量为:

1）无女儿墙有挑檐[图 6-202(a)]:

工程量 = 屋面建筑面积 + ($l_{外}$ + 4 × 檐宽) × 檐宽
   = (45 + 0.24) × (38 + 0.24) + [(45 + 0.24 + 38 + 0.24) × 2 + 4 × 0.5] × 0.5
   = 1814.46m²

2）有女儿墙无挑檐[图 6-202(b)]:

工程量 = 屋面建筑面积 − 女儿墙厚度 × 女儿墙中心线 + 弯起部分
   = (45 + 0.24) × (38 + 0.24) − (45 + 38) × 2 × 0.24 + (45 − 0.24 + 38 − 0.24) × 2 × 0.25
   = 1731.40m²

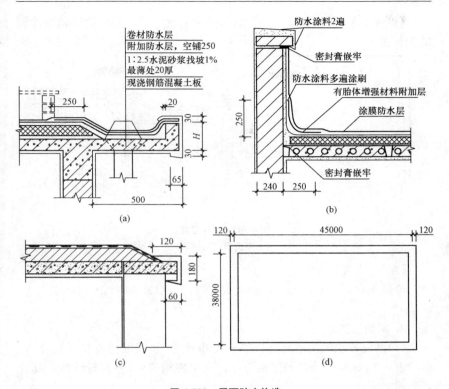

图 6-202 屋面防水构造

(a)无女儿墙有挑檐;(b)有女儿墙无挑檐;(c)无女儿墙无挑檐;(d)平面图

3)无挑檐无女儿墙[图 6-202(c)]:

工程量 $=(45+0.24)\times(38+0.24)+(45+0.24+38+0.24)\times 0.06\times 2$

$=1740\text{m}^2$

(2)屋面找坡一般采用轻质混凝土和保温隔热材料。找坡层的平均厚度需根据图示尺寸计算加权平均厚度,以 m^3 计算。

屋面找坡平均厚度计算公式:

$$\text{找坡平均厚度}=\text{坡宽}(L)\times\text{坡度系数}(i)\times\frac{1}{2}+\text{最薄处厚}$$

(3)涂膜屋面工程计算同卷材屋面。涂膜屋面的油膏嵌缝,玻璃布盖缝,屋面分格缝,以延长米计算。

涂膜屋面的工程量=屋面水平投影面积×屋面坡度系数+应增加面积

【例 6-82】 计算图 6-203(a)、(b)所示有挑檐平屋面涂刷聚氨酯涂料的工程量。

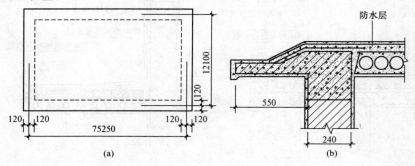

图 6-203 挑檐屋面
(a)平面图;(b)挑檐

【解】 由图可知:

涂膜面积 $S = (75.25 + 0.24 + 0.55 \times 2) \times (12.1 + 0.24 + 0.55 \times 2)$
$= 1029.37 \text{m}^2$

3. 屋面防排水

(1)铁皮排水按图示尺寸以展开面积计算,如图纸没有注明尺寸时,可按表 6-74 计算。咬口和搭接等已计入定额项目中,不另行计算。其计算公式如下:

铁皮排水工程量 = 各排水零件的铁皮展开面积之和

其中 水落管的铁皮展开面积 = 水落管长度 × 每米长所需铁皮面积
下水口、水斗的铁皮展开面积 = 下水口、水斗的个数 × 每个所需铁皮面积

表 6-74 铁皮排水单体零件折算表

<table>
<tr><td colspan="2">名称</td><td>单位</td><td>水落管/m</td><td>檐沟/m</td><td>水斗/个</td><td>漏斗/个</td><td>下水口/个</td></tr>
<tr><td rowspan="4">铁皮排水</td><td>水落管、檐沟、水斗、漏斗、下水口</td><td>m²</td><td>0.32</td><td>0.30</td><td>0.40</td><td>0.16</td><td>0.45</td></tr>
<tr><td rowspan="2">天沟、斜沟、天窗窗台泛水、天窗侧面泛水、烟囱泛水、通气管泛水、滴水檐头泛水、滴水</td><td rowspan="2">m²</td><td>天沟/m</td><td>斜沟天窗窗台泛水/m</td><td>天窗侧面泛水/m</td><td>烟囱泛水/m</td><td>通气管泛水/m</td><td>滴水檐头泛水/m</td><td>滴水/m</td></tr>
<tr><td>1.30</td><td>0.50</td><td>0.70</td><td>0.80</td><td>0.22</td><td>0.24</td><td>0.11</td></tr>
</table>

(2)铸铁、玻璃钢水落管区别不同直径按图示尺寸以延长米计算,雨水口、水斗、弯头、短管以个计算。

【例6-83】 如图6-204所示,求铁皮落水管、下水口、水斗工程量(共7处)。

【解】 落水管工程量 = (0.10×3.14×1)×(14.2+0.25-0.15)×7 = 31.43m²

下水口工程量 = 0.45×7 = 3.15m²

水斗工程量 = 0.4×7(m²) = 2.8m²

工程总量 = 31.43+3.15+2.8 = 37.38m²

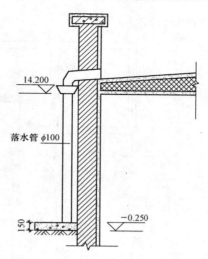

图6-204 某铁皮落水管

4. 防水工程

(1)建筑物地面防水、防潮层,按主墙间净空面积计算,扣除凸出地面的构筑物、设备基础等所占的面积,不扣除柱、垛、间壁墙、烟囱及0.3m²以内孔洞所占面积。与墙面连接处高度在500mm以内者按展开面积计算,并入平面工程量内,超过500mm时,按立面防水层计算。

定额中的防水、防潮层分为平面、立面两个项目,计算平面工程量时,要包括立面上卷高度小于或等于500mm时的立面面积。当上卷高度大于500mm时,其立面部分工程量全部按立面项目计算。其计算公式可表示为:

建筑物平面防水、防潮层工程量 = 主墙间净空面积+立面上卷部分面积(上卷高度≤500mm)

【例6-84】 图6-205(a)所示为某房屋水泥砂浆地面示意图,试计算防潮层工程量,防潮层做法如图6-205(b)所示。

【解】 工程量按主墙间净空面积计算,即:
$$S = (9.6-0.24\times3)\times(5.8-0.24)$$
$$= 49.37m^2$$

(2)建筑物墙基防水、防潮层外墙长度按中心线,内墙按净长乘以宽度以 m² 计算。

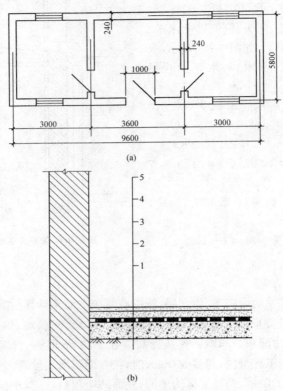

图 6-205 地面防潮层
(a)水泥砂浆地面；(b)地面防潮层构造

【例 6-85】 根据图 6-206 有关数据计算墙基水泥砂浆防潮层工程量。

【解】 $S=$(外墙中线长＋内墙净长)×墙厚
$=[(6.0+10.25)\times2+6.0-0.24+6.05-0.24]\times0.24$
$=10.58\mathrm{m}^2$

(3)构筑物及建筑物地下室防水层,按实铺面积计算,但不扣除 0.3m² 以内的孔洞面积。平面与立面交接处的防水层,其上卷高度超过 500mm 时,按立面防水层计算。建筑物地下室防水层包括地下室地面防水和墙身防水。其中,地面防水及墙身防水的上卷高度小于或等于 500mm 时,应执行平面项目;墙身防水的上卷高度大于 500mm 时,应全部执行立面项目。

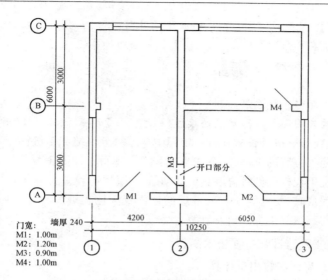

图 6-206 某建筑平面图

【例 6-86】 图 6-207 所示为某工程地下室工程平面图,试计算其防水层工程量。

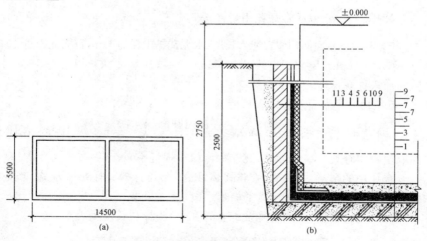

图 6-207 地下室工程平面图及卷材防水构造图
(a)平面图;(b)局部大样图
1—素土夯实;2—素混凝土垫层;3—水泥砂浆找平层;4—基层处理剂;
5—基层胶粘剂;6—合成高分子卷材防水层;7—油毡保护隔离层;
8—细石混凝土保护层;9—钢筋混凝土结构层;10—保护层;11—永久性保护墙

【解】 由图可见,地下室防水层属外防水做法,按计算规则,本例立面防水层高度超过 500mm,平面、立面应分别计算。

1)平面部分防水层工程量

$$14.5 \times 5.5 = 79.75 m^2$$

2)立面部分防水层面积

结构外围围长×防水层高度=$(14.5+5.5) \times 2 \times 2.5 = 100 m^2$

(4)变形缝按延长米计算。定额中变形缝分填缝和盖缝两个部分,各部分按施工位置的不同,又分为平面和立面项目。计算工程量时,要注意将各部位工程量全部计算在内。例如某三层房屋设置伸缩缝,计算平面盖缝工程量时,要计算一、二、三层的地面及天棚盖缝工程量。屋顶盖缝工程量与其填缝工程量合并计算。

三、工程量计算主要技术资料

1. 瓦屋面材料用量计算

各种瓦屋面的瓦及砂浆用量计算方法如下:

(1)每 $100m^2$ 屋面瓦耗用量 = $\dfrac{100}{瓦有效长度 \times 瓦有效宽度} \times (1+损耗率)$

(2)每 $100m^2$ 屋面脊瓦耗用量 = $\dfrac{11(9)}{脊瓦长度-搭接长度} \times (1+损耗率)$

(每 $100m^2$ 屋面面积屋脊摊入长度:水泥瓦黏土瓦为 11m,石棉瓦为 9m。)

(3)每 $100m^2$ 屋面瓦出线抹灰量(m^3) = 抹灰宽×抹灰厚×每 $100m^2$ 屋面摊入抹灰长度×(1+损耗率)

(每 $100m^2$ 屋面面积摊入长度为 4m。)

(4)脊瓦填缝砂浆用量(m^3) = $\dfrac{脊瓦内圆面积 \times 70\%}{2} \times$ 每 $100m^2$ 瓦屋面取定的屋脊长×(1-砂浆孔隙率)×(1+损耗率)

脊瓦用的砂浆量按脊瓦半圆体积的 70% 计算;梢头抹灰宽度按 120mm,砂浆厚度按 30mm 计算;铺瓦条间距 300mm。

瓦的选用规格、搭接长度及综合脊瓦、梢头抹灰长度见表 6-75。

表 6-75　瓦的选用规格、搭接长度及综合脊瓦、梢头抹灰长度

项 目	规格/mm		搭接/mm		有效尺寸/mm		每 $100m^2$ 屋面摊入	
	长	宽	长向	宽向	长	宽	脊长	梢头长
黏土瓦	380	240	80	33	300	207	7690	5860
小青瓦	200	145	133	182	67	190	11000	9600

第六章 建筑工程工程量计算

续表

项目	规格/mm		搭接/mm		有效尺寸/mm		每100m² 屋面摊入	
	长	宽	长向	宽向	长	宽	脊长	稍头长
小波石棉瓦	1820	720	150	62.5	1670	657.5	9000	—
大波石棉瓦	2800	994	150	165.7	2650	828.3	9000	—
黏土脊瓦	455	195	55	—	—	—	11000	—
小波石棉脊瓦	780	180	200	1.5波	—	—	11000	—
大波石棉脊瓦	850	460	200	1.5波	—	—	11000	—

2. 卷材屋面材料用量计算

$$\text{每100m}^2 \text{屋面卷材用量(m}^2\text{)} = \frac{100}{(\text{卷材宽}-\text{横向搭接宽}) \times (\text{卷材长}-\text{顺向搭接宽})} \times \text{每卷卷材面积} \times (1+\text{损耗率})$$

(1)卷材屋面的油毡搭接长度见表 6-76。

表 6-76　　　　　卷材屋面的油毡搭接长度

项目		单位	规范规定		定额取定	备注
			平顶	坡顶		
隔气层	长向	mm	50	50	70	油毡规格为21.86m×0.915m
	短向	mm	50	50	100	(每卷卷材按2个接头)
防水层	长向	mm	70	70	70	—
	短向	mm	100	150	100	(100×0.7+150×0.3)按2个接头

注:定额取定为搭接长向70mm,短向100mm,附加层计算10.30m²。

(2)一般各部位附加层见表 6-77。

表 6-77　　　　　每 100m² 卷材屋面附加层含量

部位		单位	平檐口	檐口沟	天沟	檐口天沟	屋脊	大板端缝	过屋脊	沿墙
附加层	长度	mm	780	5340	730	6640	2850	6670	2850	6000
	宽度	mm	450	450	800	500	450	300	200	650

(3)卷材铺油厚度见表 6-78。

表 6-78　　　　　　　　　　　屋面卷材铺油厚度

项　目	底　层	中　层	面　层	
			面　层	带　砂
规范规定	1~1.5 不大于 2mm			2~4
定额取定	1.4	1.3	2.5	3

第十三节　防腐、保温、隔热工程

一、相关知识

防腐、保温、隔热工程分为耐酸、防腐和保温、隔热两部分。耐酸、防腐工程适用于对房屋有特殊要求的工程,其定额项目划分为整体面层、隔离层、块料面层、耐酸、防腐涂料等。

保温、隔热屋面是种集防水和保温、隔热于一体的防水屋面,防水是基本功能,同时兼顾保温、隔热。

保温层是指为使室内温度不至散失太快,而在各基层上(楼板、墙身等)设置的起保温作用的构造层;隔热层是指减少地面、墙体或层面导热性的构造层。定额中保温、隔热工程适用于中温、低温及恒温的工业厂(库)房隔热工程以及一般保温工程,其定额项目划分为屋面、天棚、墙体、楼地面及柱。

保温层可采用松散材料保温层、板状保温层或整体保温层;隔热层可采用架空隔热层、蓄水隔热层、种植隔热层等。

1. 保温层材料分类

保温层材料分类见表 6-79。

表 6-79　　　　　　　　　　　保温层材料分类

分类方式	材料种类	材　料　定　义
按材料成分分类	有机类保温、隔热材料	指植物类秸秆及其制品。如稻草、高粱秆、玉米秸。此类材料来源广、容重轻、价格低廉,但吸湿性大,容易腐烂,高温下易分解和燃烧

续表

分类方式	材料种类	材料定义
按材料成份份类	无机类保温、隔热材料	指矿化物类,化学合成聚酯类和合成橡胶类及其制品。矿物类有矿棉、膨胀珍珠岩、膨胀蛭石、浮石、硅藻土石膏、炉渣、加气混凝土、泡沫混凝土、浮石混凝土等;化学合成聚酯类和合成橡胶类有聚氯乙烯、聚苯乙烯、聚乙烯、聚氨酯、脲醛塑料和泡沫硬脂酸等。此类材料不腐烂,耐高温,部分吸湿性大,价格较贵
按材料形状分类	松散保温、隔热材料	用炉渣、膨胀蛭石、水渣、膨胀珍珠岩、矿物棉、锯末等干铺而成,但不宜于用在受震动的围护结构之上
	板状保温、隔热材料	用松散保温隔热材料或化学合成聚酯与合成橡胶类材料加工制成。如泡沫混凝土板、蛭石板、矿物棉板、软木板及有机纤维板(木丝板、刨花板、甘蔗板)等。它具有松散保温材料性能,加工简单、施工方便
	整体式保温、隔热材料	用松散保温材料作骨料,用水泥或沥青作胶结料,经搅拌浇筑而成。如膨胀珍珠岩混凝土、水泥膨胀蛭石混凝土、黏土陶粒混凝土、页岩陶粒混凝土、粉煤灰陶粒混凝土、沥青膨胀珍珠岩、沥青膨胀蛭石等。其中水泥膨胀蛭石混凝土和水泥珍珠岩混凝土选用较多。此类材料仍具有松散保温隔热材料的性能,但整体性比前两种材料为好,施工也较方便

2. 保温材料性能

(1)保温、隔热材料的品种、性能及适用范围见表 6-80。

表 6-80　　　　保温、隔热材料的品种、性能及适用范围

材料名称	主要性能及特点	适用范围
炉渣	炉渣为工业废料,可就地取材,使用方便; 炉渣有高炉炉渣、水渣及锅炉炉渣。使用粒径 5～40mm,表观密度为 500～1000kg/m³,导热系数为 0.163～0.25W/(m·K); 炉渣不能含有有机杂质和未烧尽的煤块,以及白灰块、土块等物。如粒径过大应先破碎再使用	屋面找平、找坡层

续表

材料名称	主要性能及特点	适用范围
浮石	浮石为一种天然资源,在我国分布较广,蕴藏量较大,内蒙古、山西、黑龙江均是著名浮石产地; 浮石堆积密度一般在500~800kg/m³,孔隙率为45%~56%,浮石混凝土的导热系数为0.116~0.21W/(m·K)	屋面保温层
膨胀蛭石	膨胀蛭石是以蛭石为原料,经烘干、破碎、熔烧而成,为一种金黄色或灰白色颗粒状物料; 膨胀蛭石堆积密度为80~300kg/m³,导热系数应小于0.14W/(m·K); 膨胀蛭石为无机物,因此不受菌类侵蚀,不腐烂、不变质,但耐碱不耐酸,因此不宜用于有酸性侵蚀处	屋面保温、隔热层
膨胀珍珠岩	膨胀珍珠岩是以珍珠岩(松脂岩、黑曜岩)矿石为原料,经过破碎、熔烧而成一种白色或灰白色的砂状材料; 膨胀珍珠岩呈蜂窝状泡沫,堆积密度<120kg/m³,导热系数<0.07W/(m·K),具有堆积密度轻、保温性能好、无毒、无味、不腐、不燃、耐酸、耐碱等特点	屋面保温、隔热层
泡沫塑料	保温、吸声、防震材料。它的种类较多,有聚苯乙烯泡沫塑料、聚乙烯泡沫塑料、聚氯乙烯泡沫塑料等; 特点为质轻、隔热、保温、吸声、吸水性小、耐酸、耐碱、防震性能好	屋面保温、隔热层
微孔硅酸钙	微孔硅酸钙是以二氧化硅粉状材料、石灰、纤维增强材料和水经搅拌,凝胶化成型、蒸压养护、干燥等工序制作而成; 它具有堆积密度轻、导热系数小,耐水性好,防火性能强等特点	用作房屋内墙、外墙、平顶的防火覆盖材料
泡沫混凝土	泡沫混凝土为一种人工制造的保温、隔热材料。一种是水泥加入泡沫剂和水,经搅拌、成型、养护而成;另一种是用粉煤灰加入适量石灰、石膏及泡沫剂和水拌制而成,又称为硅酸盐泡沫混凝土。这两种混凝土具有多孔、轻质、保温、隔热、吸声等性能。其表观密度为350~400kg/m³,抗压强度0.3~0.5MPa,导热系数在0.088~0.116W/(m·K)之间	屋面保温、隔热层

(2)常用保温材料的导热系数见表6-81。

表 6-81　　常用保温材料的导热系数

材料名称	干密度/(kg/m³)	导热系数/[W/(m·K)]	材料名称	干密度/(kg/m³)	导热系数/[W/(m·K)]
钢筋混凝土	2500	1.74	膨胀珍珠岩	120	0.07
碎石、卵石混凝土	2300	1.51		80	0.058
	2100	1.28	水泥膨胀珍珠岩	800	0.26
膨胀矿渣珠混凝土	2000	0.77		600	0.21
	1800	0.63		400	0.16
	1600	0.53	沥青、乳化沥青膨胀珍珠岩	400	0.12
自然煤矸石、炉渣混凝土	1700	1.00		300	0.093
	1500	0.76	水泥膨胀蛭石	350	0.14
	1300	0.56	矿棉、岩棉、玻璃棉板	80以下	0.05
粉煤灰陶粒混凝土	1700	0.95		80～200	0.045
	1500	0.70	矿棉、岩棉、玻璃棉毡	70以下	0.05
	1300	0.57		70～200	0.045
	1100	0.44	聚乙烯泡沫塑料	100	0.047
黏土陶粒混凝土	1600	0.84	聚苯乙烯泡沫塑料	30	0.042
	1400	0.70	聚氨酯硬泡沫塑料	30	0.033
	1200	0.53	聚氯乙烯硬泡沫塑料	130	0.048
加气混凝土、泡沫混凝土	700	0.22			
	500	0.19	钙塑	120	0.049
水泥砂浆	1800	0.93	泡沫玻璃	140	0.058
水泥白灰砂浆	1700	0.87	泡沫石灰	300	0.116
石灰砂浆	1600	0.81	炭化泡沫石灰	400	0.14
保温砂浆	800	0.29	木屑	250	0.093
重砂浆砌筑黏土砖砌体	1800	0.81	稻壳	120	0.06
轻砂浆砌筑黏土砖砌体	1700	0.76	沥青油毡、油毡纸	600	0.17
			沥青混凝土	2100	1.05
高炉炉渣	900	0.26	石油沥青	1400	0.27
浮石、凝灰岩	600	0.23		1050	0.17
膨胀蛭石	300	0.14	加草黏土	1600	0.76
	200	0.10		1400	0.58
硅藻土	200	0.076	轻质黏土	1200	0.47

(3)屋面板状保温材料性能见表 6-82。

表 6-82　　　　　屋面板状保温材料性能表

序号	材料名称	表观密度/(kg/m³)	导热系数/[W/(m·K)]	强度/MPa	吸水率/(%)	使用温度/(℃)
1	松散膨胀珍珠岩	40～250	0.03～0.04	—	250	−200～800
2	水泥珍珠岩 1:8	510	0.073	0.5	120～220	—
3	水泥珍珠岩 1:10	390	0.069	0.4	120～220	—
4	水泥珍珠岩制品	300	0.08～0.12	0.3～0.8	120～220	650
5	水泥珍珠岩制品	500	0.063	0.3～0.8	120～220	650
6	憎水珍珠岩制品	200～250	0.056～0.08	0.5～0.7	憎水	−20～650
7	沥青珍珠岩	500	0.1～0.2	0.6～0.8	—	—
8	松散膨胀蛭石	80～200	0.04～0.07	—	200	1000
9	水泥蛭石	400～600	0.08～0.12	0.3～0.6	120～220	650
10	微孔硅酸钙	250	0.06～0.068	0.5	87	650
11	矿棉保温板	130	0.035～0.047			600
12	加气混凝土	400～800	0.14～0.18	3	35～40	200
13	水泥聚苯板	240～350	0.04～0.1	0.3	30	—
14	水泥泡沫混凝土	350～400	0.1～0.16	—		
15	模压聚苯乙烯泡沫板	15～30	0.041	10%压缩后 0.06～0.15	2～6	−80～75
16	挤压聚氨酯泡沫板	≥32	0.03	10%压缩后 0.15	≤1.5	−80～75
17	硬质聚氨酯泡沫塑料	≥30	0.027	10%压缩后 0.15	≤3	−200～130
18	泡沫玻璃	≥150	0.062	≥0.4	≤0.5	−200～500

注：15～18 项是独立闭孔、低吸水率材料。

二、定额说明与工程量计算

(一)定额说明

1. 耐酸防腐工程

耐酸防腐工程定额说明见表 6-83。

第六章 建筑工程工程量计算

表 6-83 耐酸防腐工程定额说明

序号	定额项目	定 额 说 明
1	整体面层、隔离层	整体面层、隔离层适用于平面、立面的防腐耐酸工程,包括沟、坑、槽
2	块料面层	块料面层以平面砌为准,砌立面者按平面砌相应项目,人工乘以系数 1.38,踢脚板人工乘以系数 1.56,其他不变
3	砂浆、胶泥混凝土材料	各种砂浆、胶泥、混凝土材料的种类,配合比及各种整体面层的厚度,如设计与定额不同时,可以换算,但各种块料面层的结合层砂浆或胶泥厚度不变
4	面层	各种面层,除软聚氯乙烯塑料地面外,均不包括踢脚板
5	花岗岩板	花岗岩板以六面剁斧的板材为准。如底面为毛面者,水玻璃砂浆增加 0.38m^3;耐酸沥青砂浆增加 0.44m^3

2. 保温、隔热工程

保温、隔热工程定额适用于中温、低温及恒温的工业厂(库)房隔热工程以及一般保温工程。保温、隔热工程定额说明见表 6-84。

表 6-84 保温、隔热工程定额说明

序号	定额项目	定 额 说 明
1	隔热层铺贴	隔热层铺贴,除松散稻壳、玻璃棉、矿渣棉为散装外,其他保温材料均以石油沥青(30#)作胶结材料
2	稻壳	稻壳已包括装前的筛选、除尘工序,稻壳中如需增加药物防虫时,材料另行计算,人工不变
3	玻璃棉、矿渣棉包装材料	玻璃棉、矿渣棉包装材料和人工已包括在定额内
4	墙体铺贴块体材料	墙体铺贴块体材料,包括基层涂沥青一遍

(二)工程量计算

1. 防腐工程量计算

(1)防腐工程项目应区分不同防腐材料种类及其厚度,按设计实铺面积以 m^2 计算。应扣除凸出地面的构筑物、设备基础等所占的面积,砖垛等突出墙面部分按展开面积计算并入墙面防腐工程量之内。

(2)踢脚板按实铺长度乘以高度以 m^2 计算,应扣除门洞所占面积并相应增加侧壁展开面积。

(3)平面砌筑双层耐酸块料时,按单层面积乘以系数 2 计算。

(4)防腐卷材接缝、附加层、收头等人工材料,已计入在定额中,不再另行计算。

【例 6-87】 如图 6-208 所示,试计算图 6-208(a)所示耐酸沥青混凝土面层工程量(无踢脚线),与图 6-208(b)所示耐酸沥青砂浆工程量(踢脚线高度为 150mm)。

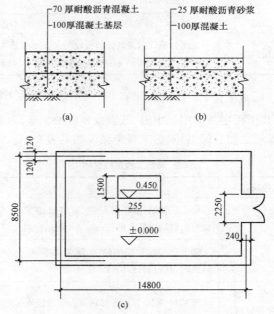

图 6-208 某防腐工程示意图
(a)耐酸沥青混凝土防腐层;(b)耐酸沥青砂浆防腐层;
(c)平面布置图

【解】 按以上计算规则:

$$S_{防腐} = 图示墙体间净空面积 - S_{应扣} + S_{踢脚板}$$

图 6-208(a)中耐酸沥青混凝土工程量:

$S_{防腐}=(14.8-0.24)\times(8.5-0.24)-1.5\times2.55+0.24\times2.25$
$=116.98m^2$

图 6-208(b)中耐酸沥青砂浆工程量。
$S_{防腐}=(14.8-0.24)\times(8.5-0.24)-1.5\times2.55+0.24\times2.25+0.15\times$
$\quad\quad[(14.8-0.24+8.5-0.24)\times2+0.12\times2-2.25]$
$=123.53m^2$

2. 保温、隔热层工程量计算

(1)保温、隔热层应区别不同保温、隔热材料,除另有规定者外,均按设计实铺厚度以 m^3 计算。

(2)保温、隔热层的厚度按隔热材料(不包括胶结材料)净厚度计算。

(3)地面隔热层按围护结构墙体间净面积乘以设计厚度以 m^3 计算,不扣除柱、垛所占的体积。

$\quad\quad$ 地面隔热层工程量＝墙体净面积×设计隔热层厚度

(4)墙体隔热层,外墙按隔热层中心线、内墙按隔热层净长乘以图示尺寸的高度及厚度以 m^3 计算。应扣除冷藏门洞口和管道穿墙洞口所占的体积,外墙隔热层的中心线及内墙隔热层的净长度不是 $L_{中}$ 及 $L_{内}$,计算时应考虑隔热层厚度对隔热层长度所带来的影响。

$\quad\quad$ 墙体隔热层工程量＝墙长(外墙隔热层中心线,内墙按隔热层净长)×隔热层图示尺寸高度×隔热层图示尺寸厚度－应扣除冷藏门洞口和管道穿墙洞所占的体积

【例 6-88】 图 6-209 是冷库平面图,设计采用软木保温层,厚度 0.15m,天棚做带木龙骨保温层,试计算该冷库室内软木保温、隔热层工程量。

【解】 1)地面保温、隔热层工程量:

$\quad\quad[(6.8-0.24)\times(4.2-0.24)+0.8\times0.24]\times0.15=3.93m^3$

2)钢筋混凝土板下软木保温层工程量:

$\quad\quad(6.8-0.24)\times(4.2-0.24)\times0.15=3.90m^3$

3)墙体按附墙铺贴软木考虑,工程量为:

$[(6.8-0.24-0.15+4.2-0.24-0.15)\times2\times(4.5-0.3)-0.8\times2]\times0.15$
$=12.64m^3$

(5)柱包隔热层,按图示柱的隔热层中心线的展开长度乘以图示尺寸高度及其厚度以 m^3 计算。

(6)其他保温、隔热:

1)池槽隔热层按图示池槽保温、隔热层的长、宽及其厚度以 m^3 计算。其中池壁按墙面计算,池底按地面计算。

2)门洞口侧壁周围的隔热部分,按图示隔热层尺寸以 m^3 计算,并入墙面的保温、隔热工程量内。

3)柱帽保温、隔热层按图示保温、隔热层体积并入天棚保温、隔热层工程量内。

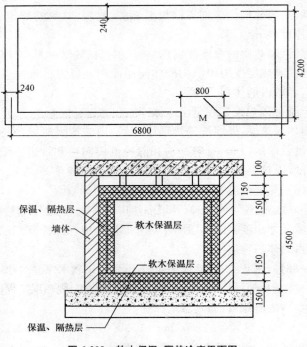

图 6-209 软木保温、隔热冷库平面图

【例 6-89】 如图 6-209 所示,冷库内加设的两根直径为 0.45m 的圆柱,上带柱帽,尺寸如图 6-210 所示,采用软木保温,试计算其工程量。

【解】 ①柱身保温层工程量

$$V_1 = \frac{0.5+0.8}{2}\pi \times (4.5-0.85) \times 0.15 \times 2 = 2.24 m^3$$

②柱帽保温工程量,按空心圆锥体计算。

$$V_2 = \frac{1}{2}\pi(0.8+0.68) \times 0.55 \times 0.15 \times 2 = 0.384 \text{m}^3$$

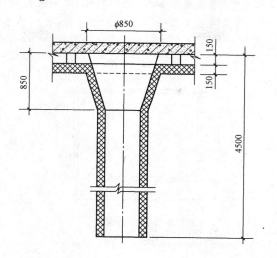

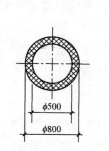
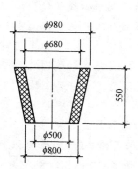

图 6-210 柱保温层结构图

三、综合实例

【例 6-90】 某房屋室内做软木保温层,已知保温层厚度为 120mm,房屋层高为 3.2m;板厚为 120mm,如图 6-211 所示,试对保温层列项并计算工程量。

【解】 (1)列项。根据定额中项目的划分情况,本例应列项目为:天棚(带木龙骨)保温层、墙面保温层、地面保温层、柱面保温层。

(2) 计算。

1) 天棚(带木龙骨)保温层。如图 6-211 所示,本例未设柱帽,则有:

天棚(带木龙骨)保温层工程量=天棚面积×保温、隔热层厚度
$$=(4.4-0.24)\times(3.2-0.24)\times 0.12$$
$$=1.48m^3$$

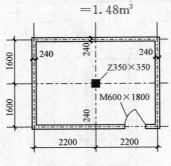

图 6-211　平面图

2) 墙面保温层。

外墙保温层中心线长度$=(4.4-0.24+3.2-0.24)\times 2=14.24m$

墙面保温层工程量=保温层长度×高度×厚度-门窗洞口所占体积+门窗洞口侧壁增加
$$=14.24\times(3.2-0.12\times 2)\times 0.12-0.6\times 1.8\times 0.12+[(1.8-0.12)\times 2+0.6]\times 0.12\times 0.12$$
$$=4.99m^3$$

3) 地面保温层。

地面保温层工程=(墙间净面积+门洞等开口部分面积)×保温层厚度
$$=[(4.4-0.24)\times(3.2-0.24)+0.6\times 0.24]\times 0.12$$
$$=1.49m^3$$

4) 柱面保温层。

柱面保温层工程量=柱面保温层中心线周长×高度×厚度
$$=0.35\times 4\times(3.2-0.12\times 2)\times 0.12$$
$$=0.50m^3$$

四、工程量计算主要技术资料

1. 沥青胶泥施工配合比

沥青胶泥施工配合比见表 6-85。

表 6-85　　沥青胶泥施工配合比

沥青软化点 /(℃)	配合比(质量计) 沥青	粉料	石棉	胶泥软化点 /(℃)	适用部位
75	100	30	5	75	隔离层用
90~110	100	30	5	95~110	
75	100	80	5	95	灌缝用
90~110	100	80	5	110~115	
75	100	100	5	95	铺砌平面板块材用
90~110	100	100	10~15	120	
65~75	100	150	5	105~110	铺砌立面板块材用
90~110	100	150	10~5	125~135	
65~75	100	200	5	120~145	灌缝法铺砌平面结合层用
90~110	100	200	10~5	>145	
75	100	—	25	70~90	铺贴卷材

注：1. 配制耐热稳定性大于70℃的沥青胶泥，可采用掺加沥青用量5%左右的硫磺提高沥青软化点。
　　2. 沥青胶泥的比重为1.35~1.48。

2. 沥青砂浆和沥青混凝土施工配合比

沥青砂浆和沥青混凝土施工配合比见表6-86。

表 6-86　　沥青砂浆和沥青混凝土施工配合比

种类	配合比（质量计） 石油沥青 30号	10号	55号	粉料	石棉	砂子	碎石/mm 5~20	20~40	适用部位
沥青砂浆	100	—	—	166	—	466	—	—	砌筑用
	100	—	—	100	5~8	100~200	—	—	涂抹用
	—	100	—	150	—	583	—	—	砌筑用
	—	50	50	142	—	567	—	—	面层用
	—	—	—	100	—	400	—	—	砌筑用
沥青混凝土	100	—	—	90	—	360	140	310	面层用
	100	—	—	67	—	244	266	—	
	—	100	—	100	—	500	300	—	
	—	50	50	84	—	333	417	—	
	—	—	—	33	—	400	300	—	

注：涂抹立面的沥青砂浆，抗压强度可不受限制。

3. 改性水玻璃混凝土配合比

改性水玻璃混凝土配合比见表 6-87。

表 6-87 改性水玻璃混凝土配合比(质量比)

改性水玻璃溶液					氟硅酸钠	辉绿岩粉	石英砂	石英碎石
水玻璃	糠醇	六羟树脂	NNO	木钙				
100	3~5	—	—	—	15	180	250	320
100	—	7~8	—	—	15	190	270	345
100	—	—	10	—	15	190	270	345
100	—	—	—	2	15	210	230	320

注:1. 糠醇为淡黄色或微棕色液体,要求纯度 95% 以上,密度 1.287~1.296;六羟树脂为微黄色透明液体,要求固体含量 40%,游离醛不大于 2%~3%;NNO 呈粉状,要求硫酸钠含量小于 3%,pH 值 7~9;木钙为黄棕色粉末,密度 1.055,碱木素含量大于 55%,pH 值为 4~6。
2. 糠醇改性水玻璃溶液另加糖醇用量 3%~5% 的催化剂盐酸苯胺,盐酸苯胺要求纯度 98% 以上,细度通过 0.25mm 筛孔;NNO 配成 1:1 水溶液使用;木钙加9份水配成溶液使用,表中为溶液掺量。氟硅酸钠纯度按 100% 计。

4. 各种胶泥、砂浆、混凝土、玻璃钢用料计算

各种胶泥、砂浆、混凝土、玻璃钢用料按下列公式计算(均按质量比计算):

(1)统一计算公式:设甲、乙、丙三种材料密度分别为 A、B、C,配合比分别为 a、b、c,则单位用量 $G = \dfrac{1}{a+b+c}$

甲材料用量(质量)$= G \times a$ 乙材料用量(质量)
$= G \times b$ 丙材料用量(质量)
$= G \times c$

配合后 $1m^3$ 砂浆(胶泥)质量 $= \dfrac{1}{\dfrac{G \times a}{A} + \dfrac{G \times b}{B} + \dfrac{G \times c}{C}}$ kg

$1m^3$ 砂浆(胶泥)需要各种材料质量分别为:

甲材料(kg)$= 1m^3$ 砂浆(胶泥)质量 $\times G \times a$
乙材料(kg)$= 1m^3$ 砂浆(胶泥)质量 $\times G \times b$
丙材料(kg)$= 1m^3$ 砂浆(胶泥)质量 $\times G \times c$

(2)例如:耐酸沥青砂浆(铺设压实)用配合比(质量比)1.3:2.6:

7.4 即沥青：石英粉：石英砂。

$$单位用量 G=\frac{1}{1.3+2.6+7.4}=0.0885$$

沥青$=1.3\times0.0885=0.115$

石英粉$=2.6\times0.0885=0.23$

石英砂$=7.4\times0.0885=0.665$

$$1\text{m}^3 \text{砂浆质量}=\frac{100}{\frac{0.115}{1.1}+\frac{0.23}{2.7}+\frac{0.655}{2.7}}=2326\text{kg}$$

每 m³ 砂浆材料用量：

沥青$=2326\times0.115=267$kg（另加损耗）

石英粉$=2326\times0.23=535$kg（另加损耗）

石英砂$=2326\times0.655=1524$kg（另加损耗）

注：树脂胶泥中的稀释剂：如丙酮、乙醇、二甲苯等在配合比计算中未有比例成分，而是按取定值见表 6-88 直接算入。

表 6-88　　　　　　　　树脂胶泥中的稀释剂参考取定值

材料名称 \ 种类	环氧胶泥	酚醛胶泥	环氧酚醛胶泥	环氧呋喃胶泥	环氧煤焦油胶泥	环氧打底材料
丙　　　酮	0.1	—	0.06	0.06	0.04	1
乙　　　醇	—	0.06	—	—	—	—
乙二胺苯磺酰氯	0.08	—	0.05	0.05	0.04	0.07
二　甲　苯	—	0.08	—	—	0.10	—

5. 块料面层用料计算

（1）块料：

$$每100\text{m}^2 \text{块料用量}=\frac{100}{(\text{块料长}+\text{灰缝宽})\times(\text{块料宽}+\text{灰缝宽})}\times(1+\text{损耗率})$$

（2）胶料（各种胶泥或砂浆）：

计算量＝（结合层数量＋灰缝胶料计算量）×（1＋损耗率）

其中：每 100m² 灰缝胶料计算量＝（100－块料长×块料宽×块数）×灰缝深度。

（3）水玻璃胶料基层涂稀胶泥用量为 0.2m³/100m²。

（4）表面擦拭用的丙酮，按 0.1kg/m² 计算。

(5) 其他材料费按每 100m² 用棉纱 2.4kg 计算。

6. 保温、隔热材料计算

(1) 胶结料的水泵量按隔热层不同部件、缝厚的要求按实计算。

(2) 熬制沥青损耗用木柴为 0.46/kg 沥青。

(3) 关于稻壳损耗率问题，只包括了施工损耗 2%，晾晒损耗 5%，共计 7%。施工后墙体、屋面松散稻壳的自然沉陷损耗，未包括在定额内。露天堆放损耗约 4%（包括运输损耗），应计算在稻壳的预算价格内。

7. 每 100m² 胶结料（沥青）参考消耗量

每 100m² 胶结料（沥青）参考消耗量见表 6-89。

表 6-89　　　　每 100m² 胶结料（沥青）参考消耗量　　　　（单位：kg）

隔热材料名称	缝厚/mm	墙体、柱子、吊顶				楼地面	
		独立墙体		附墙、柱子、吊顶		基本层厚	
		基本层厚100	基本层厚200	基本层厚100	基本层厚200	100	200
软木板	4	47.41	—	—	—	—	—
	5	—	—	93.50	—	115.50	—
聚苯乙烯泡沫塑料	4	47.41	—	—	—	—	—
	5	—	—	93.50	—	115.50	—
加气混凝土块	5	—	34.10	—	60.50	—	—
膨胀珍珠岩板	4	—	—	93.50	—	—	60.50
稻壳板	4	—	—	93.50	—	—	—

注：1. 表内沥青用量未加损耗。
　　2. 独立板材墙体、吊顶的木框架及龙骨所占体积已按设计扣除。

第十四节　装饰工程

一、定额说明

定额中凡注明砂浆种类、配合比、饰面材料规格型号的（含型材）如与设计规定不同时，可按设计规定调整，但人工数量不变。

1. 墙、柱面装饰

墙、柱面装饰工程定额说明见表 6-90。

表 6-90　　　　　　　　　　墙、柱面装饰工程定额说明

序号	定额项目	定 额 说 明
1	墙面抹石灰砂浆	墙面抹石灰砂浆分二遍、三遍、四遍,其标准如下: (1)二遍:一遍底层,一遍面层。 (2)三遍:一遍底层,一遍中层,一遍面层。 (3)四遍:一遍底层,一遍中层,二遍面层
2	抹灰等级与抹灰遍数	抹灰等级与抹灰遍数、工序、外观质量的对应关系见表 6-91
3	抹灰厚度	抹灰厚度,如设计与定额取定不同时,除定额项目有注明可以换算外,其他一律不做调整,抹灰厚度,按不同的砂浆分别列在定额项目中,同类砂浆列总厚度,不同砂浆分别列出厚度,如定额项目中 18+6mm 即表示两种不同砂浆的各自厚度
4	不规则墙面抹灰	圆弧形、锯齿形、不规则墙面抹灰、镶贴块料、饰面,按相应项目人工乘以系数 1.15
5	外墙贴砖	外墙贴块料釉面砖、劈离砖和金属面砖项目灰缝宽分密缝、10mm 以内和 20mm 以内列项,其人工、材料已综合考虑。如灰缝超过 20mm 以上者,其块料及灰缝材料用量允许调整,其他不变
6	木材种类	定额木材种类除注明者外,均以一、二类木种为准,如采用三、四类木种,其人工及木工机械乘以系数 1.3
7	面层、隔墙(间壁)、隔断	面层、隔墙(间壁)、隔断定额内,除注明者外均未包括压条、收边、装饰线(板),如设计要求时,应按相应定额计算
8	面层、木基层	面层、木基层均未包括刷防火涂料,如设计要求时,另按相应定额计算
9	幕墙、隔墙(间壁)、隔断所用的轻钢、铝合金龙骨	幕墙、隔墙(间壁)、隔断所用的轻钢、铝合金龙骨,如设计要求与定额规定不同时,允许按设计调整,但人工不变

续表

序号	定额项目	定额说明
10	块料镶贴和装饰抹灰的"零星项目"	块料镶贴和装饰抹灰的"零星项目"适用于挑檐、天沟、腰线、窗台线、门窗套、压顶、栏板、扶手、遮阳板、雨篷周边等。一般抹灰的"零星项目"适用于各种壁柜、碗柜、过人洞、暖气壁龛、池槽、花台以及 $1m^2$ 以内的抹灰。抹灰的"装饰线条"适用于门窗套、挑檐腰线、压顶、遮阳板、楼梯边梁、宣传栏边框等凸出墙面或灰面展开宽度小于 300mm 以内的竖、横线条抹灰。超过 300mm 的线条抹灰按"零星项目"执行
11	压条、装饰条	压条、装饰条以成品安装为准。如在现场制作木压条者,每 10m 增加 0.25 工日。木材按净断面加刨光损耗计算。如在木基层天棚面上钉压条、装饰条者,其人工乘以系数 1.34;在轻钢龙骨天棚板面钉压装饰条者,其人工乘以系数 1.68;木装饰条做图案者,人工乘以系数 1.8
12	木龙骨基层	木龙骨基层是按双向计算的,设计为单向时,材料、人工用量乘以系数 0.55;木龙骨基层用于隔断、隔墙时每 $100m^2$ 木砖改按木材 $0.07m^3$ 计算
13	玻璃幕墙、隔墙	玻璃幕墙、隔墙如设计有平、推拉窗者,扣除平、推拉窗面积另按门窗工程相应定额执行
14	木龙骨	木龙骨如采用膨胀螺栓固定者,均按定额执行
15	墙柱面积灰	墙柱面积灰,装饰项目均包括 3.6m 以下简易脚手架的搭设及拆除

表 6-91 抹灰等级与抹灰遍数、工序、外观质量的对应关系

名称	普通抹灰	中级抹灰	高级抹灰
遍数	二 遍	三 遍	四 遍
主要工序	分层找平、修整、表面压光	阳角方找、设置标筋、分层找平、修整、表面压光	阳角找方、设置标筋、分层找平、修整、表面压光
外观质量	表面光滑、洁净、接槎平整	表面光滑、洁净、接槎平整、压线、清晰、顺直	表面光滑、洁净、颜色均匀、无抹纹压线、平直方正、清晰美观

2. 天棚面装饰

定额中凡注明了砂浆种类和配合比、饰面材料型号规格的,如与设计不同时,可按设计规定调整。天棚面装饰工程定额说明见表 6-92。

表 6-92　　　　　　　　　天棚面装饰工程定额说明

序号	定额项目	定　额　说　明
1	龙骨	龙骨是按常用材料及规格组合编制的,如与设计规定不同时,可以换算,但人工不变
2	木龙骨	定额中木龙骨规格,大龙骨为 50mm×70mm,中、小龙骨为 50mm×50mm,吊木筋为 50mm×50mm,设计规格不同时,允许换算,但人工及其他材料不变
3	天棚面层	天棚面层在同一标高者为一级天棚;天棚面层不在同一标高者,且高差在 200mm 以上者为二级或三级天棚
4	天棚骨架	天棚骨架、天棚面层分别列项,按相应项目配套使用。对于二级或三级以上造型的天棚,其面层人工乘以系数 1.3
5	吊筋安装	吊筋安装,如在混凝土板上钻眼、挂筋者,按相应项目每 100m^2 增加人工 3.4 工日;如在砖墙上打洞搁放骨架者,按相应天棚项目 100m^2 增加人工 1.4 工日。上人型天棚骨架吊筋为射钉者,每 100m^2 减少人工 0.25 工日,吊筋 3.8kg;增加钢板 27.6kg,射钉 585 个

3. 油漆、喷涂、裱糊

定额中刷涂、刷油采用手工操作,喷塑、喷涂、喷油采用机械操作,操作方法不同时不另调整。油漆、喷涂、裱糊工程定额说明见表 6-93。

表 6-93　　　　　　　　油漆、喷涂、裱糊工程定额说明表

序号	定额项目	定　额　说　明
1	油漆颜色	油漆浅、中、深各种颜色已综合在定额内,颜色不同,不另调整
2	门窗内外分色	定额在同一平面上的分色及门窗内外分色已综合考虑。如需做美术图案者另行计算
3	喷、涂、刷遍数	定额规定的喷、涂、刷遍数,如与设计要求不同时,可按每增加一遍定额项目进行调整
4	喷塑	喷塑(一塑三油):底油、装饰漆、面油,其规格划分如下: (1)大压花:喷点压平,点面积在 1.2cm^2 以上。 (2)中压花:喷点压平,点面积在 1~1.2cm^2。 (3)喷中点、幼点:喷点面积在 1cm^2 以下

二、工程量计算

(一)墙、柱面装饰工程工程量计算

1. 内墙抹灰工程量

(1)内墙抹灰面积,应扣除门窗洞口和空圈所占的面积,不扣除踢脚板、挂镜线(图6-212),0.3m^2 以内的孔洞和墙与构件交接处的面积,洞口侧壁和顶面亦不增加。墙垛和附墙烟囱侧壁面积与内墙抹灰工程量合并计算。

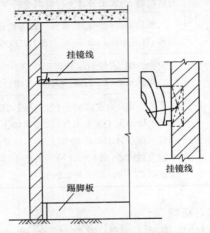

图 6-212 踢脚板、挂镜线示意图

内墙抹灰工程量=内墙面面积-门窗洞口和空圈所占面积+
墙垛、附墙烟囱侧壁面积

(2)内墙抹灰长度,以主墙间的图示净面积计算,其高度按表6-94规定取值。

表 6-94　　　　　　　　内墙抹灰高度取值表

类型	抹灰高度取值	图示
无墙裙	室内地面或楼面取至天棚底面	图 6-213(a)
有墙裙	墙裙顶面取至天棚底面	图 6-213(b)
钉板天棚	室内地面、楼面或墙裙顶面取至天棚底面	图 6-213(c)

注:1. 墙与构件交接处的面积(图6-214),主要指各种现浇或预制梁头伸入墙内所占的面积。
　　2. 由于一般墙面先抹灰后做吊顶,所以钉板条天棚的墙面需抹灰时应抹至天棚底再加 100mm。
　　3. 墙裙单独抹灰时,工程量应单独计算,内墙抹灰也要扣除墙裙工程量。

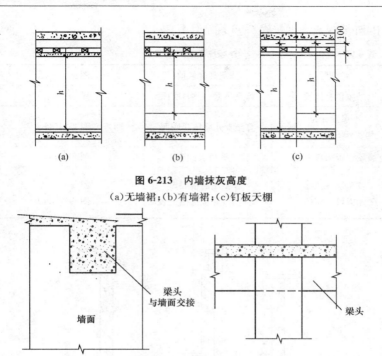

图 6-213 内墙抹灰高度
(a)无墙裙；(b)有墙裙；(c)钉板天棚

图 6-214 墙与构件交接处面积示意图

(3)内墙裙抹灰面积按内墙净长乘以高度计算。应扣除门窗洞口和空圈所占的面积,门窗洞口和空圈的侧壁面积不另增加,墙垛、附墙烟囱侧壁面积并入墙裙抹灰面积内计算。

内墙裙抹灰工程量＝内墙面净长度×内墙裙抹灰高度－门窗洞口和空圈所占面积＋墙垛、附墙烟囱侧壁面积

2. 外墙抹灰工程量

(1)外墙抹灰面积,按外墙面的垂直投影面积以 m^2 计算。应扣除门窗洞口、外墙裙和大于 $0.3m^2$ 孔洞所占面积,洞口侧壁面积不另增加。附墙垛、梁、柱侧面抹灰面积并入外墙面抹灰工程量内计算。栏板、栏杆、窗台线、门窗套、扶手、压顶、挑檐、遮阳板、突出墙外的腰线等,另按相应规定计算。

外墙抹灰工程量＝外墙外边长长度×高度－门窗洞口及 $0.3m^2$ 以上孔洞所占面积＋墙垛侧壁面积

式中,外墙抹灰高度按表 6-95 规定计算。

表 6-95　　　　　　　　外墙抹灰高度取值表

类型	抹灰高度取值	图　　示
平屋顶有挑檐	算至挑檐(天沟)底面	图 6-215(a)
平屋顶无挑檐天沟,带女儿墙	算至女儿墙压顶底面	图 6-215(b)
坡屋顶带檐口天棚	算至檐口天棚底面	图 6-215(c)
坡屋顶带挑檐无檐口天棚的	算至屋面板底;砖出檐者,算至挑檐上表面	图 6-215(d) 图 6-215(e)

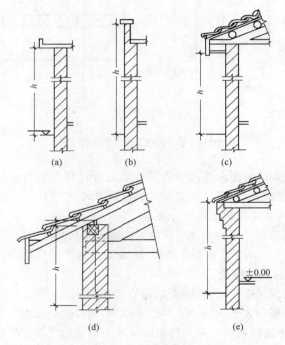

图 6-215　外墙抹灰高度

(2)外墙裙抹灰面积按其长度乘高度计算,扣除门窗洞口和大于 $0.3m^2$ 孔洞所占的面积,门窗洞口及孔洞的侧壁不增加。

外墙裙抹灰工程量＝$L_{外}$×外墙裙高度－门窗洞口及0.3m² 以上孔洞所占面积＋墙垛侧壁面积

式中，外墙裙抹灰高度按表6-96规定计算。

表6-96　　　　　　　外墙裙抹灰高度取值表

类型			外墙裙抹灰高度取值
平屋面	有挑檐	无墙裙	设计室外地坪取至挑檐底板
		有墙裙	勒脚顶取至挑檐板底
	有女儿墙	无墙裙	设计室外地坪取至女儿墙压顶底
		有墙裙	勒脚顶取至女儿墙压顶底
坡屋面	有檐口天棚	无墙裙	设计室外地坪取至檐口天棚底
		有墙裙	勒脚顶取至檐口天棚底
	无檐口天棚	无墙裙	设计室外地坪取至屋面底板
		有墙裙	勒脚顶取至屋面底板

(3)窗台线、门窗套、挑檐、腰线、遮阳板等展开宽度在300mm以内者，按装饰线以延长米计算。如展开宽度超过300mm以上时，按图示尺寸以展开面积计算，套零星抹灰定额项目。

(4)栏板、栏杆(包括立柱、扶手或压顶等)抹灰按立面垂直投影面积乘以系数2.2以m²计算。立柱是指当栏板、栏杆较长时，为了使栏板、栏杆间的连接更加稳固而设的竖向构造柱；扶手是指在栏板、栏杆顶面为人们提供依扶之用的构件；压顶是指在墙、板的顶面，为加固其整体稳定性而设置的封顶构件。

"按立面垂直投影面积乘以系数2.2"的方法计算出的工程量中包括了栏板、栏杆以及立柱、扶手(或压顶)的所有面的抹灰工程量。

立面垂直投影面积指栏板、栏杆的外立面垂直投影面积。

栏板、栏杆抹灰执行零星抹灰定额项目。

(5)阳台底面抹灰按水平投影面积以m²计算，并入相应天棚抹灰面积内。阳台如带悬臂梁者，其工程量乘系数1.30。

【例6-91】 已知某挑阳台外侧高度为1.25m，栏板厚度为55mm，阳台底板厚度为120mm，其平面图如图6-216所示。试计算其

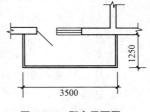

图6-216　阳台平面图

底板及栏板(含扶手)抹灰工程量。

【解】 1)阳台底板。

阳台底板抹灰工程量＝阳台水平投影面积
$$=3.5\times1.25=4.38m^2$$

2)阳台栏板(含扶手)。

阳台栏板(含扶手)抹灰工程＝阳台栏板垂直投影面积×2.2
$$=(3.5+1.25\times2)\times1.25\times2.2$$
$$=16.5m^2$$

(6)雨篷底面或顶面抹灰分别按水平投影面积以 m^2 计算,并入相应天棚抹灰面积内。雨篷顶面带反沿或反梁者,其工程量乘以系数 1.20,底面带悬臂梁者,其工程量乘以系数 1.20。雨篷外边线按相应装饰或零星项目执行。雨篷外边线抹灰宽度小于或等于 300mm 时,执行装饰线定额项目;雨篷外边线抹灰宽度大于 300mm 时,执行零星抹灰定额项目。

(7)墙面勾缝按垂直投影面积计算,应扣除墙裙和墙面抹灰的面积,不扣除门窗洞口、门窗套、腰线等零星抹灰所占的面积,附墙柱和门窗洞口侧面的勾缝面积亦不增加。勾缝有原浆勾缝和加浆勾缝之分。原浆勾缝是指边砌墙边用砌筑砂浆勾缝,其费用已包含在墙体砌筑中,不另计算;加浆勾缝是在砌完墙后,用抹灰砂浆勾缝,缝的形状有凹缝、平缝、凸缝,其费用未包含在墙体砌筑中,工程量应另行计算。独立柱、房上烟囱勾缝,按图示尺寸以 m^2 计算。

墙面勾缝工程量＝$L_{外}$×墙高度－墙裙面积－墙面抹灰面积

【例 6-92】 计算图 6-217 所示小型住宅的外墙抹灰工程量。室内净高 2.9m,设计外墙抹灰要求:20 厚 1:1:6 混合砂浆打底及面层,室内外高差为 0.3m。

【解】 1)应扣除面积。门 M1:$1.2\times2.2\times2=5.28m^2$

窗 C:$1.7\times1.8\times6+0.9\times1.6\times2+1.9\times1.5\times2=26.94m$

2)外墙长＝$[(15.2+0.24)+(5.2+0.24)]\times2=41.76m$

抹灰高度＝$2.9+0.3=3.2m$

3)外墙抹灰面积＝$41.76\times3.2-5.28-26.94=101.41m^2$

4)窗台线。

按延长米计算,$1.9\times2+0.9\times2+1.7\times6=15.8m$

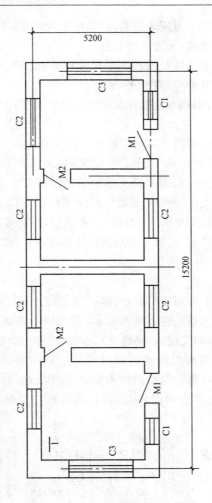

M1=1.2×2.2m² M2=1.1×2.3m²
C1=0.9×1.6m² C2=1.7×1.8m² C3=1.9×1.5m²

图 6-217 住宅平面图

3. 外墙装饰抹灰

装饰抹灰是指能给予人们一定程度的美观感和艺术感的饰面抹灰工程。定额中包括了水刷石、斩假石、干粘石、水磨石、拉条灰、甩毛灰等装饰抹灰项目。大多数装饰抹灰如水刷石、干粘石、剁假石等用于外墙装饰,水磨石及各种拉毛可用于外墙,也适用于内墙,用于内墙时,具有吸音效果,并能给人以雅致、大方之感觉。

(1)外墙各种装饰抹灰均按图示尺寸以实抹面积计算。应扣除门窗洞口空圈的面积,其侧壁面积不另增加。

外墙装饰抹灰面积=装饰抹灰面图示长度×装饰抹灰图示长度-应扣除洞口面积

(2)挑檐、天沟、腰线、栏杆、栏板、门窗套、窗台线、压顶等装饰抹灰均按图示尺寸展开面积以 m^2 计算,并入相应的外墙面积内。压顶,通常是指露天的墙顶上用砖、瓦或混凝土等筑成的覆盖层。这里是指在女儿墙上的板(常为混凝土压顶或砖压顶),压顶抹灰指压顶上的装饰抹灰。定额中装饰抹灰项目,如水刷石、干粘石、水磨石中有"零星项目"的,挑檐、天沟、腰线、栏杆、栏板、门窗套、窗台线、压顶等应执行"零星项目",无"零星项目"的,才并入外墙面积内。

4. 块料面层

用于墙、柱面的贴面块料有:天然石材,如大理石、花岗石、汉白玉;水泥石碴预制板,如人造大理石饰面板、人造花岗石饰面板、预制水磨石饰面板;陶瓷制品,如陶瓷锦砖(马赛克)、面砖、瓷砖(片)等。

(1)墙面贴块料面层均按图示尺寸以实贴面积计算,如图 6-218 和图 6-219所示。在计算中门窗洞口未贴部分应扣除,但洞口侧壁、附墙柱侧壁已贴部分应计算在内;当实贴块料的规格与定额不同时,可以进行换算。

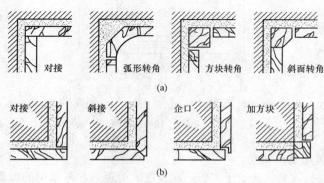

图 6-218 花岗石石板墙面构造
(a)阴角处理;(b)阳角处理

墙面镶贴面层工程量＝墙面镶贴面层图示长度×墙面镶贴面层图示高度－门窗洞口所示面积＋门窗洞空圈侧壁面积

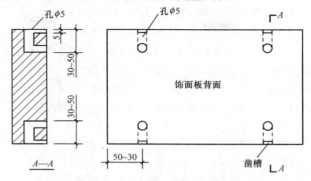

图6-219 石材饰面板钻孔及凿槽示意图

(2)挑檐、天沟、腰线、栏杆、栏板、门窗套、窗台线、压顶等均按图示尺寸展开面积以 m^2 计算,并入相应的外墙面积内。

5. 木隔墙、墙裙、护壁板

隔墙是用来分割建筑物内部空间的非承重墙体,木隔墙的基本做法是先用木料制成骨架(称龙骨),再将设计面层安装在骨架两侧,最后加做粉刷或油漆;墙裙和护壁板都是为保护墙身而对墙面进行处理的部分,只是二者高度有所不同,墙裙一般高度为 1.5m 以内,而护壁板高度则超过 1.5m,其做法是用方木沿墙面做成方格型木骨架,再铺钉面层。木隔墙、墙裙、护壁板均按图示尺寸的长度乘以高度按实铺面积以 m^2 计算。

木隔墙、墙裙、护壁板工程量＝图示净长度×图示高度－应扣门窗洞口面积

6. 玻璃隔墙

玻璃隔墙也是先用木料做成骨架,然后在上半部镶嵌玻璃,下半部镶嵌木板或用其他材料隔离,便做成半玻璃墙,如是全部镶嵌玻璃的,称全玻璃墙。也可以用铝合金型材制成骨架,做成铝合金玻璃隔墙。当隔墙不到顶,上部漏空,就成为隔断,常用的隔断有玻璃隔断,以及活动隔断等。

玻璃隔墙按上横档顶面至下横档底面之间的高度乘以宽度(两边立梃外边线之间)以 m^2 计算。其计算公式如下:

玻璃隔墙工程量＝横档面积＝横档外框高度×外框宽度

横档和两边立梃是组成窗框的连接件。横档为横向连接件,立梃为

竖向连接件,玻璃嵌于其中即形成隔墙。

7. 浴厕木隔断

隔断是用于分隔房屋内部空间的,但它与隔墙不同。隔墙是到顶的墙体,隔断不到顶。浴厕木隔断,按下横档底面至上横档顶面之间的高度乘以图示长度以 m^2 计算,门扇面积并入隔断面积内计算。其计算公式如下:

玻璃隔墙面积＝玻璃隔墙高度×玻璃隔墙宽度

浴厕木隔断面积＝图示木隔断长度×木隔断高＋门扇面积

【例 6-93】 计算图 6-220 所示的卫生间木隔断工程量。

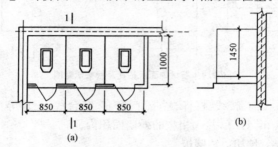

图 6-220　卫生间木隔断示意图
(a)平面图;(b)1—1 剖面图

【解】 卫生间木隔断工程量＝隔断外框长度×外框高度
$$=(0.85\times3+1\times3)\times1.45=8.05m^2$$

8. 铝合金、轻钢隔墙、幕墙

铝合金、轻钢隔墙、幕墙的构造相似,均由骨架基层和面层所组成。铝合金隔墙用铝合金型材构成龙骨,再安装面层或玻璃。轻钢隔墙是一种新型的轻型隔断,它以特制的薄壁轻钢构成骨架(称轻钢龙骨),外包面层做成。幕墙的制作仍是先安装骨架(龙骨),常用的有钢骨架和铝合金骨架,然后安装玻璃,用于玻璃幕墙的玻璃有镜面玻璃、中空玻璃、彩色玻璃等。幕墙隔断中如设计有手推拉窗,应扣除手推拉窗的面积,手推拉窗另按门窗工程相应定额项目计算。

铝合金、轻钢隔墙、幕墙工程量＝隔墙、幕墙四周框外围面积
　　　　　　　　　　　　　　＝隔墙、幕墙外框长度×外框高度

9. 独立柱

(1)一般抹灰、装饰抹灰、镶贴块料按结构断面周长乘柱的高度以 m^2 计算。

(2)柱面装饰按柱外围饰面尺寸乘柱的高以 m^2 计算。

10. 零星抹灰

各种"零星项目"均按图示尺寸以展开面积计算。

(二)天棚面装饰

1. 天棚抹灰工程量

(1)天棚抹灰面积,按主墙间的净面积计算,不扣除间壁墙、垛、柱、附墙烟囱、检查口和管道所占的面积。带梁天棚,梁两侧抹灰面积,并入天棚抹灰工程量内计算。其计算公式为:

天棚抹灰面积=天棚主墙间净长度×天棚主墙间净宽

(2)现浇有梁板中,根据主梁、次梁的断面及排列形式常分为肋形楼板、密肋形楼板和井字楼板等形式,如图 6-221 所示。肋形梁和密肋梁天棚指带有主、次梁的钢筋混凝土天棚,一般形成矩形密肋网格;井字梁天棚是指没有主、次梁之分,梁的断面一致,形成井格的钢筋混凝土天棚,井格的边长一般在 2.5m 以内。

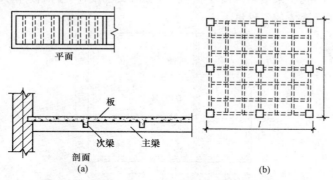

图 6-221 肋形、密肋形和井字梁天棚
(a)肋形板;(b)井式板

(3)在天棚底面与四周墙面交接处所做的抹灰凸出线条叫天棚装饰线,俗称线角(脚)。有些房间的吊灯周围也做装饰线。天棚抹灰如带有装饰线时,区别按三道线以内或五道线以内按延长米计算,线角的道数以一个突出的棱角为一道线(图 6-222)。

(4)檐口天棚的抹灰面积,并入相同的天棚抹灰工程量内计算。

(5)天棚中的折线、灯槽线、圆弧形线、拱形线等艺术形式的抹灰,按展开面积计算。

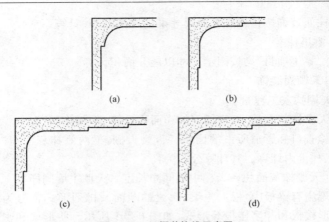

图 6-222 天棚装饰线示意图
(a)—一道线；(b)二道线；(c)三道线；(d)四道线

【例 6-94】 某钢筋混凝土天棚如图 6-223 所示。已知板厚 100mm，试计算其天棚抹灰工程量。

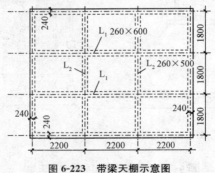

图 6-223 带梁天棚示意图

【解】 如图 6-223 所示，有

主墙间净面积 $=(2.2\times3-0.24)\times(1.8\times3-0.24)=32.82\text{m}^2$

L_1 的侧面抹灰面积 $=[(2.2-0.12-0.13)\times2+(2.2-0.13\times2)]\times$
$(0.6-0.1)\times2$
$=5.84\text{m}^2$

L_2 的侧面抹灰面积 $=[(1.8-0.12-0.13)\times2+(1.8-0.13\times2)]\times$
$(0.5-0.1)\times2$
$=3.71\text{m}^2$

天棚抹灰工程量=主墙间净面积+L_1、L_2的侧面抹灰面积
$$=32.82+5.84+3.71$$
$$=42.37m^2$$

2. 吊顶龙骨

天棚骨架分为木龙骨架、铝合金龙骨架和轻钢龙骨架三类。木龙骨有圆木龙骨和方木龙骨之分;轻钢龙骨和铝合金龙骨都分主件和配件,主件又分为大龙骨、中龙骨、小龙骨和边龙骨。

各种吊顶天棚龙骨(图 6-224)按主墙间净空面积计算,不扣除间壁墙、检查口、附墙烟囱、柱、垛和管道所占面积。但天棚中的折线、跌落等圆弧形,高低吊灯槽等面积也不展开计算。

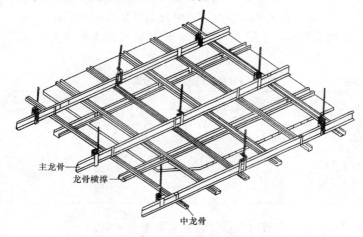

图 6-224 U 型轻钢天棚龙骨构造示意图

【例 6-95】 根据图 6-217 所示计算方木天棚吊顶龙骨工程量。

【解】 吊顶天棚龙骨工程量按主墙间净空面积计算,则:
天棚龙骨=天棚主墙间净长度×天棚主墙间净宽
$$S=(15.2-0.24\times4)\times(5.2-0.24)$$
$$=70.63(m^2)$$

3. 天棚面层装饰工程

天棚装饰面层是指在龙骨下安装饰面板的面层。定额中按所用材料不同分为板条、薄板、胶合板、木丝板、木屑板、埃特板、铝塑板、宝丽板等项目。

(1)天棚装饰面积,按主墙间实铺面积以 m^2 计算,不扣除间壁墙、检

查口、附墙烟囱、附墙垛和管道所占面积,应扣除独立柱及与天棚相连的窗帘盒所占的面积。

天棚面层装饰工程＝天棚主墙净长度×天棚主墙间净宽－应扣除面积

(2)天棚中的折线、跌落等圆弧形、拱形、高低灯槽及其他艺术形式的天棚面层均按展开面积计算。

(三)油漆、涂料、裱糊工程

(1)楼地面、天棚面、墙、柱、梁面的喷(刷)涂料、抹灰面、油漆及裱糊工程,均按楼地面、天棚面、墙、柱、梁面装饰工程相应的工程量计算规则规定计算。

(2)木材面油漆的工程量分别按规定计算,并乘以表列系数以 m^2 计算。

木材面油漆工程量＝表中规定系数×相应系数

1)木材面油漆。单层木门油漆工程量计算及工程量系数见表 6-97 及表 6-98。

表 6-97　　　　　　单层木门工程量系数表

项　目　名　称	系数	工程量计算方法
单层木门	1.00	按单面洞口面积
双层(一玻一纱)木门	1.36	
双层(单裁口)木门	2.00	
单层全玻门	0.83	
木百叶门	1.25	
厂库大门	1.10	

2)单层玻璃窗工程计算及工程量系数见表 6-98。

表 6-98　　　　　　单层玻璃窗工程量系数表

项　目　名　称	系数	工程量计算方法
单层玻璃窗	1.00	按单面洞口面积
双层(一玻一纱)窗	1.36	
双层(单裁口)窗	2.00	
三层(二玻一纱)窗	2.60	
单层组合窗	0.83	
双层组合窗	1.13	
木百叶窗	1.50	

【例 6-96】 某工程设计用一玻一纱木窗,尺寸为 1480mm×1750mm,数量为 18 樘,试计算其油漆工程量。

【解】 由表 6-98 可知,一玻一纱木窗工程量系数为 1.36。

$$每樘一玻一纱木窗的油漆工程量 = 单面洞口面积 \times 1.36$$
$$= 1.4 \times 1.75 \times 1.36$$
$$= 3.52 m^2$$

18 樘一玻一纱木窗的油漆工程量 $= 3.52 \times 18 = 63.36 m^2$

3)木扶手(不带托板)油漆工程量计算及工程量系数见表 6-99。

表 6-99　　　　　　　木扶手(不带托板)工程量系数表

项目名称	系数	工程量计算方法
木扶手(不带托板)	1.00	按延长米
木扶手(带托板)	2.60	
窗帘盒	2.04	
封檐板、顺水板	1.74	
挂衣板、黑板框	0.52	
生活园地框、挂镜线、窗帘棍	0.35	

4)其他木材面油漆工程量计算及工程量系数见表 6-100。

表 6-100　　　　　　　其他木材面工程量系数表

项目名称	系数	工程量计算方法
木板、纤维板、胶合板天棚、檐口	1.00	长×宽
清水板条天棚、檐口	1.07	
木方格吊顶天棚	1.20	
吸声板墙面、天棚面	0.87	
鱼鳞板墙	2.48	
木护墙、墙裙	0.91	
窗台板、筒子板、盖板	0.82	
暖气罩	1.28	
屋面板(带檩条)	1.11	斜长×宽
木间壁、木隔断	1.90	单面外围面积
玻璃间壁露明墙筋	1.65	
木栅栏、木栏杆(带扶手)	1.82	
木屋架	1.79	跨度(长)×中高×1/2
衣柜、壁柜	0.91	投影面积(不展开)
零星木装修	0.87	展开面积

(3)金属面油漆。金属面油漆的工程量,应分别不同油漆种类及刷油部位,按规定计算,并乘以表列系数以平方米(m^2)或质量吨(t)计算。

1)单层钢门窗油漆工程量及工程量系数见表 6-101。

表 6-101　　　　　　　　单层钢门窗工程量系数表

项目名称	系数	工程量计算方法
单层钢门窗	1.00	洞口面积
双层(一玻一纱)钢门窗	1.48	
钢百叶钢门	2.74	
半截百叶钢门	2.22	
满钢门或包铁皮门	1.63	
钢折叠门	2.30	
射线防护门	2.96	
厂库房平开、推拉门	1.70	框(扇)外围面积
钢丝网大门	0.81	
间壁	1.85	长×宽
平板屋面	0.74	斜长×宽
瓦垄板屋面	0.89	斜长×宽
排水、伸缩缝盖板	0.78	展开面积
吸气罩	1.63	水平投影面积

2)其他金属面油漆工程量计算方法及工程量系数见表 6-102。

表 6-102　　　　　　　　其他金属面工程量系数表

项目名称	系数	工程量计算方法
钢屋架、天窗架、挡风架、屋架梁、支撑、檩条	1.00	质量(t)
墙架、(空腹式)	0.50	
墙架、(格板式)	0.82	
钢柱、吊车梁、花式梁柱、空花构件	0.63	
操作台、走台、制动梁、钢梁车挡	0.71	
钢栅栏门、栏杆、窗栅	1.71	
钢爬梯	1.18	
轻型屋架	1.42	
踏步式钢扶梯	1.05	
零星铁件	1.32	

3) 平板屋面油漆(涂刷磷化、锌黄底漆),其工程量计算方法及工程量系数邮表 6-103。

表 6-103　　平板屋面涂刷磷化、锌黄底漆工程量系数表

项目名称	系数	工程量计算方法
平板屋面	1.00	斜长×宽
瓦垄板屋面	1.20	
排水、伸缩缝盖板	1.05	展开面积
吸气罩	2.20	水平投影面积
包镀锌薄钢板门	2.20	洞口面积

(4)抹灰面油漆、涂料。抹灰面油漆、涂料工程量按表 6-104 规定方法计算,并乘以表列系数以 m^2 计算。表中未规定的楼地面、天棚面、墙面、柱面、梁面的喷(涂)抹灰面油漆工程均按各自相应的抹灰工程量规则规定计算。

表 6-104　　抹灰面工程量系数表

项目名称	系数	工程量计算方法
槽形底板、混凝土折板	1.30	长×宽
有梁底板	1.10	
密肋、井字梁底板	1.50	
混凝土平板式楼梯底	1.30	水平投影面积

三、综合实例

【例 6-97】 图 6-225 所示为某房屋平面及立面图,试对其进行列项,并计算各分项工程量(门窗尺寸见表 6-105)。吊顶底面标高为 3.2m,室内墙裙高度为 800mm,窗台线长按洞口宽度共加 20mm 计算。

表 6-105　　门窗表

门窗名称	洞口尺寸	门窗名称	洞口尺寸
M1	1100×2500	C1	1750×1750
M2	950×2200		

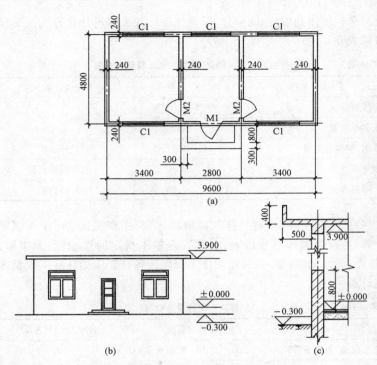

图 6-225 某房屋平面、立面及墙身大样
(a)平面图；(b)立面图；(c)墙身大样

【解】 列项并计算相应工程量。

(1)内墙面。

内墙面抹灰工程量＝内墙面净长度×内墙面抹灰高度－门窗洞口所占面积
$$= [(3.4-0.24+4.8-0.24) \times 2 \times 2 + (2.8-0.24 + 4.8-0.24) \times 2] \times (3.2+0.1-0.8) - (1.1 \times 2.5 + 0.95 \times 2.2 \times 2 \times 2 + 1.75 \times 1.75 \times 5)$$
$$= 86.38 \text{m}^2$$

(2)内墙裙。

门框、窗框的宽度均为100mm,且安装于墙中线,则

内墙裙贴釉面砖工程量＝内墙面净长度×内墙裙高度－门洞口所占
面积＋门洞口侧壁面积

$$\begin{aligned}&=[(3.4-0.24+4.8-0.24)\times 2\times 2+\\&\quad(2.8-0.24+4.8-0.24)\times 2]\times 0.8-\\&\quad(1.1\times 0.8+0.95\times 0.8\times 2\times 2)+\\&\quad\left[0.8\times\frac{0.24-0.1}{2}\times 2+0.8\times(0.24-0.1)\times 4\right]\\&=32.74\text{m}^2\end{aligned}$$

(3)外墙面。

外墙面贴花岗石工程量 $=L_{外}\times$外墙面高度$-$门窗洞口、台阶所占面积$+$洞口侧壁面积

$$\begin{aligned}&=(3.4\times 2+2.8+0.24+4.8+0.24)\times 2\times\\&\quad(3.9+0.3)-(1.1\times 2.5+1.75\times 1.75\times 5)-\\&\quad(2.2\times 0.15+2.8\times 0.15)+\frac{0.24-0.1}{2}\times\\&\quad[(1.1+2.5\times 2)+(1.75+1.75\times 2)\times 5]\\&=124.99-18.06-0.75+2.26\\&=108.44\text{m}^2\end{aligned}$$

(4)天棚。

天棚面层工程量 $=$ 主墙间净面积
$$\begin{aligned}&=(3.4-0.24)\times(4.8-0.24)\times 2+(2.8-0.24)\times\\&\quad(4.8-0.24)=40.49\text{m}^2\end{aligned}$$

天棚基层工程量 $=$ 天棚龙骨工程量 $=$ 天棚面层工程量 $=40.49\text{m}^2$

(5)挑檐。

挑檐贴面砖工程量 $=$ 挑檐立板外侧面积 $+$ 挑檐底板面积
$$\begin{aligned}&=(L_{外}+0.5\times 8)\times\text{立板高度}+(L_{外}+0.5\times 4)\times\text{挑檐宽度}\\&=(29.76+0.5\times 8)\times 0.4+(29.76+0.5\times 4)\times 0.5\\&=13.50+15.88=29.38\text{m}^2\end{aligned}$$

四、工程量计算主要技术资料

1. 一般抹灰砂浆配合比

一般抹灰砂浆配合比见表6-106。

表6-106　　　　　　　　一般抹灰砂浆配合比

抹灰砂浆组成材料	配合比(体积比)	应 用 范 围
石灰:砂	1:2～1:3	用于砖石墙面层(潮湿部分除外)

续表

抹灰砂浆组成材料	配合比(体积比)	应 用 范 围
水泥:石灰:砂	1:0.3:3～1:1:6	用于墙面混合砂浆打底
	1:0.5:1～1:1:4	用于混凝土天棚抹灰混合砂浆打底
	1:0.5:4～1:3:9	用于板条天棚抹灰
石灰:水泥:砂	1:0.5:4.5～1:1:6	用于檐口、勒脚、女儿墙外脚以及比较潮湿处
水泥:砂	1:2.5～1:3	用于浴室、潮湿车间等墙裙、勒脚或地面基层
	1:1.5～1:2	用于地面天棚或墙面面层
	1:0.5～1:1	用于混凝土地面随时压光
水泥:石膏:砂:锯末	1:1:3:5	用于吸声粉刷
白灰:麻刀筋	100:2.5(质量比)	用于木板条天棚面
白灰膏:麻刀筋	100:1.3(质量比)	—
白灰膏:纸筋	100:3.8(质量比)	—
纸筋:白灰膏	$3.6kg:1m^3$	—

2. 喷涂抹灰砂浆配合比

喷涂抹灰砂浆配合比见表 6-107。

表 6-107 喷涂抹灰砂浆配合比

砂浆配合比		稠度/cm
第一层	水泥:石灰膏:砂=1:1:6	10～12
第二层	水泥:石灰膏:砂=1:0.5:4	8～10

3. 常用其他灰浆参考配合比

常用其他灰浆参考配合比见表 6-108。

表 6-108 常用其他灰浆参考配合比

项目		素水泥浆	麻刀灰浆	麻刀混合灰浆	纸筋灰浆
名称	单位	每 $1m^3$ 用料数量			
42.5 级水泥	kg	1888	—	60	—
生石灰	kg	—	634	639	554
纸筋	kg	—	—	—	153
麻刀	kg	—	10.23	10.23	—
水	kg	390	700	700	610

4. 抹灰水泥砂浆掺粉煤灰配合比

抹灰水泥砂浆掺粉煤灰配合比见表 6-109。

表 6-109　　　　　抹灰水泥砂浆掺粉煤灰配合比

抹灰项目	原配比(体积比)		现配比(体积比)		节约效果	
	水泥	砂子	水泥	粉煤灰	砂子	水泥/(kg/m³)
内墙抹底层	1 (395)	3 (1450)	1 (200)	1 (100)	6 (1450)	195
内墙抹面层	1 (452)	2.5 (1450)	1 (240)	1 (120)	5 (1450)	212
外墙抹底层	1 (395)	3 (1450)	1 (200)	1 (100)	6 (1450)	195

注：括号内为每 1m³ 砂浆水泥、砂子、粉煤灰用量，水泥强度等级为 32.5。

第十五节　金属结构制作

一、金属结构构件一般构造

1. 钢柱

钢柱一般由钢板焊接而成，也可由型钢单独制作或组合成格构式钢柱。焊接钢柱按截面形式可分为实腹式柱和格构式柱，实腹柱是由型钢或钢板连接而成的具有实腹式断面的柱，如图 6-226(a)所示；空腹柱是由型钢或钢板连接而成的具有格构式断面的柱，如图 6-226(b)所示，也可分为工字型、箱型和 T 型柱；按截面尺寸大小可分为一般组合截面和大型焊接柱。

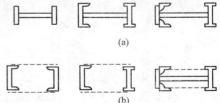

图 6-226　钢柱示意图
(a)实腹柱；(b)空腹柱

钢柱一般用于重型工业厂房和超高层建筑或大跨度建筑物。

2. 钢梁

钢梁的种类较多，有普通钢梁、吊车梁、单轨钢吊车梁、制动梁等。截面以工字型居多，或用钢板焊接，也可采用桁架式钢梁、箱型梁或贯通型梁等。图6-227是工字型梁与箱型柱的连接视图。

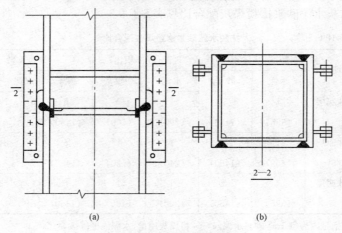

图6-227　工字型梁与箱型柱
(a)立面图；(b)2—2剖面图

制动梁是防止吊车梁产生侧向弯曲，用以提高吊车梁的侧向刚度，并与吊车梁联结在一起的一种构件。吊车梁的跨度在12m以上或吊车为重级工作制时，均设置制动梁。当跨度较小且吊车梁荷载不大时，制动梁做成板式，如图6-228(a)所示，此时称为制动板；当跨度较大时，将制动梁做成桁架式，如图6-228(b)所示，称为制动桁架。

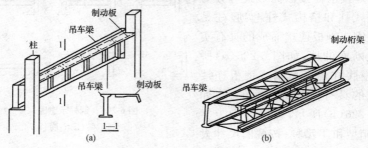

图6-228　制动梁
(a)制动板；(b)制动桁架

3. 钢屋架

钢屋架按采用钢材规格不同分为普通钢屋架(简称钢屋架)、轻型钢屋架和薄壁型钢屋架。

(1)钢屋架。钢屋架一般是采用大于或等于∟45×4和∟55×36×4的角钢或其他型钢焊接而成,杆件节点处采用钢板连接,双角钢中间夹以垫板焊成杆件,如图 6-229 和图 6-230 所示。

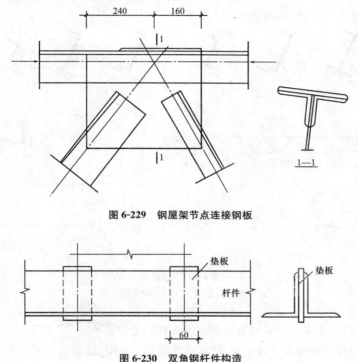

图 6-229　钢屋架节点连接钢板

图 6-230　双角钢杆件构造

(2)轻型钢屋架。轻型钢屋架是由小角钢(小于∟45×4或∟56×36×4)和小圆钢($\phi \geqslant 12mm$)构成的钢屋架,杆件节点处一般不使用节点钢板,而是各杆直接连接,杆件也可采用单角钢,下弦杆及拉杆常用小圆钢制作。轻型钢屋架一般用于跨度较小($\leqslant 18m$),起重量不大于 5t 的轻、中级工作制吊车和屋面荷载较轻的屋面结构中。

(3)薄壁型钢屋架。常以薄壁型钢为主材,一般钢材为辅材制作而成。它的主要特点是质量特轻,常用作轻型屋面的支承构件。

(4)檩条。檩条是支承于屋架或天窗上的钢构件,一般用于轻型屋面及瓦屋面,通常分为实腹式和桁架式(包括平面和空间)两种。实腹式檩条的截面形式有：当檩条跨度大于12m时，宜用H型钢或由三块钢板焊接的工字型钢；当跨度等于6m时，常采用槽钢、工字钢，或用双角钢组成槽形或Z形截面；当跨度小于或等于4m时，可采用单角钢。跨度超过6m可采用宽翼缘H型钢或三块板焊成的工字型钢；采用实腹式不经济时，可采用桁架式檩条，如图6-231所示。

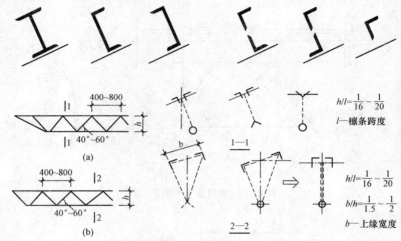

图 6-231 钢檩条
(a)平面桁架式檩条；(b)空间桁架式檩条

(5)钢支撑。钢支撑有屋盖支撑和柱间支撑两类。

1)屋架的纵向支撑。通常在有托架的开间内设置。只有当柱子很高，吊车起重量很大或车间内有壁行吊车或有较大锻锤时，才在伸缩缝区段内与下弦横向水平支撑组合成下弦封闭支撑体系。

2)屋架和天窗架横向支撑。天窗上弦水平支撑一般设置于天窗两端开间和中部有屋架上弦横向水平支撑的开间处，天窗两侧的垂直支撑一般与天窗上弦水平支撑位置一致，上弦水平系杆通常设在天窗中部节点处。

3)屋架和天窗架的垂直支撑。一般应设置于屋架跨中和支座的垂直平面内，除有悬挂吊车外，应与上弦横向水平支撑同一开间内设置。

4)屋架和天窗架的水平系数，钢支撑用单角钢或两个角钢组成十字形截面，一般采用十字交叉的形式。

(6) 钢墙架。有的厂房为了节省钢材,简化构造处理,采用自重墙体,而把水平方向的风荷载通过墙体构件传递给厂房骨架,这种组成墙体的骨架即称为墙架,如图 6-232 所示。钢墙架包括墙架柱、墙架梁及连系柱杆等。

(7) 钢平台。钢平台一般以型钢作为骨架,上铺钢板做成板式平台。

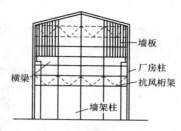

图 6-232 钢墙架示意图

(8) 钢梯子。工业建筑中的钢梯有平台钢梯、吊车钢梯、消防钢梯和屋面检修钢梯等。按构造形式分为踏步式、爬式和螺旋式钢梯,爬式钢梯的踏步多为独根圆钢或角钢做成。钢梯的一般构造包括:

1) 踏步,可用扁钢、钢板或圆钢制作。

2) 小钢梯边梁,用扁钢或角钢制作。

3) 拉杆,一般用圆钢(ϕ20)或角钢制作。

4) 休息平台,可用角钢作边梁,用钢板作平台。

二、定额说明与工程量计算

1. 定额说明

金属构件制作工程定额说明见表 6-110。

表 6-110　　　　　金属构件制作工程定额说明

序号	定额项目	定　额　说　明
1	构件制作	构件制作,包括分段制作和整体预装配的人工材料及机械台班用量,整体预装配用的螺栓及锚固杆件用的螺栓,已包括在定额内
2	现场内材料运输	定额除注明者外,均包括现场内(工厂内)的材料运输,号料、加工、组装及成品堆放、装车出厂等全部工序
3	加工点至安装点的构件运输	定额未包括加工点至安装点的构件运输,应另按构件运输定额相应项目计算
4	钢筋混凝土组合屋架钢拉杆	钢筋混凝土组合屋架钢拉杆,按屋架钢支撑计算

序号	定额项目	定 额 说 明
5	其他材料费与其他机械费	定额编号 12-1 至 12-45 项,其他材料费(以 * 表示)均以下列材料组成:木脚手板 0.03m³;木垫块 0.01m³;钢丝 8 号 0.40kg;砂轮片 0.2g 片;铁砂布 0.07 张;机油 0.04kg;汽油 0.03kg;铅油 0.80kg;棉纱头 0.11kg。其他机械费由下列机械组成:座式砂轮机 0.56 台班;手动砂轮机 0.56 台班;千斤顶 0.56 台班;手动葫芦 0.56 台班;手电钻 0.56 台班。各部门、地区编制价格表时以此计入

2. 工程量计算

(1)金属结构制作按图示钢材尺寸以 t 计算,不扣除孔眼、切边、焊条、铆钉、螺栓等质量,已包括在定额内不另计算。在计算不规则或多边形钢板质量时,均以其最大对角线乘以最大宽度的矩形面积计算。

(2)实腹柱、吊车梁、H 型钢按图示尺寸计算,其中腹板及翼板宽度按每边增加 25mm 计算。

【例 6-98】 图 6-233 所示的 H 型钢,截面尺寸为 400mm×200mm×12mm×16mm,其长度为 7.56m,求其工程量。

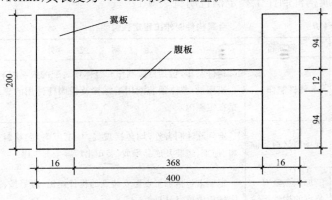

图 6-233 H 型钢示意图

【解】 查表 6-111 得 12mm 钢板的理论质量为 94.20kg/m²,16mm 钢板的理论质量为 125.60kg/m²。

由公式：

钢板质量＝理论质量×矩形面积

根据 H 型钢的工程量计算规则

1) 12mm 钢板的工程量为：

$$94.20 \times (0.368 + 0.05) \times 7.56 = 0.298t$$

2) 16mm 钢板的工程量为：

$$125.60 \times (0.2 + 0.05) \times 7.56 \times 2 = 0.475t$$

3) 总的预算工程量为：$0.298 + 0.475 = 0.773t$

（3）制动梁的制作工程量包括制动梁、制动桁梁、制动板质量；墙架的制作工程量包括墙架柱、墙架梁及连接杆质量；钢柱制作工程量包括依附于柱上的牛腿及悬臂梁质量。

（4）轨道制作工程量，只计算轨道本身质量，不包括轨道垫板、压板、斜垫、夹板及连接角钢等质量，如图 6-234 所示。

工字钢轨道制作工程量＝各种钢材主材质量之和＝工字钢计算长度×理论质量＋钢板面积×理论质量

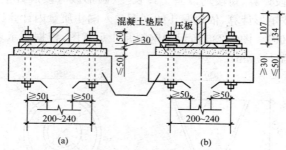

图 6-234 吊车轨道与吊车梁的连接

(a) 方钢；(b) 工字钢轨道

（5）铁栏杆制作，仅适用于工业厂房中平台、操作台的钢栏杆。民用建筑中铁栏杆等按定额其他章节有关项目计算。

【例 6-99】 如图 6-235 所示，求钢栏杆制作工程量。

【解】 钢管 $(\phi 26.75 \times 2.75) = (0.08 + 0.28 \times 3) \times 4 \times 1.63$

$$= 6.00 kg$$

钢管 $(\phi 33.5 \times 3.25) = 0.8 \times 3 \times 2.42$

$$= 5.81 kg$$

扁钢$(-25\times4)=0.8\times6\times0.785=3.77$kg

扁钢$(-50\times3)=0.8\times3\times1.8=4.32$kg

工程量合计：$6.0+5.81+3.77+4.32=19.9$kg

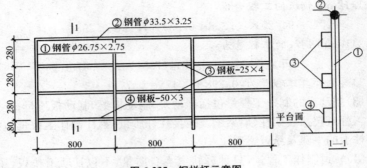

图 6-235　钢栏杆示意图

(6)钢漏斗制作工程量,矩形按图示分片,圆形按图示展开尺寸,并依钢板宽度分段计算,每段均以其上口长度（圆形以分段展开上口长度）与钢板宽度,按矩形计算,依附漏斗的型钢并入漏斗质量内计算。

【例6-100】　图 6-236 所示为钢制漏斗示意图,根据图示求其工程量（已知板厚为 200mm）。

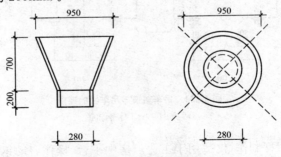

图 6-236　钢制漏斗示意图

【解】　上口板长$=0.95\times\pi=2.98$m

面积$=2.98\times0.7=2.09\text{m}^2$

下口板面积$=0.28\times\pi\times0.2=0.18\text{m}^2$

质量$=(0.18+2.09)\times15.70=35.64$kg

三、综合实例

【例6-101】 如图6-237所示为某房屋钢屋架水平支撑示意图,求其工程量。

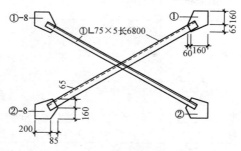

图6-237 某房屋钢屋架水平支撑示意图

【解】 由图可以看出:

—8钢板质量=①号钢板面积×每平方米钢板质量×块数+
　　　　　　②号钢板面积×每平方米钢板质量×块数
　　　　　=(0.06+0.16)×(0.065+0.16)×62.8×2+
　　　　　　(0.2+0.085)×(0.16+0.065)×62.8×2
　　　　　=14.27kg

L75×5角钢质量=角钢长度×每米质量×根数
　　　　　　　=6.8×5.82×2
　　　　　　　=79.15kg

水平支撑工程量=钢板质量+角钢质量
　　　　　　　=14.27+79.15
　　　　　　　=93.42kg

四、工程量计算主要技术资料

钢材理论质量计算参照表6-111。

表6-111　　　　　　　　钢材理论质量的计算

项目	序号	型材	计算公式	公式中代号
钢材断面面积计算公式	1	方钢	$F=a^2$	a—边宽
	2	圆角方钢	$F=a^2-0.8584r^2$	a—边宽; r—圆角半径

续表

项目	序号	型材	计算公式	公式中代号
钢材断面面积计算公式	3	钢板、扁钢、带钢	$F=a\times\delta$	a—边宽；δ—厚度
	4	圆角扁钢	$F=a\delta-0.8584r^2$	a—边宽；δ—厚度；r—圆角半径
	5	圆角、圆盘条、钢丝	$F=0.7854d^2$	d—外径
	6	六角钢	$F=0.866a^2=2.598s^2$	a—对边距离；s—边宽
	7	八角钢	$F=0.8284a^2=4.8284s^2$	
	8	钢管	$F=3.1416\delta(D-\delta)$	D—外径；δ—壁厚
	9	等边角钢	$F=d(2b-d)+0.2146(r^2-2r_1^2)$	d—边厚；b—边宽；r—内面圆角半径；r_1—端边圆角半径
	10	不等边角钢	$F=d(B+b-d)+0.2146(r^2-2r_1^2)$	d—边厚；B—长边宽；b—短边宽；r—内面圆角半径；r_1—端边圆角半径
	11	工字钢	$F=hd+2t(b-d)+0.8584(r^2-r_1^2)$	h—高度；b—腿宽；d—腰厚；t—平均腿厚；r—内面圆角半径；r_1—边端圆角半径
	12	槽钢	$F=hd+2t(b-d)+0.4292(r^2-r_1^2)$	
质量计算	基本公式	\multicolumn{3}{l}{$W(\text{kg})=F(\text{mm}^2)\times L(长度,\text{m})\times G(密度,\text{g/cm}^3)\times 1/1000$ 式中 W—质量；F—断面面积。钢的密度一般按 7.85g/cm^3 计算。其他型材如钢材、铝材等，亦可引用上式查照其不同的密度计算}

第十六节 其他定额项目

一、建筑工程垂直运输

建筑工程垂直运输是指在施工中所发生的垂直运输费用的计算,包括建筑物垂直运输和构筑物垂直运输两部分。

(一)建筑物垂直运输

建筑物垂直运输包括20m(六层)以内卷扬机施工,20m(六层)以内塔式起重机施工和20m(六层)以上塔式起重机施工三个部分。

1. 定额说明

建筑物垂直运输定额说明见表6-112。

表6-112 建筑物垂直运输定额说明

序号	定额项目	定 额 说 明
1	檐高	檐高是指设计室外地坪至檐口的高度,突出主体建筑屋顶的电梯间、水箱间等不计入檐口高度之内
2	现浇框架	定额中现浇框架是指柱、梁全部为现浇的钢筋混凝土框架结构,如部分现浇时按现浇框架定额乘以0.96系数,如楼板也为现浇的钢筋混凝土时,按现浇框架定额乘以1.04系数
3	预制混凝土柱、钢屋架	预制钢筋混凝土柱、钢屋架的单层厂房按预制排架定额计算
4	单身宿舍	单身宿舍按住宅定额乘以0.9系数
5	服务用房	服务用房是指城镇、街道、居民区具有较小规模综合服务功能的设施。其建筑面积不超过1000m^2,层数不超过三层的建筑,如副食、百货、饮食店等
6	各项目划分	定额项目划分是以建筑物的檐高及层数两个指标同时界定的,凡檐高达到上限而层数未达到时,以檐高为准;如层数达到上限而檐高未达到时,以层数为准
7	Ⅱ类厂房	定额按Ⅰ类厂房为准编制的,Ⅱ类厂房定额乘以1.14系数。厂房分类见表6-113
8	单层建筑	檐高3.6m以内的单层建筑,不计算垂直运输机械台班

续表

序号	定额项目	定额说明
9	定额编制	定额是按全国统一《建筑安装工程工期定额》中规定的Ⅱ类地区标准编制的,Ⅰ、Ⅱ类地区按相应定额乘以表6-114规定系数

注:1. 定额包括单位工程在合理工期内完成全部工程项目所需的垂直运输机械台班,不包括机械的场外往返运输,一次安拆及路基铺垫和轨道铺拆等的费用。

2. 同一建筑物多种用途(或多种结构),按不同用途或结构分别计算。分别计算后的建筑物檐高均应以该建筑物总檐高为准。

表6-113 厂房分类

Ⅰ类厂房	Ⅱ类厂房
机加工、机修、五金缝纫、一般纺织(粗纺、制条、洗毛等)及无特殊要求的车间	厂房内设备基础及工艺要求较复杂、建筑设备或建筑标准较高的车间。如铸造、锻压、电镀、酸碱、电子、仪表、手表、电视、医药、食品等车间

表6-114 系数表

项目	Ⅰ类地区	Ⅱ类地区
建筑物	0.95	1.10
构筑物	1	1.11

2. 工程量计算

(1)建筑物垂直运输机械台班用量,区分不同建筑物的结构类型及高度按建筑面积以 m^2 计算。建筑面积按建筑面积计算规则规定计算。

(2)构筑物垂直运输机械台班以座计算。超过规定高度时,再按每增高1m定额项目计算,其高度不足1m时,亦按1m计算。

【例6-102】 某五层建筑物底层为框架结构,二层及二层以上为砖混结构,每层建筑面积$1200m^2$,试计算其垂直运输工程量。

【解】 因底层与二层至五层的结构形式不同,故应将底层与二层至五层的垂直运输工程量分别计算,并套用不同定额,可得:

底层建筑物的垂直运输工程量=底层建筑面积=$1200m^2$

二层至五层建筑物的垂直运输工程量=二层至五层建筑面积

$=1200\times 4=4800m^2$

(二)构筑物垂直运输

构筑物的高度,从设计室外地坪至构筑物的顶面高度为准。

二、建筑物超高增加人工、机械定额

建筑物超高增加人工、机械定额综合了由于超高引起的人工降效、机械降效、人工降效引起的机械降效以及超高施工水压不足所增加的水泵等因素。

1. 定额说明

建筑物超高增加人工、机械定额说明见表 6-115。

表 6-115　　　建筑物超高增加人工、机械定额说明

序号	定额项目	定　额　说　明
1	檐高	檐高是指设计室外地坪至檐口的高度。突出主体建筑屋顶的电梯间、水箱间等不计入檐高之内
2	同一建筑物不同高度	同一建筑物高度不同时,按不同高度的建筑面积,分别按相应项目计算
3	加压水泵	加压水泵选用电动多级离心清水泵,规格见表 6-116

表 6-116　　　电动多级离心清水泵规格

建筑物檐高	水泵规格
20m 以上～40m 以内	50m 以内
40m 以上～80m 以内	100m 以内
80m 以上～120m 以内	150m 以内

2. 人工、机械降效费

建筑物超高引起的人工降效、机械降效计算:

人工降效、机械降效费＝超过部分的建筑面积

(1)各项降效系数中包括的内容指建筑物基础以上的全部工程项目,但不包括垂直运输、各类构件的水平运输及各项脚手架。

(2)人工降效按规定内容中的全部人工费乘以定额系数计算。

(3)吊装机械降效按吊装项目中的全部机械费乘以定额系数计算。

(4)其他机械降效按除吊装机械外的全部机械费乘以定额系数计算。

3. 加压水泵台班费

建筑物施工用水加压增加的水泵台班,按建筑面积以 m^2 计算。其计算公式如下:

加压水泵台班工程量＝超过部分的建筑面积

加压水泵台班费计算说明如下：

(1)适用于超过六层或檐高超过 20m 的建筑物。

(2)加压用水泵台班费包括加压用水泵使用台班费和加压用水泵停滞台班费。

1)水泵使用台班费＝建筑面积×水泵使用台班定额×水泵台班单价

2)水泵停滞台班费＝建筑面积×水泵停滞台班定额×水泵台班单价

(3)水泵使用、停滞台班定额见表 6-117。

表 6-117　　　　　　　建筑物超高加压水泵台班

定额编号		14—11	14—12	14—13	14—14	14—15
项　目	单位	檐高(层数)				
		30m(7～10)以内	40m(11～13)以内	50m(14～16)以内	60m(17～19)以内	70m(20～22)以内
加压用水泵使用	台班	1.14	1.74	2.14	2.48	2.77
加压用水泵停滞	台班	1.14	1.74	2.14	2.48	2.77
项　目	单位	檐高(层数)				
		80m(23～25)以内	90m(26～28)以内	100m(29～31)以内	110m(32～34)以内	120m(35～37)以内
加压用水泵使用	台班	3.02	3.26	3.57	3.80	4.01
加压用水泵停滞	台班	3.02	3.26	3.57	3.80	4.01

4. 建筑物超高人工、机械降效率

建筑物超高人工、机械降效率见表 6-118。

表 6-118　　　　　　　建筑物超高人工、机械降效率

定额编号		14—1	14—2	14—3	14—4	14—5
项　目	降效率	檐高(层数)				
		30m(7～10)以内	40m(11～13)以内	50m(14～16)以内	60m(17～19)以内	70m(20～22)以内
人工降效	%	3.33	6.00	9.00	13.33	17.86
吊装机械降效	%	7.67	15.00	22.20	34.00	46.43
其他机械降效	%	3.33	6.00	9.00	13.33	17.86

第六章 建筑工程工程量计算

续表

定额编号		14−6	14−7	14−8	14−9	14−10
项目	降效率	檐高(层数)				
		30m (7～10) 以内	40m (11～13) 以内	50m (14～16) 以内	60m (17～19) 以内	70m (20～22) 以内
人工降效	%	22.50	27.22	35.20	40.91	45.83
吊装机械降效	%	59.25	72.33	85.60	99.00	112.50
其他机械降效	%	22.50	27.22	35.20	40.91	45.83

三、工程量计算

(1)建筑物超高人工、机械降效率包括工人上下班降低工效、上楼工作前休息及自然休息增加的时间；垂直运输影响的时间；由于人工降效引起的机械降效。

(2)建筑物超高加压水泵台班包括由于水压不足所发生的加压用水泵台班。

第七章 施工预算与施工图预算

第一节 建筑工程施工预算

一、施工预算的定义与作用

施工预算是建筑工程施工前,施工企业根据施工定额(或企业内部定额)编制的完成单位工程所需的工种工时、材料数量、机械台班数量和直接费标准,用于指导施工和进行企业内部经济核算,向班组下达施工任务书,签发限额领料单,控制工料消耗和签订内部承包合同的主要依据。

施工预算的作用主要体现在以下几个方面:

(1)能准确地计算出各种劳动力需要量,为施工企业有计划地调配劳动力,提供可靠依据。

(2)能准确地确定材料的需用量,使施工企业可据此安排材料采购和供应。

(3)能计算出施工中所需的人力和物力的实物工作量,为施工作业计划的编制提供分层、分段及分部分项工程量、材料数量及分工种的用工数,以便施工企业做出最佳的施工进度计划。

(4)确定施工任务单和限额领料单上的定额指标和计件单价等,以便向班组下达施工任务。

(5)施工预算是衡量工人劳动成果的尺度和实行计件工资的依据。有利于贯彻多劳多得原则,调动生产工人的生产积极性。

施工企业在进行经济活动分析中,可把施工预算与施工图预算相对比,分析其中超支、节约的原因,有针对性地控制施工中的人力、物力消耗。

二、施工预算的内容

建筑工程施工预算,除按定额的分部、分项进行计算外,还应按工程部位加以分层、分段汇总,以满足编制施工作业计划的需要。施工预算的内容主要包括工程量、人工、材料和机械台班,一般以单位工程为对象。施工预算通常由编制说明和计算表格两部分组成。

第七章　施工预算与施工图预算

1. 编制说明部分

编制说明是以简练的文字说明施工预算的编制依据,对施工图纸的审查意见,现场勘察的主要资料,存在的问题及处理办法等。其主要包括以下内容:

(1)施工图纸名称和编号,依据的施工定额,施工组织设计。
(2)设计修改或会审记录。
(3)遗留项目或暂估项目有哪些,并说明原因。
(4)存在的问题及以后处理的办法。
(5)其他。

2. 计算表格部分

各施工企业根据其特点和组织机构的不同,拟定不同的施工预算内容。为减少重复计算,便于组织施工,编制施工预算常用表格来表达,土建工程一般有以下各类表格:

(1)钢筋混凝土预制构件加工表(含钢筋明细表及预埋件明细表)。
(2)金属结构加工表(含材料明细表)。
(3)门窗加工表(含五金明细表)。
(4)工程量汇总表。
(5)分部、分项(分层、分段)工程工、料、机械分析表。
(6)木材加工明细表。
(7)周转材料(模板、脚手架)需用量表。
(8)施工机具需用量表。
(9)单位工程工、料、机械汇总表。

三、施工预算的编制依据

(1)施工图纸、说明书等技术资料。

经过建设单位、设计单位和施工单位共同会审后的全套施工图和设计说明书,以及有关的标准图集。

(2)施工组织的设计方案。

施工组织设计或施工方案所确定的施工顺序、施工方法、施工机械、施工技术组织措施和施工现场平面布置等内容,都是施工预算编制的依据。例如,土方工程是采用机械还是人力;脚手架的材料是木制还是金属,单排还是双排,安全网是立网还是平网;垂直运输机械是井架还是塔吊;混凝土预制构件是现场预制还是到预制厂购买;模板是钢模还是木模等,这些都是编制人工、机械、材料用量的依据。

(3)施工定额和有关补充定额。

施工定额是编制施工预算的主要依据之一。有关补充定额有全国建筑安装工程统一劳动定额和地区材料消耗定额等。

(4)工资标准、预算价格。

人工工资标准、材料预算价格(或实际价格)、机械台班预算价格。这些价格是计算人工费、材料费、机械费的主要依据。

(5)审批后的施工图预算书。

(6)施工图预算书。

由于施工图预算中的许多工程量数据如工程量、定额直接费,以及相应的人工费、材料费、机械费等可供编制施工预算时利用,因而,依据施工图预算书可减少施工预算的编制工作量,提高编制效率。

(7)计算手册和相关资料。

由于施工图纸只能计算出金属构件和钢筋的长度、面积和体积,而施工定额中金属结构的工程量常以吨(t)为单位,因此必须根据建筑材料手册和有关资料,把金属结构的长度、面积和体积换算成吨(t)之后,才能套用相应的施工定额。

四、施工预算的编制步骤

(1)熟悉图纸、施工组织设计及现场资料。

(2)排列工程项目。

(3)计算工程量。

(4)套施工定额,进行人工、材料和机械台班消耗量分析。

(5)单位工程人工、材料和机械台班消耗量汇总。

(6)"两算"对比。

(7)写出编制说明。

第二节 建筑工程施工图预算

一、施工图预算的内容及作用

施工图预算是由设计单位以施工图为依据,根据预算定额、费用标准以及工程所在地地区的人工、材料、施工机械设备台班的预算价格编制的,是确定建筑工程、安装工程预算造价的文件。

施工图预算的作用主要体现在以下几个方面:

(1)施工图预算是工程实行招标、投标的重要依据。

(2)施工图预算是签订建设工程施工合同的重要依据。

(3)施工图预算是办理工程财务拨款、工程贷款和工程结算的依据。

(4)施工图预算是施工单位进行人工和材料准备、编制施工进度计划、控制工程成本的依据。

(5)施工图预算是落实或调整年度进度计划和投资计划的依据。

(6)施工图预算是施工企业降低工程成本、实行经济核算的依据。

二、施工图预算文件的组成

1. 三级预算编制形式的工程预算文件组成

(1)封面、签署页及目录。

(2)编制说明包括:工程概况、主要技术经济指标、编制依据、工程费用计算表(建筑、设备、安装工程费用计算方法和其他费用计取的说明)、其他有关说明的问题。

(3)总预算表。

(4)综合预算表。

(5)单位工程预算表。

(6)附件。

2. 二级预算编制形式的工程预算文件组成

(1)封面、签署页及目录。

(2)编制说明包括:工程概况、主要技术经济指标、编制依据、工程费用计算表(建筑、设备、安装工程费用计算方法和其他费用计取的说明)、其他有关说明的问题。

(3)总预算表。

(4)单位工程预算表。

(5)附件。

三、施工图预算的编制依据

(1)国家、行业、地方政府发布的计价依据、有关法律法规或规定。

(2)建设项目有关文件、合同、协议等。

(3)批准的设计概算。

(4)批准的施工图设计图纸及相关标准图集和规范。

(5)相应预算定额和地区单位估价表。

(6)合理的施工组织设计和施工方案等文件。

(7)项目有关的设备、材料供应合同、价格及相关说明书。

(8)项目所在地区有关的气候、水文、地质地貌等的自然条件。

(9)项目的技术复杂程度,以及新技术、专利使用情况等。

(10)项目所在地区有关的经济、人文等社会条件。

四、施工图预算的编制方法

建设项目施工图预算由总预算、综合预算和单位工程预算组成。

施工图预算总投资包含建筑工程费,设备及工、器具购置费,安装工程费,工程建设其他费用,预备费,建设期贷款利息,固定资产投资方向调节税及铺底流动资金。

1. 总预算编制

建设项目总预算由综合预算汇总而成。

总预算造价由组成该建设项目的各个单项工程综合预算以及经计算的工程建设其他费、预备费、建设期贷款利息、固定资产投资方向调节税汇总而成。

施工图总预算应控制在已批准的设计总概算投资范围以内。

2. 综合预算编制

综合预算由组成本单项工程的各单位工程预算汇总而成。

综合预算造价由组成该单项工程的各个单位工程预算造价汇总而成。

3. 单位工程预算编制

单位工程预算包括建筑工程预算和设备安装工程预算。

单位工程预算的编制应根据施工图设计文件、预算定额(或综合单价)以及人工、材料及施工机械台班等价格资料进行编制。主要编制方法有单价法和实物量法。

(1)单价法。分为定额单价法和工程量清单单价法。

1)定额单价法使用事先编制好的分项工程的单位估价表来编制施工图预算的方法。

2)工程量清单单价法是指根据招标人按照国家统一的工程量计算规则提供工程数量,采用综合单价的形式计算工程造价的方法。

(2)实物量法。是依据施工图纸和预算定额的项目划分及工程量计算规则,先计算出分部分项工程量,然后套用预算定额(实物量定额)来编制施工图预算的方法。

4. 建筑工程预算编制

建筑工程预算费用内容及组成,应符合住房和城乡建设部、财政部印发的《建筑安装工程费用项目组成》(建标[2013]44号)的有关规定。

建筑工程预算按构成单位工程本部分项工程编制,根据设计施工图纸计算各分部分项工程量,按工程所在省(自治区、直辖市)或行业颁发的预算定额或单位估价表,以及建筑安装工程费用定额进行编制。

5. 安装工程预算编制

安装工程预算费用组成应符合《建筑安装工程费用项目组成》(建标[2013]44号)的有关规定。

安装工程预算按构成单位工程的分部分项工程编制,根据设计施工图计算各分部分项工程工程量,按工程所在省(自治区、直辖市)或行业颁发的预算定额或单位估价表,以及建筑安装工程费用定额进行编制。

6. 设备及工、器具购置费组成

设备购置费由设备原价和设备运杂费构成;工、器具购置费一般以设备购置费为计算基数,按照规定的费率计算。

进口设备原价即该设备的抵岸价,引进设备费用分外币和人民币两种支付方式,外币部分按美元或其他国际主要流通货币计算。

国产标准设备原价即其出厂价,国产非标准设备原价有多种不同的计算方法,如综合单价法、成本计算估价法、系列设备插入估价法、分部组合估价法、定额估价法等。

工、器具及生产家具购置费,是指按项目初步设计要求,保证初期正常生产必须购置的没有达到固定资产标准的设备、仪器、生产家具和备品备件的购置费用。

7. 工程建设其他费用、预备费等

工程建设其他费用、预备费及应列入建设项目施工图总预算中的几项费用的计算方法与计算顺序,应参照"第三章"的相关内容编制。

8. 调整预算的编制

工程预算批准后,一般情况下不得调整。由于重大设计变更、政策性调整及不可抗力等原因造成的可以调整。

调整预算编制深度与要求、文件组成及表格形式同原施工图预算。调整预算还应对工程预算调整的原因做详尽分析说明,所调整的内容调整预算总说明中要逐项与原批准预算对比,并编制调整前后预算对比表[参见《建设项目施工图预算编审规程》(CECA/GC 5—2010)附录 B],分析主要变更原因。在上报调整预算时,应同时提供有关文件和调整依据。需要进行分部工程、单位工程,人工、材料等分析的参见《建设项目施工图预算编审规程》(CECA/GC 5—2010)附录 B。

第三节 "两算"对比

一、"两算"对比的定义

施工预算与施工图预算的对比也就是通常所说的"两算对比"。施工图预算确定的是工程预算收入成本,而施工预算确定的是工程预计支出成本,它们是从不同的角度计算的两本经济账。"两算对比"是建筑企业进行经济分析的重要内容,是单位工程开工前,计划阶段的预测分析工作。通过两者对比分析,可以预先找出节约或超支的原因,研究解决措施,防止或减少发生成本亏损。

二、"两算"对比的方法

"两算"对比以施工预算所包括的项目为准,内容包括主要项目工程量、用工数及主要材料耗用量,一般有实物量对比法和实物金额对比法。

1. 实物量对比法

实物量对比法是将"两算"中相同分项工程所需的人工、材料和机械台班消耗量进行比较,或者以分部工程或单位工程为对象,将"两算"的人工、材料汇总数量相比较。因施工预算和施工图预算各自的定额项目划分及工作内容不一致。一般是预算定额(基础定额)项目(子目)的综合性比施工定额大。在对比时,应将施工预算的相应子目的实物量加以合并,与预算定额的子目口径相符合,然后才能进行对比。

2. 实物定额对比法

实物定额对比法是将施工预算中的人工、材料和机械台班的数量,乘以各自的单价,汇总成人工费、材料费和机械使用费,然后与施工图预算的人工费、材料费和机械使用费相比较。

由于两者定额的编制时间不同,采用的工资、材料及机械台班费的选用价也不同,因此对比时也必须取得一致,才能反映出真实的对比结果。一般是施工图预算编制在先,而且反映的是收入成本,所以,宜采用施工图预算的单价作为对比的同一单价,这样,才是各种量差综合反映为货币金额的结果,可用以衡量预计支出成本的盈亏。

三、"两算"对比的说明

"两算"对比一般说明见表 7-1。

第七章 施工预算与施工图预算

表 7-1　　　　　　　　　　"两算"对比一般说明

序号	项目	说　明
1	人工数量	人工数量,一般施工预算应低于施工图预算工日数的 10%~15%,这是因为施工图预算定额有 10% 左右的人工定额幅度差。施工图预算定额考虑到在正常施工组织的情况下工序搭接及土建与水电安装之间的交叉配合所需停歇时间,工程质量检查及隐蔽工程验收而影响的时间和施工中不可避免的少量零星用工等因素
2	材料消耗	材料消耗,一般施工预算应低于施工图预算耗量。由于定额水平不一致,有的项目会出现施工预算消耗量大于施工图预算消耗量的情况。这时,要调查分析,根据实际情况调整施工预算用量后再予以对比
3	机械台班数量及机械费	机械台班数量及机械费的"两算"对比,由于施工预算是根据施工组织设计或施工方案规定的实际进场施工机械种类、型号、数量和使用期编制计算机械台班,而施工图预算定额的机械台班是根据需要和合理配备进行综合考虑的,多以金额表示。因此,一般以"两算"的机械费相对比,如果机械费大量超支,没有特殊情况,应改变施工采用的机械方案,尽量做到不亏本
4	脚手架	脚手架工程施工预算是根据施工组织设计或施工方案规定的搭设脚手架内容编制计算其工程量和费用的,而施工图预算定额是按建筑面积计算脚手架的摊销费用,即综合脚手架费用。因此,无法按实物量进行"两算"比对,只能用金额对比

"两算"对比表格参考形式见表 7-2。

表 7-2　　　　　　　　　　"两算"对比表

序号	项目	单位	施工图预算			施工预算			数量差		金额差	
			数量	单价/元	合计/元	数量	单价/元	合计/元	节约	超支(%)	节约	超支(%)
一、	人工费	元										
二、	材料费	元										
三、	机械费	元										
四、	分部分项工程											
1.	土方	元										
2.	砖石	元										
3.	……											
五、	主要材料											
1.	钢筋	t										
2.	板方材	m²										
3.	水泥	t										
4.	……											
六、	……											

第八章 工程结算与竣工决算的编制

第一节 竣工结算的编制与审查

一、工程价款的主要结算方式

我国现行工程价款结算根据不同情况,可采取多种方式。

1. 按月结算

实行旬末或月中预支,月终结算,竣工后清算的方法。跨年度竣工的工程,在年终进行工程盘点,办理年度结算。我国现行建筑安装工程价款结算中,相当一部分是实行这种按月结算。

2. 竣工后一次结算

建设项目或单项工程全部建筑安装工程建设期在 12 个月以内,或者工程承包合同价值在 100 万元以下的,可以实行工程价款每月月中预支,竣工后一次结算。

3. 分段结算

即当年开工,当年不能竣工的单项工程或单位工程按照工程形象进度,划分不同阶段进行结算。分段结算可以按月预支工程款。分段的划分标准,由各部门、自治区、直辖市、计划单列市规定。

4. 目标结款方式

即在工程合同中,将承包工程的内容分解成不同的控制界面,以业主验收控制界面作为支付工程价款的前提条件。也就是说,将合同中的工程内容分解成不同的验收单元,当承包商完成单元工程内容并经业主(或其委托人)验收后,业主支付构成单元工程内容的工程价款。目标结款方式下,承包商要想获得工程价款,必须按照合同约定的质量标准完成界面内的工程内容;要想尽早获得工程价款,承包商必须充分发挥自己组织实施能力,在保证质量前提下,加快施工进度。这意味着承包商拖延工期时,则业主推迟付款,增加承包商的财务费用、运营成本,降低承包商的收益,客观上使承包商因延迟工期而遭受损失。同样,当承包商积极组织施工,提前完成控制界面内的工程内容,则承包商可提前获得工程价款,增加承包收益,客观上承包商因提前工期而增加了有效利润。同时,因承包商在界面内质量达不到合同约定的标准而业主不予验收,承包商也会因此而遭受损失。可见,目标结款方式实质上是运用合同手段、财务手段对工程的完成进行主动控制。目标结款方式中,对控制界面的设定应明确描述,便于量化和质量控制,同时要适应项目资金的供应周期和支付频率。

5. 结算双方约定的其他结算方式

施工企业在采用按月结算工程价款方式时,要先取得各月实际完成的工程数量,并计算出已完工程造价。实际完成的工程数量,由施工单位根据有关资料计算,并编制"已完工程月报表",然后按照发包单位编制"已完工程月报表",将各个发包单位的本月已完工程造价汇总反映。再根据"已完工程月报表"编制"工程价款结算账单",与"已完工程月报表"一起,分送发包单位和经办银行,据以办理结算。施工企业在采用分段结算工程价款方式时,要在合同中规定工程部位完工的月份,根据已完工程部位的工程数量计算已完工程造价,按发包单位编制"已完工程月报表"和"工程价款结算账单"。对于工期较短、能在年度内竣工的单项工程或小型建设项目,可在工程竣工后编制"工程价款结算账单",按合同中工程造价一次结算。"工程价款结算账单"是办理工程价款结算的依据。工程价款结算账单中所列应收工程款应与随同附送的"已完工程月报表"中的工程造价相符,"工程价款结算账单"除了列明应收工程款外,还应列明应扣预收工程款、预收备料款、发包单位供给材料价款等应扣款项,算出本月实收工程款。为了保证工程按期收尾竣工,工程在施工期间,不论工程长短,其结算工程款,一般不得超过承包工程价值的95%,结算双方可以在5%的幅度内协商确定尾款比例,并在工程承包合同中订明。施工企业如已向发包单位出具履约保函或有其他保证的,可以不留工程尾款。

二、竣工结算编制依据

(1)国家有关法律、法规、规章制度和相关的司法解释。

(2)国务院建设行政主管部门以及各省、自治区、直辖市和有关部门发布的工程造价计价标准、计价办法、有关规定及相关解释。

(3)施工发承包合同、专业分包合同及补充合同,有关材料、设备采购合同。

(4)招投标文件,包括招标答疑文件、投标承诺、中标报价书及其组成内容。

(5)工程竣工图或施工图、施工图会审记录,经批准的施工组织设计,以及设计变更、工程洽商和相关会议纪要。

(6)经批准的开、竣工报告或停、复工报告。

(7)建设工程工程量清单计价规范或工程预算定额、费用定额及价格信息、调价规定等。

(8)工程预算书。

(9)影响工程造价的相关资料。

(10)结算编制委托合同。

三、竣工结算编制要求

(1)竣工结算一般经过发包人或有关单位验收合格且点交后方可进行。

(2)竣工结算应以施工发承包合同为基础,按合同约定的工程价款调整方式对原合同价款进行调整。

(3)竣工结算应核查设计变更、工程洽商等工程资料的合法性、有效性、真实性和完整性。对有疑义的工程实体项目,应视现场条件和实际需要核查隐蔽工程。

(4)建设项目由多个单项工程或单位工程构成的,应按建设项目划分标准的规定,将各单项工程或单位工程竣工结算汇总,编制相应的工程结算书,并撰写编制说明。

(5)实行分阶段结算的工程,应将各阶段工程结算汇总,编制工程结算书,并撰写编制说明。

(6)实行专业分包结算的工程,应将各专业分包结算汇总在相应的单位工程或单项工程结算内,并撰写编制说明。

(7)竣工结算编制应采用书面形式,有电子文本要求的应一并报送与书面形式内容一致的电子版本。

(8)竣工结算应严格按工程结算编制程序进行编制,做到程序化、规范化,结算资料必须完整。

四、竣工结算编制程序

(1)竣工结算应按准备、编制和定稿三个工作阶段进行,并实行编制人、校对人和审核人分别署名盖章确认的内部审核制度。

(2)结算编制准备阶段。

1)收集与工程结算编制相关的原始资料。

2)熟悉工程结算资料内容,进行分类、归纳、整理。

3)召集相关单位或部门的有关人员参加工程结算预备会议,对结算内容和结算资料进行核对与充实完善。

4)收集建设期内影响合同价格的法律和政策性文件。

(3)结算编制阶段。

1)根据竣工图及施工图以及施工组织设计进行现场踏勘,对需要调整的工程项目进行观察、对照、必要的现场实测和计算,做好书面或影像记录。

2)按既定的工程量计算规则计算需调整的分部分项、施工措施或其他项目工程量。

3)按招投标文件、施工发承包合同规定的计价原则和计价办法对分部分项、施工措施或其他项目进行计价。

4)对于工程量清单或定额缺项以及采用新材料、新设备、新工艺的,应根据施工过程中的合理消耗和市场价格,编制综合单价或单位估价分析表。

5)工程索赔应按合同约定的索赔处理原则、程序和计算方法,提出索赔费用,经发包人确认后作为结算依据。

6)汇总计算工程费用,包括编制分部分项工程费、施工措施项目费、其他项目费、零星工作项目费等表格,初步确定工程结算价格。

7)编写编制说明。

8)计算主要技术经济指标。

9)提交结算编制的初步成果文件待校对、审核。

(4)结算编制定稿阶段。

1)由结算编制受托人单位的部门负责人对初步成果文件进行检查、校对。

2)由结算编制受托人单位的主管负责人审核批准。

3)在合同约定的期限内,向委托人提交经编制人、校对人、审核人和受托人单位盖章确认的正式的结算编制文件。

五、竣工结算编制方法

(1)竣工结算的编制应区分施工发承包合同类型,采用相应的编制方法。

1)采用总价合同的,应在合同价基础上对设计变更、工程洽商以及工程索赔等合同约定可以调整的内容进行调整。

2)采用单价合同的,应计算或核定竣工图或施工图以内的各个分部分项工程量,依据合同约定的方式确定分部分项工程项目价格,并对设计变更、工程洽商、施工措施以及工程索赔等内容进行调整。

3)采用成本加酬金合同的,应依据合同约定的方法计算各个分部分项工程以及设计变更、工程洽商、施工措施等内容的工程成本,并计算酬金及有关税费。

(2)竣工结算中涉及工程单价调整时,应当遵循以下原则:

1)合同中已有适用于变更工程、新增工程单价的,按已有的单价结算。

2)合同中有类似变更工程、新增工程单价的,可以参照类似单价作为结算依据。

3)合同中没有适用或类似变更工程、新增工程单价的,结算编制受托人可商洽承包人或发包人提出适当的价格,经对方确认后作为结算依据。

(3)竣工结算编制中涉及的工程单价应按合同要求分别采用综合单价或工料单价。工程量清单计价的工程项目应采用综合单价;定额计价的工程项目可采用工料单价。

六、竣工结算审查

1. 竣工结算审查依据

(1)工程结算审查委托合同和完整、有效的工程结算文件。

(2)工程结算审查依据主要有以下几个方面:

1)建设期内影响合同价格的法律、法规和规范性文件。

2)工程结算审查委托合同。

3)完整、有效的工程结算书。

4)施工发承包合同、专业分包合同及补充合同,有关材料、设备采购合同。

5)与工程结算编制相关的国务院建设行政主管部门以及各省、自治区、直辖市和有关部门发布的建设工程造价计价标准、计价方法、计价定额、价格信息、相关规定等计价依据。

6)招标文件、投标文件。

7) 工程竣工图或施工图、经批准的施工组织设计、设计变更、工程洽商、索赔与现场签证,以及相关的会议纪要。

8) 工程材料及设备中标价、认价单。

9) 双方确认追加(减)的工程价款。

10) 经批准的开、竣工报告或停、复工报告。

11) 工程结算审查的其他专项规定。

12) 影响工程造价的其他相关资料。

2. 竣工结算审查要求

(1) 严禁采取抽样审查、重点审查、分析对比审查和经验审查的方法,避免审查疏漏现象发生。

(2) 应审查结算文件和与结算有关的资料的完整性和符合性。

(3) 按施工发承包合同约定的计价标准或计价方法进行审查。

(4) 对合同未作约定或约定不明的,可参照签订合同时当地建设行政主管部门发布的计价标准进行审查。

(5) 对工程结算内多计、重列的项目应予以扣减;对少计、漏项的项目应予以调增。

(6) 对工程结算与设计图纸或事实不符的内容,应在掌握工程事实和真实情况的基础上进行调整。工程造价咨询单位在工程结算审查时发现的工程结算与设计图纸或与事实不符的内容应约请各方履行完善的确认手续。

(7) 对由总承包人分包的工程结算,其内容与总承包合同主要条款不相符的,应按总承包合同约定的原则进行审查。

(8) 竣工结算审查文件应采用书面形式,有电子文本要求的应采用与书面形式内容一致的电子版本。

(9) 竣工审查的编制人、校对人和审核人不得由同一人担任。

(10) 竣工结算审查受托人与被审查项目的发承包双方有利害关系,可能影响公正的,应予以回避。

3. 竣工结算审查程序

(1) 工程结算审查应按准备、审查和审定三个工作阶段进行,并实行编制人、校对人和审核人分别署名盖章确认的内部审核制度。

(2) 结算审查准备阶段。

1) 审查工程结算手续的完备性、资料内容的完整性,对不符合要求的应退回限时补正。

2)审查计价依据及资料与工程结算的相关性、有效性。

3)熟悉招投标文件、工程发承包合同、主要材料设备采购合同及相关文件。

4)熟悉竣工图纸或施工图纸、施工组织设计、工程状况,以及设计变更、工程洽商和工程索赔情况等。

(3)结算审查阶段。

1)审查结算项目范围、内容与合同约定的项目范围、内容的一致性。

2)审查工程量计算准确性、工程量计算规则与计价规范或定额保持一致性。

3)审查结算单价时,应严格执行合同约定或现行的计价原则、方法。对于清单或定额缺项以及采用新材料、新工艺的,应根据施工过程中的合理消耗和市场价格审核结算单价。

4)审查变更身份证凭据的真实性、合法性、有效性,核准变更工程费用。

5)审查索赔是否依据合同约定的索赔处理原则、程序和计算方法以及索赔费用的真实性、合法性、准确性。

6)审查取费标准时,应严格执行合同约定的费用定额标准及有关规定,并审查取费依据的时效性、相符性。

7)编制与结算相对应的结算审查对比表。

(4)结算审定阶段。

1)工程结算审查初稿编制完成后,应召开由结算编制人、结算审查委托人及结算审查受托人共同参加的会议,听取意见,并进行合理的调整。

2)由结算审查受托人单位的部门负责人对结算审查的初步成果文件进行检查、校对。

3)由结算审查受托人单位的主管负责人审核批准。

4)发承包双方代表人和审查人应分别在"结算审定签署表"上签认并加盖公章。

5)对结算审查结论有分歧的,应在出具结算审查报告前,至少组织两次协调会;凡不能共同签认的,审查受托人可适时结束审查工作,并做出必要说明。

6)在合同约定的期限内,向委托人提交经结算审查编制人、校对人、审核人和受托人单位盖章确认的正式的结算审查报告。

4. 竣工结算的审查方法

(1)竣工结算的审查应依据施工发承包合同约定的结算方法进行,根据施工发承包合同类型,采用不同的审查方法。本节审查方法主要适用于采用单价合同的工程量清单单价法编制竣工结算的审查。

(2)审查工程结算,除合同约定的方法外,对分部分项工程费用的审查应按照规定。

(3)竣工结算审查时,对原招标工程量清单描述不清或项目特征发生变化,以及变更工程、新新增工程中的综合单价应按下列方法确定:

1)合同中已有使用的综合单价,应按已有的综合单价确定。

2)合同中有类似的综合单价,可参照类似的综合单价确定。

3)合同中没有适用或类似的综合单价,由承包人提出综合单价,经发包人确认后执行。

(4)竣工结算审查中设计措施项目费用的调整时,措施项目费应依据合同约定的项目和金额计算,发生变更、新增的措施项目,以发承包双方合同约定的计价方式计算,其中措施项目清单中的安全文明措施费用应审查是否按国家或省级、行业建设主管部门的规定计算。施工合同中未约定措施项目费结算方法时,审查措施项目费按以下方法审查:

1)审查与分部分项实体消耗相关的措施项目,应随该分部分项工程的实体工程量的变化是否依据双方确定的工程量、合同约定的综合单价进行结算。

2)审查独立性的措施项目是否按合同价中相应的措施项目费用进行结算。

3)审查与整个建设项目相关的综合取定的措施项目费用是否参照投标报价的取费基数及费率进行结算。

(5)竣工结算审查中涉及其他项目费用的调整时,按下列方法确定:

1)审查计日工是否按发包人实际签证的数量、投标时的计日工单价,以及确认的事项进行结算。

2)审查暂估价中的材料单价是否按发承包双方最终确认价在分部分项工程费中对相应综合单件进行调整,计入相应分部分项工程费用。

3)对专业工程结算价的审查应按中标价或发包人、承包人与分包人最终确定的分包工程价进行结算。

4)审查总承包服务费是否依据合同约定的结算方式进行结算,以总价形式的固定地总承包服务费不予调整,以费率形式确定的总包服务费,应按专业分包工程中标价或发包人、承包人与分包人最终确定的分包工程价为基数和总承包单位的投标费率计算总承包服务费。

5)审查计算金额是否按合同约定计算实际发生的费用,并分别列入相应的分部分项工程费、措施项目费中。

(6)投标工程量清单的漏项、设计变更、工程洽商等费用应依据施工图以及发承包双方签证资料确认的数量和合同约定的计价方式进行结算,其费用列入相应的分部分项工程费或措施项目费中。

(7)竣工结算审查中设计索赔费用的计算时,应依据发承包双发确认的索赔事项和合同约定的计价方式进行结算,其费用列入相应的分部分项工程费或措施项目费中。

(8)竣工结算审查中设计规费和税金时的计算时,应按国家、省级或行业建设主管部门的规定计算并调整。

第二节 工程决算的编制

一、工程决算的概念

工程决算是建设工程经济效益的全面反映,是项目法人核定各类新增资产价值、办理其交付使用的依据。一方面,竣工决算能够正确反映建设工程的实际造价和投资结果;另一方面,可以通过竣工决算与概算、预算的对比分析,考核投资控制的工作成效,总结经验教训,积累技术经济方面的基础资料,提高未来建设工程的投资效益。

二、工程决算的作用

(1)工程决算是综合、全面地反映竣工项目建设成果及财务情况的总结性文件,它采用货币指标、实物数量、建设工期和种种技术经济指标综合,全面地反映建设项目自开始建设到竣工为止的全部建设成果和财物状况。

(2)工程决算是办理交付使用资产的依据,也是竣工验收报告的重要组成部分。建设单位与使用单位在办理交付资产的验收交接手续时,通过竣工决算反映了交付使用资产的全部价值,包括固定资产、流动资产、无形资产和递延资产的价值。同时,它还详细提供了交付使用资产的名称、规格、数量、型号和价值等明细资料,是使用单位确定各项新增资产价值并登记入账的依据。

(3)工程决算是分析和检查设计概算的执行情况、考核投资效果的依据。竣工决算反映了竣工项目计划、实际的建设规模、建设工期以及设计和实际的生产能力,反映了概算总投资和实际的建设成本,同时还反映了所达到的主要技术经济指标。通过对这些指标计划数、概算数与实际数进行对比分析,不仅可以全面掌握建设项目计划和概算执行情况,而且可以考核建设项目投资效果,为今后制订基建计划,降低建设成本,提高投资效果提供必要的资料。

三、工程决算的编制

1. 工程决算的内容

工程决算是建设工程从筹建到竣工投产全过程中发生的所有实际支出,包括设备工器具购置费、建筑安装工程费和其他费用等。竣工决算由竣工财务决算报表、竣工财务决算说明书、竣工工程平面示意图、工程造价比较分析四部分组成。其中竣工财务决算报表和竣工财务决算说明书属于竣工财务决算的内容。竣工财务决算是竣工决算的组成部分,是正确核定新增资产价值、反映竣工项目建设成果的文件,是办理固定资产交付使用手续的依据。

(1)竣工财务决算说明书。竣工财务决算说明书主要反映竣工工程建设成果和经验,是对竣工决算报表进行分析和补充说明的文件,是全面考核分析工程投资与造价的书面总结,其内容主要包括:

1)建设项目概况,对工程总的评价。一般从进度、质量、安全和造价、施工方面进行分析说明。进度方面主要说明开工和竣工时间,对照合理工期和要求工期分析是提前还是延期;质量方面主要根据竣工验收委员会或相当一级质量监督部门的验收评定等级、合格率和优良品率;安全方面主要根据劳动工资和施工部门的记录,对有无设备和人身事故进行说明;造价方面主要对照概算造价,说明节约还是超支,用金额和百分率进行分析说明。

2)资金来源及运用等财务分析。主要包括工程价款结算、会计账务的处理、财产物资情况及债权债务的清偿情况。

3)基本建设收入、投资包干结余、竣工结余资金的上交分配情况。通过对基本建设投资包干情况的分析,说明投资包干数、实际支用数和节约额、投资包干节余的有机构成和包干节余的分配情况。

4)各项经济技术指标的分析。概算执行情况分析,根据实际投资完成额与概算进行对比分析;新增生产能力的效益分析,说明支付使用财产占总投资额的比例、占支付使用财产的比例,不增加固定资产的造价占投资总额的比例,分析有机构成和成果。

5)工程建设的经验及项目管理和财务管理工作以及竣工财务决算中有待解决的问题。

6)需要说明的其他事项。

(2)竣工财务决算报表。建设项目竣工财务决算报表要根据大、中型建设项目和小型建设项目分别制定。大、中型建设项目竣工决算报表包括:建设项目竣工财务决算审批表,大、中型建设项目概况表,大、中型建设项目竣工财务决算表,大、中型建设项目交付使用资产总表;小型建设项目竣工财务决算报表包括:建设项目竣工财务决算审批表,竣工财务决算总表,建设项目交付使用资产明细表。

2. 工程决算的编制依据

(1)经批准的可行性研究报告及其投资估算。

(2)经批准的初步设计或扩大初步设计及其概算或修正概算。

(3)经批准的施工图设计及其施工图预算。

(4)设计交底或图纸会审纪要。

(5)招标投标的标底、承包合同、工程结算资料。

(6)施工记录或施工签证单,以及其他施工中发生的费用记录,如索赔报告与记录、停(交)工报告等。

(7)竣工图及各种竣工验收资料。

(8)历年基建资料、历年财务决算及批复文件。

(9)设备、材料调价文件和调价记录。

(10)有关财务核算制度、办法和其他有关资料、文件等。

3. 工程决算的编制步骤

(1)收集、整理、分析原始资料。从建设工程开始就按编制依据的要求,收集、清点、整理有关资料,主要包括建设工程档案资料,如设计文件、施工记录、上级批文、概(预)算文件、工程结算的归集整理,财务处理、财产物资的盘点核实及债权债务的清偿,做到账账、账证、账实、账表相符。对各种设备、材料、工具、器具等要逐项盘点核实并填列清单,妥善保管,

第八章 工程结算与竣工决算的编制

或按照国家有关规定处理,不准任意侵占和挪用。

(2)对照、核实工程变动情况,重新核实各单位工程、单项工程造价。将竣工资料与原设计图纸进行查对、核实,必要时可实地测量,确认实际变更情况;根据经审定的施工单位竣工结算等原始资料,按照有关规定对原概(预)算进行增减调整,重新核定工程造价。

(3)将审定后的待摊投资、设备工器具投资、建筑安装工程投资、工程建设其他投资严格划分和核定后,分别计入相应的建设成本栏目内。

(4)编制竣工财务决算说明书,力求内容全面、简明扼要、文字流畅、说明问题。

(5)填报竣工财务决算报表。

(6)做好工程造价对比分析。

(7)清理、装订好竣工图。

(8)按国家规定上报、审批、存档。

工程竣工决算是建设工程从筹建到竣工投产全过程中发生的所有实际支出,包括设备工器具购置费、建筑安装工程费和其他费用等。竣工决算由竣工财务决算报表、竣工财务决算说明书、竣工工程平面示意图、工程造价比较分析四部分组成。其中,竣工财务决算报表和竣工财务决算说明书属于竣工财务决算的内容。竣工财务决算是竣工决算的组成部分,是正确核定新增资产价值、反映竣工项目建设成果的文件,是办理固定资产交付使用手续的依据。

1)竣工财务决算说明书。竣工财务决算说明书主要反映竣工工程建设成果和经验,是对竣工决算报表进行分析和补充说明的文件,是全面考核分析工程投资与造价的书面总结,其内容主要包括:

①建设项目概况,对工程总的评价。一般从进度、质量、安全和造价、施工方面进行分析说明。进度方面主要说明开工和竣工时间,对照合理工期和要求工期分析是提前还是延期;质量方面主要根据竣工验收委员会或相当一级质量监督部门的验收评定等级、合格率和优良品率;安全方面主要根据劳动工资和施工部门的记录,对有无设备和人身事故进行说明;造价方面主要对照概算造价,说明节约还是超支,用金额和百分率进行分析说明。

②资金来源及运用等财务分析。主要包括工程价款结算、会计账务的处理、财产物资情况及债权债务的清偿情况。

③基本建设收入、投资包干结余、竣工结余资金的上交分配情况。通过对基本建设投资包干情况的分析,说明投资包干数、实际支用数和节约额、投资包干节余的有机构成和包干节余的分配情况。

④各项经济技术指标的分析。概算执行情况分析,根据实际投资完成额与概算进行对比分析;新增生产能力的效益分析,说明支付使用财产占总投资额的比例、占支付使用财产的比例,不增加固定资产的造价占投资总额的比例,分析有机构成和成果。

⑤工程建设的经验及项目管理和财务管理工作,以及竣工财务决算中有待解决的问题。

⑥需要说明的其他事项。

2)竣工财务决算报表。建设项目竣工财务决算报表要根据大、中型建设项目和小型建设项目分别制定。大、中型建设项目竣工决算报表包括:建设项目竣工财务决算审批表,大、中型建设项目概况表,大、中型建设项目竣工财务决算表,大、中型建设项目交付使用资产总表;小型建设项目竣工财务决算报表包括:建设项目竣工财务决算审批表,竣工财务决算总表,建设项目交付使用资产明细表。

参考文献

[1] 中华人民共和国住房和城乡建设部. GB 50500—2013 建设工程工程量清单计价规范[S]. 北京:中国计划出版社,2013.
[2] 中华人民共和国住房和城乡建设部. GB 50854—2013 房屋建筑与装饰工程工程量计算规范[S]. 北京:中国计划出版社,2013.
[3] 中华人民共和国建设部标准定额司. GJD—101—95 全国统一建筑工程基础定额(土建)[S]. 北京:中国计划出版社,1995.
[4] 规范编制组. 2013 建设工程计价计量规范辅导[M]. 北京:中国计划出版社,2013.
[5] 中华人民共和国住房和城乡建设部. GB/T 50353—2013 建筑工程建筑面积计算规范[S]. 北京:中国计划出版社,2013.
[6] 原建设部人事教育司,城市建设司. 造价员专业与实务[M]. 北京:中国建筑工业出版社,2006.
[7] 袁建新. 建筑工程定额与预算[M]. 北京:高等教育出版社,2002.
[8] 王朝霞. 建筑工程定额与计价[M]. 北京:中国电力出版社,2004.

我们提供

图书出版、图书广告宣传、企业/个人定向出版、设计业务、企业内刊等外包、代选代购图书、团体用书、会议、培训，其他深度合作等优质高效服务。

编 辑 部	图书广告	出版咨询	图书销售	设计业务
010-68343948	010-68361706	010-68343948	010-88386906	010-88376510转1008

邮箱：jccbs-zbs@163.com　　网址：www.jccbs.com.cn

发展出版传媒　服务经济建设
传播科技进步　满足社会需求

（版权专有，盗版必究。未经出版者预先书面许可，不得以任何方式复制或抄袭本书的任何部分。举报电话：010-68343948）